BERICHT

über den vom

25. bis 28. Juni 1913
in Cöln am Rhein

abgehaltenen

IX. KONGRESS
FÜR HEIZUNG UND LÜFTUNG

Mit 110 Abbildungen und 11 Tafeln

Vom geschäftsführenden
Ausschuß herausgegeben

München und Berlin 1913
Druck und Verlag von R. Oldenbourg

Inhaltsverzeichnis.

1*

Auf dem vor zwei Jahren in Dresden stattgehabten Kongreß für Heizung und Lüftung war der Wunsch laut geworden, die nächste Versammlung am Rhein abzuhalten. Dieser Wunsch wurde weiterhin kräftig gestützt durch eine Einladung, die der Oberbürgermeister der Stadt Cöln dem geschäftsführenden Ausschuß zugehen ließ. So beschloß denn der Ausschuß einstimmig, die Stadt Cöln als Kongreßort zu wählen, und es kann festgestellt werden, daß der nunmehr dort stattgehabte Kongreß die freundlichste Aufnahme in Cöln sowohl von den dortigen Fachgenossen wie durch die Vertreter der Stadt und die an der Förderung des Heizungs- und Lüftungswesens interessierten Kreise der Einwohnerschaft gefunden hat.

Die Vorbereitung und Durchführung des Kongresses erfolgte unter tatkräftiger Mitwirkung zahlreicher Cölner Herren durch den ständigen geschäftsführenden Ausschuß. In diesem waren seit der Dresdener Tagung 1911 einige Änderungen eingetreten. An Stelle des dahingeschiedenen Ausschußmitgliedes, des städtischen Maschinen- und Heizungsingenieurs K r e t s c h m e r, Vorsitzenden der Vereinigung behördlicher Ingenieure des Maschinen- und Heizungswesens, Halle a. S., wurde der jetzige Vorsitzende dieser Vereinigung, Herr Stadtbauinspektor B e r l i t, Wiesbaden, in den Ausschuß gewählt. Ferner wurde Herr Bürgermeister Dr. K r e t z s c h m a r (Dresden) gebeten, in den Ausschuß einzutreten. Eine weitere Ergänzung des letztern erfolgte durch Zuwahl des derzeitigen Vorsitzenden der Fachgruppe der Zentralheizungsfabrikanten im Bunde österreichischer Industrieller, Herrn Generaldirektors A. C a s s i n o n e, Wien.

Der geschäftsführende Ausschuß besteht zurzeit aus folgenden Herren:

Ehrenvorsitzender:

Rietschel, Dr.-Ing., Geheimer Regierungsrat und Professor, Charlottenburg.

Vorsitzender:

Hartmann, Dr.-Ing., Geheimer Regierungsrat und Honorar-Professor, Senatspräsident im Reichsversicherungsamt, Berlin-Grunewald.

Mitglieder:

Berlit, B., Regierungsbaumeister a. D., Stadtbauinspektor, Vorsitzender der Vereinigung behördlicher Ingenieure des Maschinen- und Heizungswesens, Wiesbaden.

von Boehmer, Geheimer Regierungsrat im Kaiserlichen Patentamt, Berlin-Lichterfelde-West.

Cassinone, Alexander, Generaldirektor, Vorsitzender der Fachgruppe der Zentralheizungs-Fabrikanten im Bunde österreichischer Industrieller, Wien.

Cramer, Ingenieur und Fabrikbesitzer, Hagen i. W.

Foltz, k. k. Ministerialrat im Ministerium für öffentliche Arbeiten, Wien IX.

Harder, Geheimer Regierungsrat im Kaiserlichen Patentamt, Stadtrat, Berlin.

Dr. Krebs, Direktor des Strebelwerks in Mannheim, Vorsitzender des Verbandes der Lieferanten von Zentralheizungs-Bestandteilen, Mannheim.

Krell, O., sen., Direktor, Nürnberg.

Dr. Kretzschmar, Bürgermeister der Stadt Dresden, Dresden.

Kurz, Josef, Ingenieur und Fabrikbesitzer, Wien XIII.

Pfützner, Geheimer Hofrat, Professor an der Technischen Hochschule zu Karlsruhe i. B.

Rühl, Heinrich, Ingenieur und Fabrikbesitzer, Frankfurt a. M.

Freiherr von Schacky auf Schönfeld, Ministerialrat im Königl. Bayerischen Ministerium des Innern, München.

S c h i e l e , Ernst, Ingenieur und Fabrikbesitzer, Vorsitzender des Verbandes Deutscher Centralheizungs-Industrieller, Mitglied des Reichs-Gesundheitsrats, Hamburg 23.

T r a u t m a n n , Stadtbaurat, Finanz- und Baurat a. D., Leipzig-Go.

U b e r , Geheimer Oberbaurat und vortragender Rat im Ministerium der öffentlichen Arbeiten zu Berlin, Berlin-Grunewald.

U g é , Königlicher Kommerzienrat, Direktor des Eisenwerks Kaiserslautern, Kaiserslautern.

V e t t e r , Ingenieur und Fabrikbesitzer, Berlin W. 30.

W a h l , Stadtbaurat, Königlich Sächsischer Landesbauinspektor, Dresden.

Zur örtlichen Vorbereitung des Kongresses wurde 1912 in Cöln a. Rh. ein Ortsausschuß geschaffen, bei dessen Zusammensetzung darauf Bedacht genommen wurde, daß möglichst alle an der Förderung des Heizungs- und Lüftungswesens interessierten Kreise vertreten sind.

Es traten folgende Herren in diesen Ortsausschuß ein:

B i n g , K., Geheimer Baurat, Postbaurat, Cöln a. Rh.

B o l t e , Friedrich, Stadtbauinspektor, Kgl. Baurat, Cöln a. Rh.

B o o s , Friedrich, Ingenieur und Fabrikbesitzer, i. Fa. Friedrich Boos, Cöln a. Rh.

F a u s t , Anton, Ingenieur und Fabrikbesitzer, i. Fa. Faust, Dingeldein & Co., Cöln a. Rh.

F r i e d r i c h s , Otto, Ingenieur, Inhaber der Fa. Gebr. Mickeleit, Cöln-Zollstock.

F r ö h l i c h , Alfred, Ingenieur und Fabrikbesitzer, i. Fa. Alfred Fröhlich & Co., Cöln a. Rh.

F r o i t z h e i m , Eng., Direktor, Stadtverordneter, Cöln a. Rh.

G r u h l , Karl, Bergassessor a. D., Brühl b. Cöln a. Rh.

H e i m a n n , Frd. Karl, Stadtbaurat, Kgl. Baurat, Cöln a. Rh.

H e r b s t , August, Heizungsinspektor, Cöln-Lindenthal.

H o e f e r , Ernst, Regierungs- und Baurat, Mitglied der Königl. Eisenbahn-Direktion, Cöln a. Rh.

H o h e n s c h w e r t , Hugo, Ingenieur, i. Fa. Zentralheizungswerke A.-G., Filiale Cöln, Cöln a. Rh.

Junkes, Karl, Ingenieur, i. Fa. Eisenwerk Kaiserslautern, Zweigniederlassung Cöln, Cöln a. Rh.

Katz, Philipp, Ingenieur, Inhaber d. Fa. Phil. Katz, Cöln a. Rh.

Keysselitz, Alex., Regierungsbaumeister, Vorsteher des Königl. Hochbauamtes, Cöln a. Rh.

Kleefisch, Johannes, Stadtbauinspektor, Königl. Baurat, Cöln a. Rh.

Klewitz, Bernhard, Stadtbauinspektor, Cöln a. Rh.

Kogel, Ludwig, Ingenieur, i. Fa. Ludwig Kogel & Co., Ingenieure, Cöln a. Rh.

Kraus, Em. Alb., Ingenieur und Fabrikbesitzer, i. Fa. E. A. Kraus, Cöln a. Rh.

Krautwig, Dr. med. Peter, Beigeordneter der Stadt Cöln.

Kruse, Direktor des Kohlensyndikats, Essen-Ruhr.

Meyer, Heinrich, Stadtbauinspektor, Vorsteher des städt. Maschinenbauamts, Cöln a. Rh.

Moritz, Karl, Architekt, Regierungsbaumeister a. D., Stadtverordneter, Cöln a. Rh.

Nöcker, Adolf, Architekt, Stadtverordneter, Cöln a. Rh.

Perthel, Robert, Architekt und Bauunternehmer, Stadtverordneter, Cöln a. Rh.

Rehorst, Beigeordneter der Stadt Cöln, Landesbaurat a. D., Cöln a. Rh.

Richard, Phil., Fabrikbesitzer i. Fa. Richard & Schreyer, m. b. H., Cöln-Marienburg.

Roß, Th., Architekt B. D. A., Stadtverordneter, Cöln a. Rh.

Rusak, Dr. med. Wilhelm, Regierungs- und Geheimer Medizinalrat, Cöln a. Rh.

Schröder, Direktor des Braunkohlen-Brikett-Verkaufsvereins, Cöln a. Rh.

Schubert, Dr. med. Otto, Geheimer Medizinalrat, Königl. Kreisarzt, Cöln a. Rh.

Trilling, Heinrich, Geheimer Regierungs- und Gewerberat, Cöln a. Rh.

Verbeek, Hans, Stadtbauinspektor, Cöln-Marienburg.

Victor, F., Oberingenieur der Firma Johannes Haag, A.-G., Zweigniederlassung Cöln, Cöln a. Rh.

V o w i n c k e l , G. Friedrich, Teilhaber d. Fa. G. Vowinckel,
Cöln a. Rh.

W i r s e l Dr., Beigeordneter der Stadt Cöln, Cöln a. Rh.

W i s l i c e n y , Ingenieur, i. Fa. Bechem & Post, Zweigniederlassung Cöln, Cöln a. Rh.

Z ö r n e r , Richard, Bergrat, Generaldirektor der Maschinen-
bauanstalt Humboldt, Cöln a. Rh.

Der Beigeordnete der Stadt Cöln Herr Landesbaurat a. D.
Rehorst übernahm auf die Bitte des geschäftsführenden Ausschusses den Vorsitz und der Vorsteher des Maschinenbauamts
in Cöln, Herr Stadtbauinspektor Meyer, den stellvertretenden
Vorsitz. Das Amt eines Schatzmeisters übernahm Herr Fabrikbesitzer Phil. Richard (in Firma Richard & Schreyer m. b. H.
zu Cöln a. Rh.).

Um das große Interesse und Wohlwollen, das die Stadtverwaltung von Cöln dem Kongresse entgegenbrachte, zu
ehren, bat der geschäftsführende Ausschuß den Oberbürgermeister der Stadt Cöln a. Rh., Herrn W a l l r a f , das Ehren-
präsidium des Kongresses zu übernehmen, welcher Bitte
bereitwilligst entsprochen wurde.

Zur Förderung des diesjährigen Kongresses im Kreise
der österreichischen Fachkollegen bildete sich, wie für die frü-
heren Kongresse, in Wien ein Aktionskomitee, das unter dem
Ehrenvorsitze des Sektionschefs a. D. Herrn Dr. Franz Ritter
v o n B e r g e r eine erfolgreiche Tätigkeit entfaltete. Zu diesem
Komitee gehörten noch folgende Herren: Ingenieur A. A d a m y ,
Landesbaudirektor Franz B e r g e r , Ingenieur Wilhelm
B r ü c k n e r , Generaldirektor Alexander C a s s i n o n e (Ob-
mann), K. K. Baurat E n d e r , K. K. Ministerialrat F o l t z
(Obmannsstellvertreter), Ingenieur G e n z , K. K. Baurat G r a f ,
Ingenieur H a b l e , Ingenieur K e l l i n g , Zentraldirektor
K l i n g n e r , Ingenieure Josef K u r z und R. K u r z , Pro-
fessor M e t e r , Ingenieur E. M ü l l e r , K. K. Oberbaurat
N o w o t n y , Zentraldirektor R a i n e r , Oberingenieur
W e i n b e r g e r , Baurat W e j m o l a , Fabrikbesitzer G.
W e n t z k e und Direktor Z e l l e .

Zur würdigen Durchführung des Kongresses leisteten
zahlreiche Firmen des Heizungs- und Lüftungsfaches und einige

industrielle Verbände in dankenswerter Weise erhebliche Beiträge.

Die Beteiligung an dem Kongreß war wiederum recht zahlreich; es nahmen im ganzen 518 Herren und 112 Damen teil. Die ausländischen Fachkreise waren durch 113 Herren vertreten.

Neben zahlreichen Firmeninhabern und sonstigen Vertretern der Heizungs- und Lüftungsindustrie haben wieder viele beamtete Fachmänner aus dem In- und Auslande teilgenommen.

Es waren von deutschen Behörden und Ämtern erschienen:

Vom Kgl. Preußischen Ministerium der öffentlichen Arbeiten zu Berlin:

Geheimer Oberbaurat und vortragender Rat U b e r, Berlin-Grunewald,

vom Reichsmarine-Amt zu Berlin:

Marine-Oberbaurat R e i t z , Berlin,

Marine-Oberbaurat K u c k (Werft zu Kiel),

Marine-Oberbaurat S c h i r m e r und

Marine-Baurat B r u n e (Werft zu Wilhelmshaven);

vom Reichspostamt zu Berlin:

Postbaurat und bautechnischer Hilfsarbeiter im Reichspostamt, W i t t h o l t , Berlin,

Geheimer Postbaurat B i n g , Cöln a. Rh., und

Postbaurat S e l l , Düsseldorf;

vom Kgl. Bayerischen Ministerium des Innern:

Kgl. Ministerialrat Gustav Freiherr v o n S c h a c k y auf Schönfeld, München, und

Kgl. Bauamtmann V o i t , München;

vom Kgl. Sächsischen Kriegsministerium:

Geheimer Oberbaurat G r i m m , Dresden, und

Regierungsbaumeister und Betriebsdirektor H o f m e i s t e r, Dresden;

vom Großh. Badischen Ministerium des Innern:

Maschineningenieur B u c e r i u s (Landesgewerbeamt), Karlsruhe i. B.;

vom Großh. Hessischen Finanzministerium:
Geheimer Oberbaurat K l i n g e l h ö f f e r , Darmstadt;
von der Herzogl. Braunschweigischen Landesregierung:
Kreisbauinspektor Dr.-Ing. L i n d e m a n n , Braunschweig;
   vom Senat der freien Hansestadt Lübeck:
Diplom-Ingenieur S t o c k ;
   vom Senat der freien Hansestadt Bremen:
Heizungsingenieur W u l f e r t ;
   vom Kaiserl. Patentamt in Berlin:
Regierungsrat W i l l e r t , Berlin;
   vom Kgl. Polizei-Präsidium
zu Berlin: Regierungs- und Baurat E n g e l m a n n , Berlin-
    Steglitz,
zu Cöln: Polizei-Baurat M a r g g r a f f ;
   von preußischen P r o v i n z i a l v e r w a l t u n g e n :
der Provinz Brandenburg: Landesbauinspektor B a l f a n z ,
    Brandenburg a. H., und Ingenieur T i l l y , Berlin;
der Provinz Schlesien: Prov.-Ingenieur S e i d e l , Breslau;
der Provinz Westfalen: Landesbaurat Z i m m e r m a n n ,
    Münster i. W.;
der Provinz Hessen-Nassau: Geheimer Baurat, Landes-
    baurat S t i e h l , Cassel;
der Rheinprovinz: Landesoberingenieur O s l e n d e r ,
    Düsseldorf;
   von den Königl. P r e u ß i s c h e n R e g i e r u n g e n :
in Schleswig: Regierungs- und Baurat G y ß l i n g ;
in Cöln a. Rh.: Regierungs- und Baurat T r i m b o r n ,
    Kreisarzt Geheimer Medizinalrat Dr. S c h u b e r t ;
in Düsseldorf: Regierungs- und Geheimer Baurat H a g e -
    m a n n , Düsseldorf;
   von den Königlichen Hochbauämtern
zu Cöln a. Rh.: Regierungsbaumeister K e y s s e l i t z ,
zu Dortmund: Baurat C l a r e n ,
zu Düren: Reg.-Baumeister P e g e l s ,
zu Fulda: Baurat H e u s c h ,
zu Itzehohe: Baurat S t r ü m p f l e r ,
zu Kiel: Baurat L o h r ,
zu Siegburg: Baurat F a u s t ;

von Königlich Bayer. Kreisregierungen
zu München: Regierungs-Bauassessor Architekt L i p p e r t,
zu Augsburg: Bauamts-Assessor M a r x,
zu Landshut: Regierungsbaumeister S i m o n,
zu Speyer: Bauamts-Assessor K ö p p e l;
    von der Königl. Eisenbahn-Direktion in Cöln a. Rh.:
Regierungs- und Baurat H o e f e r.
    Von deutschen Stadtverwaltungen nahmen teil:
Aachen: Stadtbauinspektor S t a n i s l a u s,
Altona: Heizungsingenieur B e r n d t,
Barmen: Heizungsingenieur S c h i l l i n g,
Berlin: Dipl.-Ing. Z i m m e r m a n n und Städt. Ingenieur
        H a s c h a,
Bielefeld: Städt. Heizungsingenieur Diplom-Ingenieur G a u-
        w e r k y,
Bonn: Städt. Maschineningenieur Dipl.-Ing. H a g e n,
Breslau: Ratsingenieur G r u n o w,
Bromberg: Betriebsdirektor W i l s c h,
Cassel: Stadtbaumeister S c h n e i d e r,
Charlottenburg: Magistrats-Baurat M e y e r,
Cöln a. Rh.: Beigeordneter A l b e r m a n n,
        Beigeordneter Professor Dr. K r a u t w i g,
        Beigeordneter Dr. L a u é,
        Beigeordneter R e h o r s t,
        Beigeordneter Dr. W i r s e l,
        Stadtverordneter Reg.-Baumeister a. D.
            M o r i t z,
        Stadtverordneter K y l l,
        Stadtverordneter Architekt P e r t h e l,
        Stadtverordneter Architekt R o ß,
        Stadtverordneter T h ö n n i s s e n,
        Stadtbauinspektor K l e e f i s c h,
        Stadtbauinspektor K l e w i t z,
        Stadtbauinspektor M e y e r,
        Stadtbauinspektor V e r b e e k,
        Heizungsinspektor H e r b s t,
        Ingenieur K a m p,
        Ingenieur L e h m a n n.

Crefeld: städt. Ingenieur R u h ,
Darmstadt: Beigeordneter und Großh. Baurat J ä g e r ,
Dortmund: Stadtbauingenieur Dipl.-Ing. A r n o l d t,
Dresden: Bürgermeister Dr. K r e t z s c h m a r ,
        Stadtbaurat W a h l ,
        Diplom-Ingenieur K n o k e ,
        Heizungsingenieur H e r r f a h r t ,
Düsseldorf: Abteilungsvorsteher K o c h ,
        Heizungsingenieur B l u m ,
Erfurt: Rentner und Stadtverordneter B a u m a n n ,
        Stadtbaurat P e t e r s , Stadtrat G e n s e l ,
Essen, Heizungsingenieur C r o n e ,
Frankfurt a. M.: Stadtbauinspektor B e c k h a u s ,
Freiburg i. Br..: Ingenieur S c h a r s c h m i d t,
Gelsenkirchen: städt. Heizungs- und Maschineningenieur
        H e r t z n e r ,
Hagen i. W.: Stadtbaurat F i g g e ,
Halle a. S.: Stadtbaumeister L e e k ,
Hannover: Oberingenieur S t a c k ,
Kiel: Stadtbaumeister D r e u s c h ,
Königsberg i. Pr.: Magistrats-Baurat W o r m i t ,
        Magistrats-Baurat P a p e n d i e c k ,
        Heizungsingenieur P r e u ß ,
Leipzig, Maschineningenieur Z e c h e l ,
Magdeburg: Städt. Heizungsingenieur D a l l a c h ,
Mannheim: Stadtbaurat V o l c k m a r ,
Mülheim (Ruhr): Heizungsingenieur K l a u s ,
München: Städt. Ingenieur B r ü n n ,
        Bauamtmann H a u s e r ,
Nürnberg: Heizungsingenieur D i e t z ,
Plauen i. S.: Diplom-Ingenieur B r u n e ,
Berlin-Schöneberg: Stadtrat, Geh. Reg.-Rat H a r d e r ,
        Heizungsingenieur B ö t t c h e r ,
Stuttgart: Städt. Bauinspektor K e r s c h b a u m ,
Weimar: Stadtrat E n g e l k i n g ,
Wiesbaden: Stadtbauinspektor Regierungsbaumeister a. D.
        B e r l i t.
Würzburg: Stadtbaurat Architekt K r e u t e r .

Von ausländischen Behörden waren erschienen:

Vom K. K. Österreichischen Ministerium für öffentliche Arbeiten:

Baurat Nowotny, Wien;

vom K. K. Österreichischen Handelsministerium:

Oberingenieur Kolacek, Wien;

Vom K. K. Österreichischen Kriegsministerium:

Hauptmann des Ingenieuroffizierkorps (Techn. Mil. Kom.) Bauer, Wien;

vom K. K. Österreichischen Kriegsministerium (Marinesektion):

Marine-Oberingenieur Janus, Wien, und
Schiffsbau-Oberingenieur Titz, Fiume;
von der K. K. Statthalterei, Wien:
Ober-Ingenieur Strobl;
vom K. K. Patentamt in Wien:
Ober-Kommissär Frieser;
vom Landesausschuß Niederösterreich in Wien:
Landesbaurat Liepolt,
vom Landesausschuß Mähren in Brünn:
Landes-Oberingenieur Suwald und
Ingenieur und K. K. Bauadjunkt Mikes;
vom Landesausschuß Böhmen in Prag:
Landes-Oberingenieur Vanoucek und
Dr.-Ingenieur Dürrschmidt;
von der Königl. Ungarischen Tabakregie in Budapest:
Oberingenieur Dillnberger;
von der Dänischen Staatsbahn-Verwaltung in Kopenhagen:
Ingenieur Illum.

Von ausländischen Stadtverwaltungen waren erschienen:
Wien: Städt. Ingenieur Laurer,
Prag: Stadtbaurat Architekt Zlatnik,
Budapest: Oberingenieur Schön,

Haag: Diplom-Ingenieur S n y d e r s jun.,
Rotterdam: Stadtingenieur d e K a n t e r,
Kopenhagen: Ingenieur K a r s t e n s,
    Ingenieur B j e r r e g a a r d und
    Ingenieur K j e t t i n g e.

Von T e c h n i s c h e n H o c h s c h u l e n und sonstigen
w i s s e n s c h a f t l i c h e n I n s t i t u t e n waren anwesend:

Von der Technischen Hochschule zu Berlin:
Professor Dr. B r a b b é e, Charlottenburg;

von der Technischen Hochschule in Aachen:
Stadtbauinspektor S t a n i s l a u s;

von der Technischen Hochschule zu Braunschweig:
Professor D e n e c k e;

vom Hygienischen Institut zu Hamburg:
Professor Dr. K i s t e r;

von der Technischen Hochschule zu Hannover:
Professor Diplom-Ing. S c h w e r d;

von der Technischen Hochschule zu Karlsruhe i. B.:
Geheimer Hofrat Professor P f ü t z n e r;

von der Technischen Hochschule zu München:
o. Professor Dr. K n o b l a u c h;

von der Technischen Hochschule zu Stuttgart:
Bauinspektor K e r s c h b a u m;

von der Technischen Hochschule zu Wien:
Professor M e t e r;

von der Deutschen Technischen Hochschule zu Brünn:
Honorar-Dozent Ingenieur S c h i e l;

von der Technischen Hochschule zu Lemberg:
Privat-Dozent Dr.-Ing. B i e g e l e i s e n;

von der Technischen Hochschule zu Delft:
Privat-Dozent, Ingenieur K o o p m a n n;

von dem Polytechnischen Institut zu Riga:
Ingenieur, Technolog und Dozent H e i n t z;

vom Polytechnikum zu Kiew:
Dozent und Beratungs-Ingenieur des Heizungsfaches
   W i l i n s k y;

von den Königl. Vereinigten Maschinenbauschulen in
Cöln a. Rh.:

Direktor Geheimer Regierungsrat R o m b e r g ,
Ingenieur S a g e b i e l;

vom Hälsovardnämndens Laboratorium zu Stockholm:
Professor Dr.-Ing. Clas S o n d é n.

Von den Verwaltungen von H o s p i t ä l e r n u n d
K r a n k e n a n s t a l t e n waren erschienen:

Vom Bürgerhospital zu Straßburg i. Els.:
Ingenieur F i s c h e r ;

von der Heil- und Pflegeanstalt Eglfing bei München:
Ingenieur und k. Betriebsleiter F o e r s t e r.

Von folgenden F a c h v e r e i n e n und Verbänden des
Heizungs- und Lüftungswesens waren zahlreiche Mitglieder
anwesend:

I. D e u t s c h l a n d.

Verband Deutscher Centralheizungs-Industrieller, Berlin.

Verband der Lieferanten von Centralheizungs-Bestand-
teilen, Mannheim.

Vereinigung behördlicher Ingenieure des Maschinen- und
Heizungswesens, Wiesbaden.

Freie Vereinigung Berliner Heizungsingenieure, Berlin.

Architekten-Verein, Berlin.

II. N i e d e r l a n d e.

Nederlandsche Vereeniging voor Centrale Verwarmings-
Industrie zu Amsterdam.

III. Ö s t e r r e i c h.

Fachgruppe der Zentralheizungs-Fabrikanten im Bunde
österreichischer Industrieller zu Wien.

Österreichischer Ingenieur- und Architekten-Verein, Wien.

IV. S c h w e d e n.

Svenska Värmetekniska Föreningen, Stockholm.

V. S c h w e i z.

Verein Schweizerischer Zentralheizungs - Industrieller,
Zürich.

VI. Ungarn.

Bund ungarischer Fabrikindustrieller, Budapest.

Verein für Heizung und Lüftung sowie sanitäre Einrichtungen in Budapest.

Hiernach zeigte der Kongreß wiederum wie die früheren Versammlungen den Charakter einer freien Vereinigung von Fachmännern des Heizungs- und Lüftungswesens, die durch ihre Tätigkeit als Fabrikanten oder Ingenieure dieser Technik nahestehen oder in ihrer amtlichen, wissenschaftlichen oder praktischen Wirksamkeit ein besonderes Interesse für die Förderung dieses Einzelgebietes haben. Durch das zahlreiche Erscheinen von ausländischen Fachmännern war erneut Gelegenheit gegeben, kollegiale Beziehungen mit dem Auslande anzubahnen und zu pflegen.

Begrüßungsabend.

Am Mittwoch, den 25. Juni, fand im Festsaale des Gürzenich eine vom Ortsausschuß veranstaltete Begrüßungsfeier statt. Eine frohe Menge füllte den altberühmten, mit Palmen und Blumen festlich geschmückten Saal. Küfer in alter Tracht kredenzten Rhein- und Moselwein; die Klänge eines großen Orchesters boten manches schöne Rheinlied dar.

Der Vorsitzende des Ortsausschusses, Herr Beigeordneter Landesbaurat a. D. Rehorst, begrüßte die große Versammlung mit folgender Ansprache:

Meine hochverehrten Damen und Herren! Namens des Ortsausschusses zur Vorbereitung dieses Kongresses Sie hier an den Ufern des Rheins, im alten schönen Cöln, insbesondere in diesem alten, ehrwürdigen Saale begrüßen zu dürfen, gereicht mir zur besonderen Freude und Ehre. Nicht ohne eine gewisse Bangigkeit haben wir diesem Kongresse entgegengesehen, denn wir waren uns dessen bewußt, daß wir nach dem schönen, glänzenden Verlauf des letzten Kongresses in Dresden einen schwierigen Stand haben würden. Wir haben nicht aufzuweisen Ausstellungen, wie die damalige Hygiene-Ausstellung in Dresden, die gerade für Sie, meine Herren, besonders

viel Interessantes bot, und wir sind auch noch nicht in dem
Maße erfahrene Kongreßstadt wie die Stadt Dresden. Es
erfüllt uns deshalb mit ganz besonderer Freude, daß wir
heute abend feststellen dürfen, daß über 600 Teilnehmer,
darunter allein über 100 Teilnehmer aus dem Ausland, hierher
geeilt sind, um an der Tagung teilzunehmen. Meine hochverehrten Damen und Herren! Der Ortsausschuß ist nicht
so unbescheiden, anzunehmen, daß der Ruhm seiner Tätigkeit so in alle Lande gedrungen ist, daß Sie sich deshalb etwa
gewogen gefühlt haben, dem Kongresse beizuwohnen. (Heiterkeit.) Wir glauben vielmehr, daß doch unsere alte schöne
Stadt Cöln noch eine große Zugkraft ausübt in weiten Landen,
und wir sind froh und stolz, daß wir Ihnen die Entwicklung
unserer Stadt in einer Ausstellung eigener Art, die sich an
Größe und Bedeutung gewiß nicht mit der Dresdener Ausstellung messen kann, zeigen können. Meine hochverehrten
Damen und Herren! Wir wollen uns nicht freuen, daß wir
den Rekord von Dresden etwa geschlagen, ihn sicher erreicht
haben, sondern wir wollen uns dessen freuen, daß Sie in so
großer Zahl hierher geeilt sind, und wir freuen uns ganz besonders, wenn wir am Schlusse der Tagung sagen können,
daß wir Dresden nicht nachgestanden haben. Wir Cölner
würden uns besonders herzlich freuen, wenn Sie Ihre Tagung
bei uns in einem guten Angedenken bewahren und wenn möglich, wenn irgend möglich, im nächsten Jahre wiederkommen
wollten (große Heiterkeit), denn im nächsten Jahre wollen
auch wir eine große Ausstellung, die erste große Ausstellung
des deutschen Werkbundes, in unseren Mauern aufnehmen.
Ich darf die Gelegenheit wohl benutzen, Sie auf dieses bedeutsame Ereignis aufmerksam zu machen. (Anhaltende Heiterkeit.) Ich bin überzeugt, daß das, was wir bieten werden,
wie die Hygiene-Ausstellung in Dresden, vieles Wissenswerte
und Interessante bieten wird.

Namens des Ortsausschusses heiße ich Sie alle herzlich
willkommen und wünsche Ihnen allen einen guten Verlauf
dieser Tagung: den Männern der Wissenschaft, den Männern der Praxis guten Erfolg, gute Lehren von all den
Vorträgen und Reden, denjenigen, die Lehren und Lernen

auch gerne mit Vergnügen verbinden, einen recht erfreu-
lichen Aufenthalt in unserer alten Stadt Cöln, auch nicht
zu üble Nachwehen vom etwaigen Weingenuß und den
Damen viele frohe Tage am schönen grünen Rhein. (Lebhafter Beifall.)

Der Vorsitzende des geschäftsführenden Ausschusses,
Senatspräsident Professor Dr.-Ing. Konrad Hartmann,
erwiderte:

Meine hochverehrten Damen und Herren! Vor zwei
Jahren, bei unserm letzten Kongreß in Dresden, trennten
wir uns mit dem Wunsche: »Auf Wiedersehen am schönen,
grünen Rhein!« Dieses Wiedersehen feiern wir heute. Wir
feiern es am Rhein, am schönsten deutschen Strom, wir feiern
es in der heiligen Stadt Cöln, in diesem wunderbaren Saale,
in dem Cölner Frohsinn und Cölner Kunstsinn schon so viele
herrliche Feste gefeiert haben, wir feiern es inmitten von
vielen lieben Freunden und Bekannten und vielleicht auch
weniger lieben Konkurrenten (Heiterkeit), inmitten einer
großen Zahl von Vertretern der Cölner Einwohnerschaft,
und ich bitte Sie, meine Damen und Herren, Ihre Sympathie
jetzt ganz besonders diesen hochverehrten Herren aus Cöln
zuzuwenden.

Meine hochverehrten Damen und Herren! Sie wissen ja,
wir sind stark verwöhnt. Unsere Kongresse sind stets mit
großer Liebenswürdigkeit aufgenommen worden, ich erinnere
nur an die schönen Tage in Wien, in Hamburg, in Frankfurt a. M. und Dresden. Aber wir vom geschäftsführenden
Ausschuß sind überzeugt, daß der Cölner Kongreß sich den
vorhergehenden würdig anschließen wird, denn wir haben
in unserer Vorbereitung nicht nur bei den Fachgenossen in
Cöln das freundlichste Entgegenkommen gefunden, sondern
auch bei den Vertretern der Stadt Cöln. Der Oberbürgermeister der Stadt Cöln, Herr Wallraf, hat die Güte gehabt,
unserer Bitte zu entsprechen und sich an die Spitze des Kongresses als Ehrenpräsident zu stellen. (Lebhaftes Bravo.)
Herr Beigeordneter Rehorst hat das schwierige Amt des
Vorsitzenden des Ortsausschusses zu unserer großen Freude

übernommen, und die liebenswürdigen Worte, die er uns vorhin zugerufen hat, sie überzeugen uns von vornherein, daß wir Tagen entgegensehen, von denen wir später sagen werden, sie haben uns recht wohl gefallen. Herr Stadtbauinspektor Meyer hat das mühevolle Amt eines Vorsitzenden des Arbeitsausschusses auf sich genommen. Mit ihm haben eine Reihe von Herren, die ich nicht alle nennen kann, im Arbeitsausschuß gewirkt und haben so die Tage vorbereitet, die jedenfalls sich würdig anschließen an die Tage, die wir bisher auf unseren Kongressen verlebt haben. Da, meine verehrten Damen und Herren, zu Kongressen Geld, nochmals Geld und nochmals Geld gehört, so haben wir auch einen Schatzmeister gebraucht. Wir haben ihn gefunden in der Person des Herrn Richard (lebhaftes Bravo), wir hätten keinen besseren finden können. Wir können ihn wirklich mit gutem Gewissen empfehlen für Finanzoperationen, wobei ich allerdings nicht empfehlen möchte, zu den vielen übrigen Steuern uns auch jetzt noch mit einer Kongreßsteuer zu belegen. Allen diesen hochverehrten Herren vom Orts- und Arbeitsausschuß sind wir zu herzlichem Dank verpflichtet. Ich darf den Herren versichern, daß wir ihre große Aufopferung und Mühen würdigen, und daß wir Ihnen herzlich dafür danken, und zum Zeichen dafür bitte ich Sie, meine hochverehrten Damen und Herren, unserem Orts- und Arbeitsausschuß, insbesondere den Herren Vorsitzenden, ein dreifaches Hoch auszubringen. Die Herren des Orts- und Arbeitsausschusses, insbesondere auch ihre Herren Vorsitzenden, sie leben hoch!

Der weitere Verlauf des Begrüßungsabends vollzog sich in angeregtester Weise und bei froher Stimmung. Die Fachkollegen hatten die angenehm empfundene Gelegenheit, alte Bekannte und Freunde zu begrüßen und neue kollegiale Beziehungen anzuknüpfen.

I. Kongreß-Sitzung

im Saale der Lesegesellschaft.

Donnerstag, den 26. Juni 1913.

Der Ehrenvorsitzende des geschäftsführenden Ausschusses Geheimer Regierungsrat Professor Dr.-Ing. R i e t s c h e l eröffnete den Kongreß mit folgender Ansprache:

Hochverehrte Damen und Herren! Ich habe die Ehre, den diesjährigen Kongreß für Heizung und Lüftung zu eröffnen. Ich erlaube mir, Sie alle aufs herzlichste zu begrüßen und zu hoffentlich erfolgreicher Tagung ergebenst einzuladen. Ich danke der hiesigen hochverehrten Stadtverwaltung, daß sie die Tore der alten schönen Stadt Cöln für unsern Kongreß in so liebenswürdiger und gastlicher Weise geöffnet hat, ich danke den Regierungen, den Stadtverwaltungen, den Vereinen, Korporationen, Hochschulen und anderen wissenschaftlichen Instituten, die ihre Herren Vertreter entsandt haben, um mit uns gemeinsam zu tagen, ich danke den Herren Fachgenossen aus dem Auslande, die so zahlreich bei uns erschienen sind, ich danke vor allen Dingen dem Herrn Regierungspräsidenten Dr. Steinmeister und dem Herrn Beigeordneten Rehorst als Vertreter des Herrn Oberbürgermeisters der Stadt Cöln, daß sie uns die Ehre erweisen, bei der Eröffnung des Kongresses zugegen zu sein, und die Güte haben wollen, einige Worte der Begrüßung an uns zu richten.

Regierungspräsident Dr. S t e i n m e i s t e r , Cöln: Hochverehrte Damen und Herren! Es gereicht mir zur besonderen Ehre, den heutigen Kongreß für Heizung und Lüftung bei uns am Rhein willkommen zu heißen. Ich begrüße Sie, meine Herren, als die führenden Männer auf einem wichtigen Gebiet der modernen Gesundheitspflege, ich begrüße Sie als Vertreter der Königlich Preußischen Staatsregierung und als Präsident der Königlichen Regierung zu Cöln, also einer Behörde, in deren Geschäftsbereich die baulichen Fragen eine große und bedeutsame Rolle zu spielen berufen sind. Wie ich zu meiner Freude erfahren habe, sind nicht nur aus allen Gauen des deutschen Vaterlandes sondern auch aus dem Auslande zahlreiche Vertreter Ihres Faches erschienen, um in gemeinsamer Arbeit Erfahrungen auszutauschen auf dem wichtigen Gebiet der Heizung und Lüftung. So nimmt Ihre Tagung an sich schon das Interesse der Staatsregierung in hohem Maße in Anspruch; aber wir im Bezirk Cöln folgen Ihren Arbeiten auch mit lokalem Interesse. Sie wissen, daß unser Dom, dieses erhabene Bauwerk, das dem Zahn der Zeit Jahrhunderte widerstand, gefährdet ist durch den Rauch der Lokomotiven auf dem Hauptbahnhofe. Zwar ist es nicht so schlimm, wie manche zu befürchten scheinen, aber immerhin ist es nötig, Maßnahmen zu treffen, damit dieses herrliche Baudenkmal unversehrt erhalten bleibt. Auch unser schönes Rheintal ist gefährdet durch den Rauch der Dampfer. In gesundheitlicher, wirtschaftlicher und ästhetischer Beziehung bedürfen diese Schädigungen der Abhilfe, und Sie wissen, daß der Herr Oberpräsident Verhandlungen eingeleitet hat, damit hier Verbesserungen geschaffen werden. Anderseits bietet der Bezirk Cöln ein großes, umfangreiches Gebiet für die Gewinnung der Braunkohlen, des neuen Brennstoffes, der erfolgreich der Steinkohle an die Seite getreten ist. Wenn auch Wohlstand und Industrie im Bezirke Cöln dadurch bedeutend gehoben sind, wenn wir auch das Glück haben, so große Naturschätze unser eigen zu nennen, so sind doch anderseits auch hier Mißstände vorhanden, die dringend Abhilfe fordern. Sind es so allgemeine und lokale Gründe, die mein lebhaftes Interesse an Ihrer Tagung in Anspruch nehmen, so habe ich auch noch einen persönlichen Grund, und der ist, daß es mir zu meiner Freude beschieden ist, eine große Zahl alter Bekannter unter ihnen hier wieder zu treffen. Es ist eine überraschend große Zahl, und ich nenne in erster Linie Ihren Herrn Ehrenvorsitzenden Geheimrat R i e t s c h e l, dem zuerst zu begegnen ich schon vor langen Jahren das große Glück hatte, dem Sie wohl alle mit mir Ihre volle Sympathie schenken. (Bravo!) Es sind also nicht nur amtliche sondern auch persönliche Gründe, die mich hier sprechen lassen, und es kommt aus dem Herzen, wenn ich sage, ich wünsche Ihren Verhandlungen einen reichen und gesegneten Erfolg. (Lebhafter Beifall.)

Beigeordneter der Stadt Cöln Landesbaurat a. D. R e -
h o r s t:

Im Auftrage und in Vertretung des Herrn Oberbürgermeisters Ihnen den Gruß der Stadt Cöln entbieten zu dürfen,
betrachte ich als besondere Auszeichnung. Ich habe bereits
am gestrigen Abend in meiner Eigenschaft als Vorsitzender
des Ortsausschusses die Freude gehabt, Ihnen ein Willkomm
entgegenrufen zu dürfen, und ich begrüße es doppelt, es auch
hier amtlich sagen zu dürfen, mit welcher Spannung die Stadt
Cöln den Kongreß erwartet hat. Die Stadt Cöln, das werden
Ihnen die Besichtigungen, die Sie während des Kongresses
machen, zeigen, hat im Laufe der letzten Jahre gerade auf
Ihrem speziellen Arbeitsgebiet Ausführungen aufzuweisen,
die sicherlich in weitem Maße Ihr Interesse finden werden.
Es ist eine eigentümliche Erscheinung, daß selbst in Städten,
die zufolge ihrer günstigen Lage oder ihrer bemerkenswerten
Entwickelung häufiger die Ehre haben, Kongresse in ihren
Mauern zu beherbergen, gerade Kongresse technischer Art zunächst mit einer gewissen Skepsis aufgenommen werden. Man
hat in weiten Kreisen häufig keine rechte Vorstellung von dem
Umfange ihres Arbeitsgebietes und von ihrer Bedeutung für
die Allgemeinheit. Spricht man von einem Juristentag oder
einem Feuerwehrkongreß, so ist jedermann gleich im Bilde,
die Erwähnung aber z. B. des Kältekongresses ruft fragende
oder gar lächelnde Mienen hervor. Auch über die Bedeutung
des Kongresses für Heizung und Lüftung mag noch in weiten
Kreisen Zweifel bestehen, trotzdem die von ihm behandelten
Wissensgebiete für die Großstadt wie für das wirtschaftliche
Leben überhaupt von allergrößter Bedeutung sind. Eine
Stadtverwaltung kann am leichtesten zahlenmäßig nachweisen,
welche ungeheuren wirtschaftlichen Vorteile sie gerade von
der Wissenschaft der Heizungs- und Lüftungstechnik erfährt.
Wenn es zuweilen vorkommt, daß in Stadtverordnetenver-
sammlungen und bei anderen Beratungen die gute alte Zeit
gepriesen wird, wenn behauptet wird, wir bauten viel zu teuer
und machten die inneren Einrichtungen der Gebäude viel zu
aufwändig, wir nähmen auf die hygienischen und alle die anderen Anforderungen der modernen Zeit zu viel Rücksicht, so

könnte man derartige Bedenken gerade auf dem Gebiete der Heizung und Lüftung am leichtesten widerlegen. Lobredner der guten alten Zeit bedenken nicht, wie früher durch die schlechte Ausnutzung des Brennmaterials die Dukaten zum Schornstein hinausgingen. Es gibt Leute, die die alten Schulheizungen noch als gut befinden, die aber die moderne Zentralheizung für die Schulen als Luxus ansehen. Wenn man hier zahlenmäßig den Zweiflern errechnen würde, welche immensen Vorteile durch die moderne Heizungstechnik erzielt werden, sie würden sicherlich bald zur Ruhe kommen. Welchen Wert eine auf wissenschaftlicher Grundlage und mit technischem Verständnis ausgeführte Lüftungsanlage für unsere Gesundheit hat, bedarf kaum der Erwähnung.

Ich sagte schon: die Stadt Cöln ist der Entwicklung Ihres Spezialfaches stetig in der Praxis gefolgt, und es sollte uns freuen, wenn Sie bei den Besichtigungen den Eindruck gewinnen wollten, daß wir auch den Arbeiten Ihrer früheren Kongresse aufmerksam gefolgt sind und sie benutzt haben, und wenn Sie daraus die Versicherung nehmen könnten, daß die Stadt Cöln den Beratungen des heutigen Kongresses das größte Interesse entgegenbringt. So erlaube ich mir namens der Stadt Cöln dem aufrichtigen Wunsche Ausdruck zu geben, daß Ihre Arbeit vom besten Erfolge gekrönt sein möge. (Lebhafter Beifall.)

Geheimer Regierungsrat Prof. Dr.-Ing. R i e t s c h e l : Hochverehrter Herr Regierungspräsident, hochverehrter Herr Beigeordneter! Für die gütigen Worte der Begrüßung und für die warme Anerkennung unserer Arbeiten und des Gebietes, das wir vertreten, erlaube ich mir im Namen der Versammlung und nicht minder in meinem Namen herzlichen Dank auszusprechen. Ihre Worte sind für uns von ganz besonders hoher Bedeutung, denn sie sind gleichzeitig der Ausdruck der Regierung und der Stadtverwaltung Cöln. Und wenn ich einen Dank für meine Person noch hinzufügen darf, so ist er an Sie gerichtet, hochverehrter Herr Regierungspräsident, der Sie meiner so freundlich gedacht haben. Mir war das eine große Freude und Ehre.

Meine Herren! Arbeit ohne Erfolg ist Leben ohne Freude, der Erfolg allein krönt ernste Arbeit, die Anerkennung der geleisteten Arbeit bildet die Triebkraft zu neuem Schaffen. Und gerade unser Gebiet hat Anerkennung sehr nötig.

Die Technik kann man in gewisser Beziehung in zwei Abteilungen zerlegen. Die eine Abteilung umspannt die ganze Welt, sie ruft bei einem jeden Begeisterung und Interesse hervor, da sie berufen ist, Probleme zu lösen, die unmittelbar für die große Allgemeinheit, für Handel, Verkehr, Volkswirtschaft von allergrößter Bedeutung sind, so z. B. die Technik der Elektrizität und die jüngste Technik, die Technik des Fluges. Ihre Arbeit, ihre Leistungen werden mit Eifer verfolgt, gepriesen und angestaunt. Die andere Abteilung gehört der stillen Arbeit an, sie schafft zunächst nur für das Wohl der einzelnen und dadurch erst mittelbar für die Allgemeinheit, und die Kenntnis ihrer Erfolge und Leistungen tritt nur denen ins Bewußtsein, für die sie unmittelbare Arbeit zu leisten hat. Beide Gebiete der Technik umschließt aber die stets gleichwertige Wissenschaft.

Unser Fach gehört in ganz besonderem Maße der stillen Arbeit an, denn die Anlagen, die wir schaffen, sind erst dann als vollendet anzusehen, wenn sie den, dem sie dienen, der sie benutzt, an ihr Vorhandensein nicht erinnern; jede Erinnerung an das Vorhandensein einer Heizungs- oder Lüftungsanlage beruht auf einem zeitigen Mißerfolg.

Unsere Aufgaben werden immer größere. Über die sichere Erwärmung einzelner Gebäude ist die Technik längst hinaus, wenn auch der innere Ausbau der Anlagen immer noch weitere Vervollkommnung erfahren muß. Unsere Aufgabe besteht zurzeit in erster Linie darin, eine große Anzahl von Gebäuden, ganze Distrikte von einer Zentralstelle aus mit Wärme für die verschiedensten Zwecke zu versorgen, und je größer die Erfordernisse dieser Aufgabe werden, um so wirtschaftlicher innerhalb gewisser Grenzen gestalten sich die Ergebnisse.

Bei unseren Dampfmaschinen gehen etwa 80% der aus den Kohlen entwickelten Wärme im Abdampf verloren. Die Heiztechnik und die Technik der Abdampfturbinen ist zurzeit allein in der Lage, den Abdampf ausnutzen zu können. Der

Verbrauch an Kohlen ist heute ein geradezu beängstigender. Welche bedeutende Kohlenmengen sind allein nötig zur Überbrückung von Zeit und Weg! So brauchen unsere großen Ozeandampfer, die bis 70 000 Pferdestärken installiert haben, für eine Fahrt nach Amerika bis zu 600 Wagenladungen Kohlen Die Elektrizitätswerke der ganzen Welt repräsentieren 70 Millionen Pferdestärken! Und dabei sollen unsere Kohlenlager nur noch einige Dutzend Jahrhunderte ausreichen!

Ist auch die Wärme, die durch Ausnutzung des Abdampfs der Dampfmaschinen durch die Heiztechnik nutzbar gemacht werden kann, eine gegen die vielseitige Produktion von Abdampf, d. h. der zeitigen Wärmeverschwendung sehr kleine, so ist sie doch für eine jede Stadtverwaltung von nicht zu unterschätzender Bedeutung, und es sollte bei der Neuanlage von städtischen Werken stets darauf Rücksicht genommen werden, daß die Wärme des Abdampfes zur Wärmeversorgung öffentlicher und privater Gebäude ausgenutzt wird. Unsere Elektriker erstreben das Ziel, die Versorgung unserer Gebäude mit Wärme zu allen erforderlichen Zwecken durch elektrische Energie zu betätigen. Es mag die Zeit kommen, daß das Ziel praktisch und wirtschaftlich erreicht werden kann, vorläufig aber ist es sicher richtiger, die Wärme des Abdampfes gemeinnütziger Anlagen als kostenloses Geschenk entgegenzunehmen und zu versuchen, es für das Wohl einer Stadt und deren Bewohner auszunutzen. Unsere vornehmste Aufgabe ist zurzeit die Verfolgung dieses Ziels.

Ihre Worte, meine hochverehrten Herren, werden noch lange in uns nachklingen. Ihre Anerkennung gibt uns Gewähr, daß wir auf dem richtigen Pfade uns befinden, und ich beehre mich nochmals, für Ihre Worte aufs herzlichste zu danken. (Lebhaftes Bravo).

Ich bitte nun Herrn Geheimrat Hartmann den Vorsitz zu übernehmen.

Geheimer Regierungsrat Professor Dr.-Ing. Hartmann:

Bei unseren Kongressen ist es üblich, zur Leitung der Kongreßsitzungen für jeden Tag zwei Vorsitzende zu bestimmen. Namens des geschäftsführenden Ausschusses erlaube ich mir

Ihnen vorzuschlagen, für die heutige Sitzung den Geheimen Oberbaurat, vortragenden Rat im Ministerium der öffentlichen Arbeiten in Berlin, Herrn U b e r, und Herrn Kommerzienrat U g é, sowie für die zweite Sitzung am Sonnabend Herrn Ministerialrat im Ministerium des Innern in München, Freiherrn von S c h a c k y auf Schönfeld, und Herrn Ingenieur Ernst S c h i e l e zu wählen. Ich darf wohl annehmen, daß Sie mit dem Vorschlage einverstanden sind. — Es erhebt sich kein Widerspruch, dann erkläre ich die Herren für gewählt und bitte die beiden erstgenannten Herren den Vorsitz zu übernehmen.

Vorsitzender Geheimer Oberbaurat U b e r:

Ich eröffne die Verhandlungen und erteile zunächst das Wort unserm Ehrenvorsitzenden Herrn Geheimrat Dr. Rietschel zu seinem Vortrage »K r i t i s c h e B e t r a c h t u n g e n ü b e r den S t a n d d e r H e i z u n g s - u n d L ü f t u n g s t e c h n i k«.

I. Vortrag.

Kritische Betrachtungen über den Stand der Heizungs- und Lüftungstechnik.

Von Geh. Regierungsrat Professor **Dr.-Ing. H. Rietschel**, Charlottenburg.

Die auf Kongressen zu haltenden Vorträge haben den Zweck, Erfahrungen der Fachgenossen zum Austausch zu bringen, neue Anregungen zu geben und zu empfangen, auch offen über vorhandene Schwächen und Fehler zu sprechen, die z. Zt. noch einer weiteren gesunden Entwicklung des Faches entgegenstehen, und so habe ich geglaubt, daß es für unser Fach zu Nutz und Frommen sein kann, einmal in seine Winkel hineinzuleuchten und Unstimmigkeiten, die man hierbei entdeckt, ans Tageslicht zu ziehen.

Ich verkenne nicht die Schwierigkeiten, die einer solchen Besprechung entgegenstehen, denn ich möchte durch sie unserm Fache nur nützen, nicht schaden, und wenn ich somit immer von dem spreche, wonach noch zu streben ist, könnte es leicht den Anschein erwecken, als befände sich das Fach überhaupt noch in den Anfangsstadien seiner Entwickelung. Daß das nicht der

Fall ist, weiß ein jeder, der ernstes Interesse unserem Gebiet entgegenbringt.

Es widerstrebt mir, die Trommel zu rühren und die Erfolge, die wir erzielt haben, zu preisen, so viel aber muß ich — um meinem Vortrag die richtige Auffassung zu geben — vorausschicken, daß wir mit Genugtuung auf die Entwickelung unseres Gebietes zurückblicken können. Bildeten noch vor 3—4 Dezennien fast nur die praktischen Erfahrungen der einzelnen Firmen, ich möchte sagen in Rezeptenform, die Grundlage für die Ausführung von Heizungs- und Lüftungsanlagen, so ist jetzt kleinliche Geheimniskrämerei verschwunden, und bei allen unsern führenden Firmen zeitigt die Vereinigung von Wissenschaft und Praxis schöne Erfolge.

Um so mehr aber ist es unsere Pflicht, die Augen offen zu halten und zu versuchen, alle Widerstände und Unstimmigkeiten, die dem weiteren Vorwärtsstreben noch entgegenstehen, siegreich zu überwinden.

Um diese Widerstände und Unstimmigkeiten zu kennzeichnen, ist es am geeignetsten, in kritischer Betrachtung den Werdegang einer Heizungs- und Lüftungsanlage zu verfolgen. Ich gliedere daher meine Besprechung in:

1. Wahl der Anlagen,
2. Einholung und Prüfung der Angebote,
3. Ausführung der Anlagen.

Sollte ich bei der Besprechung hie und da etwas zu offenherzig werden, so bitte ich im voraus, es zu entschuldigen — in solchen Fällen sind die Anwesenden ja immer ausgeschlossen. Hinzufügen will ich aber, daß sich meine Mitteilungen teils auf eigene Beobachtungen, teils auf mir mitgeteilte Tatsachen gründen und nicht als das Produkt von Phantasiegebilden zu betrachten sind.

1. Wahl der Anlagen.

Auf diesem Gebiete herrscht noch eine auffallende Unsicherheit und Unklarheit, nicht nur in der Laienwelt sondern auch vielfach unter den Bauausführenden und selbst unter den Erstellern von Anlagen.

In erster Linie trägt an dieser Unklarheit die liebe Konkurrenz die Schuld. Es ist ja selbstverständlich, daß eine jede

Firma ihr Eigengebiet hochzuhalten hat, und es ist verständlich, wenn sie bei den Anlagen, die sie vertritt, nur die Vorteile, bei den andern nur die Schwächen hervorhebt. Wie oft findet man aber in den ausgegebenen Anzeigen einzelner Firmen — sei es in hygienischer, technisch-wissenschaftlicher oder praktischer Beziehung oder auch in auffallenden Sonderbezeichnungen für die von ihnen vertretenen Anlagen — gröblich falsche und irreführende Angaben, die teils bedauerliche Unkenntnis, teils absichtliche Täuschung verraten. Naturgemäß erwächst durch die hierdurch hervorgerufene Verwirrung von Richtigem und Falschem und durch getäuschte Erwartungen bei ausgeführten Anlagen der Heiztechnik empfindlicher Schaden.

Stehen Einzelgebäude, besonders Wohngebäude, Villen usw. für die Beheizung in Frage, so treten Lokalheizung und Zentralheizung und bei der ersteren wiederum die Kachelöfen mit den eisernen Öfen in Konkurrenz. Unter Lokalheizung ist auch die Gasheizung und elektrische Heizung unterzubringen — wenn ich auf diese aber in der Folge nicht weiter eingehe, so möge das mit der Kürze der Zeit und dem Umstand Entschuldigung finden, daß beide Heizsysteme z. Zt. nur in bestimmten Sonderfällen in Frage kommen und weder der Ofen- noch der Zentralheizung schwerwiegende Konkurrenz machen, meistens sogar für beide als dankenswerte Ergänzung aufzufassen sind.

Es kann nicht meine Aufgabe sein, die Vorteile und Nachteile der Lokal- und Zentralheizung hier zu besprechen, nur so viel will ich hervorheben, daß es ein Fehler der Ofenindustrie ist, wenn sie ohne Berücksichtigung aller für den Einzelfall in Frage kommenden Verhältnisse und Wünsche lediglich die Lokalheizung gelten lassen will, und ein Fehler der Zentralheizungsindustrie, wenn sie die Ausführung einer Anlage übernimmt, für deren tadellose Errichtung die nötigen Mittel nicht zur Verfügung stehen.

Der Kampf zwischen den Vertretern beider Gruppen ist zurzeit ein recht erbitterter und völlig unnötiger.

Meines Erachtens ist die Wahl einer Ofen- oder einer Zentralheizung im wesentlichen eine Geschmackssache des Bestellers.

Wer Freund der Lokalheizung ist, die Öfen, die er nach ihrer
äußeren Gestaltung frei wählen kann, als einen begehrens-
werten Schmuck seiner Räume ansieht, wer sich mit dem täglichen An- und Hochheizen, dem Kohlen- und Aschetrans-
port abfindet und aus Sparsamkeits- oder Bequemlichkeits-
gründen in der Regel täglich nur einige Räume seiner Wohnung
zu erwärmen beabsichtigt, deren Größe auch nicht über die
gewöhnlicher Wohnräume hinausgeht, soll ruhig bei der Lokalheizung bleiben; wer aber von dem Betrieb der Beheizung
seiner Räume nichts merken will, stets alle Räume und alle
Nischen, Ecken und Fensterplätze in entsprechender Wärme
zu halten wünscht usw., sich auch vor den höheren Anlagekosten nicht scheut, soll eine Zentralheizung wählen — beide
Beheizungsarten können bei r i c h t i g e r Ausführung und
Behandlung den hygienischen Anforderungen genügen.

Freilich fehlen der Lokalheizung z. Zt. noch die Ergebnisse
streng wissenschaftlicher Versuche, über die die Zentralheizung
schon in stattlicher Zahl verfügt, und somit wird bei der Wahl
der Öfen — besonders der Kachelöfen — mehr auf die äußere
Gestaltung als auf die Konstruktion gesehen. Versuche werden
aber demnächst in der Prüfungsanstalt an der Königl. Technischen Hochschule zu Berlin angestellt, und erst durch sie wird
ein richtiger Vergleich der Lokalheizung mit der Zentralheizung besonders in hygienischer und wirtschaftlicher Beziehung möglich und jeder Beheizungsart ihre richtige Anwendung zugewiesen werden.

Bisher habe ich nur von der Konkurrenz zwischen der
Ofenindustrie und Zentralheizungsindustrie gesprochen, letztere wird aber — da sie über eine Anzahl in ihren Eigenschaften
verschiedenartiger Systeme verfügt — durch die Konkurrenz
ihrer eigenen Vertreter, besonders wenn sich diese auf ein bestimmtes System festgelegt haben — ebenfalls oft empfindlich
geschädigt. Ein unrichtig gewähltes Heiz- oder Lüftungssystem wird selbst bei der besten Ausführung der Anlage
niemals voll befriedigen können.

Von besonders schädigendem Einfluß für die Heiztechnik
ist es aber, wenn Männer, die ihr ferne stehen, deren Urteil aber

nach Maßgabe ihres Standes und ihrer Stellung von der Allgemeinheit als autoritatives angesehen wird, auf Grund einzelner ungünstiger Beobachtungen über die Zentralheizungen zu Gericht sitzen, ohne sich Aufschluß geben zu können, ob an den ungünstigen Beobachtungen die Zentralheizung an sich oder mangelhafte Ausführung oder die Handhabung der betreffenden Anlagen schuldig zu machen ist.

So ist z. B. — um zur Illustration nur einen diesbezüglichen Fall anzuführen — vor etwa ¾ Jahren von einem Arzt in der deutschen medizinischen Wochenschrift ein Artikel über: »Gesundheitliche Schädigungen durch Zentralheizungsanlagen in ärztlicher Beleuchtung« erschienen, der — neben einigen in jedem Lehrbuch zu findenden Wahrheiten — auffallende Unrichtigkeiten enthält.

Da die Heiztechnik in erster Linie bestrebt sein soll, den hygienischen Anforderungen zu entsprechen, so sind ärztliche Beobachtungen von großem Wert und werden nur dankbar von allen ernsten Vertretern der Technik entgegengenommen werden, wenn aber gesundheitliche Schädigungen durch Zentralheizungen klar gestellt werden sollen, dann müssen an Stelle von Vermutungen Beweise treten, und der betreffende Kritiker muß Klarheit von dem Wollen und Können der Technik besitzen, nicht aber von einzelnen vielleicht minderwertigen Anlagen oder von deren ungünstigem Betrieb allgemeine und das Fach schädigende Schlüsse ziehen.

Wenn der Verfasser des betreffenden Artikels zu dem Ergebnis kommt, daß Warmwasserheizung sich besser als Niederdruckdampfheizung für Wohnräume eignet, so sagt er Altbekanntes und von mir in Wort und Schrift schon immer Vertretenes. Die Wahl einer Heizungsanlage hat aber die ausführende Firma nicht immer in der Hand, für sie ist vielfach nur die Billigkeit ausschlaggebend. Freilich sollten gewissenhafte Firmen — und nur nach dieser Richtung trifft die Technik ein Vorwurf — in solchen Fällen lieber die Ausführung ablehnen, als eine Anlage erstellen, die durch ihre dürftige Ausführung gerechten Ansprüchen nicht entsprechen kann.

2. Einholung und Prüfung der Angebote.

Angebote, die der Ausführung zugrunde gelegt werden sollen, müssen selbstverständlich vor Beginn der Bauausführung eingeholt werden und können nur nach eingehender Berechnung, also auf Grund eines durchgearbeiteten Entwurfs, abgegeben werden.

Die richtige Berechnung ist aber auch bei richtiger Wahl des in Anwendung zu bringenden Systems für die zufriedenstellende Wirkung nicht allein ausschlaggebend, ebensowenig wie die Wohnlichkeit und Zweckmäßigkeit eines Raumes nicht allein von der soliden Herstellung des Gebäudes und den richtigen Maßverhältnissen, sondern auch von der Ausstattung wesentlich abhängen.

Die Forderungen, denen eine Heizungs- und Lüftungsanlage entprechen soll, müssen daher in jedem einzelnen Fall erwogen und sollten jederzeit in Gestalt eines schriftlichen Programms zum Ausdruck gebracht werden.

In der privaten Bautätigkeit findet dies in der Regel nicht statt, die Architekten beschränken sich meist auf persönliche Rücksprachen mit den Vertretern der Firmen. Die Folge davon ist dann meist der Eingang sehr verschiedenartiger Angebote, die, wenn nicht das Vertrauen die Übertragung der Ausführung bewirkt, dahin führen können, daß — nicht zum Vorteil der Technik — wieder die Billigkeit entscheidet oder die Überredungkunst einer Firma zum Sieg verhilft.

Jedes Angebot auf Grund eines ausgearbeiteten Entwurfs stellt eine geistige Arbeit dar, die — auch nach gesetzlichen Bestimmungen — Eigentum des Verfertigers bleibt, solange sie nicht durch Entschädigung oder Übertragung der Ausführung in den Besitz des Auftraggebers übergeht. Mitunter wird aber mit diesem Eigentum zur Erlangung billigster Ausführung von skrupellosen Auftraggebern in unverantwortlicher Weise umgegangen, indem die Angebote gegeneinander ausgespielt werden. Der beste Entwurf wird den anderen Firmen zugänglich gemacht oder Abbietungen auf ein Angebot noch nachträglich in aller Stille entgegengenommen oder gar unter willkürlicher Aufhebung des Wettbewerbs ein zweiter veranstaltet, zu dem die Vordersätze des Kostenanschlags vom besten Angebot des ersten Wettbewerbs als Blankett zur nochmaligen Preisabgabe hinausgegeben werden.

Solche Fälle sollten mit voller Namensnennung des Auftraggebers öffentlich gebrandmarkt werden.

Bei den Gemeinden war früher das Blankettverfahren fast ausschließlich üblich, heutigentags glücklicherweise in vermindertem Maße. Bei großen und nicht landläufigen Anlagen ist meist ein beschränkter Wettbewerb üblich geworden.

Gegen das Submissionswesen und seine Schädlichkeiten für unser Fach ist schon so viel gesagt und geschrieben worden, daß ich mir bei der Kürze der Zeit versagen kann, hierauf näher einzugehen — nur so viel will ich wiederholen, daß eine Heizungs- oder Lüftungsanlage kein Lieferungsgeschäft wie Ziegelsteine ist und daß bei einem Blankettverfahren die Erfahrungen der ausführenden Firmen ausgeschaltet werden. Vorschläge für Änderungen der Ausführung werden beim Blankettverfahren, da deren Prüfung doch wieder vom Verfertiger des Entwurfs vorzunehmen sind, meist ungern entgegengenommen, auch von der ausführenden Firma nicht gern gemacht, um nicht etwa in Ungnade zu fallen. Diese Furcht sollten sich freilich die Ingenieure abgewöhnen. Zum Glück wird ja zurzeit von vielen hervorragenden Körperschaften an der Beseitigung der Schäden des Submissionsverfahrens gearbeitet, doch auch der Einzelne sollte in dieser Beziehung stets seinen Mann stellen.

Blankettverfahren mag allenfalls bei immer wiederkehrenden Gebäuden wie z. B. Schulen, für die sich ein bestimmtes Anlagesystem herausgebildet hat, zulässig erscheinen, m. E. aber auch nur unter der Voraussetzung, daß Firmen, denen ein Vertrauen für ihr geistiges und wirtschaftliches Können nicht zugebilligt werden kann, keine Berücksichtigung finden, daß eine Pauschalvergebung der Anlage ausgeschlossen bleibt, sondern die Bezahlung nach Maßgabe des Aufmaßes erfolgt und daß das billigste Angebot von Haus aus keine Annahme finden darf. Bei solchen Bedingungen werden die wettbewerbenden Firmen sich zwar mit einem geringen Verdienste begnügen, keine wird aber Schleuderpreise einsetzen, die für keine Partei zu einem guten Ende führen können.

Was den b e s c h r ä n k t e n Wettbewerb bei Behörden betrifft, bei dem die aufgeforderten Firmen auch den Entwurf anzufertigen haben, ist die Aufstellung eines sorgfältig überdachten Programms von größter Bedeutung für das Gelingen der Anlage.

Ein solches Programm setzt naturgemäß vom Verfertiger voraus, daß er nicht nur die Erfordernisse in hygienischer Beziehung für den vorliegenden Fall kennt, sondern auch, daß er ein volles Verständnis für die Technik und ihre neuesten Errungenschaften besitzt. Das Programm muß das zu wählende Heizungs- und Lüftungssystem genau vorschreiben, keine Alternativentwürfe zulassen, alle Forderungen genau präzisieren, ohne aber die Bewerber in der freien Entwickelung ihrer Erfahrungen zu beschränken, auch soll es den Bewerbern stets gestatten, Verbesserungsvorschläge für die Ausführung zu machen. Bei dem Wettbewerbsentwurf freilich soll das Programm ausschließlich Geltung behalten, da nur dann für den Beurteiler eine gerechte und unparteiische Prüfung möglich ist.

Leider wird häufig auf ein sorgfältig durchgearbeitetes Programm, das doch das Fundament der ganzen Anlage bildet, zu wenig Wert gelegt. Auf einem ungenügenden Fundament kann nie ein sicherer Bau errichtet werden.

Die Bewerber sind sorgfältig auszuwählen, nicht die Größe, aber das Können und die wirtschaftliche Potenz einer Firma haben hierbei zu entscheiden. Es sollte keine Firma, nur weil sie darum ersucht oder weil sie von einem Freund oder einem Stadtverordneten aus Lokalpatriotismus empfohlen wird, von der Behörde zugelassen werden, wenn der bauleitende Architekt nicht überzeugt ist, daß sie der vorliegenden Aufgabe theoretisch und praktisch gewachsen ist. Einer solchen Firma würde durch Zuziehung großes Unrecht geschehen, weil sie von der Bauleitung doch nicht berücksichtigt werden könnte und weil die ihr erwachsenden Kosten und Mühen selbst bei Zubilligung einer Entschädigung niemals gedeckt werden würden, der Bauleitung dagegen würde eine große Erschwernis erwachsen, da die zugelassene Firma bei Lieferung eines leidlichen Entwurfs — selbst wenn er mit fremder Hilfe gefertigt wäre — und bei einem billigen Angebot Anspruch auf volle Berücksichtigung

erheben kann. Ein guter Entwurf und eine solide und sachverständige Ausführung sind aber zwei Dinge, die nicht beiein-
ander zu wohnen brauchen.

In neuerer Zeit hat sich auch — zum Glück in vereinzelten
Fällen, die aber wichtig genug sind, um an das Licht gezogen zu
werden — bei Firmen, die lediglich einzelne Bestandteile für
Heizanlagen fertigen und liefern, die Praktik herausgebildet,
auch Entwürfe zu fertigen und sie — auch unter Kreditge-
währung — kleinen Installateuren, Schlossern usw. für die
Ausführung mit der Maßgabe zur Verfügung zu stellen, Lieferanten der Bedarfsartikel zu sein. Das ist für das Ansehen
und die Entwickelung der Heizungstechnik — ähnlich wie das
Kurpfuschertum für die Medizin — ein Schlag ins Gesicht,
dessen Abwehr mit allen Mitteln herbeigeführt werden sollte.

Die Verwaltung einer größeren Stadt handelt m. E. verständlich, wenn sie bei Vergebung von Arbeiten in erster Linie
an ihre Steuerzahler denkt, und sofern sie über eine genügende
Anzahl vertrauenswürdiger Firmen verfügt, nur diese zum Wettbewerb einladet, sie handelt aber unrichtig und ungerecht,
wenn sie zu einem Wettbewerb auswärtige Firmen zuzieht,
diese aber dann nicht wie die ortsansässigen Firmen behandelt,
d. h. ihnen nicht bedingungslos den Zuschlag erteilt, wenn von
ihnen die beste Arbeit geliefert worden ist.

Im allgemeinen muß aber mit Dank anerkannt werden,
daß sich die Anschauungen der Stadtverwaltungen zugunsten
und zur Förderung der Heizungstechnik gegen früher wesentlich geändert haben, daß immer mehr das Bestreben herrscht,
wissenschaftlich und praktisch ausgebildete und erfahrene
Heizungsingenieure ihrem Beamtenstande anzugliedern und
ihnen eine ihrem Wissen und Können entsprechende Stellung
einzuräumen, daß die Erkenntnis immer weiter an Boden ge-
winnt, Entwurf und Ausführung großer Anlagen als eine
schwierige und beachtenswerte technische Leistung zu betrachten.

Man darf wohl zuversichtlich annehmen, daß mit der Zeit
alle Behörden die Ausschreibung und Behandlung unserer
Anlagen, auch bei einem engeren Wettbewerb die Entschädigung der unterliegenden Bewerber, nach dem Vorgehen der

preußischen Staatsregierung handhaben werden. Der Erlaß des Ministers der öffentlichen Arbeiten und des Ministers für Landwirtschaft, Domänen und Forsten vom 31. August 1908 und der Erlaß des Ministers der öffentlichen Arbeiten vom 4. September 1912, die ein hocherfreulicher Ausdruck der Würdigung der technischen Arbeiten sind, sollten überall Eingang und Beachtung finden, wo der Arbeitskraft und Leistung des Ingenieurs verantwortungsvolle Aufgaben gestellt werden.

Was nun die Prüfung der Angebote betrifft, so setzt diese selbstverständlich, ebenso wie die Aufstellung des Programms, umfassende Kenntnisse und Erfahrungen auf dem Gebiete voraus. Eine jede Anlage — auch die kleinste — muß, wie von der ausführenden Firma, so auch seitens des Bauleiters und des Beurteilers individuell behandelt werden, wenn sie ihren Zweck voll erfüllen soll.

Bei der Prüfung hat natürlich die Erfüllung des Programms und die sichere Erzielung der geforderten Leistung als Richtschnur zu dienen, und die Anordnungen und Konstruktionen sind vom hygienischen, technischen und wirtschaftlichen Standpunkt, von der Übersichtlichkeit und von der Einfachheit und Sicherheit des Betriebes zu beurteilen.

Es ist dies nicht immer eine leichte Arbeit, sie erfordert, daß der Prüfende mit den neuesten Errungenschaften der Wissenschaft und Praxis der Technik in steter Fühlung geblieben ist, und ich fasse seine Aufgabe nicht nur auf, zu sagen, welches Angebot das empfehlenswerteste ist, sondern auch, welche Änderungen und Ergänzungen es bei der Ausführung noch erhalten soll oder muß.

Sofern bei einem Wettbewerb um eine Heizungs- oder Lüftungsanlage der bauleitende Architekt nicht über die nötigen Erfahrungen und Spezialkenntnisse verfügt, die für die richtige Wahl des Systems, die Anfertigung des Programms und Prüfung der Angebote erforderlich sind, so ist ihm stets die Zuziehung eines Sachverständigen zu empfehlen.

Auch Gemeinden ist bei neuartigen und umfangreichen Anlagen, schon zur Verminderung der Verantwortung ihres eigenen Heizungsingenieurs, zu raten, noch einen außerhalb der Industrie stehenden Sachverständigen zu befragen.

Für die Ausführung einer Anlage halte ich, sofern die Prüfung der Entwürfe sorgfältig erfolgt ist und alle Fragen, Zusätze und Ergänzungen erledigt sind und die ausführende Firma zu den anerkannt tüchtigen und soliden Firmen gehört, die Zuziehung eines Sachverständigen weder für nötig noch für erwünscht, da in dieser Beziehung die Erfahrungen einer erstklassigen Firma infolge ihrer vielseitigen Arbeiten meist denen eines außerhalb der Industrie stehenden Ingenieurs überlegen sind und die Firma allein die nötige Garantie für das Gelingen des Werkes zu leisten hat. Allenfalls kann bei der Abnahme der Anlage ein Sachverständiger in Frage kommen.

Der Sachverständige muß natürlich auch ein Sachverständiger sein. Als solchen erachte ich den, der sich in der Praxis genügend erprobt, der selbständig gleichwertige Anlagen ausgeführt hat, der Objektivität und Urteilskraft besitzt, der wissenschaftlich gebildet ist, seine Ansichten und Vorschläge in jeder Beziehung überzeugend vertreten kann, der die Förderung des Werkes allen anderen Interessen voranstellt und überhaupt eine vollkommen integere Persönlichkeit ist.

Vorsicht in der Wahl des Sachverständigen ist daher dringend geboten, nicht jeder, der sich als »konsultierender Ingenieur« niederläßt, ist dieserhalb als Sachverständiger anzusehen. Niemand kann gehindert werden, der in seiner Stellung bei anerkannten Firmen nicht genügt hat, sein Fortkommen als »konsultierender Ingenieur« zu suchen.

Häufig ist schon die Ansicht ausgesprochen worden, daß man dahin streben sollte — ähnlich wie in den Vereinigten Staaten es üblich ist —, die Anfertigung der Entwürfe von der Ausführung zu trennen, erstere durch konsultierende Ingenieure, letztere durch Spezialfirmen bewirken zu lassen.

Nichts würde verkehrter sein, nichts den derzeitigen Stand der Technik in Deutschland schwerer treffen und ihn mehr erniedrigen können, als eine solche Maßnahme. Unser Fach hat die achtunggebietende Höhe erreicht, gerade weil die Entwürfe nicht in den Händen einzelner Zivilingenieure gelegen haben, weil jede Firma ihre reichen Erfahrungen geltend machen kann und weil eine in richtigen Bahnen laufende Konkurrenz als das beste Mittel für die Förderung eines Fachgebietes angesehen werden kann. Mir ist manchmal die Frage gestellt worden, ob ich, statt als Sachverständiger bei einem Wettbewerb zu fungieren, nicht selber einen Entwurf für den Wettbewerb fertigen wollte, stets habe ich dies abgelehnt, weil ich die Geistesarbeit und die Erfahrungen, die bei einem Wettbewerb zusammenlaufen, stets denen eines einzelnen als weit überlegen erachte.

Aus diesem Grunde ist es m. E. auch unrichtig, d. h. nicht zweckdienlich, wenn die städtischen Ingenieure Entwürfe, die nicht landläufiger Natur sind, anzufertigen und dem Wettbewerb zugrunde zu legen haben.

Das amerikanische Prinzip scheinen neuerdings jüngere Ingenieure in recht bedenklicher Weise für die Heiztechnik zur Geltung bringen zu wollen. Es liegen mir mehrere allgemeine Schreiben vor, in denen sich Ingenieure den Firmen zur Anfertigung von Entwürfen usw. anbieten: Preis der Entwürfe nach Anzahl der Heizkörper; Zusage materieller Garantie für den Effekt bei Ausführung der Entwürfe fehlt.

Sogar ein großes Warenhaus stellt bereits Etagenheizungen aus und spielt die Vermittlerin zwischen Nachfrage und Angebot.

Wenn eine Firma nicht imstande ist, selbst ihre Entwürfe fertigen zu können und sich mit fremden Federn schmückt, so ist nur zu wünschen, daß sie baldigst von der Bildfläche verschwindet, und wenn das Streben, unfähige Firmen in der Stille mit Entwürfen zu versehen, weiter an Boden gewinnen sollte, so kann man den Behörden nur empfehlen, bei jedem Wettbewerb sich eine eidesstattliche Versicherung geben zu lassen, daß der eingereichte Entwurf auch die Geistesarbeit der betreffenden Firma ist.

3. Ausführung der Anlagen.

Die Heizungs- und Lüftungstechnik hat zurzeit keinen leichten Stand. Zur Ausführung minderwertiger Anlagen gehören nur geringe Kenntnisse und Mittel, die Konkurrenz ist enorm gewachsen und für den Betrag, der jährlich in Deutschland auf unserem Gebiete umgesetzt wird, eine viel zu große.

Wer sich von dem Umfang der Konkurrenz einen Begriff machen will, der sehe nur einmal in den Betrieb eines großen

Geschäftes hinein oder lasse sich den Prozentsatz mitteilen, der von den gemachten Angeboten, die aus einem Entwurf und einer eingehenden Berechnung hervorgegangen sind, sich zu Aufträgen gestaltet — der Prozentsatz ist ein verhältnismäßig sehr kleiner.

Die Arbeitslast und die Unkosten, die der Heizungsindustrie erwachsen, sind daher sehr bedeutend und bilden im Verein mit dem Umstand, daß die Angebote meist in verhältnismäßig kurzer Zeit gefertigt werden müssen, eine gewisse Entschuldigung dafür, daß in den Entwürfen — auch erstklassiger Firmen — mitunter Anordnungen und Konstruktionen enthalten sind, die dem Hochstand der Technik nicht entsprechen, oder daß nur die allernotwendigsten Teile für die Ausführung Berücksichtigung gefunden haben, der eigentliche Ausbau aber und somit die individuelle Behandlung vernachlässigt wird.

Freilich spielt die Kostensumme für die Übertragung der Ausführung an eine Firma eine bedeutende Rolle, und wenn ein mangelhaftes Programm für das Angebot vorgelegen hat oder der das Angebot Prüfende keine genügende Sachkenntnis besitzt, so entscheidet meistens nicht die Güte der Arbeit, sondern lediglich der Preis für die Auftragerteilung.

Bei den meisten Firmen herrscht noch zu wenig selbständiges Vertiefen in die Fortschritte der Technik und der Hygiene und in die Gesetze der Physik, dafür aber viel zu sehr die Schablone und kritiklose Nachahmung.

Einige Beispiele dafür. Als Kapitän R e c k mit seinem gewiß interessanten System der Schnellstromheizung auftrat, da suchte jede Firma ihm nachzueifern, ihn womöglich zu übertreffen, unzählige Patente wurden angemeldet und erteilt und derartige Anlagen als die eigentlichen Zukunftsheizungen gepriesen. Heute werden derartige Schnellstromheizungen kaum noch in Deutschland ausgeführt, weil sie nur in ganz vereinzelten Fällen am Platze sind.

Seit der Zeit, daß sich bei einigen Lüftungsanlagen die Führung der Luft durch die Räume von oben nach unten als nötig oder zweckmäßig erwiesen hat, ist diese Art der Lüftung geradezu Mode geworden. Abgesehen davon, daß der Betrieb derartiger Anlagen — insofern sie dem natürlichen Auftrieb der Luft entgegenarbeiten — sich am teuersten gestaltet, ist bei ihnen in vollbesetzten Räumen die Erfüllung der Forderung einer angemessenen Temperatur, ohne Zugerscheinungen zu verursachen, am schwierigsten zu erfüllen, mitunter unmöglich.

Bei Fernheizungen wird gegenwärtig, wenn die anzuschließenden Gebäude durch Wasserheizkörper erwärmt werden sollen, meistens und mit Recht eine Warmwasserheizung mit Pumpenbetrieb in Anwendung gebracht. Es hat die gute Wirkung dieser Anlagen dahin geführt, auch für einzelne nicht sehr umfangreiche Gebäude, für die eine gewöhnliche Warmwasserheizung, also eine Heizung ohne maschinellen Betrieb, vollkommen genügt, Pumpenbetrieb in Vorschlag zu bringen, weil die Anlage sich etwas billiger gestaltet. Ich bezeichne das als Unfug.

Man fängt auch gegenwärtig an, über 100⁰ warmes Wasser bei Fernwarmwasserheizungen zu verwenden. In Fällen, in denen sonst die Ausnutzung zur Verfügung stehender Abwärme infolge zu großer Horizontalausdehnung der Anlage nicht möglich ist, kann eine derartige Anlage angezeigt erscheinen. Sollten derartige Anlagen aber zur Mode werden, so würde ich dies als einen Fehler bezeichnen.

M. H. Diese wenigen Beispiele sollen nur zeigen, wie wichtig es ist, zwar von allen Neuerungen Kenntnis zu nehmen, aber Kritik zu üben, keiner Mode zu folgen, sondern den Nutzen und die Grenzen der Anwendung genau zu überlegen, denn jede unverständige Anwendung übt einen schädigenden Einfluß auf die Heizungsindustrie aus.

Ich betonte vorhin, daß der Ausbau der Anlagen oft zu sehr vernachlässigt wird. Ich verstehe unter Ausbau alles das, was dazu dient, dem Besitzer und dem Bewohner die Anlage zu einer Freundin zu machen, über die er sich niemals zu ärgern hat.

Für den Besitzer einer Anlage ist neben der sicheren Erzielung des Effekts die Wirtschaftlichkeit des Betriebs von großer Bedeutung. Da findet man aus Gründen der Billigkeit die Annahme kleiner Kesselheizflächen, die eine hohe Beanspruchung bei geringerem Nutzeffekt erfordern, minderwertiges Isoliermaterial zur Umhüllung freiliegender Rohrleitungen, fast niemals auch nur die einfachste, nur geringe Kosten verursachende Einrichtung für Signale nach dem Heizerstande zur Angabe zu hoher und zu niedriger Raumtemperaturen. Der Heizer soll die Räume nicht betreten, meist hat er auch nur ein geringes Verständnis für den Heizbetrieb, ist auch mit anderen Arbeiten überhäuft — wie soll er die Anlage ohne Meldevorrichtung richtig bedienen können? Kommen Klagen über ungenügende Erwärmung, so kümmert er sich entweder nicht um sie oder überheizt die Räume, und die Bewohner öffnen dann meist die Fenster.

Auch fehlen oft sachgemäße Instruktionen für den Heizbetrieb. Bei unseren gewöhnlichen Wohngebäuden sind die Portiers die Heizer, also meist völlige Laien. Wie nötig Instruktionen sind, illustriert folgende mir gemachte Mitteilung. Eine Warmwasserheizung enthielt zwei Kessel. Bei niedriger Außentemperatur liefen heftige Klagen über ungenügende Erwärmung der Räume ein. Die betreffende Firma wurde alarmiert und fand, daß der Heizer zwar beide Kessel in Betrieb hatte, aber im Vorlauf nur auf 40^0 hielt. »Warum heizen Sie denn nicht bei dieser Kälte auf 80^0?« »Das tue ich ja, 2×40 ist doch 80.«

Was die Bewohner des Gebäudes betrifft, so dürfen, falls von ihnen keine Klagen über die Heizanlage geführt werden sollen, nicht nur geringe Schwankungen an den gewünschten Wärmegraden vorhanden sein, sondern es muß der Eigenart der Räume durch Anordnung der Heizkörper, den hygienischen Forderungen durch Gestaltung, Verkleidung und Temperatur der Heizkörper Rechnung getragen werden. Vielfach findet man, daß die Heizkörper nur nach Maßgabe der geringsten Anzahl von Vertikalsträngen Aufstellung finden, daß ohne Überlegung wertvolle Wandflächen oder sämtliche Fensternischen mit Heizkörpern bepanzert werden, daß die Verkleidungen gar nicht oder nicht bequem genug für das notwendige Reinigen entfernt werden können, daß Heizkörper hinter oder gar auf Kaminen angeordnet werden, so daß die Luft über Fußboden keine genügende Erwärmung findet, daß die Ventile oder Hähne zwar eine sehr vertrauenerweckende, aber völlig unrichtige Skala zum Einstellen der Temperatur besitzen und was der Dinge mehr sind. Gerade die Zentralheizung besitzt mehr als die Ofenheizung die Möglichkeit, den Räumen Behaglichkeit durch richtige Ausführung zu sichern — dieser Vorteil sollte immer der leitende Gedanke bleiben.

Die Fühlbarkeit der Fehler einer mangelhaft durchdachten Anlage erstreckt sich für den Bewohner sogar bis auf die Kellerräume. In den erstklassigen Wohnhäusern, die mit allem modernen Komfort ausgestattet werden und hohe Mietserträgnisse bedingen, werden die Kellerräume fast immer erbarmungslos ihrem Zweck — besonders dem Aufbewahren von Wein — entzogen, da sie durch die angestrebte billige, aber zweckwidrige Führung und Umkleidung der Rohrleitung zu hohe Erwärmung zeigen. —

Bei den Berechnungen werden, wenn nicht ausdrückliche Forderungen vorgeschrieben werden, meist hohe Grenzwerte zugrunde gelegt, bei der Wasserheizung eine Temperatur im Vorlauf von 90° auch 95°, bei der Niederdruckdampfheizung nicht genügende Druckabfälle vor den Heizkörpern angenommen, so daß bei dem täglichen Anheizen störende Geräusche eintreten.

Die üblichen Zuschläge zur Transmission halte ich für das Anheizen und allenfalls für die Lage der Räume nach der Himmelsgegend, nicht aber für Windanfall für nötig, da heute der Wind aus Norden, morgen aus Süden blasen kann und daher bei Zuschlägen nach der einen Richtung, bei Windstille oder Windanfall von der anderen Richtung Ungleichheiten der Erwärmung eintreten müssen. Dagegen würde ich aber stets fordern, daß entsprechend niedrige Grenzwerte der Berechnung zugrunde gelegt werden, um auch außergewöhnlichen Witterungsverhältnissen mit Sicherheit begegnen zu können.

Zwei nach Lage, Entwurf und Benutzung gleichartige Gebäude können je nach Güte ihrer Ausführung, nach der Schnelligkeit ihrer Vollendung, die leider z. Zt. an der Tagesordnung ist, sehr verschiedenen Wärmebedarf aufweisen. Bei den von Behörden und unseren angesehenen Architekten errichteten Gebäuden wird man stets mit dem Bestreben solidester Ausführung, nicht aber immer mit der Kenntnis aller für die Wirtschaftlichkeit in Frage kommenden Verhältnisse rechnen können. Z. B. für eine Wand mit Luftschicht wird ein geringerer Transmissionskoeffizient angenommen als für eine volle Wand gleicher Wandstärke. Voraussetzung für die Richtigkeit ist aber, daß die Wand luftundurchlässig hergestellt wird, da sonst bei Windanfall gerade die umgekehrte Wirkung eintreten wird.

Für die Wahl von einfachen oder Doppelfenstern gibt häufig der Anschaffungspreis den Ausschlag. Durch Berechnung ist aber festzustellen, daß Doppelfenster sich durch Ersparnisse im Betrieb der Heizanlage meist mehr als bezahlt machen.

Auf den sicheren Schluß der Fenster wird häufig zu wenig Rücksicht genommen. Fenster aus nicht genügend trockenem Holz gefertigt, ungeölt in den Bau, noch ehe dieser eine gewisse Trockenheit erhalten hat, womöglich vor dem Putzen eingesetzt, werden anfangs zwar gut schließen, später aber mit Sicherheit in den Fugen zum Schaden der Wärmeökonomie luftdurchlässig werden.

Bei Lüftungsanlagen ist auf die gute Ausführung der Umfassungswände ganz besonderer Wert zu legen, mangelhafte Ausführung kann Effekt und Betriebskosten sehr ungünstig beeinflussen.

So könnte ich noch mehr Beispiele anführen, sie alle beweisen, wie der Ingenieur Hand in Hand mit dem Architekten gehen muß, um zufriedenstellende Anlagen errichten zu können, und wie nötig es ist, sich bei jeder Anlage eingehende Klarheit über die Güte der Ausführung zu verschaffen und auf Dinge, die auf den Effekt der Anlage einen schädigenden Einfluß ausüben müssen, den Architekten aufmerksam zu machen. Dies geschieht viel zu wenig, auch werden Ratschläge der Firmen oft zu wenig beachtet, und ich glaube, daß dies die Ursache so mancher späterer Klagen und der häufigen Prozesse ist, die alle interessierten Teile zu beklagen haben.

Fehler macht ein jeder, und wer behauptet, keine Fehler zu machen, der hat auch noch nichts Gutes gemacht. Wenn aber bei einer Anlage ein Fehler vorliegt, dann fügt der Ingenieur, der ihn ableugnet, noch einen größeren Fehler hinzu. Die schnelle und kostenlose Erledigung von Fehlern ist — wie überhaupt alles, was man unter Kulanz versteht — für den Geschäftsmann von größter Bedeutung, wird aber häufig von

Firmen, in denen nicht genügend großkaufmännischer Sinn
herrscht, zu wenig beachtet.

Überhaupt wird das Kaufmännische in der Heiztechnik
noch nicht genug geübt. Keine Ingenieurfirma wird Großes
leisten können, die nicht auch kaufmännisch großzügig geleitet wird.

Der Kaufmann sollte überhaupt seitens der Ingenieure
mehr Achtung finden, als es durchschnittlich zurzeit noch
der Fall ist. Die Ingenieure einer Firma fertigen den Entwurf
und stellen die Vordersätze des Kostenanschlags fest, der Kaufmann setzt die Preise ein — nur ein inniges Zusammenarbeiten
beider kann zu Erfolgen führen —, viele Wege führen nach Rom.
Die Grundlage eines technischen Geschäftes bilden — außer
der Ingenieurarbeit — Kalkulation und Statistik; die Kalkulation wird häufig viel zu schablonenmäßig über das Knie ge-
brochen, wenn nicht der Ingenieur auch kaufmännisches, der
Kaufmann technisches Verständnis besitzt.

Von dem Bestehen neu errichteter Anlagen sollte eine
Firma mehr Kenntnis als bisher nehmen, nicht um Fehler zu
finden, die sie gelegentlich gegen den Verfertiger ausspielen
könnte — das wäre ein niedriger Standpunkt —, sondern um
an den Vorzügen und nicht minder an den Mängeln zu lernen,
eingedenk des alten Wortes: »Wer ist Meister? Der was ersann;
wer ist Geselle? Der was kann; wer ist Lehrling? Jedermann!«

Schon zu lange, m. H., habe ich Ihre Zeit in Anspruch genommen, daher zum Schluß nur noch die Frage: Was ist zu tun?

Die Beantwortung geht zum größten Teil aus dem Gesagten
hervor, soweit es nicht der Fall ist, noch einige Bemerkungen.

Zunächst halte ich für nötig, mehr als bisher das Laien-
publikum durch Wort und Schrift über alle Fragen, die die
Heiztechnik betreffen, auch die Mieter von Wohnungen über
das, was sie von dem Wirt von der Heizung kontraktlich
fordern können, in vollkommen objektiver Weise aufzuklären
und hierzu auch umfänglich die Tagespresse mit Aufsätzen zu
versorgen.

Auf gar manches ist zu verweisen, das bisher noch in tiefem
Schlummer, auch bei den Fachgenossen, liegt. Z. B.: Wie viele
reiche Leute geben für alles mögliche, Zweckliches und Zweck-

loses, große Summen aus. Wie angenehm würde es ihnen sein, im heißen Sommer über kühle Räume zu verfügen — mit kühlem Brunnenwasser ist das ohne allzu große Kosten zu erzielen. Werden denn aber solche Anlagen in irgend nennenswerter Anzahl ausgeführt? Nein — und warum nicht? Weil die Aufklärung fehlt. Und wer soll die Aufklärung geben? Die Ingenieure, die allein solche Anlagen ausführen sollen — und das sind Sie, meine Herren!

Für die Aufklärung der Bauausführenden, der Architekten und Behörden, hat in erster Linie die Fachpresse zu dienen, und wenn ich auch deren Fortschritte gegenüber der Zeit vor 10—15 Jahren und die großen Schwierigkeiten, die ihr oft entgegenstehen, nicht verkenne, so möchte ich sie doch bitten, mit der Aufnahme von Artikeln noch kritischer als bisher zu verfahren. Als Muster hierfür verweise ich auf die Zeitschrift des Vereins Deutscher Ingenieure. Eine technische Zeitschrift soll Leiterin der Technik sein, was nicht der Fall ist, wenn die Artikel vor ihrer Aufnahme nicht strenge Kritik passieren. Die Presse ist eine Macht, sie übt auf manche Menschen eine wunderbare Kraft aus, und besonders der Laie steht naturgemäß leicht auf dem Standpunkt: »Und klingt die Mär auch wunderbar, sie ist gedruckt und darum wahr.« Vor allen Dingen muß auch die Fachpresse alle Artikel ausschalten, denen die Reklame auf der Stirn steht; dazu können die Inserate dienen, für die eine Redaktion keine Verantwortung hat. Ebenso müssen Einwendungen und Erwiderungen, die ein Artikel hervorruft, der Zensur unterliegen, da solche stets sachlich, niemals persönlich oder gar verletzend gehalten sein sollen. Die Vornehmheit einer Fachpresse nach Form und Inhalt ist von größter Bedeutung für das Ansehen des Standes, den sie vertritt.

Alle Vorkommnisse, die einem ehrlichen Wettbewerb ins Gesicht schlagen, sollen öffentlich, aber in sachlicher Weise besprochen und an den Pranger gestellt werden. Ein einzelner kann das nur selten tun, da er leicht der Voreingenommenheit, des Konkurrenzneides usw. geziehen wird, er auch Schädigung seiner Lebensinteressen gewärtig sein muß.

Zu allem großen Wirken gehört Geschlossenheit der Interessenten, der beste Führer ohne genügende Gefolgschaft kann nur wenig erreichen, und so ist auch die Förderung unseres Faches nur möglich, wenn sich seine ernsten Vertreter zusammenfinden und ein jeder bestrebt ist, nicht nur seine wirtschaftlichen Interessen zu verfolgen, sondern auch der Allgemeinheit zu dienen und ihr auch, wenn nötig, Opfer zu bringen.

Meines Erachtens sollte der »Verband Deutscher Centralheizungs-Industrieller« das Amt eines Führers der Heiztechnik mehr, als es bisher der Fall war, übernehmen, freilich müßten ihm weitere Rechte und Pflichten übertragen werden, als nur die Wahrung der privatwirtschaftlichen Interessen seiner Mitglieder. Nicht jede Firma dürfte im Verband Aufnahme finden, die Mitgliedschaft müßte durch Majoritätsbeschluß erfolgen.

Der Verband müßte eine Zentralstelle werden für die Vertretung aller Interessen des Faches oder eine solche ins Leben rufen, falls er glaubt, daß er nach seiner Zusammensetzung oder Organisation dieser Aufgabe nicht gewachsen ist.

Die Fachzeitschriften müßten in jeder Nummer einen Hinweis auf die Aufgaben und die Tätigkeit dieser Zentralstelle bringen, um immer wieder alle Interessenten auf die Stelle zu verweisen, wo sie sich Auskunft und Rat holen können. Ich bin fest überzeugt, daß hierfür ein Weg zu finden ist; denn wo ein Wille, da ist auch ein Weg.

Was die einzelnen Firmen betrifft, so sollte das Bestreben sich weiter verdichten, nur eine segenbringende Konkurrenz zu üben, das häufig gehandhabte gegenseitige Abjagen von Aufträgen durch bedenkliche Preisunterbietungen zu unterlassen, lieber wenige Anlagen mit dem angemessenen Verdienst als eine große Anzahl auszuführen, die der Billigkeit halber den Stempel der Mangelhaftigkeit tragen müssen und der Sorgen, der Arbeit und Mühen, die sie verursachen, nicht wert sind. Für das Emporblühen und für die pekuniären Erfolge einer Firma ist stets die Qualität der Quantität der Ausführungen überlegen.

Die Firmen sollten daher auch nur solche Ingenieure mit den Entwürfen und Ausführungen beschäftigen, die ihrer Aufgabe voll gewachsen sind, sowohl in hygienischer wie technisch-wissenschaftlicher Beziehung. Auch bei der Wahl ihrer kaufmännischen Beamten sollten sie besondere Vorsicht walten lassen und nicht nur die doppelte Buchführung und die schablonenmäßige Kalkulation als genügend erachten.

M. H. Sie werden mir vielleicht vorwerfen, daß ich in meinen Betrachtungen zu sehr grau in grau gemalt und zu sehr theoretisiert habe, daß unsere Erfolge gegen das Gesagte sprechen. Gewiß! ich betone es, und zwar in unterstrichenem Maße gern noch einmal: es sind in unserer Technik ausgezeichnete Erfolge zu verzeichnen, aber ich füge hinzu, die Aufgaben der Heiztechnik werden immer größere und ihre Lösungen fallen immer mehr dem Gebiete des Maschinenbaus zu. Schon jetzt führen große Firmen, die nicht der Heiztechnik angehören, auch auf unserm Gebiet einschlagende Anlagen aus, und ich möchte Ihnen zurufen: lassen Sie sich nicht das Zepter aus der Hand nehmen!

Immer wiederkehrende Mängel und Fehler von Anlagen hemmen nicht nur die Entwickelung der Technik, sondern fallen auch stets auf die ausführenden Firmen und auf das Fach zurück. Niemals wird bei einer an sich gut ausgeführten, aber den hygienischen Forderungen oder dem Stand der Technik nicht entsprechenden Anlage gesagt werden: »die Mittel haben zu einer besseren Anlage nicht ausgereicht«, oder .. »das genügende Verständnis der Bauleiter hat für eine bessere Ausführung gefehlt ..«, sondern: »die Firma war ihren Aufgaben nicht gewachsen«, oder — was noch schlimmer ist — »das Können der Technik liegt noch im argen«.

Die eigentlichen Lehrmeister der praktischen Heiztechnik sind Sie, meine Herren! Von Ihnen und Ihren Arbeiten hängt es in erster Linie ab, ob die noch herrschenden Vorurteile verstummen, die Unstimmigkeiten verschwinden und freie Bahnen für siegreiches Fortschreiten geschaffen werden. Und für alles siegreiche Fortschreiten gilt auch heute noch der weise Ausspruch, der einst am Eingang des Tempels zu Delphi prangte: »Erkenne dich selbst!« (Anhaltender lebhafter Beifall.)

Vorsitzender Geheimer Oberbaurat U b e r:

Sie haben schon durch Ihren Beifall Ihre Freude und Ihre Zustimmung zu dem Vortrag bekundet und angedeutet, daß er uns alle begeistert hat. Ich glaube in Ihrer aller Namen zu

sprechen, wenn ich Herrn Geheimrat Rietschel für seine hoch-
interessanten Ausführungen herzlichsten Dank ausspreche.
(Lebhafter Beifall).

Bevor wir in die Diskussion eintreten, bitte ich eine Pause
eintreten lassen zu dürfen. Diejenigen Herren, die sich an
der Diskussion beteiligen wollen, mögen sich während der Pause
hier in die Rednerliste eintragen.

Nach der Pause nimmt die Versammlung zunächst einige
geschäftliche Mitteilungen des Herrn Geheimrats H a r t -
m a n n entgegen.

Vorsitzender Geheimer Oberbaurat U b e r :
Ich eröffne

die Diskussion

über den Vortrag und erteile das Wort zunächst Herrn
Ingenieur S c h i e l e .

Ingenieur Ernst S c h i e l e , Hamburg:

Meine Herren! Aus der Praxis ist der Mann gekommen,
dessen Worte wir soeben hören durften, aus der Praxis heraus
ist er auf den ersten Lehrstuhl für Heizungs- und Lüftungstechnik berufen worden. Wie er mit der Praxis verbunden
geblieben ist, hat er durch seine Ausführungen bewiesen, und
ich bin sicher, namens der Heizungsindustrie in ihrer Gesamt-
heit hier aussprechen zu dürfen, daß das Herz uns voll ist von
Dankbarkeit für das, was er je und auch heute wieder für uns
getan hat, ihn weiter versichern zu dürfen, daß wir ihm die
Treue halten werden, wie er sie uns gehalten hat und halten
wird, und daß wir auch für seinen Tadel allezeit ein dankbares
Ohr haben werden. (Lebhaftes Bravo und Beifall.)

Diplomingenieur d e G r a h l , Zehlendorf-West:

Herr Geheimrat Rietschel hat eine ganze Anzahl von Klien-
ten auf die Anklagebank zitiert. Ich glaube, wir sind ihm alle
für die offenherzige Kritik dankbar. Jedenfalls verzichte ich
für meine Person auf das Plädoyer der Freisprechung. Aber eins
möchte ich bezüglich der Artikel in der Presse hinzufügen. Ich
möchte bitten, das freie Wort nicht zu beschneiden, weil dies für
die weitere Entwicklung der Heizungsindustrie von größter
Wichtigkeit ist. Es steht schon im Talmud: »Streiten heißt
lernen.« Die Theorie strebt nach der in den Naturgesetzen

enthaltenen Wahrheit, die Praxis stützt sich auf die wirtschaftlichen Bedingungen, wie sie in Wahrheit sind. Welcher Wahrheit sollen wir in der Zukunft folgen? Sie werden mit mir empfinden, daß beide Wahrheiten sehr verschiedene voneinander sein können. Professor Blacher, Riga, verglich die Theorie mit dem Linienzug der Hyperbel, die Praxis mit der Asymptote hierzu. Beide können sich sehr weit voneinander entfernen, anderseits aber auch sehr nahe kommen. Zwischen beiden liegt ein ziemlich großer Raum, der mit der weiteren Entwicklung der Theorie und Praxis wohl überschritten werden dürfte. Aber dennoch werden sich die beiden Wahrheiten nie decken. Die Zwischenstufe zwischen Asymptote und Hyperbel, d. h. zwischen Theorie und Praxis, ist die angewandte Wissenschaft, die wir in erster Linie nicht vernachlässigen wollen. Als ihre Träger fungieren die technischen Hochschulen, die uns die Ingenieure ausbilden, und wenn diese die Reife der Hochschule erreicht haben, dann wollen wir ihnen auch das Recht einräumen, sich in der Fachpresse frei zu äußern; es wäre engherzig, die Aufnahme solcher Beiträge zu verweigern. Es steht ja jedem nachher in der Diskussion frei, etwaigen Unsinn zu berichtigen. (Bravo).

Privatdozent Dr. A. M a r x , Berlin-Wilmersdorf:

Gestatten Sie mir, auf den sachlichen Teil des Vortrages etwas näher einzugehen, weil ich glaube, daß er für unsere späteren Arbeiten draußen und für unsere Auftraggeber in einigen Punkten leicht zu Irrtümern Anlaß geben könnte. Ich halte mich dabei an die Disposition, die der Herr Vortragende selbst gewählt hat.

Es wurde zunächst behauptet, Lokalheizung solle in hygienischer Beziehung dasselbe leisten wie die Zentralheizung. Wir wissen aber, daß es die hygienische Grundforderung einer jeden Heizungsart ist, sowohl in wagerechter wie in senkrechter Beziehung überall im Raume dieselbe Temperatur zu schaffen. Wir wollen z. B. überall in 1,50 m Höhe 20 ° C, auch in der Nähe der Außenwände haben. Wenn wir nun die Heizkörper an den Innenwänden aufstellen, findet bekanntlich ein Kreislauf der Luft statt, am Heizkörper in die Höhe, an der Decke entlang zu den kalten Außenwänden, hier herunterfallend und über

den Fußboden wieder zurück zum Heizkörper. Dieser Strom-
kreis verursacht naturgemäß, daß unsere hygienische Grundforderung n i c h t innegehalten wird. Wir werden in einem
solchen Falle einen kalten Fußboden und eine warme Decke
haben, während selbstverständlich das Umgekehrte hygienisch
das allein Richtige wäre. Dieser Temperaturunterschied wird
um so größer sein, je größer der Wärmetransport an die Außenwände ist. Man ersieht daraus, daß die Lokalheizung in hygienischer Beziehung n i c h t dasselbe zu leisten vermag wie die Zentralheizung, es sei denn, daß man den Kachelofen wie die Heizkörper der Zentralheizung unter die Fensterbrüstungen montiert.

Ein zweiter Punkt ist sehr anzuerkennen, bedarf aber
auch einer gewissen Einschränkung. Es soll danach, und zwar
namentlich wohl von den Behörden, vor Vergebung der Auf-
träge eine Art Befähigungsnachweis der sich bewerbenden
Firmen gefordert werden. Dieser Wunsch des Herrn Vortragenden ist jedoch mit Vorsicht zu genießen. Es ist selbstverständlich richtig, bei großen Aufträgen von unbekannten Firmen
einen derartigen Befähigungsnachweis einzufordern, jedoch darf
die Sache nicht dahin ausarten, daß einzelne Firmen sich dadurch ein Monopol erringen, sondern es muß auch den auf-
strebenden jüngeren Firmen Gelegenheit gegeben werden,
sich in die Höhe arbeiten zu können.

In einem dritten Punkte stimme ich ganz mit Herrn Geheimrat Rietschel überein, und ich freue mich, daß meine Auffassung über die Berechtigung der Zivilingenieure in unserem
Fache durch seine Worte anerkannt worden ist. Ich habe zu
diesem Punkte jedoch noch aus einem anderen Grunde das
Wort ergriffen. Wie Sie sich vielleicht entsinnen werden, ist in
unserer Zeitschrift vor einiger Zeit ein Streit über die Berechtigung der Zivilingenieure entstanden[1]). Auf der einen Seite
wurde gefordert, die Zivilingenieure unseres Faches sollten
mit Stumpf und Stiel ausgerottet werden, auf der anderen
Seite wurde ihre durchaus berechtigte Existenz behauptet.
Ein solcher Kampf ist ein Kampf gegen Windmühlen, die Zivilingenieure sind da, und ihr Stand wird sich weiter entwickeln,

[1]) Vgl. Gesundh.-Ing. 1912, S. 497.

unsere Aufgabe aber sollte es sein, die junge Bewegung in die richtigen Bahnen zu lenken, und wenn hier und da Auswüchse vorkommen sollten, sie zu bekämpfen. In unserer Zeitschrift[1]) stand vor einiger Zeit ein Beispiel, wie ein Sachverständiger scheinbar nicht gerade sachverständig geurteilt hat. Warum wird der Name dieses Herrn nicht genannt, damit er sich entweder rechtfertigen kann oder man in künftigen Fällen vor ihm gesichert ist?

Der Herr Vortragende sagte weiter, man könne bei der Wärmeverlustberechnung einen bestimmten Windzuschlag n i c h t machen, weil der Wind bald von dieser, bald von jener Seite her blase, und er riet deshalb, den üblichen Windzuschlag fallen zu lassen. Diese Ansicht trifft n i c h t zu. An jedem Ort ist die vorherrschende Windrichtung immer dieselbe. Das wissen z. B. auch unsere Architekten ganz genau, denn sie legen mit Vorliebe die Nebenräume, Treppenhäuser, Küchen usw. an die Wetterseite. Der Wechsel der Windrichtung dürfte also kein Grund dafür sein, den Windzuschlag abzuschaffen. Anderseits aber hat er sich als sehr berechtigt herausgestellt, wie wohl jeder weiß, der öfters hat fertige Heizungsanlagen untersuchen müssen.

Ich möchte ferner dagegen Stellung nehmen, daß nach der Meinung des Herrn Geheimrats Rietschel der Verband Deutscher Centralheizungs-Industrieller die Führung in unserem Fache übernehmen soll, und zwar hauptsächlich aus dem Grunde, weil in dem Verband ein viel zu eng begrenzter Kreis von Fachgenossen vertreten ist. Bedenken Sie doch, die Besitzer von Zentralheizungsgeschäften können doch schon wegen ihrer viel zu geringen Zahl unmöglich unser Fach repräsentieren. Hierzu gehört doch auch mindestens die große Zahl der Angestellten, die zum größten Teil als tüchtige Ingenieure anerkannt werden müssen, die aber nicht in der glücklichen Lage sind, ein Zentralheizungsgeschäft zu besitzen. Wir können hierbei weiter nicht die große Zahl derjenigen ausschalten, die als Beamte, als Wissenschaftler oder als Zivilingenieure in unserem Fache tätig sind. Wollen Sie gerade die

---

[1]) Vgl. Gesundh.-Ing. 1913, S. 96 und 211.

letzteren nicht unterschätzen, die gedeihliche Entwicklung unseres Faches hängt in großem Maße davon ab, ob die Zivilingenieure richtig ausgewählt werden, und ob sie ihre Schuldig-
keit tun. Das Heranziehen aller dieser Fachgenossen ist entschieden notwendig, wenn es sich um die Führung und Förderung unseres Faches handelt, der Verband allein vermag
diese Aufgabe nicht zu lösen.

Herr Geheimrat Rietschel hat auch über unsere Presse
gesprochen. Selbstverständlich ist die Entwicklung unseres
Faches in hervorragender Weise von derjenigen unserer Fachpresse abhängig. Der Herr Vortragende hat auch zugeben
müssen, daß insbesondere die Führung einer derartigen Fach-
zeitschrift große Aufgaben an den damit Betrauten stellt.
Es ist daher um so erfreulicher, feststellen zu können, daß Herr
Geheimrat von Boehmer seine Aufgabe in großzügiger und
mustergültiger Weise zu lösen versteht. Bei dieser Gelegenheit möchte ich aber noch einen andern Punkt erwähnen. Eben
weil die Presse meiner Ansicht nach bis jetzt ihre Pflicht
durchaus getan hat, hat es mich und einige andere Herren
überrascht, daß jetzt die Redaktion Herrn von Boehmer zum
Teil abgenommen werden soll. Sie haben wohl alle die betreffende Mitteilung im Ges.-Ing.[1]) gelesen, daß jetzt Sonderhefte
zu dieser Zeitschrift herausgegeben werden sollen, und daß
die Redaktion dieser Sonderhefte Herrn Professor Dr. Brabbée
übertragen worden ist. Man darf nicht einwenden, daß es sich
hier um eine Privatangelegenheit des Verlegers handelt. For-
mell mag dem so sein, in Wirklichkeit aber nicht; denn wenn der
Verleger nicht mit uns im Einvernehmen lebt, ist freie Bahn
für ein Konkurrenzunternehmen gegeben, und das liegt nicht
im Interesse weder des einen noch des andern. Man muß
doch wohl von jedem, der eine Zeitschrift leitet, verlangen,
daß er über dem Widerstreite der Meinungen steht, also nicht
selbst kämpfend mitwirkt, und deshalb waren wir überrascht,
daß nunmehr diese Hefte nicht von Herrn Geheimrat von Boehmer, sondern von Herrn Professor Dr. Brabbée herausgegeben
werden sollen. Vielleicht empfiehlt es sich hier, zu prüfen, ob

---

[1]) Vgl. Gesundh.-Ing. 1913, S. 417.

in der Sache selbst nicht noch eine Änderung eintreten soll,
etwa dahingehend, daß nicht ein einzelner, sondern eine Kommission darüber zu bestimmen haben würde, welche Aufsätze
in diese Sonderhefte aufgenommen werden sollen und welche
nicht.

Endlich muß ich noch einen Punkt berühren, der die
weitere Organisation unserer Kongresse betrifft, wozu ich aber
später nochmals das Wort nehmen möchte.

Diplomingenieur H. R e c k n a g e l , Berlin:

Ich bringe die Ansicht einer Reihe von Fachkollegen zum
Ausdruck, wenn ich im Anschluß an die Ausführungen des Herrn
Geheimrats Rietschel darauf hinweise, daß zur Förderung unseres Faches wichtig wäre, wenn unsere technischen Hochschulen die jungen Architekten noch mehr als bisher für das
Verständnis der Zentralheizungsanlagen ausbilden würden.
Es besteht kein Zweifel, daß das augenblicklich nicht in dem
wünschenswerten Maße geschieht, denn man trifft in der Praxis
eine außerordentliche Unkenntnis über die einfachsten ein-
schlägigen Fragen.

Was die Freiheit der Presse betrifft, so möchte ich mich
den Anregungen des Herrn Vorredners anschließen. Ich halte
es für sehr schwierig und nicht angängig, daß bei einer Zeitschrift wie der Gesundheits-Ingenieur in Zukunft die Entscheidung, ob ein Artikel aufgenommen werden soll oder nicht, in
der Hand eines einzelnen liegt, welcher selbst literarisch tätig
ist. Es werden Meinungen vertreten werden, welche nur zu
häufig derjenigen des Herrn Professors Brabbée direkt gegen-
überstehen, und es wäre unangenehm, wenn man nicht in der
Lage wäre, eine Entgegnung in die Zeitschrift zu bringen.
Ich möchte daher die Frage noch zur weiteren Beratung stellen.

Vorsitzender Geheimrat U b e r :

Ich glaube, die Äußerungen unseres verehrten Ehrenvorsitzenden Herrn Geheimrats Rietschel sind etwas falsch
verstanden worden. Herr Geheimrat Rietschel hat sich nicht
dafür ausgesprochen, daß die Presse geknebelt werden soll.
Es scheint mir, daß das falsch aufgefaßt worden ist. Ich
meine, er hat sich wenden wollen gegen die manchmal un-
schöne Form, in der solche Veröffentlichungen gekommen

sind, persönliche Formen usw. Das ist das, was Herr Geheimrat Rietschel sagen wollte und worin wir mit ihm wohl alle übereinstimmen. Es soll durchaus nicht die Freiheit der Presse beeinträchtigt werden, daß nicht jeder zu Wort kommen kann, sondern die Form soll eine andere werden.

Geheimer Regierungsrat Stadtrat H a r d e r , Berlin-Schöneberg:

Ich möchte von den Ausführungen des Herrn Geheimrats Rietschel nur einen Punkt besonders hervorheben und unterstreichen. Herr Geheimrat Rietschel hat betont, daß die Vorschriften, die nach der Fertigstellung der Heizungsanlage von dem Heizer zu beobachten sind, nicht in genügender Weise festgelegt wurden. Daran fehlt es wirklich sehr, und ich stimme mit Herrn Geheimrat Rietschel vollständig überein, wenn er weiter betont, daß die Herren Ausführenden sich etwas mehr um ihre Anlagen bekümmern sollten. Die Heizer müssen von Zeit zu Zeit an Ort und Stelle eingehend instruiert und auf Betriebswidrigkeiten hingewiesen werden, dann ist jene drastische Antwort eines Heizers einfach unmöglich. Auch ich habe Gelegenheit gehabt, Ähnliches beobachten zu können. Jede Verwaltung muß auf eine ordnungsmäßige und sachverständige Bedienung ihrer Heizungsanlagen das allergrößte Gewicht legen, und ich möchte es daher den Herren Heizingenieuren und Fabrikanten ganz besonders ans Herz legen, hier etwas mehr Obacht zu geben und sich nicht bloß so lange um die Heizung zu kümmern, wie die Garantiepflicht läuft, sondern tunlichst auch länger. Einsichtsvolle Verwaltungen werden dem nicht entgegenstehen. Selbst gut ausgeführte Anlagen werden, wenn sie nicht sachgemäß betrieben werden, sehr leicht schlecht und arbeiten unökonomisch. Gerade das letztere Moment fällt für den Privatmann sowohl wie für die städtischen und staatlichen Verwaltungen sehr ins Gewicht und ist geeignet, die Zentralheizungen in Mißkredit zu bringen. Die rapide ansteigenden Preise der Brennstoffe, besonders des Kokses, spielen eine große Rolle im Haushaltsetat des einzelnen wie der Gemeinden, und Herr Geheimrat Hartmann hat mit Recht in einem Artikel der Ihnen überreichten Festnummer des Gesundheits-Ingenieurs darauf hingewiesen. Auch die Kessellieferanten müssen bei den Kesseln, die sie auf den Markt bringen, auf eine rationelle Verbrennung des Brennstoffes noch mehr Bedacht nehmen, damit nicht so viel Gase unausgenutzt in den Schornstein entweichen.

Herr Dr. Marx ist auf die Frage der Auswahl der Unternehmer speziell bei den städtischen Verwaltungen, die Herr Geheimrat Rietschel kurz gestreift hat, eingegangen. Ich glaube, es hat dem Herrn Vortragenden ferngelegen, zu wünschen, daß nur ein bestimmter Kreis von Unternehmern hinzugezogen werde, und daß im besonderen jüngere aufstrebende Firmen mit Aufträgen nicht bedacht werden. Herr Geheimrat Rietschel kennt die Vorgänge, wie sie sich bisweilen bei der Vergebung von Arbeiten in den städtischen Verwaltungen abspielen, offenbar sehr gut, und auch ich meinerseits verkenne die Mißstände nicht. Aber, meine Herren, es ist in der Tat nicht immer angängig, sich nur auf den Kreis der Eingesessenen zu beschränken, man muß schon bisweilen etwas weitergreifen. Schon um einer Ringbildung der Einheimischen vorzubeugen, müssen auch nicht ortsansässige Firmen aufgefordert werden, und in der Regel erhält auch bei gleich guten Leistungen der Billigste den Zuschlag, gleichviel ob Einheimischer oder Auswärtiger. Aber, meine Herren, die Sache wird schwieriger, wenn gleich gute Angebote mit ganz geringen Preisunterschieden vorliegen und wenn schließlich noch der Einheimische, dessen bisherige Leistungen eine einwandfreie Ausführung gewährleisten, sich erbietet, in das etwas geringere Angebot des auswärtigen Unternehmers einzutreten. In einem solchen Falle sind Ausnahmen zuweilen nicht ungerechtfertigt.

Geheimer Regierungsrat v o n B o e h m e r , Berlin-Lichterfelde:

Ich habe erst 5 Minuten vor Beginn dieser Diskussion von Herrn Dr. Marx gehört, daß er auf die Worte des Herrn Geheimrats Rietschel über unsere Fachpresse etwas erwidern wolle. Darauf habe ich ihn gebeten, das nicht zu tun, weil ich mit den Grundsätzen, die Herr Geheimrat Rietschel für die Presse aufgestellt hat, vollständig einverstanden bin. Herr Geheimrat Uber hat angeführt, es wären in unserer Fachpresse

Veröffentlichungen persönlicher Art in unschöner Form vor-
gekommen. Das möchte ich, soweit der Gesundheits-Ingenieur
in Betracht kommt, entschieden bestreiten. Ich glaube aber
im Sinne der Versammlung zu handeln, wenn ich jetzt auf
diese Dinge nicht weiter eingehe. (Beifall.)

Gegenüber der Äußerung des Herrn Dr. Marx, es bestehe
eine Partei, der es nicht erwünscht ist, daß die Redaktion unserer Zeitschrift an Herrn Professor Dr. Brabbée abgegeben
wird, möchte ich erwähnen, daß dem Herrn Professor nicht
die Redaktion des Gesundheits-Ingenieurs, sondern nur die
Redaktion eines Teiles der Beihefte, die keinen wesentlichen
Bestandteil unserer Zeitschrift ausmachen, übertragen worden
ist; und zwar geschah dies im Einverständnis mit unserem
Redaktionskollegium, in dem hierbei vollständige Einigkeit
herrscht. (Bravo.) Wir kennen Herrn Professor Brabbée als
durchaus objektiv urteilenden Mann und sind der Ansicht, daß
kein triftiger Grund besteht, aus dem sich etwas gegen die Übertragung der Redaktion dieser Beihefte an ihn einwenden ließe.

Geheimrat Dr. H a r t m a n n :
Ich möchte nicht zu dem jetzt entstandenen Meinungs-
streit sprechen, sondern etwas Koks ins Feuer gießen. (Heiterkeit.) Es ist zu meiner Freude die Frage der Wirtschaftlichkeit angeschnitten worden. Diese Frage hat für die Zentral-
heizungs-Industrie eine größere Bedeutung, als man ihr bisher
zugemessen hat. Es genügt in Zukunft nicht mehr, nur die
nötige Wärme zu erzeugen und sie in die Räume zu bringen,
sondern das muß leicht und bequem und mit möglichst wenig
Kosten geschehen. Über die Anlagekosten will ich nicht sprechen. Da ist auch manches zu bessern, aber das ist hier nicht
so wichtig. Was aber die Betriebskosten betrifft, so sind wir
bei unseren Heizungsanlagen noch nicht auf der Höhe. Eine
gute Bedienung der Heizung ist zunächst von größter Wichtigkeit. Bei großen Anlagen mag es gelingen, für eine verständige
Bedienung namentlich der Kessel zu sorgen. Für kleinere Anlagen, besonders für die Zentralheizung von Wohnhäusern, ist
meist ein gelernter Heizer nicht zu bekommen, man muß
sich mit allerlei Leuten, Portiers, Portierfrauen, Gärtnern,
Tagelöhnern, begnügen, und das führt meist zur Brennmaterial-

verschwendung. Diese ist aber für die Zukunft zu verhüten, denn die Betriebskosten hängen in erster Linie von den Kosten des Brennmaterials ab, und diese werden immer höher. Ich möchte auf diese Verhältnisse eingehen, die sich immer mehr zuspitzen. Es wird jawohl am meisten Gaskoks bei den Zentralheizungen verwendet. Aus den Berliner Verhältnissen heraus möchte ich Ihnen einige Zahlen mitteilen. Vor zwei Jahren haben wir in Berlin für 1 hl Gaskoks M. 1,05 bezahlt, 1911 = M. 1,35, und im nächsten Winter sollen wir M. 1,65 bezahlen, das ist eine Steigerung von 60% in 2 Jahren. Wenn Sie das umrechnen auf ein großes Wohnhaus, wie solche in Berlin vielfach mit etwa 10 Wohnungen gebaut werden, so ergab das vor 2 Jahren etwa M. 3000 Kosten für Koks und im kommenden Winter M. 5000. Diese M. 2000 mehr kann der Hausbesitzer in den heutigen Verhältnissen nicht mehr auf den Mieter abwälzen, er muß sie aus der eigenen Tasche zahlen. Das könnte dem Heizingenieur gleich sein, sofern er nicht selbst Hausbesitzer ist, aber das darf ihm nicht gleich sein. Die Zuneigung oder Abneigung der Hausbesitzer, eine Zentralheizung einzurichten oder nicht, hängt von diesen Kosten ab, und da muß man fragen: sind die Kosten berechtigt oder nicht? Ich will nicht in die Geheimnisse der Gaswerke eingreifen, aber ich will anführen, was ich kürzlich in einem im Verein zur Beförderung des Gewerbfleißes gehaltenen Vortrag über die Entwicklung der Leuchtgasindustrie hörte. Da wurde ohne Widerspruch behauptet, daß die Gaswerke mit 60% Nutzen arbeiten. Man kann nun sagen, das ist eine indirekte Steuer, die die Stadtverwaltung den Hausbesitzern auferlegt, und die muß man sich gefallen lassen. Die Zentralheizungsindustrie muß aber darunter leiden, und so haben wir ein Recht, die Frage aufzuwerfen: woher kommt die große Preissteigerung? Es wird gesagt, es sei nicht genügend Koks da. Es gibt ja nun volkswirtschaftliche Grundsätze, aus denen gerechtfertigt wird, daß, wenn an einem Gebrauchsgegenstand Mangel ist, sein Preis gesteigert werden kann. Ob es aber zu rechtfertigen ist, daß die meist im Besitz der Gemeinden befindlichen Gaswerke den Kokspreis über alle Maßen herauftreiben, weil es — angeblich — an Koks fehlt, möchte ich bezweifeln. Solche Gemeindewerke müßten höhere Gesichtspunkte verfolgen und nur dann mit Preisen in die Höhe gehen, wenn sie dazu gezwungen sind, um nicht selbst mit Schaden zu arbeiten. Es wird nun allerdings als Grund für die Preissteigerung angeführt, daß der Preis der Gaskohlen höher geworden sei. Mir ist aber von sachverständiger Seite erklärt worden, daß diese Preissteigerung 10 bis 15 Pf. auf 1 hl Koks ausmache. Damit ist also eine Steigerung von 60 Pf. wie in Berlin durchaus nicht begründet.

Meine Herren! Ich meine, die Zentralheizungsindustrie muß im eigensten Interesse diese wirtschaftlichen Fragen viel mehr beachten. Sie muß nach zwei Richtungen vorgehen: einmal Front machen gegen die unbegründete Preistreiberei im Brennmaterialhandel und dann die Anlagen so einrichten, daß man nicht auf ein bestimmtes Brennmaterial allein angewiesen ist. Wenn die Feuerungsanlagen der Kessel so gebaut werden, daß man je nach der Konjunktur das eine oder andere Brennmaterial verwenden kann, dann entsteht eine gesunde Konkurrenz im Brennmaterialhandel, und die Preistreiberei in einer Sorte von Brennstoff wird eingeschränkt. Ich bin überzeugt, daß sich diese technische Frage auch lösen läßt.

Professor Dr. B r a b b é e , Charlottenburg:

Es widerstrebt mir naturgemäß, in eigener Sache das Wort zu ergreifen, aber ich möchte doch jene Tatsachen aufführen, die die Ausgabe der Beihefte nötig machten. Als ich aus dem Maschinenbau in die Heizungstechnik kam, überzeugte ich mich gar bald, daß ein engerer Anschluß unseres Faches an den Maschinenbau nötig sei. Dazu ist es auch in einem bestimmten Ausmaß erforderlich, die öfters üblichen Handskizzen durch richtige Konstruktionszeichnungen zu ersetzen. Solche habe ich zunächst an unserer Hochschule herausgegeben, damit die Maschinen-Ingenieure die Einzelheiten der Heizungs- und Lüftungsanlagen, wie Kessel, Reduzierventile, Rohrleitungsbestandteile usw., in jener Darstellungsart kennen lernen, in der sie zu arbeiten gewohnt sind.

. Des weiteren war es mir klar, daß unsere Forschungsarbeiten nur erstklassige Zeichnungen und Diagramme und keine Handskizzen bringen dürften. Zur Herstellung derartiger Unterlagen sind aber erheblich andere Hilfsmittel erforderlich als zur Veröffentlichung von Handskizzen. Das Heft 1 unserer Mitteilungen war im Buchhandel mit M. 4 erhältlich und hat uns M. 2000 Unkosten verursacht; Heft 2 kostete M. 4 und brachte über M. 1000 Auslagen, und auch das Heft 3 hat bedeutende Zuschüsse nötig gemacht.

Als ich von Herrn Geheimrat R i e t s c h e l die Leitung der Prüfungsanstalt übernahm, sagte ich mir, daß wir derartige Unkosten nicht weiter tragen können, da unsere Fonds in erster Linie zur Durchführung von Versuchen dienen müssen.

Aus diesen Gründen erschienen unsere späteren Forschungsarbeiten lediglich im Gesundheits-Ingenieur, wobei die Verlagsbuchhandlung R. O l d e n b o u r g in liebenswürdiger Weise die Kosten für die Herstellung erstklassiger Zeichnungen übernahm und außerdem alle Artikel als Originalarbeiten vergütete. Aber diese Art der Veröffentlichung hat in der Industrie keinen Beifall gefunden, und es ist an uns mehrfach das Ersuchen gerichtet worden, die Mitteilungen wieder in der ersten Form herauszugeben.

Da aber stand neuerlich die Kostenfrage im Wege, wobei ich bemerken will, daß das übermorgen erscheinende Heft 5 unserer Mitteilungen 162 Figuren enthält, deren Reinzeichnungen allein einen Betrag von über M. 500 erforderten.

Schließlich wurde ein Ausweg durch Schaffung der erwähnten Beihefte gefunden, die hoffentlich zu einer Bereicherung des Gesundheits-Ingenieurs führen werden, aus welchem Grunde die Verlagsbuchhandlung R. O l d e n b o u r g in dankenswerter Weise die Kosten für die Herstellung erstklassiger Zeichnungen übernommen hat. Die Beihefte sollen in erster Linie zur Veröffentlichung unserer Forschungsarbeit dienen, ferner Doktorarbeiten, die aus unserer Anstalt hervorgehen, enthalten, aber auch andere geeignet erscheinende Artikel aufnehmen. Für die Kritik solcher Arbeiten stehen jedem die Spalten des Gesundheits-Ingenieurs nach wie vor zur Verfügung.

Das sind einige der Überlegungen gewesen, die zur Schaffung der »Beihefte« geführt haben. Im übrigen sind die Gründe, die hierfür maßgebend waren, dargelegt in der Erklärung, welche der Verlag und die Redaktion im Gesundheits-Ingenieur vom 7. Juni veröffentlicht haben. (Lebhaftes Bravo.)

Stadtbaurat B e r a n e c k , Wien:

Es gibt Kunstwerke, die einen nachhaltigen Eindruck ausüben, Empfindungen der verschiedensten Art auslösen. Ähnlich ist es mit einem anregenden Vortrage. Gestatten Sie mir daher, daß ich eine scheinbare Abschweifung mache, dann aber auf den Zusammenhang komme. Ich werde kurz von der Wiener Bauordnung aus dem Jahre 1883 sprechen, die sehr solide Wohnhäuser schafft. In Wien bestehen seit jeher Doppelfenster und starke Mauern. Anderseits ist die Bauordnung in mancher Hinsicht unhygienisch; sie läßt beispielsweise 85% Bebauung zu und einen Hofraum von nur 12 qm. Man ist deshalb lebhaft bestrebt, eine neue Bauordnung zu schaffen, die aber manchem Widerstand begegnet. Jedenfalls sind Bauerleichterungen nötig, weil Wien unter einer Wohnungsnot leidet, die sich im vergangenen Winter in stärkster Weise ausdrückte. Die Bautätigkeit ist in Wien heuer fast auf Null gesunken; wegen der Furcht vor dem Kriege und wegen der großen Geldnot. Nun besteht die Gefahr, daß die Bauerleichterungen in einer Hinsicht unhygienisch wirken. Man wird für die sogenannten »Kleinwohnungshäuser«, das sind große Häuser mit vielen kleinen Wohnungen, erhebliche Bauerleichterung schaffen, man wird dünnere Mauern zulassen usw. Nun kommen wir zur Heizungstechnik. Diese kann auch Häuser mit zarten Mauern erwärmen, was aber wegen des großen Brennstoffbedarfes sehr unwirtschaftlich ist. Darum war es mir heute sehr wertvoll, von maßgebendster Seite ausgesprochen zu hören, wie gefährlich schlechte und leichte Bauarten in bezug auf die Heizung sind.

Geheimer Hofrat Professor P f ü t z n e r , Karlsruhe:

Als Vertreter der Technischen Hochschule Karlsruhe habe ich vorhin mit besonderer Genugtuung die Bemerkung des Herrn Dipl.-Ing. Recknagel begrüßt, daß auch die techn. Hochschulen in weitgehendstem Maße in der Lage sind, unser

Fach zu fördern. Es ist wohl allgemein bekannt, daß an allen techn. Hochschulen Deutschlands umfassende Vorlesungen über Heizungs- und Lüftungstechnik gehalten werden und daß die Kandidaten der Architektur bei ihren Diplomprüfungen eine gewisse Kenntnis dieses Faches nachzuweisen haben. Darüber hinaus werden aber an einigen Hochschulen auch theoretische Vorträge über Berechnen und Entwerfen von Heizungs- und Lüftungsanlagen mit Übungen abgehalten, die besonders von Studierenden des Maschinenbaues, und zwar nicht allein von solchen, die sich später dem Fache ausschließlich zuwenden wollen, besucht werden. Es ist selbstverständlich, daß in solchen Fällen unser Fach auch als vollständig gleichberechtigt mit anderen Fächern des Maschinenwesens angesehen wird und daß Arbeiten aus dem Gebiete der Heizungs- und Lüftungstechnik auch als Diplomprüfungsarbeiten zuzulassen sind. Es war eine meiner ersten Aufgaben, diese Forderung an der Karlsruher Hochschule zu stellen, und ich muß sagen, daß mir bei der Durchführung dieser Forderung von allen Beteiligten mit einer gewissen Selbstverständlichkeit entgegengekommen worden ist. Wir brauchen also die Gleichberechtigung unseres Faches in technisch-wissenschaftlicher Beziehung mit den sonstigen Fächern des Maschinenbaues nicht erst anzustreben, sondern sie ist bereits vorhanden, und das mit vollem Recht. Wo das noch nicht der Fall sein sollte, liegt es an Dingen, die nicht im Fache selbst zu suchen sind. Ordentliche Lehrstühle für Heizungs- und Lüftungstechnik bestehen zwar zurzeit leider noch nicht an allen Hochschulen, was aber weniger an der Anerkennung ihrer Notwendigkeit als an den fehlenden Mitteln hierfür liegt. Als wesentliches Mittel zur Förderung unserer gemeinsamen Ziele möchte ich aber schließlich noch die Errichtung weiterer Laboratorien oder Institute für Unterrichts- und Versuchszwecke an unseren Hochschulen bezeichnen; sie würden nicht nur der Wissenschaft sondern auch der Praxis gute Dienste leisten. Jeder von uns müßte, soviel er kann, mitzuwirken suchen, daß die Gleichberechtigung unseres Faches, wo sie etwa noch nicht bestehen sollte, anerkannt wird und daß weitere Unterrichts- und Forschungslaboratorien für unser Fach recht bald errichtet werden. (Lebhafter Beifall.)

Ingenieur Ernst S c h i e l e , Hamburg:

Verzeihen Sie, meine Herren, wenn ich nochmals das Wort ergreife, aber zwei Bemerkungen des Herrn Dr. Marx erscheinen mir zu wesentlich, um darüber hinweggehen zu können. Herr Geheimrat Rietschel hat die Betätigung der Zivilingenieure in unserem Fache keineswegs verurteilt, und ich kann für meine Person erklären, daß mir die Herren als Kollegen sehr recht sind, wenn sie ihr Gebiet richtig suchen und begrenzen. Unser Fach ist entstanden durch die Verbindung des Ingenieur-berufes mit der praktischen Ausführung. Aus dieser Entwick-lung heraus besteht ein erworbenes, überkommenes Recht, und es hieße schweres Unrecht an unserem derart entstandenen und entwickelten Fache tun, wenn man ihm seine Selbständig-keit, seine Existenz unterbinden wollte durch die Trennung der Ingenieurarbeit von der Ausführung, durch die Trennung des Kopfes vom Rumpfe, wodurch für letzteren, und das ist die Heizungsindustrie, nur die mechanische Herstellung der Arbeit übrigbliebe; das ist ein Verfahren, wie es leider bei städtischen Verwaltungen mehrfach geübt wird.

Ich muß dann noch auf eine Bemerkung des Herrn Dr. Marx bezüglich des Verbandes zurückkommen. Herr Geheim-rat Rietschel hat den Verband Deutscher Centralheizungs-Industrieller als Sammelstelle für die Interessen des Faches bezeichnet. Das kann nur so gemeint sein, daß der Verband die Sammelstelle für die Interessen der praktischen Seite des Faches sein soll. Wenn Herr Dr. Marx im Zusammenhang hiermit von Beamteninteressen spricht, so erkläre ich meinerseits, daß meine Beamten — das sind meine Mitarbeiter — vollständig die gleichen Interessen haben wie ich und daß ihre Interessen ebenso die meinigen sind. Das wird auch auf die Industrie in ihrer Allgemeinheit zutreffen, und zu ihrem Wohle möchte ich hoffen, daß das nie anders werde. (Bravo.)

Stadtbaurat W a h l , Dresden:

Herr Geheimrat Harder hat darauf hingewiesen, daß die Gemeindeverwaltungen häufig in die Lage versetzt seien, den heimischen Industriellen vor den auswärtigen zu bevorzugen. Diesen Gedanken möchte ich nicht unwidersprochen lassen. Man wird es sicherlich einer Gemeindeverwaltung nicht ver-

argen, wenn sie bemüht ist, ihre am Orte befindlichen Heizungsfirmen zu fördern. Das ist durchaus selbstverständlich und
auch Aufgabe der Gemeindeverwaltung. Aber in dem Augen-
blicke, wo eine Stadtverwaltung nicht mehr in ihren Mauern
die Kräfte findet, die nötig sind, um größere technische Aufgaben zu lösen, müssen auswärtige Firmen herangezogen werden;
diese müssen aber mindestens den am Orte befindlichen Firmen
gleichberechtigt sein. Sollte in einem solchen Falle der hei-
mische Industrielle einen Vorzug haben, dann würde es bald
dazu kommen, daß auswärtige Firmen für derartige Kon-
kurrenzen nicht mehr zu haben sind.

Noch ein Wort auf die Anregungen des Herrn Geheimrats
Hartmann. Die Erscheinungen auf dem Brennmaterialmarkte
sind in den letzten Jahren in der Tat eigenartig gewesen, und
wir alle hoffen, daß sie sobald nicht wieder auftreten werden. Die
Steigerung der Kokspreise von 60% in den letzten Jahren
ist zuzugeben. Die Verhältnisse lagen aber auch ganz eigenartig. Wir haben Jahre gehabt, wo der Brennmaterialbedarf
in ganz Deutschland auffallend niedrig war. Das hat dazu
geführt, daß vor 3 Jahren große Lager an Koks in ganz
Deutschland angesammelt wurden, und das führte wiederum
zum Sinken der Preise, so daß im Detailverkauf 1 hl Koks nur
M. 1 kostete. Die Witterungsverhältnisse des letzten Jahres,
die starke, langanhaltende Kälte, dazu der Streik der Arbeiter
im Kohlenrevier, alles das hat dazu geführt, daß der Konsum
an Koks rapid gewachsen ist. Die Gaswerke hatten sich über-
dies danach umsehen müssen, neue Absatzgebiete zu erschlie-
ßen. Daher ist die ungeheure Nachfrage in dem letzten Jahre
zu erklären, die auch die ungeheure Preistreiberei in Berlin
möglich gemacht hat. Ich behaupte aber, daß das nicht nur in
den Großstädten, wo die Brennmaterialzufuhr auf Schwierigkeiten stößt, der Fall war, sondern in ganz Deutschland. Inzwischen hat sich die wirtschaftliche Vereinigung der Gaswerke gebildet mit der Aufgabe, den Kokshandel zu organi-
sieren und vor derartigen Auswüchsen zu bewahren. Das wird
hoffentlich in Zukunft gelingen, und dann werden derartige
Erscheinungen vermieden werden. Wenn aber der Kokshandel in hohem Maße die Preise steigert, so ist die Möglich-

keit für den Absatz für Braunkohlenbriketts und ähnlichen
Brennstoffen geschaffen, und unsere großen Kesselfirmen haben
schon durch Umgestaltung der Rostanlagen dafür gesorgt,
daß den Gasanstalten nicht die Bäume in den Himmel wachsen.
Heute werden schon große Mengen Braunkohlen mit Koks vermischt. Das ist ein vorzügliches Heizmittel. Ich betone also
nochmals, daß wir in den letzten Jahren nur mit Ausnahme-
zuständen zu tun hatten, die keineswegs in der Lage sind, die
Wirtschaftlichkeit unserer Zentralheizung in Frage zu stellen.

Ingenieur K a r s t e n , Kopenhagen:

Ich möchte nur erwähnen, daß wir in Kopenhagen wegen
der Kokspreise schon seit 10 Jahren englische Nußkohlen in
Magazinfeuerung in den Heizungsanlagen verwenden. Diese
speziell konstruierten Feuerungen haben sich mit gutem Erfolg
durchaus bewährt.

Privatdozent Dr. A. M a r x :

Es läßt sich wohl nicht leugnen, daß die gedeihliche Entwicklung unseres Faches in hohem Maße davon abhängt, wie
unsere Kongresse vorbereitet werden, und welchen Verlauf sie
nehmen. Mit voller Überzeugung kann nun konstatiert werden,
daß die Kongresse bis jetzt nicht besser haben geleitet werden
können, als geschehen ist.

Vorsitzender Geheimrat U b e r (unterbrechend): Ich
glaube, eine Besprechung über Form und Leitung des Kongresses gehört nicht hierher. Vielleicht bietet sich in der
2. Kongreßsitzung Gelegenheit, die Sache vorzubringen.

Privatdozent Dr. M a r x :

Ich wollte sogleich die Verbindung zu dem heutigen
Thema herstellen, wenn es aber gewünscht wird, will ich am
Samstag auf diese Angelegenheit zurückkommen. (Zuruf: Ja.)

Vorsitzender, Geheimrat U b e r: Ich schließe die Diskussion
und erteile das Schlußwort dem Herrn Referenten Geheimrat R i e t s c h e l.

Geheimrat Dr. R i e t s c h e l:

Ich habe nur weniges zu erwidern, denn die meisten der
Herren Vorredner haben schon für mich erwidert. Ich bin mit

Herrn de Grahl vollkommen einverstanden, daß das freie Wort
in der Fachpresse nicht beschnitten werden soll, denn nur dann
können Wissenschaft und Praxis sich segensreich entwickeln
und zur Klarheit führen. Wenn ich die Fachpresse bat, bei Aufnahme der Artikel noch etwas kritischer als bisher zu verfahren, so habe ich damit nur sagen wollen, daß Überstandenes
oder törichte Artikel von der Aufnahme ausgeschlossen bleiben
sollen, daß also eine Redaktion nicht auf dem Standpunkte
stehen soll: ein jeder blamiert sich so gut er kann (Heiterkeit).
Darin stimmt Herr Geheimrat von Boehmer vollkommen
mit mir überein.

Das, was Herr Dr. Marx gesagt hat, ist durch die Ausführungen der Herren Vorredner größtenteils erledigt. Nur eins
möchte ich sagen, um eine irrtümliche Auffassung meines Vortrages zu vermeiden. Herr Dr. Marx glaubt, ich hätte vorgeschlagen, die Behörden sollten einen Befähigungsnachweis
von den Firmen fordern. Ich habe dem Sinn nach gesagt:
wenn die Unsitte weiter bestehen und an Boden gewinnen
sollte, daß junge Ingenieure durch Zirkulare mit Preisangaben
sich anbieten, Projekte für Firmen zu fertigen, die nichts vom
Entwerfen und Berechnen verstehen — andere Firmen können
nicht gemeint sein, da jede tüchtige Firma ihre Entwürfe doch
selber fertigt —, daß also jeder Schlosser und kleine Installateur
sich mit fremden Federn schmücken und Heizanlagen ausführen kann, so würde das einen Niedergang der Heiztechnik
bedeuten, den man mit den schärfsten und allen nur möglichen
Mitteln bekämpfen müßte. (Lebhaftes Bravo.) Und für diesen
Fall habe ich den Behörden empfohlen, sich eine eidesstattliche Versicherung geben zu lassen, daß der eingereichte
Entwurf die Geistesarbeit der betreffenden Firma ist.

Das, was Herr Geheimrat Pfützner von den technischen
Hochschulen gesagt hat, unterstreiche ich vollständig. Mit Herrn
Geheimrat Harder stimme ich im allgemeinen durchaus überein,
nur nicht in dem Punkte, daß auswärtige Firmen, nachdem sie
zu einem Wettbewerb zugezogen sind, unter bestimmten Verhältnissen nicht mit den in der Stadt selbst ansässigen Firmen
gleichbehandelt zu werden brauchen.

Vorsitzender, Geheimer Oberbaurat U b e r:

Ich glaube im Sinne der Versammlung zu sprechen, wenn ich Herrn Geheimrat Rietschel nochmals für seinen inhaltreichen Vortrag herzlichst danke. (Lebhafter Beifall.)

Wir gehen dann zum zweiten Vortrage über, und ich gebe das Wort Herrn Professor Dr. C z a p l e w s k i zu seinem Referat über die »V e r w e n d u n g d e s O z o n s b e i d e r L ü f t u n g«.

II. Vortrag.

Über die Verwendung des Ozons bei der Lüftung in hygienischer Beziehung.[1])

Von **Dr. Czaplewski,**
Professor an der Akademie für prakt. Medizin in Cöln a. Rh.

Hochansehnliche Versammlung! Bereits einmal, und zwar auf dem Kongresse für Heizung und Lüftung in Frankfurt a. M. am 10. Juni 1909, ist die Verwendung von Ozon zur Luftreinigung durch einen Vortrag von Herrn Ingenieur W. C r a m e r in Ihrem Kreise eingehend behandelt worden. Wenn heute nach verhältnismäßig so kurzer Zeit die Frage der Verwendung des Ozons bei der Lüftung auf das Programm der diesjährigen Tagung Ihres Kongresses gesetzt ist und dafür sogar zwei Referenten bestellt wurden, so muß das besondere Gründe haben. Diese Gründe sind zu suchen in dem Umstand, daß nach vielleicht überschwenglichen Lobpreisungen sich Stimmen gegen die Verwendung des Ozons in der Lüftung erhoben haben. Einzelne Beobachter sind sogar so weit gegangen, daß sie dem Ozon fast jeden Nutzen absprachen und auf Grund ihrer Versuche es als ein giftiges Gas von im übrigen recht zweifelhaften Vorzügen hinstellten. Es war daher wohl berechtigt, unsere Kenntnisse über das Ozon an der Hand der vorliegenden Veröffentlichungen

---

[1]) In Rücksicht auf die beschränkte Zeit habe ich das Referat auf dem Kongreß in abgekürzter Form vorgetragen. Für diese Arbeit habe ich inzwischen noch weitere, namentlich französische Literatur benutzen können, so daß das Referat nunmehr in erweiterter Form vorliegt.   Cz.

durchzugehen, um damit ein klares Bild über das Für und Wider in der Ozonbelüftung zu erhalten.

Wenn wir von Ozon lesen oder hören, so erweckt dieser eine Ausdruck in uns eine ganze Reihe verschiedener Eindrücke und Vorstellungen. Unwillkürlich denken wir an Gewitter, an die nach Gewitterregen auftretende reine Luft, an Waldesduft, an frische Seeluft, zugleich verbinden wir damit die Anschauung, daß das Ozon luftreinigend wirkt und daß eine ozonreiche Luft der Gesundheit des Menschen ganz besonders zuträglich sei. Alle diese Vorstellungen werden durch das eine Wörtchen »Ozon« ausgelöst, und sowohl in Laien- als auch in Ärztekreisen ist namentlich die Ansicht, daß Ozon und ozonhaltige Luft ganz besonders zuträglich sei, fest eingewurzelt. Sehen wir uns aber die wirklichen Kenntnisse über das Ozon an, so müssen wir bekennen, daß die gute Meinung, welche man dem Ozon entgegenbringt, sich zum großen Teil auf vollkommen unbewiesene Behauptungen stützt.

Im folgenden will ich unsere tatsächlichen Kenntnisse über die Natur des Ozons und über seine hygienische Bedeutung namentlich in bezug auf die Verbesserung der Luft und die künstliche Belüftung zu schildern versuchen.

Aus dem Auftreten eines eigentümlichen phosphorartigen Geruchs bei der Elektrolyse des Wassers, beim Ausströmen der Elektrizität von Konduktoren der Elektrisiermaschine sowie aus der negativen Polarisation von Gold- und Platinstreifen nahe der Spitze eines geladenen Konduktors schloß S c h ö n - b e i n im Jahre 1840 auf das Vorhandensein eines unbekannten Gases, welches er als riechendes (von ὄζω, riechen) Gas »Ozon« benannte[1]. Dieses Gas entsteht auf verschiedenem Wege, und zwar physikalisch und chemisch. Auf physikalischem Wege entsteht es durch elektrische Entladung, und zwar durch

---

[1]) Überhaupt zuerst erwähnt sei das Ozon im Jahre 1783 durch v a n M a r u m. Er bemerkte, daß, wenn man eine Reihe elektrischer Funken durch in einer Glasröhre eingeschlossenen Sauerstoff hindurchschlagen läßt, dieser einen besonderen Geruch annimmt, den gleichen, welchen eine Elektrisiermaschine verbreitet. Es erhält dabei gleichzeitig die Fähigkeit, Quecksilber anzugreifen. (Zit. nach Paul le Stunf Thèse, Paris 1891, S. 4.)

Funkenentladung und durch sog. stille Entladung. Beide kommen bei entsprechend hohen Spannungen zustande durch Reibungselektrizität bei den Elektrisier- und Influenzmaschinen und durch hoch gespannte Wechselströme z. B. bei den Funkenkonduktoren, Röntgenapparaten etc. In der Luft unter n a - t ü r l i c h e n Verhältnissen entsteht es durch die atmosphärische Elektrizität, namentlich bei Gewitter.

Chemisch entsteht Ozon durch Aufbewahrung von Phosphor in feuchter Luft neben Wasserstoffsuperoxyd, aus Ammoniumpersulfat und Salpetersäure (neben Stickoxyden) und überall, wo Sauerstoff bei niederer Temperatur gebildet wird, so beim Übergießen von Kaliumbichromat oder Kaliumpermanganat mit Schwefelsäure, bei der Elektrolyse des Wassers, bei den meisten Verbrennungen in Luft oder Sauerstoff, namentlich beim Verbrennen des Wasserstoffes, bei der Einwirkung des Wasserstoffs in statu nascendi auf Sauerstoff (neben Wasserstoffsuperoxyd). Außerdem bildet es sich bei der Verdunstung des Wassers aus Salzlösung und findet sich daher in der Seeluft sowie in der Nähe von Gradierwerken usw.

Die ganze Frage des Ozons und seiner Anwendungsmöglichkeiten konnte erst ernstlich in Angriff genommen werden, als es gelang, das Ozon technisch in größeren Mengen darzustellen. Es ist namentlich das Verdienst der Firma Siemens & Halske und auch einiger ausländischen Firmen, wenn wir hierin weiter gekommen sind. Ich brauche an dieser Stelle nicht näher auf diese Frage einzugehen, da der Herr Korreferent die technische Herstellung des Ozons, die Ozonapparate und ihre Anwendung in der Technik ausführlich unter Vorführung von Lichtbildern erläutern wird. Ich werde mich daher in meinem Referat nur auf die Schilderung der Eigenschaften des Ozons, seine Wirkung und seine hygienische Bedeutung beschränken können.

In der Natur findet sich das Ozon in der Atmosphäre, besonders bei Gewittern nach Blitzschlägen und nach Gewitterregen[1]). Die so entstehenden Mengen von Ozon sind aber, wie u. a.

---

[1]) Nach L a b b é entsteht das Ozon in der Natur: 1. durch Elektrisierung der Luft oder des Wassers der Wolken; 2. durch

Wolpert[1]) hervorhebt, im Verhältnis zu den jetzt künstlich, durch besondere Apparate erzeugbaren so gering, daß erstere hygienisch keine oder nur sehr untergeordnete Bedeutung beanspruchen, nach Davy[2]) sollen sie nur ungefähr 1 mg in 100 cbm Luft betragen. Ja Wolpert geht soweit, daß er exakte quantitative Bestimmungen der in der Atmosphäre auf natürlichem Wege erzeugten geringen Mengen Ozon z. Z. überhaupt noch nicht für ausführbar erklärt. Etwa in der Atmosphäre vorhandenes Ozon werde alsbald von organischen Stoffen und gasförmigen Luftverunreinigungen usw. zwecks Oxydation zersetzt. Daher die reinigende Wirkung des Gewitters auf die Atmosphäre. Möglicherweise geschehe diese Zersetzung aber so rasch, daß in der Atmosphäre Ozon als solches niemals nachweisbar werde. Die Luft an bewohnten Orten insbesondere in großen Städten ist nach allen Autoren weit ärmer an Ozon als im Freien. In geschlossenen Wohnräumen enthält sie unter gewöhnlichen Umständen überhaupt kein Ozon. (H o u z e a u , F o x , W o l f f h ü g e l u. a.) Dagegen nimmt der Ozongehalt der Atmosphäre mit Zunahme der Höhe über dem Erdboden zu. (S c o u t e t t e n u. a.)[3]) Man glaubt daher, daß die von

---

den Einfluß des Lichtes; 3. durch Zersetzung der Kohlensäure in den Pflanzen. (L a b b é , Congr. Intern. d'Electrol. et de Radiol. S.-A., S. 3, Paris 1900.)

[1]) W o l p e r t , Enzyklopädie d. Hyg., II, 1903, S. 177.

[2]) D a v y , Compt. rendu, LXXXII, p. 900.

[3]) Nach S c o u t e t t e n sind die vom Äquator kommenden Luftströme ozonreicher als die vom Pole kommenden. Der Äquator müsse also ozonreicher sein. Er fand in der Tat, daß jedesmal, wenn der Wind von S über W nach N ging, mit Zunahme des atmosphärischen Druckes das Ozon abnahm und 0 oder fast 0 wurde, wenn der Wind von NO kam. Es trat aber sofort wieder auf, wenn der Wind unter Abnahme des atmosphärischen Drucks nach S ging. Dies Verschwinden und Wiederauftreten des Ozons über dem Meer sei so regelmäßig, daß es ein unveränderliches atmosphärisches Gesetz darzustellen scheine. Das Maximum des Ozons finde sich im Mai, das Minimum im November.

Nach M a r i é (Thèse 1880) scheine zwischen Barometer- und Thermometerstand und Ozongehalt der Luft keine direkte Beziehung zu bestehen. Dagegen stimmten nach H o u z e a u

den Wohnstätten und Lebensprozessen von Menschen und Tieren bzw. vom Boden ausgehenden Verunreinigungen der Luft durch das Ozon der Atmosphäre zerstört würden, wobei der Ozongehalt der Atmosphäre verbraucht würde.

Hierfür sprach der Umstand, daß Ozon durch Oxydation von Ammoniak und organischen Bestandteilen des Staubes tatsächlich verbraucht wird.

Alle Angaben über Ozonbefunde in der Atmosphäre müssen jedenfalls sehr skeptisch aufgenommen werden, da eine ganze Reihe von Reaktionen, welche als beweiskräftig für das Ozon angenommen wurden, auf andere Körper, nämlich Wasserstoffsuperoxyd und Nitrite, zurückzuführen sind. Die hygienische Bedeutung des in der Atmosphäre entstehenden Ozons scheine mehr negativer Art, indem es nicht durch ihren Ozongehalt, sondern dadurch, daß das Ozon zur Oxydation organischer Stäubchen und riechender Beimengung in der Luft verbraucht werde, wodurch diese und damit das Ozon verschwinde, werde die Luft reiner und die Atmung freier. Schon F o x und W o l f f - h ü g e l betonten, daß sich nie sicher werde entscheiden lassen, wodurch Schwankungen im Ozongehalte der Atmosphäre bedingt sind, ob z. B. ein höherer Ozongehalt mehr auf eine Zunahme der Ozonlieferung oder eine Abnahme des Ozonverbrauchs zurückzuführen sei; so würden bei Gewittern ozonverbrauchende Luftbestandteile schon durch den Regen größtenteils beseitigt, so daß wir nicht wüßten, wie weit der höhere Ozongehalt schon hierdurch bedingt sei.

(1872) die Angaben der Jodstärkepapiere mit denen des Elektrometers gut überein.

Nach H a u d a i s H j a l t a l i n u. a. soll sich das Ozon bei Nordlicht in reichen Mengen finden. Über das Verhalten des Ozons bei Wirbelstürmen, die bekanntlich meist mit elektrischen Entladungen einhergehen, stellte M a r i é - D a v y 1865 folgendes Gesetz auf:

»Quand le centre d'une bourrasque traverse la France, toutes les stations situées au sud de la trajectoire ont beaucoup d'Ozone, celles qui sont au nord en ont peu ou point.«

(Cit. nach L a b b é, Congr. d'Electrol. et de Radiol. Extrait, Paris 1900, S. 2.)

Welchen überschwenglichen Erwartungen man sich bezüglich des Ozons und seiner künstlichen Einwirkung auf den
Menschen hingab, dafür mögen die nachstehenden Äußerungen
von S o n n t a g und L ü b b e r t als Beleg dienen.

S o n n t a g schrieb noch 1907:

»Gestützt auf den so entschieden aktiven Charakter des
Gases, auch wohl auf gewisse Analogien mit dem Chlorgas[1]),
dessen Leistung als Bleichmittel vom Ozon sogar noch über-
boten wird, erklärte man das letztere für ein sehr wirksames
Desinfektionsmittel, welches in dieser Hinsicht dem Chlor mindestens gleichzustellen sei. Als Bestandteil der Atmosphäre
sollte es die in der Luft schwebenden Krankheitskeime zersetzen, Epidemien verhüten oder beschränken, sein Fehlen dagegen sollte eine wichtige Bedingung sein für die zeitliche Disposition zur Entstehung infektiöser Krankheiten aller Art, insbesondere der Seuchen. Die Zuträglichkeit der Sommerfrische,
des Aufenthaltes auf dem Lande, in Bädern und in Luftkur-
orten sollte hauptsächlich durch den hohen Ozongehalt der
Luft, durch die große Reinheit der letzteren und den beleben-
den Einfluß des Ozons auf den menschlichen Organismus bewirkt werden«[2]).

L ü b b e r t sagt:

»Da, wo Ozon in der Luft gefunden wird, kann man sicher
sein, daß diese Luft frei von allem organischen Staub, übelriechenden Substanzen usw. gefunden wird, da diese alle das
Ozon rasch zersetzen und neben Ozon nicht vorkommen
können. Diese durch die Gegenwart von Ozon garantierte absolute Reinheit der Luft ist es auch, welche den Respirations-
typus günstig beeinflußt und hierdurch auf den gesamten
Stoffwechsel des menschlichen Organismus einwirkt«[3]).

Da diese Anschauungen trotz mancher entgegenstehenden
Resultate wissenschaftlicher Arbeiten immer wieder mit Em-
phase vorgetragen werden, ist es wohl angebracht, zunächst un-

---

[1]) Vgl. H o u z e a u , Ann. de chim. phys. (4) f. XXVII, p. 17,
ferner E n g l e r , Historisch-kritische Studien über das Ozon,
Leopoldina XV, S. 61 des Separatabdruckes.

[2]) S o n n t a g , Zeitschr. f. Hyg., Bd. 8, 1890, S. 97 bis 98.

[3]) L ü b b e r t , Gesundh.-Ing. 1907, Abdr. S. 3 bis 4.

sere tatsächlichen Kenntnisse über die Wirkung des Ozons als Desinfektionsmittel und zur Beseitigung der staubförmigen und riechenden Verunreinigungen der Luft zusammenzufassen, und dies ist um so notwendiger, weil man, seitdem man das Ozon in großen Mengen zu gewinnen vermochte, dazu überging, das Ozon in großem Maßstabe zur künstlichen Belüftung in Räumen anzuwenden.

Um die W i r k u n g des Ozons zu verstehen und die M ö g - l i c h k e i t seiner Wirksamkeit beurteilen zu können, ist es notwendig, kurz die E i g e n s c h a f t e n des Ozons zu be- sprechen.

Eigenschaften des Ozons.

Das Ozon ist ein farbloses Gas. Es fällt sofort durch seinen durchdringenden eigentümlichen scharfen Geruch auf, welcher mit dem Geruch des Chlors oder Phosphors verglichen wird. Es ist dadurch selbst in sehr großen Verdünnungen (500 000 fach) noch deutlich bemerkbar. Dagegen hat es einen wenig aus- geprägten Geschmack; H o u z e a u vergleicht ihn mit dem Ge- schmack des Hummers. (L a b b é, Action physiol. et thérap. de l'Ozon, Paris 1900, S. 1.)

Ozon ist aktiver Sauerstoff, dreiatomig, O_3, während der gewöhnliche inaktive Sauerstoff nur zweiatomig ist, O_2. Es entsteht aus dem reinen zweiatomigen inaktiven Sauerstoff nach der Formel $3\,O_2 = 2\,O_3$. Durch Mischung des bei — 23° ozonisierten Sauerstoffes mit viel Kohlensäureanhydrid und Druck erhielten H a u t e f e u i l l e und C h a p p u i s eine blaue Flüssigkeit, darüber ein blaues Gas. Bei Nachlassen des Drucks und sofortigem Wiederkomprimieren zeigte sich wieder eine blaue Flüssigkeit, so daß das Ozon eine tiefblaue Flüssig- keit sein dürfte. (Siedepunkt annähernd bei — 106° C.) (Cit. nach S c h m i d t, Pharm. Chem.) L a d e n b u r g jr. (Ber. d. Deutsch. phys. Ges. 4, 125—135) gelang es ferner, das ver- flüssigte Ozon »in zwei ihren physikalischen Eigenschaften nach verschiedene Fraktionen zu trennen«. (Cit. nach L. S c h w a r z u. S. M ü n c h m e y e r, Ztschr. f. Hyg. Bd. 75, 1913, S. 94.) Außer dem gewöhnlichen Ozon O_3 nimmt H a r r i e s (Ber. d. Deutsch. chem. Ges. 45, 936, 1912 u. Ztschr. f. Elektrochemie 17, 629,

1911) noch ein aus vier Sauerstoffatomen bestehendes Ozonmolekül O_4, das »Oxozon«, an, weil gewisse ungesättigte organische Verbindungen auch Verbindungen mit vier O-Atomen
bilden. Durch Waschen mit Lauge und Schwefelsäure läßt sich
aber ein gewisser Teil des Ozons absorbieren, worauf der Rest
nur noch O_3-Ozonide zu bilden vermöge. (Cit. nach L. S c h w a r z
und S. M ü n c h m e y e r , Ztschr. f. Hyg. 1913 l. c.) Es zerfalle
nach der Gleichung $O_4 = O_2 + O + O$.

Die Bindung der O-Atome im Molekül des Ozons ist eine
viel labilere als im Molekül des normalen Sauerstoffs. Das
Ozonmolekül zerfällt daher wieder leicht, wodurch umgekehrt
aus 2 Molekülen O_3 3 Moleküle O_2 gebildet werden können.
Es entsteht dabei eine viel stärkere oxydierende Wirkung als
durch gewöhnlichen Sauerstoff. Man erklärt sich dies durch
die Annahme, daß hierbei aktiver Sauerstoff nach der Formel:
1 Molekül $O_3 = O_2 + O$ gebildet wird, wobei der frei werdende
Sauerstoff »in statu nascendi« besonders energisch wirkt. Das
Ozon ist also ein sehr leicht zersetzlicher Körper[1]) und infolge
dieser leichten Zersetzlichkeit und durch den bei dieser Zersetzung frei werdenden aktiven Sauerstoff befähigt, auf andere
chemische Körper sehr stark oxydierend einzuwirken. Es verhält sich dabei ungefähr wie die Aldehyde. Seine äußerst
kräftig oxydierende Wirkung entfaltet es besonders in feuch-
tem Zustand. Viele Sauerstoffverbindungen von Metallen und
Nichtmetallen werden dadurch in den höheren Oxydations-
zustand übergeführt. Die meisten organischen Verbindungen,
selbst widerstandsfähige, Kork, Kautschuk, Papier, werden dadurch angegriffen und selbst zerstört, organische Farbstoffe sehr

---

[1]) »Ozon ist in Wasser wenig löslich, etwa 1,5 bis 10 mg pro
Liter bei Temperatur von 28 bis 2° C, außerdem abhängig von
der Beschaffenheit des Wassers. (M o u f a n g , Wochenschr. f.
Brauerei, XXVIII, Nr. 38, 1911.) Gegenteilige Angaben von
Dr. H u g o K ü b l (Technisches Gemeindeblatt 1912, Nr. 15,
S. 227), Ozon sei etwa 15 mal leichter löslich in Wasser als Sauer-
stoff, sind falsch und besonders geeignet, Laien irrezuführen.«
In kochendem Wasser zerfällt Ozon schnell in Sauerstoff. (L a b b é ,
l. c. Paris 1900, S. 1). (L. S c h w a r z und G. M ü n c h m e y e r ,
Ztschr. f. Hygiene Bd. 75, 1913, S. 83 Anm.)

energisch, viel stärker als durch Chlor, gebleicht. (S o n n t a g, l. c. S. 95—96.)

Aus den Eigenschaften des Ozons ergibt sich mit Notwendigkeit die Art und Weise seiner Wirksamkeit und ihre Beschränkung.

Wie wir sahen, ist das Ozon ein äußerst reaktionsfähiger Körper. Es wirkt, indem es Oxydationen hervorruft. Es kann aber natürlich nur auf solche Körper wirken, welche durch Sauerstoff angegriffen, also mehr oder weniger lebhaft verbrannt werden. Es oxydiert z. B. gewisse Metalle und angreifbare Verbindungen, bildet aus niederen Oxydationsstufen höhere bis zu den höchsten. Letztere werden nicht weiter verändert.

Weil das Ozon bei Gewittern sich findet und weil die Luft nach Gewittern besonders rein und erfrischend ist, schrieb man dem Ozon luftreinigende Eigenschaften zu, welche die atmosphärischen Schwebestoffe, d. h. die organischen Stäubchen und die in der Luft schwebenden Krankheitskeime, vernichten und die unangenehmen Gerüche verzehren und beseitigen sollten.

Wirkung des Ozons auf Bakterien.

Hier interessieren die Versuche zur Abtötung von Krankheitskeimen naturgemäß am meisten. Um solche Fragen zu lösen, wurden wie üblich entsprechende Versuche mit Reinkulturen von verschiedenen Bakterienarten ausgeführt.

Eine der ersten Arbeiten in dieser Hinsicht war die von W y s s o k o w i c z (Mitt. a. D. Brehmers Heilanstalt, Neue Folge, Wiesbaden 1890). Da er aber das Ozon mit Hilfe von Phosphor entwickelte und dabei andere Einwirkungen mitspielen können, haben seine Versuche für uns weniger Bedeutung. Er stellte fest, daß bei der Ozonisierung eine Veränderung des Nährbodens mit Säurebildung einhergehend erfolgte, wobei der Nährboden für das Bakterienwachstum z. T. untauglich wurde (l. c. S. 121).

Die Untersuchungen über Einwirkung des Ozons auf Krankheitskeime bzw. Bakterien konnten erst mit Erfolg auf breiterer Basis aufgenommen werden, als 1891 durch F r ö h l i c h (Elektrotechn. Ztschr. 1891, S. 340) und seine Mitarbeiter der Weg gewiesen war, das Ozon in beliebigen Konzentrationen und

Mengen aus dem Sauerstoff der Luft zu gewinnen. Die von
Ohlmüller (Arb. a. d. Kais. Ges.-A., Bd. 7, S. 229) in dieser
Richtung unternommenen Arbeiten führten zu dem Ergebnis:

> »daß das Ozon auf Bakterien, welche in Wasser aufge-
> schwemmt sind, in kräftiger Weise zerstörend unter der Be-
> dingung einwirkt, daß das Wasser nicht zu stark mit lebloser,
> organischer Substanz verunreinigt ist: der Erfolg ist der gleiche,
> wenn die Menge der leblosen organischen Masse bis zu einem
> gewissen Grade oxydiert wird«[1]).

Sonntag, welcher darüber eingehende Versuche an-
stellte, vermochte eine bakterientötende Wirkung des aus reinem
Sauerstoff erzeugten trocknen Ozons in seinen Versuchen nicht
nachzuweisen. (Ztschr. f. Hyg., Bd. 8, 1890.) Erst bei einem
Ozongehalt von 13,52 mg im Liter (!) begann sich eine bakterientötende Wirkung des letzteren eben zu zeigen, ohne jedoch schon sicher in jedem Falle einzutreten (l. c. S. 120). Auch
die Versuche von Konrich ergaben nicht sehr ermutigende
Resultate.

10 cm lange, 1,5 cm breite Fließpapierstreifen in 24 stündige Bouillonkulturen getaucht, im Brutschrank getrocknet,
die im Glaskasten dem Ozonluftstrom ausgesetzt wurden,
waren nicht keimfrei geworden (Stücke von je 1 cm
abgeschnitten und in Bouillon gebracht). Es waren

1. Typhus, Paratyphus B, Shiga Kruse, Flexner, Coli,
Staphylococcus, Prodigiosus, Sarcine, Pyocyaneus in acht
Stunden noch lebend. (Durchgesaugte Luftmenge = 396 Liter.
Ozongehalt 0,03 g pro cbm.)

2. Desgleichen dieselben Arten ohne Prodigiosus und
Pyocyaneus, dafür Milzbrand (in 52 Stunden 1852 Liter Luft,
Ozongehalt 0,006 g pro cbm).

Das gleiche war der Fall, wenn die Bakterien an Glas-
stäbchen angetrocknet waren.

Also Bakterien werden durch trockenes Ozon nicht
abgetötet. Bessere Wirkungen ergab das Ozon dagegen, als die
Filtrierpapierstreifen noch feucht dem Ozonstrom ausgesetzt

---

[1]) Über die Wirkung des Ozons auf Bakterien im Wasser vergleiche auch namentlich die Arbeiten von Proskauer und Schüder.

wurden. Es waren abgetötet: in Kastenluft bei gleichzeitiger Anfeuchtung durch Dampfstrom

nach einer Stunde: Typhus, Paratyphus A, Dysenterie, Shiga-Kruse;

nach zwei Stunden: Dysenterie-Flexner;

nach 2—3 Stunden: Coli;

nach drei Stunden: Paratyphus B, Pyocyaneus, Prodigiosus, Sarcina aurantiaca, Sarcina flava;

nach vier Stunden: Tetragenus; nach 2—4 Stunden: Staphylococcus aureus (noch nicht immer sicher);

nach vier Stunden noch nicht: Sporen von Milzbrand und Subtilis. (Konrich ibidem S. 454—455.)

L a b b é und O u d i n wollen eine Abtötung von Tuberkelbazillenkulturen erzielt haben. Ihre Angaben sind aber wenig Vertrauen erweckend. Sie leiteten Ozon zwei Stunden lang durch zwei Tuberkelkulturen (sur la gélatine peptonisée — die Tuberkelbazillen wachsen aber darauf bekanntlich nicht — es müßte wohl heißen sur gélose glycerinée). Die mit zwei unbehandelten Kulturen geimpften Kontrollmeerschweinchen starben in 25 Tagen. Die Versuchstiere lebten noch nach 50 Tagen. Das beweist aber noch nichts für die Abtötung. Die Autoren bemerken auch selbst vorsichtigerweise: »Sans attribuer à cette première expérience plus d'importance qu'elle n'en a, elle n'en est pas moins intéressante et encourageante« (l. c. p. 142—143).

B a i l (Prag. med. Wschr. 1913, J. 17, S. 216) berichtet ebenso über negative Ergebnisse: »Auch sehr starke Ozonisierung der eingeschlossenen Luft mittels Zirkulation ließ den Anfangsgehalt derselben an Bakterien niemals in irgend deutlicher Weise reduzieren, wobei der Keimgehalt der Luft teils nach der Kolonienzahl offen durch bestimmte Zeit hingestellter Agarplatten geschätzt, teils mittels Durchleitung bestimmter Luftmengen durch Gelatine bestimmt wurde. Durchleitung der so stark, als es im Apparat eben möglich war, ozonisierten Frischluft durch Röhren mit Bakterienpulver (Staphylokokken, Bakteriengemisch) oder durch lockeren bakterienhaltigen Sand ergab ebenfalls keine sichere und auf das Ozon allein zurückzuführende Keimverminderung.«

»Versuche, die Luftfeuchtigkeit durch Wasserverdampfung während der Zirkulation und Ozonisierung zu variieren, änderten am Resultat nichts.«

Eine Desinfektion der Luft, meint B a i l (Prag. m. Wschr. 1913, 17, S. 217), könnte höchstens dann in Betracht kommen, wenn es in der Luft lokal an kalten Körpern zur Wasserdampfkondensation durch Unterschreitung des Taupunkts kommt. Denn dafür, daß das trocken ganz unwirksame Ozon bei der Wasserlösung die stärksten keimtötenden Effekte entfaltet, bietet die Wassersterilisation durch Ozon ein überzeugendes Beispiel. Gelegentlich kann derartiges bei der Luftozonisierung in Frage kommen. Z. B. in Kühlräumen für Fleisch.

An aufgestellten Plattenkulturen wollte K u c k u k im Heidelberger Hallenschwimmbad durch Luftozonisierung eine Keimverminderung bis zu 50% erzielt haben. (Ztschr. f. Gasbeleucht. und Wasserversorgung 1910, Nr. 9.)

Gegen diese Versuche K u c k u k s ist wohl mit Recht eingewandt worden, daß die Vergleichszahlen aus verschiedenen Monaten mit und ohne Ozonisierung stammten und daher von zu vielen Zufälligkeiten abhängig, folglich nicht beweisend waren. Auch scheint mir der Unterschied zwischen 189 und 173 Keimen v o r , 75 und 110 Keimen n a c h der Ozonisierung so geringfügig, daß man daraus keine Schlüsse ziehen kann. Wer Luftuntersuchungen selbst gemacht hat, weiß zur Genüge, wie bei Platten desselben Versuchs mitunter die Keimzahl durch lokale Einflüsse wechselt[1]).

Jedenfalls dürfen wir aber vorläufig daran festhalten, daß die exakten Versuche bisher bindende Beweise für eine wirk-

---

[1]) L a b b é will mit seinem modifizierten Ozonapparat nach O t t o , welcher mit Leichtigkeit 10 mg Ozon pro 1 cbm liefere, eine deutliche Keimverminderung bis zur Sterilisation auf aufgestellten Agarplatten selbst unter ungünstigsten Bedingungen (im Sprechzimmer mit Vorhängen etc.) beobachtet haben und gibt von den Platten Abbildungen. (L a b b é , Bull. off. des Soc. méd. d'Arrondissement de Paris et de la Seine VIII, 1905, Nr. 24, S. 693 bis 698.) Gegenüber den vielen negativen Resultaten anderer Untersucher erfordern diese Angaben Beachtung und erneute Nachprüfung.

liche einigermaßen erhebliche d e s i n f i z i e r e n d e u n d
s t e r i l i s i e r e n d e W i r k u n g d e s O z o n s i n d e r
L u f t n i c h t e r g e b e n h a b e n.

In ganz auffallendem Widerspruch stehen dazu aber die
Berichte aus der Praxis der Ozonbelüftung, namentlich bez.
der Fleischkühlhallen und Eierkühlräume. Von ersteren wird
übereinstimmend angegeben, daß mit der Ozoneinführung das
Verderben des Fleisches durch Schimmelbildung oder durch
Auftreten eines muffigen Geruches aufhörte. Dabei wurden die
Schnittflächen oberflächlich und hart. Es entstand Ersparnis,
weil jetzt nur noch wenig von der veränderten trocknen Oberfläche, welche ohne Schimmelbildung blieb, abgeschnitten zu
werden brauchte. (E r l w e i n, Ztschr. f. Sauerstoff- und
Stickstoffindustrie 1913, H. VII/VIII, Sonderabdr., S. 6.) Es
scheint also dabei tatsächlich wenigstens eine gewisse antisep-
tische Wirkung des Ozons einzutreten.

Es wirken in solchen Betrieben aber stärkere Ozonkonzentrationen. Außerdem wachsen die Bakterien bei der niedri-
rigen Kühlhaustemperatur (3^0 C) auch verhältnismäßig langsamer und schwächer, so daß dadurch die Wirkung des Ozons
auf ihr Wachstum vielleicht unterstützt wird. Außerdem kommt
die Entstehung der erwähnten verhärteten Oberflächenschicht
hinzu, in welcher an sich Bakterienwachstum durch Trocknung
erschwert sein dürfte.

Ich komme jetzt zur Besprechung der Einwirkung des
Ozons auf den organischen Staub der Atmosphäre.

Wirkung des Ozons auf Staub.

Beim Durchströmen durch lange Glasröhren erleidet Luft
einen Verlust an Ozon. (P a l m i e r i, Compt. rend. 1872,
p. 1236.) Dieser Verlust beruht nicht, wie P a l m i e r i und
H o u z e a u (Ann. d. chim. phys. [4] XXVII) glaubten, auf
Reibung, vielmehr darauf, daß das Ozon zur Oxydation der
organischen Bestandteile des im Innern der Röhre niederge-
schlagenen Staubes verbraucht wird. F o x (Cornel B. Fox,
Ozone and Antozone, London 1873) und W o l f f h ü g e l
(Ztschr. f. Biol. XI, S. 428 ff.).

Man glaubte daher, daß durch Ozon, und zwar sowohl durch das atmosphärische Ozon als namentlich auch durch das künstlich erzeugte Ozon, eine Oxydation und Verbrennung der lästigen Geruchs- und Schwebestoffe bewirkt werden würden. Dies könnte nach allen bisherigen Erfahrungen jedoch nur von starken und stärksten Ozonkonzentrationen erwartet werden. Konrich bemerkt dazu: »Da es trockene Bakterien nicht einmal abzutöten vermag, kann mit allergrößter Wahrscheinlichkeit angenommen werden, daß es toten organischen Staub auch nicht oxydiert.« (l. c. S. 476.)

Wirkung des Ozons auf Gerüche.

Große Hoffnungen hat man bei dem Ozon auf seine Fähigkeiten, Gerüche zu beseitigen, gesetzt. Diese Erwartungen sind aber nur zum kleinen Teile in Erfüllung gegangen. Während man früher in überschwenglicher Weise behauptete, daß das Ozon die Luft reinige und die Gerüche zerstöre, ist namentlich durch die im wesentlichen negative Arbeit von Erlandsen und Schwarz (Ztschr. f. Hyg., Bd. 67, 1910, S. 391—428) in dieser Auffassung ein wesentlicher Umschwung eingetreten.

Erlandsen und Schwarz nahmen auf Grund ihrer Versuche, namentlich weil auf eine Abnahme ein Wiederauftreten des Geruches folgte, an, daß es sich weniger um eine Geruchsbeseitigung (echte Desodorisation durch Zerstörung des Geruchs) als vielmehr um eine bloße Verdeckung desselben handele. Mit einer solchen hätten wir es z. B. zu tun, wenn der Geruch einer Faulflüssigkeit oder von Stuhlgang durch starkriechende Mittel wie Karbolsäure oder Kresole nur übertönt würde, während eine Zerstörung der Geruchstoffe z. B. durch Kaliumpermanganat, Formaldehyd oder Chlor zu erzielen ist.

Die Ansichten Geruchszerstörung und Geruchsverdeckung durch Ozon stehen einander schroff gegenüber. Am weitesten geht vielleicht Konrich (Ztschr. f. Hyg. 7, 1913, S. 477), der dem Ozon mit größter Wahrscheinlichkeit lediglich eine parfümierende Wirkung zuschreibt. Eine solche Parfümierung sei allerdings keineswegs unter allen Umständen hygienisch unzulässig (ebenda). Sie müsse aber unschädlich sein und für die Besucher des Raumes einen Vorteil bedeuten. Dies sei jedoch nicht der Fall, da das Ozon von vielen Leuten sehr unangenehm empfunden werde. Es werde nur ertragen, weil sie mit dem Ozon etwas besonders hygienisch Gutes zu erhalten glauben. Es sei zudem giftig und wäre in den benutzten Konzentrationen wenigstens heftig reizend.

Geruchsbeseitigung.

Eine große Zahl, ja fast alle chemischen Körper haben einen bestimmten Geruch. Viele aber besitzen diese Eigenschaft in erheblichem Maße, so daß sie schon in geringsten Mengen als durchdringende Riechstoffe empfunden werden. Der chemischen Zusammensetzung nach gehören diese zu den allerverschiedensten Gruppen und sind teils außerordentlich einfach, z. T. aber sehr kompliziert zusammengesetzt. Letzteres ist vielfach der Fall bei den Riechstoffen der Blumen. Unter den einfachen riechenden Stoffen will ich z. B. nennen das Chlor, Brom, Schwefelwasserstoff, Schwefelkohlenstoff, schweflige Säure und Jodoform, unter den etwas zusammengesetzteren Merkaptan, Indol, Skatol, Trimethylamin usw. Es gibt auch Stoffe, welche n i c h t selbst riechen, aus denen aber durch Wärme, Feuchtigkeit etc. r i e c h e n d e S t o f f e entstehen. So ist z. B. Trioxymethylen an sich geruchlos, gibt aber durch Spaltung den stark und stechend riechenden Formaldehyd ab. Schwefelwasserstoff entwickelt sich z. B. bei der Fäulnis und infolge Zersetzung der Schwefelmetalle und Schwefelalkalien. Auch gibt es Stoffe, deren höhere Oxydationsstufen, auch die durch Ozon erzeugten, stärker riechen als der ursprüngliche Stoff.

Bei der Beseitigung von Gerüchen haben wir zu unterscheiden, ob wir den Geruch frei verteilt im Raum haben, so daß derselbe ev. durch Lüftung beseitigt werden kann, jedenfalls direkt angreifbar ist, oder ob er fixiert ist, oder ob wir es schließlich mit geruchbildenden Körpern oder echten Riechstoffen als Geruchsquellen zu tun haben. F i x i e r t wird der Geruch an den O b e r f l ä c h e n des Raumes selbst und der im Raume enthaltenen Gegenstände. Dabei kommt es zunächst auf die Q u a l i t ä t der Oberfläche an, ob wir es mit u n -

durchlässigen oder durchlässigen Oberflächen
zu tun haben. An glatten und undurchlässigen Oberflächen,
z. B. Metall, Glas, Porzellan, Stein, ferner an Ölfarbenanstrich,
Politurfirnis, Lackanstrichen kommt es zunächst auf ihr spezifisches Wärmeleitungsvermögen an; bei Abkühlung kann auf
ihnen ein Taubeschlag durch Kondensation von Wasserdampf
eintreten, und zwar am schnellsten, je größer ihr spezifisches
Wärmeleitungsvermögen ist, so auf Metall, ferner an kalten
Fensterscheiben im Winter. Hierbei könnte auch Ozon mit dem
Wasserdampf mit niedergerissen werden. Metalle werden
übrigens zum Teil durch Ozon angegriffen, wie dies z. B. von
metallischem Silber bekannt ist. Bei den durchlässigen Oberflächen haben wir ferner zu unterscheiden die porösen und
hygroskopischen. Erstere saugen Luft und Wasserdampf nur
in ihre Poren ein, letztere nehmen Wasserdampf und damit
vielleicht auch darin gelöste gasförmige Körper in ihrer Sub-
stanz auf. Diese kapillare Ansaugung ist aber offenbar abhängig von der Temperatur. Bei Erniedrigung der Temperatur
tritt infolge Zusammenziehung der in die Poren eingeschlossenen
Luft- bzw. Dampfmenge ein Ansaugen, bei Erhöhung der Temperatur ein durch Volumenvermehrung bedingtes Ausstoßen
und Verdampfen aufgenommener Wasserdampfmengen und
aufgenommener flüchtiger Körper ein. Dies ist unzweifelhaft
sehr wichtig zur Erklärung der mitunter sehr hartnäckigen
Nachgerüche. Von den hygroskopischen Stoffen sind namentlich tierische Gewebe, wie Wolle, Seide, Haare, Pelzwerk, weniger pflanzliche, wie Baumwolle, Leinen, reine Zellulose (Fil-
terpapier), geeignet, riechende Stoffe aus der Luft an sich zu
reißen. Ich erinnere dabei an den anhaltenden Geruch, welcher
Haaren und Kleidern nach Aufenthalt in Tabaksqualm an-
haftet und welcher sich ebenso unangenehm in Räumen, in
denen geraucht wurde, als kalter Rauch bemerkbar macht.
Daß auch das Ozon z. B. von Gelatine aufgenommen und verbraucht wird, hat W y s s o k o w i c z direkt nachgewiesen.
Wir haben also dabei zu rechnen mit einer einfachen Absorption,
wie sie z. B. bei porösen Oberflächen eintreten würde, und einer
Absorption mit einer ev. chemischen Bindung durch hygro-
skopische Oberflächen.

Wir haben ferner mit der Größe der Oberfläche zu rechnen. Die Oberfläche des Raumes nimmt bekanntlich mit der Zunahme der Größe des Raumes im Verhältnis zu dieser außerordentlich schnell ab. Außerdem kommt es sehr viel auf die Oberflächenentwicklung im Raume selbst an.

Da in großen Räumen im Verhältnis stets viel weniger Sachen vorhanden sind als in kleinen Räumen, bieten auch aus diesem Grunde kleine Räume ganz besonders ungünstige Verhältnisse. Für die Praxis der Geruchsbeseitigung sind diese Überlegungen ganz besonders wichtig. Es ist dadurch ohne weiteres klar, daß an rauhen, porösen, z. B. getünchten und mit Leimfarbe gestrichenen Wänden, an Vorhängen, Stofftapeten, Polstermöbeln Gerüche viel fester und länger haften, weil sie diese Gerüche zu absorbieren vermögen. Demgegenüber geben glatte und undurchlässige Wände, glatte Holzmöbel, das Fehlen von Vorhängen usw. für die Geruchsbeseitigung besonders günstige Chancen. Es sind das dieselben Verhältnisse, wie ich sie früher[1]) für den Formaldehyd und seine Anwendung in der Wohnungsdesinfektion auseinandergesetzt habe.

Wenn man mit Ozon zur Geruchsbeseitigung Erfolge haben will, muß man jedenfalls die Geruchsquelle zuerst beseitigen. Dies ist natürlich unmöglich, wenn man mit Geruch vollgesogene Wände als Geruchsquelle hat. Hier dürfte man aber Erfolg haben, wenn man die eingesogene Luft und Gerüche durch Temperaturerhöhung aus den Wänden gewissermaßen heraustreibt oder herausdestilliert und die herausgetriebenen jetzt freien Gerüche mit Ozon behandelt.

Geruchsverdeckung.

Ich komme jetzt zur Frage der Geruchsverdeckung. — Weil sie in manchen Fällen ein Verschwinden des Geruchs durch Ozonbehandlung beobachteten, dem aber nach Abstellung des Ozons und Aufhören seiner Wirkung ein Wiederauf-

---

[1]) C z a p l e w s k i , Über Wohnungsdesinfektion mit Formaldehyd. Münch. Med. Wochenschr. 1898, Nr. 41. C z a p l e w s k i , Über die Wohnungsdesinfektion mit Formaldehyd in Cöln. München 1902. Seitz & Schauer. S. 11 bis 15.

t r e t e n des alten Geruchs folgte, kamen E r l a n d s e n
und S c h w a r z zu dem Schlusse, daß es sich nicht um eine
Geruchs z e r s t ö r u n g, sondern nur um eine Geruchs-
v e r d e c k u n g in diesen Fällen handeln könne.

Diese Annahme erscheint mir jedoch unnötig und jedenfalls nicht bewiesen. In w i r k s a m e n Konzentrationen vermag das Ozon nicht bloß im Wasser, wie das von der Wassersterilisation her bekannt ist, sondern auch in der Luft gewisse
Geruchsstoffe durch Oxydation zu zerstören, wie wir das für
Schwefelwasserstoff, Indol, Skatol, Fäulnisgerüche als vollkommen sicher erwiesen ansehen können. Wenn dann nach
Abstellen des Ozons trotz Lüftung nachträglich wieder der
spezifische Geruch als Nachgeruch auftritt, so stammt er offenbar von den Resten des ursprünglich vorhandenen Geruchs her,
welche von den Wänden, Polstern, Teppichen usw. absorbiert
und in der Tiefe vor der Einwirkung des Ozons geschützt waren.

Nachgerüche.

Sehr wichtig für die Erklärung der Nachgerüche sind die
Versuche von K. B. L e h m a n n und von K i ß k a l t über
die Adsorption von Geruchsstoffen. In einem verschlossenen
Pulverglas beobachtete K i ß k a l t an einem Kampferstück
in zwei Tagen einen Gewichtsverlust von 2,5 mg, die also teils
in der Luft des Pulverglases gelöst, teils am Glas adsorbiert
waren. Nachdem jetzt 175 g aufgerollte Kleiderstoffe hinzu-
gegeben waren, verlor der Kampher nach zwei Tagen 22,4 mg,
nach zwei weiteren Tagen 28,5, nach noch einem Tage 18,9,
also in Summa 69,8 mg! Bei einer Wiederholung verlor der
Kampfer in vier Tagen 2,3 mg, nach Zugabe von 157 g Kleider-
stoffen aber in vier weiteren 57,4 mg. Von Ammoniak wird noch
viel mehr adsorbiert. Nach K. B. L e h m a n n (Arch. f. Hyg.
1906, S. 273) wurden von 1 mg trockener Wolle 58 mg
Ammoniak aufgenommen, von normal feuchter Wolle noch
mehr. Als K i ß k a l t in ein Zimmer trockene Ammoniak-
dämpfe gebracht hatte, wurde »soviel adsorbiert, daß noch 2
bis 3 Wochen später täglich mehrere Gramm allmählich in d i e
Luft übergingen und durch die natürliche Ventilation e n t -
fernt wurden«. (K i ß k a l t, Arch. f. Hyg. 1909, S. 380.)

6*

Kißkalt sagt mit Recht: »Hieraus läßt sich schätzen, daß zur Zerstörung der Geruchstoffe eines damit imprägnierten Zimmers Mengen von Ozon nötig sind, die einer der gewöhnlichen im Handel befindlichen Apparate erst nach sehr langer Zeit liefern kann. (Kißkalt, Ztschr. f. Hyg., Bd. 71, 1912, S. 283.)

Versuche zur Geruchsbeseitigung mit Ozon.

Um die Frage der Geruchsbeseitigung durch Ozon zur Entscheidung zu bringen, ist eine große Anzahl von Experimenten ausgeführt worden. Dieselben betreffen teilweise die Frage der Geruchsbeseitigung unter den natürlich vorkommenden nachgeahmten Verhältnissen. Teils auch betreffen dieselben Versuche mit ganz bestimmten Riechstoffen.

Hill und Flack fanden das Ozon im stärksten Maße geruchbeseitigend. Als sie ihre Versuchskammer mit Rauch von Shagtabak, Schwefelammonium- und Schwefelkohlenstoffdämpfen füllten oder darin stinkendes Fleisch oder menschlichen Stuhlgang aufstellten, konnten sie diese Gerüche nicht mehr entdecken, nachdem sie die beiden kleinen Ozonisatoren (von Edward L. Joseph) an der Decke des Versuchsraumes zwei Minuten lang in Tätigkeit gesetzt hatten. Der Ozongeruch maskierte alle anderen Gerüche. Dies sei jedoch kein Beweis dafür, daß diese üblen Gerüche wirklich zerstört seien, weil Zwardemaker gezeigt hatte, daß sich zwei Gerüche gegenseitig aufheben können, z. B. wenn Ammoniak in ein Nasenloch, Essigsäure ins andere Nasenloch eingeführt wird. (l. c. S. 407 bis 408.)

Bei seinen Tierversuchen in dem Versuchsglaskasten konnte Konrich (l. c.) eine Beseitigung des üblen Tiergeruchs nicht wahrnehmen. In einigen Fällen machte sich ein sehr unangenehmer »Misch«geruch bemerkbar.

Er bemerkt dazu:

»Noch einiges geht mit der größten Wahrscheinlichkeit aus diesen Tierversuchen hervor: eine Zerstörung dieser chemisch unbekannten Riechstoffe durch Ozon erfolgt nicht; es handelt sich im günstigsten Falle um eine Überdeckung durch

Ozon. Wo aber das Ozon sich nicht gänzlich durchzusetzen
vermag, ist, wenigstens meiner Geruchsempfindung zufolge, die
Zumischung von Ozon zu dem üblen Geruch kein Gewinn, sondern im Gegenteil eine Verschlechterung. Denn das Gemisch
aus Ozon und Tiergeruch wirkt wesentlich unangenehmer, als
wenn der eine oder andere der Gerüche allein zur Wirkung kam.
(l. c. S. 459—460.)

Auch bei seinen Versuchen konnte K o n r i c h eine Geruchsbeseitigung am Menschen ebensowenig konstatieren als bei
seinen Versuchen an Tieren. In seinem geschlossenen Versuchskasten mit Luftumwälzung wird keine Luftverbesserung
durch das Ozon angegeben. Während des Versuches wurde
zwar vielfach starker Ozongeruch verzeichnet, welcher sogar
die Versuchspersonen belästigte. Beim Wiederbetreten des Ka-
stens nach 1—3 Stunden bestand entweder mäßiger Ozongeruch
oder Geruch nach Ozon u n d verdorbener Luft. Am nächsten
Tag war der Ozongeruch überhaupt geschwunden und die Luft
roch leicht dumpfig oder muffig.

Auch in einem 390 cbm großen Experimentierraum und
400 cbm großer Demonstrationsgalerie, welche, öfters tagelang
nicht geöffnet, einen »unfrischen«, undefinierbaren Geruch be-
saßen, konnte keinerlei Luftverbesserung durch Ozon festgestellt werden. Solange das Ozon zu riechen war, waren die
anderen Gerüche gar nicht oder undeutlich zu spüren, oder es
ergab sich, besonders beim Zurückgehen des Ozons, ein neuer
Geruch, vermutlich Mischgeruch. (K o n r i c h , l. c. S. 475.)

Auch E r l a n d s e n und S c h w a r z (Ztschr. f. Hyg., Bd. 67,
1910, S. 423 ff.) und L. S c h w a r z (Gesundh.-Ing. 1910, Nr. 24)
sahen bei ihren Versuchen mit Luftozonisierung in größeren Räumen
keinen durchschlagenden Erfolg, S c h w a r z gibt aber zu, daß
bei Verwendung größerer Ozonmengen tatsächlich eine Desodorierung stattfindet. (l. c. Sep.-Abdr. S. 8.)

Unter den Riechstoffen schienen besonders diejenigen zu
entsprechenden Versuchen betr. Geruchsbeseitigung durch
Ozon geeignet, welche chemisch wohl definierte wägbare Körper
von bekannter einfacher Konstitution darstellen, wie Schwefelwasserstoff, Schwefeldioxyd, Ammoniak, Indol, Skatol, Merkaptan, Trimethylamin, Buttersäure, Jodoform usw.

Durch die große Liebenswürdigkeit des Herrn Prof. Dr. S c h w a r z , Hamburg, konnte ich hierzu das Manuskript einer von ihm mit Herrn Dr. G. M ü n c h m e y e r im Hamburger Hyg. Institut ausgeführten Arbeit benutzen, in welchem er über die Resultate neuer Untersuchungen berichtet[1]). Dieselben stellen eine Nachprüfung und Ergänzung der früheren Versuche von E r l a n d s e n und S c h w a r z dar.

Ozon und Ammoniak.

Ozon oxydiert Ammoniak zu salpetriger Säure und Salpetersäure. (C a r i u s , Ann. d. Chem. u. Phys., Bd. LXXIV, S. 31; cit. nach S o n n t a g , l. c. S. 96.)

Nach F r ö h l i c h (Elektrotechnische Ztschr. 1891, S. 343) werden bei der Ozonisierung der Luft aus dem Luftstickstoff kleine Mengen salpetriger und Salpetersäure, aber nie Stickoxyd gebildet. Beim Durchschlagen des elektrischen Funkens kann aus Stickstoff und Sauerstoff Salpetersäure gewonnen werden. O h l m ü l l e r und P r a l l (Arb. a. d. Kais. Ges.-Amt, Bd. 18, 1902, H. 3, S. 432) fanden ebenfalls, daß im Ozonapparat ein geringer Teil des Luftstickstoffs in Salpetersäure übergeführt wird, ohne daß jedoch dabei niedrigere Oxydationsstufen, insbesondere salpetrige Säure, auftraten. Als der ozonisierten Luft die Salpetersäure durch Vorlage von konzentriertem Natron entzogen wurde, war jedoch die Bildung von Salpetersäure so gering, daß sie nur kolorimetrisch durch Färbung des Blaus der Diphenylamin-Schwefelsäure geschätzt werden konnte. Freies Ammoniak wurde nur bei stärkerer Konzentration oder bei hohem Ozongehalt und dann nur schwach oxydiert, in gebundener Form als Karbonat oder Chlorid aber gar nicht beeinflußt. Im Gegensatz hierzu trat bei freier und an Natrium gebundener salpetriger Säure die Oxydation in stärkeren Verdünnungen stärker ein, und zwar bei der gebundenen stärker als bei der freien. Dies erklärt sich durch die alkalische Reaktion des salpetrigsauren Natriums, d a d a s O z o n i n al-

---

[1]) Die Arbeit ist inzwischen (17. Juli) herausgekommen. Ztschr. f. Hyg., Bd. 75, 1913, S. 81 bis 100.

kalischer Reaktion stärker wirkt[1]). (Ohlmüller u. Prall, Arb. a. d. Kais. Ges.-Amt, Bd. 18, 1902,
S. 432—434.)

Nach Erlandsen und Schwarz (Ztschr. f. Hyg.,
1910, Bd. 67, S. 427) wird Ammoniak in der Luft durch mehr-
stündige Ozonisierung mit Ozonmengen, die theoretisch zur
Oxydation genügen müßten, nicht nachweisbar oxydiert. Dagegen könne der Geruch geringer Mengen NH_3 durch Ozon verdeckt werden.

L. Schwarz und S. Münchmeyer (l. c. S. 87) fanden
bei ihren neuesten Versuchen, daß Ammoniak mit einer reich-
lichen Menge Ozon und bei annähernd mit Feuchtigkeit ge-
sättigter Luft selbst nach 18 stündiger Einwirkung nicht in
Reaktion getreten war.

Ozon und Schwefelwasserstoff.

Bei Versuchen im Brutraum des Hamburger Hyg. Instituts
vermochten Erlandsen und Schwarz[2] entgegen den
Erwartungen mit Ozon selbst bei Überschuß keine Abnahme
der H_2S-Menge nachzuweisen. Bei sehr geringen Mengen (0,003
Vol. pro mille) war H_2S-Geruch übrigens doch nicht mehr wahrnehmbar, wie die Autoren meinen, weil er vom Ozon verdeckt
war.

Schwefelwasserstoff fand Kißkalt in der Luft zerstört,
wenn er im Überschuß (das 64 fache, 20 und 2fache der theoretisch notwendigen Menge) vorhanden ist. Die Verschiedenheit
des Ausfalls seiner Versuche gegenüber denen von Erlandsen und Schwarz begründet er damit, daß letztere zu hohe
Ozonwerte erhalten hätten, weil sie das Ozon in saurer KJ-
Lösung bestimmten. Sie hatten also tatsächlich viel zu niedrige Konzentrationen und einen H_2S-Überschuß gewählt, zu
dessen Beseitigung ihre Ozonkonzentration und Ozonmenge
nicht ausreichte.

Bei erneuten Versuchen unter quantitativen Verhältnissen
konnten L. Schwarz und G. Münchmeyer im Ham-

---

[1]) Ich möchte auf diesen wichtigen im Original nicht gesperrt
gedruckten Satz noch ganz besonders hinweisen.

[2]) Zeitschr. f. Hyg., Bd. 67, 1910.

burger Hyg. Institut nachweisen, daß Schwefelwasserstoff durch Ozon tatsächlich zerstört wird. Dies war der Fall sowohl mit auf chemischem Wege aus Ammonpersulfat und Salpetersäure (nach M a l a q u i n) hergestelltem Ozon als auch mit aus Sauerstoff mit dem Laboratoriumsapparat von Siemens & Halske erzeugten Ozon. Dagegen war es auffallenderweise zunächst nicht der Fall bei Versuchen mit einem kleinen Apparat einer ausländischen Firma und gelang erst nach dessen Reparatur. Bei den negativen Versuchen war dabei Ozon selbst nach Schluß des Versuches neben Schwefelwasserstoff nachweisbar gewesen (l. c. S. 83—87).

Ozon und schwefelige Säure.

Bei Versuchen mit Schwefeldioxyd erhielten L. S c h w a r z und G. M ü n c h m e y e r zunächst keine eindeutigen Resultate. Ein weiterer Versuch sprach jedoch dafür, daß Ozon im Überschuß in einer Stunde allerdings, wenn auch nur teilweise, mit Schwefeldioxyd in Reaktion tritt und daraus Schwefelsäure bildet. (L. S c h w a r z u. G. M ü n c h m e y e r, Ztschr. f. Hyg., Bd. 75, 1913, S. 90—91.) Es gelang den Autoren übrigens nicht, ein Mittel zu finden, mit welchem sich das Schwefeldioxyd von Ozon befreien ließ, da Holz, Sulfit, Nitrit usw. auch die schwefelige Säure sehr erheblich absorbierten.

Ozon und Kohlenoxyd.

Eine Einwirkung auf Kohlenoxyd vermochten L. S c h w a r z und G. M ü n c h m e y e r unter gewöhnlichen Verhältnissen selbst bei 23 stündiger Versuchsdauer nicht festzustellen. (Ztschr. f. Hyg., Bd. 75, 1913, S. 87—90.)

Ozon und Indol bzw. Skatol.

Indol- und Skatolgeruch fanden E r l a n d s e n und S c h w a r z[1] deutlich herabgesetzt, verändert bis geschwunden. Da aber der spezifische Geruch am nächsten Tage wiederkehrte, nahmen die beiden Autoren nur eine Geruchsverdeckung an. Vielleicht roch man aber am nächsten Morgen mit frischen Sinnen den noch nicht ganz beseitigten Geruch wieder deutlich.

---

[1] Zeitschr. f. Hyg., Bd. 67, 1910, S. 418 bis 420.

Mit einem fahrbaren Ozonapparat (für Krankensäle) behandelte K i ß k a l t[1]) ein Zimmer von 4,18 × 4,01 = 58,7 cbm mit etwas moderigem Geruch und gekalkten Wänden. Der Ozongehalt betrug nach neun Stunden 0,37664 mg in 1 cbm = 0,1883 pro Million. Das Skatol wurde (ca. 1 mg) über Glühlampe auf Schälchen trocken verdunstet. Nach seinen Versuchen meinte er, daß Skatol durch Ozon tatsächlich in der Luft zerstört zu werden scheine. Doch liege die Möglichkeit einer Kompensation der Gerüche vor, indem der Ozongeruch den Skatolgeruch nur verdeckte, ohne daß eine Umsetzung vorhanden ist. Auch Versuche mit größeren Mengen Skatol (4,4 und 4,6 mg) und Aufwischen des Zimmers mit Natriumsulfitlösung gaben kein eindeutiges Resultat. Er neigt jedoch mehr zu der Annahme, daß das Skatol durch Ozon wirklich zerstört würde.

Bei erneuter Wiederholung ihrer Versuche unter quantitativen Verhältnissen fanden S c h w a r z und G. M ü n c h - m e y e r Indol und Skatol bei ca. 100 fachem Ozonüberschuß unter Umständen schon in ganz kurzer Zeit vernichtet. Zur Zerstörung des Ozons wurde dabei Natriumsulfit verwandt. Dasselbe zeigte im Kontrollversuch starken Skatol- bezw. Indolgeruch, im Hauptversuch mit Ozon dagegen einen angenehmen ätherartigen, an Cumarin- bzw. Pyocyaneuskulturen erinnernden Geruch (l. c. S. 91—94).

S c h w a r z und M ü n c h m e y e r bemerken zu ihren neueren Ozonversuchen:

»Wir stehen jedoch unter dem Eindruck, daß die von E r l a n d s e n und S c h w a r z seinerzeit ermittelten Befunde bei Ozoneinwirkung auf H_2S, Skatol und Indol nicht allein durch zu geringe Ozonmengen oder vielleicht auch durch zu geringe Einwirkungsdauer, sondern, wie wir jetzt annehmen, auch durch die A r t des Ozons bedingt waren; haben wir doch bei unseren jetzigen Versuchen mit Ozon gearbeitet, das in der Jodkalilösung Ozonreaktion ergab, aber nicht mit Schwefelwasserstoff innerhalb etwa 1½ Stunden in Reaktion trat. Unser Eindruck, daß verschiedene Apparate verschieden wirken, wird schon dadurch gestützt, daß die Apparate neben Ozon mehr

---

[1]) Zeitschr. f. Hyg., Bd. 71, 1910, S. 279/280.

oder weniger Stickstoffoxyd liefern, vor allem aber durch die
Harriesschen Arbeiten.« (H a r r i es , Ber. d. Deutsch. Chem.
Ges. 45, 936 [1912], Ztschr. f. Elektrochem. 17, 629 [1911];
L. S c h w a r z und G. M ü n c h m e y e r, Ztschr. f. Hyg. Bd. 75,
1913, S. 94.)

Außerordentlich wichtig ist dabei der Schlußsatz von
L. Schwarz und G. Münchmeyer:

»Bei Benutzung von aus Luft oder chemisch hergestelltem
Ozon ist auf die Anwesenheit von Stickoxyd zu achten.« (Ztschr.
f. Hyg., Bd. 75, 1913, S. 100.)

Ozon und Merkaptan.

L. S c h w a r z und G. M ü n c h m e y e r fanden Mer-
kaptan leicht oxydabel durch Ozon. (Apparat von Siemens &
Halske.) (Merkaptan passierte ohne Verlust die Kißkaltschen
Holzabsorptionsröhren.) Sie benutzten zwei Waschflaschen
mit je 50 ccm alkoholischer n/2000 bez. n/5000 Jodlösung. Der
Merkaptangehalt wurde kolorimetrisch bestimmt nach der Ent-
färbung der Lösungen gegenüber Kontroll-Jodlösungen. Merkap-
tan wird durch J in Äthyldisulfit übergeführt. Ein Molekül
Merkaptan verbraucht 1 Atom J. (Ztschr. f. Hyg., Bd. 75, 1913,
S. 91.)

Ozon und Trimethylamin.

Trimethylamingeruch konnten E r l a n d s e n und
S c h w a r z durch Ozon nicht zerstören. Allerdings hatten sie
in einem Raum von noch nicht 15 cbm Inhalt 5 ccm einer 33%
wässerigen Lösung verdampft. Der Trimethylamingeruch war
selbst durch eine zweite am folgenden Tage vorgenommene
Ozonisierung (44 mg O_3 pro cbm) nicht beseitigt. (Ztschr.
f. Hygiene, 67, 1910, S. 417.)

Ozon und Buttersäure bzw. Valeriansäure.

Den Geruch der Buttersäure konnten E r l a n d s e n und
S c h w a r z durch 70 Minuten Ozonisieren wohl zum Verschwinden bringen. Er kam aber nach einer Stunde wieder und
war noch am nächsten Tage vorhanden. (Zwei Tropfen Buttersäure verdampft.) (Ztschr. f. Hyg., 67, 1910, S. 418.) Dasselbe
war der Fall mit Valeriansäure (fünf Tropfen verdampft). But-

tersäuredämpfe und Ozon fand K i ß k a l t in der Luft binnen 50 Minuten nicht quantitativ gebunden.

Ozon und Jodoform.

Nach Versuchen von Prof. Dr. J. M ü l l e r im Allgem. städt. Krankenhause Nürnberg vom 23. Nov. 1909 soll auch der Geruch von Jodoform durch Ozon verschwinden. (Zit. nach W e r n e r - B l e i n e s , l. c. Sonderdruck, S. 4.)

Versuche Bails.

Durch geringe, praktisch allein anwendbare Ozonkonzentrationen fand B a i l den Geruch von Ammoniak, Schwefelwasserstoff, schwefliger Säure, Schwefelkohlenstoff, »nur wenig beeinflußt, bestenfalls gemildert«, aber immer noch wohl unterscheidbar. Erst durch stärkere, an sich schon unangenehm und reizend wirkende Konzentrationen sah er diese Gerüche verdeckt. Auch verdampfte Buttersäure wurde stets neben dem Ozon wahrgenommen, höchstens gemildert. In zwei Versuchen trat dabei ein ätherartiger Geruch neu auf.

Auf ein Chypreparfüm sowie auf Tabakrauch und Tabakgeruch sah er keinen Einfluß.

Dagegen wurde der Geruch verdampfter Faulflüssigkeit nach Entfernung der Geruchsquelle stark beeinflußt. Der ekelhafte Charakter des Geruchs ging verloren, und es blieb nur ein allerdings hartnäckiger Leimgeruch zurück.

Bei seinen Versuchen zur Geruchbeseitigung machte B a i l[1] übrigens die Beobachtung, daß der Ozongeruch s p ä t e r als sonst auftrat, während die Luft sofort einen eigentümlichen »frischen« Eindruck machte (cf. auch die Beobachtungen von C r a m e r sowie H i l l und F l a c k). Das verspätete Auftreten wahrnehmbaren Ozongeruchs scheine dafür zu sprechen, daß das Ozon zunächst zur Oxydation der Geruchsstoffe verbraucht werde und erst nach ihrer Zerstörung frei auftreten könne. Der Faulgeruch würde sich aus einer Anzahl Partialgerüche zusammensetzen, nach deren partieller Oxydation der hartnäckige Leimgeruch übrigbleibe. Der ursprüngliche Geruch trat nach

---

[1] Prag. med. Wochenschr. 1913, Nr. 17, S. 217.

Abstellen des Ozons nicht mehr auf, war also zerstört. Auf Grund seiner günstigen Resultate mit Geruch von Faulflüssigkeiten meint B a i l[1]):

Es besteht somit tatsächlich die begründete Wahrscheinlichkeit, daß geringe, praktisch noch anwendbare Ozonkonzentrationen gewisse, besonders unangenehme Riechstoffe in der Luft zerstören können, und es ist nicht einzusehen, warum nicht auch die so peinlich empfundenen Ausdünstungsstoffe von Menschen in ähnlicher Weise beeinflußt werden könnten. Dadurch würden sich die günstigen Urteile, die manche Autoren, so besonders L ü b - b e r t , bei Anwendung des Ozons in größerem Maßstabe erhielten, und ebenso die vielfach berichteten guten Erfolge in Versammlungslokalen, Theatern, Restaurationen erklären.

Ozon und Tabakrauch.

Von größtem Interesse wegen ihrer praktischen Bedeutung war für Restaurationen usw. die Frage der Beseitigung von Tabakrauch. Hierüber liegt eine Anzahl von Versuchen vor, die aber z. T. zu widersprechenden Ergebnissen geführt haben.

So sagt Cramer:

»Bläst man in eine mit Tabakrauch gefüllte Glasröhre ein, Ozonluftgeruch hierzu, dann ballt sich der Tabakrauch zusammen und verschwindet nach ganz kurzer Zeit.« (W. C r a m e r , Gesundheits-Ing. 1909, Nr. 29, S. 498.)

Derselbe Autor fügt aber selbst hinzu:

»Versuche, die im großen vorgenommen wurden, haben nicht dasselbe Resultat ergeben. Es konnte nur festgestellt werden, daß der Rauchschleier durchsichtiger, und daß dem Tabakrauch die unangenehme beizende Wirkung auf die Augen genommen wurde (ibidem).«

H i l l und F l a c k konnten, wie wir sahen, Shagtabakqualm durch Ozon beseitigen.

Gegenüber sehr dichtem Tabakqualm sahen E r l a n d s e n und S c h w a r z keinen Einfluß. In schwacher Konzentration dagegen könne er von Ozon verdeckt werden. Auch B a i l sah, allerdings bei schwachen Konzentrationen, keinen Erfolg.

Bei unseren eignen Versuchen war bei stärkeren Konzentrationen von Ozon Zigarettengeruch im Zimmer vollkommen

---

[1]) Prag. med. Wochenschr. 1913, Nr. 17, S. 217.

vernichtet und war auch bei Betreten der Zimmer nicht zu riechen. Nachgeruch trat nicht auf. Tabakgeruch an Kleidern
wird durch Ozon, wie m e h r f a c h angegeben wird, beseitigt.

Wenn K o n r i c h von Ozon sagt, daß es bloß p a r f ü -
m i e r e n d [1]) wirke, ohne die Geruchsstoffe zu z e r s t ö r e n ,
so läßt sich diese seine Annahme nach dem Ausfall dieser
exakten Untersuchungen von K i ß k a l t , S c h w a r z und
M ü n c h m e y e r jedenfalls nicht mehr aufrechterhalten.

Ist das Ozon giftig?

Nachdem die billige Herstellung des Ozons im großen gelungen und die Sterilisation des Wassers mit Ozon in die Praxis
mit Erfolg eingeführt war, begann man mehr und mehr, das
Ozon auch in der Technik zur Ozonbelüftung zu verwenden.
Eine große Reihe von solchen Ozonbelüftungsanlagen ver-
schiedenster Art ist hierauf entstanden. Da hat es nun ein großes
Aufsehen und, man kann wohl sagen, eine gewisse Beunruhigung
im Publikum, in der Presse und bei den ausführenden Ozonfirmen
erzeugt, als von verschiedenen Seiten sich Stimmen gegen das
Ozon erhoben und als das Ozon direkt als ein **giftiges** Gas bezeichnet wurde. In dieser Richtung sind besonders die Veröffentlichungen von H i l l und F l a c k sowie K o n r i c h
hervorzuheben. Es ist daher notwendig, auf diese etwas näher
einzugehen. Dabei müssen wir auch die früheren Kenntnisse
über das Ozon kurz zusammenfassen.

Übereinstimmend wird von verschiedenen Seiten betont,
daß in geringen Konzentrationen das Ozon so gut wie gar keine
Wirkung ausübt, während stärkere Konzentrationen namentlich eine mehr oder weniger starke Reizung der Schleimhäute
hervorrufen.

---

[1]) cf. auch K o n r i c h: »Einzelne riechende Stoffe können zwar
durch Ozon verbrannt werden, z. B. Schwefelwasserstoff. Aber auch
dazu sind so große Ozonmengen nötig, wie sie in der Praxis gar nicht
benutzt werden können, weil die Luft dadurch vollständig irrespi-
rabel würde. Die Wirkung des Ozons beruht demnach nur auf
seiner parfümierenden Leistung.« Konrich, Chemiker-Zeitung 1912,
Nr. 139, Sonderdruck.

S c h u l t z hat geglaubt[1]), daß das Ozon direkt ins Blut
übergehe und dann sekundär auf die Lungen wirke. Diese Ansicht wurde jedoch von B o h r und M a a r widerlegt (zit. nach
H i l l und F l a c k).

Sie zeigten an Tierversuchen, daß eine mit Ozonluft ge-
speiste Lungenhälfte gereizt und ödematös wurde, während die
zur Kontrolle gewöhnliche Luft einatmende andere Lungenhälfte normal blieb. Nach Pflüger[2]) wird Ozon in Berührung
mit Blut sofort zerstört. Bemerkenswerterweise wollen L a b b é
und O u d i n (l. c. S. 192) bei Individuen, welche, statt normal 13—14 %, nur 10—11% Oxyhämoglobin im Blut haben,
schon nach 10—15 Minuten Ozoninhalation den Oxyhämoglo-
bingehalt um 1% und bei wiederholten Inhalationen bis zur
Norm gesteigert haben[3]).

Von den verschiedenen Autoren wird übereinstimmend hervorgehoben, daß die Empfindlichkeit gegen Ozon individuell
außerordentlich verschieden ist. Dies gilt erstens hinsichtlich
der bloßen Wahrnehmung des Ozons in Spuren, anderseits
auch bezüglich der Empfänglichkeit schon gegenüber ganz
minimalen Ozonmengen,

Während einige Personen z. B. gegen Ozon sehr wenig
empfindlich sind, sich an Luft mit geringem Ozongehalt gewöhnen, so daß sie ihn überhaupt nicht mehr wahrnehmen, und
bei höherem Ozongehalt zuerst nur eine Reizung der Augen-
bindehaut, dann erst der Atemwege erfahren, zeigen sich andere
Personen gegen Ozon äußerst empfindlich. Ihnen sind kaum
wahrnehmbare Ozonspuren schon unerträglich, so daß man geradezu von einer Idiosynkrasie gegen Ozon sprechen könnte.

Noch W. C r a m e r konnte auf dem Frankfurter Kongresse für Heizung und Lüftung sagen:

---

[1]) S c h u l t z, Arch. f. exp. Pathol. 1882, 29, S. 364.

[2]) P f l ü g e r, Pflügers Arch., Vol. 10, p. 251.

[3]) Ich möchte nicht unterlassen, die folgenden Angaben zu
erwähnen: »Cl. Bernard dès 1856 étudie l'action de l'Ozone sur
le sang, et, après lui Huisinga (1867), Dogiel, Barlow (1879) se
livrent aux mêmes recherches et tous sont persuadés que l'Ozone
exerce une action destructive sur les divers éléments du sang.«
(Paul le Stunf Thèse, Paris 1891, S. 6.)

»In früherer Zeit schrieb man dem Ozon einen giftigen Einfluß auf die tierischen Organismen zu, während neuere Forschungen erwiesen haben, daß die giftige Wirkung nur dann zum Ausdruck kommt, wenn das Ozon auf chemischem Wege hergestellt und dann nicht ganz rein ist. Eine Mischung von chemisch reinem Ozon mit atmosphärischer Luft kann, wenn der Ozongehalt nicht zu konzentriert ist, nie einem Organismus schaden, wie zahlreiche Gutachten bekannter Gelehrten und Ärzte beweisen. Nur in sehr konzentrierter Form wirkt es zerstörend auf die Schleimhäute und daher schädlich[1].«

Demgegenüber bezeichnet es H i l l und F l a c k als die einzig wirklich sicher bestätigte Kenntnis über die Wirkungen des Ozons, daß es Lungenreizung und Lungenödem verursacht, ja selbst den Tod, wenn es in relativ stärkeren Konzentrationen einige Zeitlang eingeatmet wird. Durch 0,05% werde der Tod nach zwei Stunden (S c h w a r z e n b a c h) , durch 1% der Tod nach einer Stunde (B a r l o w) erzeugt. Diese Angaben von S c h w a r z e n b a c h und B a r l o w sind mir nicht zugänglich. Auch die Angabe, ob sich dies auf Tiere oder Menschen, resp. auf welche Tiere bezieht. Jedenfalls wären genaue Versuchsbedingungen noch darüber nachzuprüfen und festzustellen, ob in diesen Fällen tatsächlich der Tod nur auf Ozonwirkung zurückzuführen sei[2].

Ich komme jetzt zur Besprechung der Tierversuche von H i l l und F l a c k.

Tierversuche von Hill und Flack.

L. H i l l und F l a c k berichten über eine Anzahl von Tierversuchen an Ratten, Katzen, Hunden, Ziegen und Mäusen.

---

[1]) W. C r a m e r, l. c. S. 498.

[2]) Nachträglich finde ich darüber noch folgende Angabe: »Au point de vue physiologique Schwarzenbach (1852), Boeckel (1853), Scoutetten (1856), après des expériences sur des animaux concluent à la toxicité de l'Ozone; mais il se servent d'Ozone chimiquement impur. Desplats (1857), Ireland (1863) arrivent presque aux mêmes conclusions.« (Paul le Stunf Thèse, Paris 1891, S. 6.) Es handelte sich also um k e i n e reine Ozonwirkung und die Versuche betrafen nur Tiere.

Sie benutzten dazu den Ozonapparat von Edward L. Joseph,
welcher ihrer Meinung nach unzweifelhaft reines, von Stickoxyden freies Ozon lieferte. Die Tiere saßen dabei in gasdichten
Glaskammern. Ihre Größe und die näheren Bezugsbedingungen
bez. der Ozoneinleitung und des Luftwechsels fehlen jedoch
leider, so daß die Beurteilung des wirklichen Wertes dieser Versuche dadurch unmöglich wird.

Die angewandte Ozonkonzentration schwankte zwischen
2 und 40 Millionstel. Sie schließen aus ihren Versuchen, daß
Tiere sterben, wenn sie 15—20 Millionstel Ozon zwei Stunden
lang ausgesetzt werden. (Dies stimmt jedoch nach ihrer Tabelle
nicht ganz, da ein Hund und drei Ratten, welche 10—20 Millionstel zwei Stunden eingeatmet hatten, trotz gestörter Atmung
sich wieder erholten.) Sie bezweifeln nicht, daß bei längerer
Einatmung auch schwächere Konzentrationen schädlich wirken
(»would have a fatal effect«).

Als Todesursache fanden sich Entzündungen des Respirationstrakts, starke Blutüberfüllung der Lungen und Lungenödem. Mikroskopisch zeigten die Alveolen entzündliche Ex-
sudation, z. T. mit Hämorrhagien. Im Körper sonst keine Veränderungen. »Sobald die Atmungswege von Ozon gereizt werden, verharrt das Tier bewegungslos hingehockt, mit gesträub-
tem Fell; es zeigt sich also niedergedrückt. Das Ozon ver-
ringert den Atmungssatz sogar bis zu $1/7$, während die Lunge
noch keine Veränderungen mit bloßen Augen erkennen läßt.
Das Tier verhält sich also ganz den Umständen entsprechend
sehr still und ruhig. Zu gleicher Zeit sinkt seine Körpertempe-
ratur; bei Ratten sank sie im After bei 10 Minuten lang 0,000 02
proz. Ozonluft um 3°, während sie bei Gegenversuchen mit gewöhnlicher Luft auf normal 38,5° C blieb. Der Schaden für die
Lunge kann dabei noch nicht schlimm sein, da der nieder-
gedrückte Zustand gänzlich vorübergeht.« (H i l l und F l a c k,
l. c. S. 413; zit. nach S c h n e c k e n b e r g, Gesundh.-Ing.
1912, Nr. 52, S. 969.)

Die CO_2-Ausscheidung zeigte bei den Mäusen deutlich eine
Abnahme während und nach der Anwendung von Ozon.

Gegen die Versuche von H i l l und F l a c k lassen sich
verschiedentliche Einwände erheben. Zunächst ist es nicht un-

wahrscheinlich, daß ihre Angaben über die angewandten Ozonkonzentrationen nicht ganz zutreffend sind. Die beiden Autoren
haben nämlich das Ozon in s a u r e r 1% Jodkaliumlösung bestimmt. Von verschiedentlichen Seiten wird aber hervorgehoben,
daß s a u r e Jodkaliumlösung zu h o h e Ozonwerte liefert.
Sehr auffallend scheint dabei auch der Umstand, daß sie zur
Bestimmung stets nur 10 l Luft verwendet haben, während die
anderen Untersucher erheblich größere Luftmengen benutzen.
Die Beurteilung der Tierversuche, auf welche sich die Angaben
über die G i f t i g k e i t des Ozons stützen, ist außerdem sehr
schwierig. Es fehlen nämlich Angaben über die Größe des Versuchskastens, über die Mengen der durchgesaugten Luft und
des Luftwechsels. Bei ihren Versuchen bezügl. Geruchsbeseitigung geben die beiden Autoren an, daß sie an der Decke
des Versuchsraumes zwei kleine Ozonisatoren von L. Joseph
benutzt hätten. Bei den Tierversuchen fehlt aber die Angabe
hierüber. Auch fehlen Angaben über die Leistungsfähigkeit
dieser Ozonisatoren. Dadurch, daß diese Angaben unvoll-
ständig sind, läßt sich sehr schwer beurteilen, inwieweit die
Störungen im Befinden der Tiere auf das Ozon allein oder auf
andere Ursachen, ungenügende Ventilation, Wärmestauung,
Kohlensäurevergiftung zurückzuführen sind. Außerdem läßt
sich nicht beurteilen, ob die Autoren tatsächlich ein von Stickoxyden vollkommen freies Ozon gebraucht haben, wenn sie
auch angeben, daß die Apparate von Joseph ein solches reines
Ozon liefern. Danach kann ich die Beweiskraft der Versuche
von H i l l und F l a c k für die G i f t i g k e i t des Ozons selbst
nicht übermäßig hoch anschlagen.

1 Teil Ozon auf 1 Million Teile Luft $= 0,0001\%$ Ozon entspricht 2,1447 mg Ozon in cbm Luft von 0^0 C und 760 mm Druck
(S c h n e c k e n b e r g , Gesundh.-Ing. 1912, Nr. 52, S. 969),[1])
also 15 per Million $= 0,0015\% = 32,1705$ mg pro 1 cbm, 20 per

---

[1]) Die Arbeit S c h n e c k e n b e r g s ist nur eine Übersetzung
der ein Jahr früher erschienenen Arbeit von H i l l und F l a c k.
Eigene Versuche, wie irrtümlich von einigen Autoren angenommen
wurde, hat er nicht gemacht. Die Angaben dieser Autoren per
Million hat er in Volumprozente umgerechnet.

Million = 0,0020% = 42,8940 mg pro 1 cbm, 40 per Million = 0,0040% = 83,7880 mg pro 1 cbm.

Hill und Flack haben demnach tatsächlich in ihren Tierversuchen ganz enorme Konzentrationen von Ozon zur Anwendung gebracht, welche die praktisch angewendeten um das Vielfache übersteigen, ohne trotzdem bei ihren Tieren regelmäßig einen tötlichen Ausgang zu erzielen.

Tierversuche von Konrich.

Im Anschluß daran will ich gleich die Tierversuche von Konrich behandeln. Er benutzte zu seinen Versuchen einen Versuchsglaskasten von 44 cm Länge, 20 cm Breite und 18 cm Höhe, gleich 15140 ccm Inhalt. Das Ozon wurde mit einem Siemensschen Gitterapparat entwickelt und unter besonderen Vorsichtsmaßregeln in den Versuchskasten eingeleitet.

Konrich berichtet über sieben Versuche genauer. Als Versuchstiere dienten Kaninchen, Meerschweinchen, weiße Ratten und weiße Mäuse.

An seinen Versuchstieren beobachtete Konrich folgende Erscheinungen:

Die Tiere werden ruhig, schläfrig, liegen still, schlafen oder kriechen ab und zu einige Schritte langsam, ohne die Augen aufzumachen. Schließlich werden sie tief benommen, so daß sie auf Reize nicht reagieren und, herausgenommen und auf den Rücken gelegt, fast bewegungslos so liegen bleiben.

Die Atmung wird verlangsamt, tief, unregelmäßig, stoßweise (»Ozonatmung«), manchmal mit sehr langsamer Einatmung und plötzlicher Ausatmung, mitunter mit langen, atemlosen Pausen. Der Tod tritt plötzlich ein. Die Tiere fallen auf die Seite und sind tot. Die Zeit des Eintritts des Todes schwankt von 3 Stunden 40 Minuten bis ca. 7 Stunden, bis zum nächsten Tag.

Die Tierarten und einzelnen Individuen verhalten sich dem Ozon gegenüber aber verschieden empfindlich. So vermochte Konrich Hühner und Tauben nicht in den angegebenen Zeiten zu töten. Das gleiche hatte Binz gefunden.

Manche Individuen vertrugen wiederholt Ozon, andere hielten einen Versuch aus, um im zweiten zugrunde zu gehen.

Bei der Sektion fanden sich die Lungen durchsetzt mit massenhaften Blutungen. Das Blut war ungeronnen.

Die einschläfernde Wirkung des Ozons auf Mensch und Tiere wurde schon von C. B i n z [1]) beschrieben. Die Tiere wurden zuerst ruhig. Das gleiche beobachtete S i g m u n d für weiße Mäuse, Goldfische und Insekten[2]).

K o n r i c h bemerkt darüber:

»Die einschläfernde Wirkung erstreckt sich auch nicht gleichmäßig auf die verschiedenen Tierarten. Mäuse und Ratten schlafen schnell ein, Kaninchen und Meerschweinchen langsamer; innerhalb derselben Tierart ist die Empfänglich- keit für die einschläfernde Wirkung anscheinend ziemlich gleich[3]).«

Gegen die Konrichschen Tierversuche läßt sich ebenfalls eine Reihe von Einwänden erheben.

Die Tiere saßen, wie oben erwähnt, in einem verhältnis- mäßig s e h r k l e i n e n Versuchskasten (Inhalt nur 15 840 ccm!). Auch könnte man wohl bemängeln, daß in einigen Versuchen z u v i e l Tiere gleichzeitig in diesem engen Versuchskasten im Versuche waren (z. B. gleichzeitig ein Kaninchen von 2000 g, 2 Meerschweinchen, 4 weiße Ratten!). Die durchgesaugte Luftmenge schwankte zwischen 102 l und 528 l und betrug 13,5 bis zu 73,62 l pro Stunde. Das würde bezüglich des L u f t w e c h s e l s im Kasten aber v e r h ä l t n i s m ä ß i g g e - r i n g e Werte ergeben. Danach war der Luftwechsel in diesen Tierversuchen K o n r i c h s einmal k l e i n e r a l s 1, 3 mal etwas ü b e r 1, 2 mal ü b e r 2 pro Stunde. Nur in dem letzten Versuche wurde die Luft im Versuchskasten m e h r als 4,6 mal in der Stunde erneuert. In diesem letzten Falle war die Ozonkonzentration aber außergewöhnlich hoch (0,23 g pro cbm!). Dadurch, daß die Tiere in einem ü b e r - f ü l l t e n Raume mit viel z u g e r i n g e m Luftwechsel saßen, sind unzweifelhaft u n r e i n e Versuchsbedingungen

---

[1]) Berl. klin. Wochenschr. 1882, Nr. 1, 2, 43.

[2]) Zentralbl. f. Bakt., II, 1905, Vol. 14, S. 635 c. und H i l l und F l a c k , l. c. S. 404.

[3]) Zeitschr. f. Hyg., Bd. 73, 1903, S. 459.

7*

geschaffen worden, indem die Tiere den Einflüssen der Wärmestauung und der Kohlensäurevergiftung in erheblichem Maße ausgesetzt waren. Diese Annahme läßt sich nicht von der Hand weisen und wird auch durch die Angabe K o n r i c h s , daß Tiere in Kontrollversuchen ohne Ozon keinen Schaden genommen hätten, nicht hinfällig. Wenn die Ableitung der Luft aus dem Glaskasten nicht in der Nähe des Bodens, sondern in der Mitte der Seitenwand erfolgte, so konnte sich dabei unzweifelhaft eine erhebliche Ansammlung der schweren Kohlensäure in den Bodenschichten des mit Leukoplast luftdicht abgedichteten Glaskastens bilden. Aus den Versuchskontrollen ergibt sich dabei, daß namentlich die k l e i n e r e n Tiere, Mäuse und Ratten, bei diesen Versuchen eingegangen sind. Man denke an die Beobachtungen in der Hundsgrotte. Daß Tiere, wenn sie eng zusammengepfercht sind, durch Wärmestauung und ihre Folgeerscheinungen ersticken, ist eine wohl bekannte Erscheinung. Mäuse sind dagegen ganz besonders empfindlich. Von 30 gesunden Mäusen, welche uns zum Ankauf nach dem Laboratorium aus der Stadt gebracht wurden, waren alle bis auf wenige Exemplare bei der Ankunft verendet, weil sie in einer Zigarrenkiste transportiert waren. Auch bei größeren Tieren sind solche Erscheinungen wohl bekannt. Immer wieder hört man z. B., daß ganze Wagenladungen von Schweinen auf dem Transport im heißen Sommer erstickt sind. In dem von K o n r i c h benutzten engen Glaskasten, von welchem Sie hier eine Nachbildung sehen, wurden von den knapp 16 l Luftraum durch die Tiere noch eine große Menge fortgenommen. Außerdem ist es nicht ausgeschlossen, daß bei den Konrichschen Versuchen der Tod der Versuchstiere auch noch durch andere Ursachen mit bedingt sein könnte. Durch die Beschreibung des Krankheitsbildes, des Sektionsbefundes, durch den plötzlichen Eintritt des Todes und dadurch, daß bei einigen Versuchstieren der Tod erst verspätet, nämlich am folgenden Tage eintrat, wurde in mir der Verdacht rege, daß es sich dabei ev. um eine Vergiftung durch Stickoxyde (nitrose Dämpfe) handeln könne. Ich kam auf diesen Verdacht dadurch, weil ich mich mit der Frage der Vergiftung durch nitrose Dämpfe bei den in Cöln leider aufgetretenen Vergiftungen durch salpetersaure Dämpfe hatte näher beschäftigen müssen.[1]) Mein Verdacht bekam dadurch weitere Nahrung, daß mir Herr Ingenieur v. K u p f f e r bei unserer Rücksprache die Möglichkeit des Auftretens von Stickoxyden in den Konrichschen Versuchen ohne weiteres bestätigte, weil K o n r i c h einen n i c h t g e k ü h l t e n Gitterapparat benutzt hatte. In neuerer Zeit hat man, wie ich dann weiter gesehen habe, die Möglichkeit des Auftretens der Stickoxyde bei der Ozongewinnung auch von anderer Seite in den Kreis der Betrachtung gezogen und ihm unangenehme Reizwirkungen zugeschrieben. In diesem Sinne äußert sich z. B. Oberingenieur W e r n e r - B l e i n e s in der Med. Klin. 1910, 43, S.-A. S. 8 u. 9.

»Ist das Ozon rein, so wird sein Geruch angenehm und mild empfunden. Das die Schleimhäute reizende Gefühl dürfte von Stickoxyd oder salpetriger Säure herrühren, welche entweder direkt von schlechten Ozonbildnern geliefert werden oder in schlecht gelüfteten Räumen namentlich bei Anwesenheit von viel Ammoniak entstehen. Ist nur wenig Ammoniak und dadurch salpetrige Säure vorhanden, so kann sie für die Abtötung sehr lebensfähiger Keime wohl von Vorteil sein.« (W e r n e r - B l e i n e s , Med. Klin. 1910).

Bezüglich der Ozonapparate, welche nach dem Luftverbrennungsprinzip arbeiten, wird unter anderen auch von Professor B r a n d e n b u r g , dem Herausgeber der Med. Klinik, darauf hingewiesen, daß derart ozonisierte Luft bei Kranken mit empfindlichen Schleimhäuten der Luftwege oder mit empfindlichen Nerven Reizzustände und Kopfschmerzen verursacht auch in geringer Konzentration (nach Professor Franz F i s c h e r , Berlin, bis zu 1 pro Mille, ibidem S. 8).

»Nach den verschiedentlich und auch von mir selbst angestellten Beobachtungen handelt es sich hierbei weniger um Wirkungen des Ozons, sondern um die nebenher gebildeten Gase, namentlich Stickoxyd und salpetrige Säure.

---

[1]) C z a p l e w s k i , Über die Cölner Vergiftungen durch Einatmung von Salpetersäuredämpfen (»nitrose Gase«) 1910. Vierteljahrsschrift f. gerichtl. Med., 3. F., XLIII, 2.

Es verleiht dies der Luft, im Gegensatz zu dem milden Geruch bei Verwendung reinen Ozons, eine gewisse Schärfe und macht sich auch durch Abgestumpftsein der Haut bei Menschen mit empfindlichen Nerven bemerkbar. Aus der Verschiedenartigkeit des verwendeten Ozons bzw. der ozonierten Luft erklären sich auch die stark voneinander abweichenden Beobachtungen.« (Werner-Bleines l. c.)

Daß reines Ozon auch für kleine Tiere kein gefährlicher Körper ist, sei von Sigmund (Zentralbl. f. Bakt., Abt. 2, Bd. 24, Nr. 15, 16, 18 bis 20) endgültig nachgewiesen.[1]

Man vergleiche hierzu die oben erwähnten Angaben von L. Schwarz und G. Münchmeyer in ihrer neuesten Arbeit, in welcher sie ausdrücklich darauf hinweisen, daß verschiedene Apparate verschiedenartiges Ozon und neben Ozon mehr oder weniger Stickstoffoxyd liefern. (Zeitschr. f. Hyg., Bd. 75, 1913, S. 94 u. 98.)

Labbé und Oudin (l. c. S. 141) machen darauf aufmerksam, daß das chemisch hergestellte Ozon immer unrein und mitunter mit sehr giftigen Körpern, wie phosphoriger Säure, verunreinigt ist. Bei Herstellung aus reinem Sauerstoff erhalte man es in beträchtlichen Mengen, welche in der Mischung mit unverändertem Sauerstoff ein höchst gefährliches Gemenge bildeten, namentlich im engen Raume. Wenn man sich aber mehr den natürlichen Entstehungsbedingungen nähert, komme man zu den gerade entgegengesetzten Resultaten. Wenn man bei Frischluftzuführung Versuchstieren eine

---

[1] Binz erzeugte bei verschiedenen Tieren mit reinem Ozon, das frei von salpetriger Säure war, Schlaf. Wenn ich Binz recht verstehe, nimmt auch er für zu kräftige und zu lang dauernde Einatmung rasche Entzündung der Luftwege ev. Lungenödem und Tod an (l. c. S. 6). Er weist aber ausdrücklich darauf hin, daß z. B. bei Kaninchen, wenn die Agonie auch nur einige Sekunden dauert, bei gesundesten Tieren zahlreiche Haemorrhagien in seinen weiten Lungen und in der zarten Kehlkopf- und Luftröhrenschleimhaut auftreten, ⹁die von unerfahrenen Beobachtern als tonische Erzeugnisse beschrieben, hier also falscherweise dem Ozon aufgebürdet werden. Binz, Berl. Klin. Wochenschr. 1882, Nr. 1, S. 7.

Mischung von atmosphärischer Luft und Ozon atmen läßt, bemerke man niemals die geringste Schädigung. (Vgl. hierzu auch H é r a r d , Bulletin de l'Académie de Médecine No. 40. Séance du 10ᵉ Octobre 1893. S. 344.)

L a b b é selbst sagt wörtlich, als er das Ozon zur Behandlung des Keuchhustens empfiehlt:

»Parmi les nombreux appareils à ozone, bien rares sont ceux capables de produire un débit constant et régulier d'ozone à la dose que nous avons déterminée et établie dans nos précédentes communications. En outre il est important d'éviter les produits nitreux, toujours très préjudiciables au bon résultat thérapeutique et qui seraient souvent une cause d'irritation suffisante pour provoquer des nouvelles crises, des nouvelles quintes.«

»Dans la coqueluche principalement où il faut agir énergiquement et vite arriver d'emblée à la dose maxima (un dixième de milligramme par litre d'air), il est de la plus grande importance de ne pas ajouter des produits nitreux à l'ozone, qui, à cette dose, c'est par lui-même quelque peu irritant sur les muqueuses.«

»Bien peu d'appareils sont susceptibles de produire cette quantité d'ozone exempt des vapeurs nitreuses. Ceux que nous avons employés jusqu'ici nous avons toujours donné de bons et rapides résultats, mais à la condition d'en surveiller le fonctionnement et sérieusement leur mode d'emploi.«

(L a b b é , La Médecine infantile, Vol. III, 1905, Nr. 6, p. 404.)

Er benutzte zu seinen therapeutischen Versuchen Apparate nach O t t o , von denen er rühmt: Ces appareils produisent de l'ozone chimiquement pur exempt de produits nitreux et à une dose que nous appelons la dose thérapeutique, qui est de un dixième de milligramme par litre d'air. A propos des produits nitreux si souvent et si constamment reprochés aux expérimentateurs, il n'est pas inutile de rappeler ici l'expérience que notre regretté maître, M. le professeur S c h u t z e n b e r g e r avait bien voulu faire sur notre demande a ce sujet; voici du reste sa réponse:

»J'ai fait passer a travers une solution de potasse pure le gaz ozoné sortant de votre appareil. L'opération a duré dix heures en consommant environ 80 litres d'air.

La dose d'acide nitreux, s'il s'en est formé, n'a pu être appréciable aux moyens de dosage les plus delicats.

Il résulte de la que la proportion de ce corps est trop faible
pour qu'on puisse lui attribuer une action quelconque dans les
expériences que vous poursuivez sur l'ozone.«

(Labbé, Congr. Intern. d'Electrol. et de Radiol., Paris 1900,
Sep.-Abdr. S. 4.)

Die großen Ozonfirmen suchen im eigensten Interesse
die Bildung von Stickoxyden und nitrosen Dämpfen bei der
Ozongewinnung zu vermeiden, z. B. durch Kühlung der
Apparate. Die benutzte Stromspannung scheint dabei auch
mitzuspielen.

Sehr bemerkenswert sind darüber die Ausführungen von
Ed. Saint-Père:

»Warburg et Leithauser ont montré qu'il se forme, dans ces
conditions, de l'ozone pur si l'éclateur est alimenté d'oxygène
pur; mais s'il reçoit un mélange d'oxygène et d'azote il se forme
des nitrites et divers composés oxygénés de l'azote, à odeur forte
et persistante, qui se dissolvent et se concentrent peu à peu dans
l'eau des denrées, ou l'humidité des frigorifères. L'ozone pur,
au contraire, en présence d'humidité, ne donne que de l'oxygène,
et ne laisse plus percevoir aucune odeur vingt minutes après l'arrêt
de l'appareil.

On ne saurait songer à utiliser l'oxygène pur pour faire l'ozone
dans les chambres froides, d'ailleurs la quantité de composés oxygénés de l'azote formés par l'effluve dans l'air, n'est grande qu'à
température élevée: c'est le point de départ de la fabrication de
l'acide nitrique au moyen de l'azote atmosphérique par l'arc éle-
trique, en Norvège. En partant au contraire de l'air froid d'un
frigorifique, et en évitant soigneusement que des arcs très chauds
ne s'allument. la production d'ozone sera peu entachée d'oxyde
d'azote Az O. Mais si, cet oxyde, une fois formé, repasse dans l'appareil, il sera suroxydé par l'ozone et deviendra Az^2O^5, AzO^2, etc.

On voit donc qu'il y a intérêt a choisir des appareils à effluves
ne pouvant former d'arc; la force contrélectromotrice d'un arc à
courant continu étant plus grande que celle d'un arc alternatif,
on arrivera peut-être à utiliser du continu malgré la difficulté de
le produire à haute tension par des machines simples.«
(Ed. Saint-Père, La Revue Générale du Froid, Tome IV,
Nr. 34, Mars 1912.)

Ich komme jetzt zu den Versuchen am Menschen:

Hill und Flack's Versuche am Menschen.

Hill und Flack konnten, als sie Ozonluft einatmeten, in der Ausatmungsluft mittels KJ-Lösung kein Ozon nachweisen, weil dasselbe von der feuchten Schleimhaut des Respirationstrakts aufgenommen wurde und dort seine Wirkungen entfaltete. Bei Einatmung von 2 bis 3 Millionstel (0,0002 bis 0,0003%, die Angabe der Zeitdauer fehlt) empfanden sie persönlich Reizung der Luftwege mit Neigung, Kopfschmerzen und Beklemmung (Oppression) zu erzeugen! (Hill und Flack, l. c. S. 407.)

Der respiratorische Stoffwechsel wird nach Hill und Flack von Ozon in Konzentrationen, die eben kleiner sind als 1,1 Million (—0,0001%), herabgesetzt. Dagegen ist nicht sicher bewiesen, daß dieser Herabsetzung eine Steigerung vorangeht (l. c. S. 415, These 3).

Es gelang ihnen nicht festzustellen, daß die Atmung also O-Aufnahme und CO_2-Ausscheidung durch Einatmen von schwachen Ozonkonzentrationen gesteigert wird.

Konrich's Versuche am Menschen.

Konrich berichtet ebenfalls über Ozonversuche am Menschen und gibt genaue Protokolle über 13 derartige Versuche. Der aus Holz und großen Glasscheiben bestehende Versuchskasten mit gasdichtschließender Türe hatte 3,8 cbm Inhalt. Zum Ozonisieren und Durchmischen der Luft diente ein Ozongitterapparat und ein elektrischer Ventilator. Durch besondere Schieberstellungen konnte bewirkt werden, daß die Kastenluft a) stagniert, b) zirkuliert, c) ozonisiert, d) entfernt und durch frische Luft ersetzt, e) teilweise entfernt und mit Frischluft gemischt, f) ozonisiert und mit frischer Luft vermischt, g) ozonisiert und zirkuliert, h) entfernt und durch frische Luft ersetzt wird.

In dem Kasten hielten sich während der Versuche 1 bis 2 Personen auf. Die Versuchsdauer schwankte zwischen 40 Minuten und 4 Stunden 35 Minuten. Das gebildete Ozon war zum Teil überhaupt nicht quantitativ nachweisbar, bei den Versuchen mit stärkeren Konzentrationen schwankte es zwischen 0,431 und 6,72 mg pro 1 cbm. Durch Einleiten

von Dampf wurde die Luft des Versuchskastens in einigen
Versuchen mit Feuchtigkeit gesättigt. In anderen Versuchen
wurde sie durch Chlorkalzium getrocknet, in einigen Versuchen auch angeheizt.

K o n r i c h hebt hervor, daß die Wirkungen an seinen
Versuchen am Menschen dieselben sind wie bei den Tierversuchen, nur daß die Reizungen der Luftwege stärker in die
Erscheinung treten. Ferner betonte er, daß die Empfindlichkeit gegen die Ozonwirkungen individuell recht verschieden
sei. Die Reizung der Schleimhäute trete e h e r ein, wenn die
Luft trocken ist (l. c. S. 488). Durch Dampfeinlaß, also bei
hoher Luftfeuchtigkeit, werde die Gegenwart des Ozons viel
schwächer empfunden, man rieche es schwächer, und ebenso
machten sich die Belästigungen weniger bemerkbar, ja sie
gingen durch Luftanfeuchtung sogar ziemlich schnell zurück
(l. c. S. 439), obwohl Tetrapapier rasch stark gebläut wurde.
(cf. auch l. c. S. 470 u. 472). »Warme Luft allein erhöht die
Riechbarkeit des Ozons nicht, noch läßt sie die reizende Wirkung deutlicher hervortreten; vielmehr ist es nur die Feuchtigkeit, welche darauf Einfluß hat« (l. c. S. 473).

Aus den Konrichschen Versuchsprotokollen ergibt sich
die Reihenfolge folgender Erscheinungen:

Wahrnehmung des Ozongeruchs, Brennen in den Augen,
Schwere in den Augenlidern, Müdigkeit, Kratzen im Halse,
bei tiefem Atemholen lebhafter Hustenreiz.

Bei höheren Konzentrationen:

Gefühl des Wundseins hinter dem Brustbein (bis zum
nächsten Tage anhaltend), Stechen in der Lunge (Versuch 3),
Heiserkeit, Rauhigkeit der Stimme, Gefühl von Rauhsein im
Halse, etwas schleimiger Auswurf.

Der Husten kann so unerträglich und quälend werden,
daß der Versuch abgebrochen werden muß. In einem Falle
wird notiert: Abgeschlagenheit, Schläfrigkeit, die mit Mühe
bekämpft wird, Unfähigkeit zur Konzentration.

Bei dem stärksten Versuch mit 8 Elektroden wurde
auch bemerkt Trockenheitsgefühl in der Nase, Gefühl von
Brustbeklemmung, flache Atmung zur Unterdrückung des

Hustenreizes, Augenzucken, vermehrter Speichelfluß, Schweiß-
ausbruch, Übelkeit.

In einem Versuch (Versuch 8) notiert K o n r i c h , daß
der Ozongeruch zuerst deutlich, dann sehr stark empfunden
wird. Die ersten Atemzüge sind angenehm, erfrischend, nach
kurzer Zeit wird der Geruch unangenehm.

Da der Luftraum im Versuchsraume (3,8 cbm) namentlich für 2 Personen doch sehr gering war, nahm die
Luftverderbnis, wie wir aus den Versuchsprotokollen sehen,
erschreckend schnell zu. Dementsprechend sehen wir einen
Anstieg des CO_2-Gehaltes von anfangs 0,4 auf 5,27; 6,28;
8,85; 9,7; ja in einem Versuch sogar auf 17,41 pro Mille. Dies
ist kein Wunder, da in einigen dieser Versuche nur die Kastenluft ozonisiert und umgewälzt wurde ohne Frischluftzufuhr.

Bei den Konrichschen Versuchen am Menschen haben
jedenfalls die Versuchspersonen erhebliche Belästigungen und
Störungen in ihrem Befinden erlitten. Es ist bloß die Frage,
ob diese Störungen eben nur auf das Ozon a l l e i n zu beziehen
sind, und diese Frage läßt sich meines Erachtens nicht be-
jahen, sondern muß verneint werden.

Die Versuche haben stattgefunden in einem übermäßig
engen (3,8 cbm) und überlegten Versuchszimmer (meist 2 Personen). Sie fanden statt meist ohne Lufterneuerung, indem
nur die Raumluft unter Zirkulation ozonisiert wurde.

Daß hierdurch eine hochgradige Verschlechterung der
Raumluft eintrat, ist nicht zu verwundern. Zum Ausdruck
kommt diese Luftverschlechterung durch das zum Teil sehr
hohe Ansteigen des Kohlensäuregehalts (in einem Falle bis
17,4 pro Mille!). Dabei ist anzunehmen, daß am Boden des
Versuchsraumes der CO_2-Gehalt noch viel höher gewesen sein
dürfte. Die Temperatur des Versuchsraumes war zudem sehr
hoch (21 bis 25° C). In diesen Versuchen schwankte die Luftfeuchtigkeit des Raumes zwischen 60 und 90%. K o n r i c h
meint bei Versuch 6, daß die verhältnismäßig trockene Luft
die reizende Wirkung des Ozons auf die Schleimhäute stärker
zur Wirkung kommen ließ und machte daher Versuche mit
gleichzeitiger Dampfeinleitung. Nun kann man eine Luft von
66 bis 68% (Versuch 6) und selbst 60% (Versuch 5) wohl

nicht gut als relativ trocken bezeichnen. Eine Zimmerluft
mit 30 bis 60% relativer Feuchtigkeit bezeichnet z. B. v. E s -
m a r c h als in der Regel in bezug auf ihren Wassergehalt
als in den hygienisch zulässigen Grenzen sich bewegend.
Diese Prozentzahlen über 60% neigen also eher schon der
Sättigung zu. In Versuch 7 wird nach der Tabelle ohne weiteres sofort 80% relative Feuchtigkeit gemessen, die (12 Uhr)
auf 100% steigt. Dann werden nach 12 Uhr 13 bis 25% Dampf
eingelassen, worauf Ozongeruch sehr viel schwächer wird,
Augenbrennen und Hustenreiz nachlassen. Wozu der Dampfeinlaß vorgenommen wurde, ist nicht recht klar, da doch
schon 80% relative Feuchtigkeit am Anfang und später 100%
ohne Dampfeinlaß erreicht waren. Oder liegt hier bezüglich
der Zeit des Dampfeinlasses ein Protokollfehler wegen der
Unstimmigkeit zwischen Tabelle und Protokoll vor?

Nach dem Dampfeinlaß wurden sogar 30^0 C bei 80%
Feuchtigkeit im Versuchsraum erreicht.

Meine Herren! Das ist ein Tropenklima, das in diesem
Versuchskasten künstlich geschaffen wurde, und es ist wohl
bekannt, wie ein solches Tropenklima mit seiner Aufhebung
der Hautatmung infolge des hohen Feuchtigkeitsgehalts der
Luft bei gleichzeitig hoher Temperatur als schwül und unangenehm empfunden wird und zu den Erscheinungen des
Hitzschlages infolge der Wärmestauung führt. Dabei kommt
in diesen Versuchen noch die vergiftende Wirkung der zu-
nehmenden CO_2-Ansammlung hinzu. Als K o n r i c h in
einigen Versuchen die Luft mit Chlorkalzium trocknete, konnte
er den Feuchtigkeitsgehalt der Luft übrigens auch nur auf
55 bis 60% bzw. 55 bis 66% herunterdrücken, ein Prozent-
gehalt, welcher auch kaum als sehr trocken wird bezeichnet
werden können. Hier hielt sich in einem Versuch die Temperatur aber noch relativ niedrig (18 bis $20,5^0$), während sie
freilich in Versuch 11 auf 24; 25,5 bis zu 29^0 anstieg. K o n -
r i c h hebt hervor, daß das Ozon in trockener Luft viel schlechter ertragen würde, und daß Brennen in den Augen, Kratzen
im Halse und Hustenreiz viel stärker und unangenehmer
auftreten. Nun wissen wir, daß trockene Luft an sich bereits
unangenehm empfunden wird und Reizerscheinungen in den

Augen sowie im Halse und eventuell Husten hervorruft.
Diese Erscheinungen würden also durch Feuchtigkeitszugabe
prompt zu beseitigen sein. Nur ist eben in den Konrichschen
Versuchen von einer exzessiven Trockenheit der Luft nichts
zu finden, vielmehr bewegt sich der Feuchtigkeitsgehalt der
Luft innerhalb der normalen Grenzen oder übersteigt sogar
die Norm bis fast zur Sättigung auch ohne Dampfeinlaß,
bloß infolge Atmung der Versuchspersonen.

Mit dem Ozon ist es eine eigene Sache. G e w o n n e n
wird es am besten in t r o c k e n e r Luft; w i r k e n tut es
aber am besten in L ö s u n g bzw. in f e u c h t e r Luft.
Es wäre also nicht unwahrscheinlich, daß in der relativ trok-
keneren Luft die Ozonbildung durch den Apparat größer
und infolgedessen die Belästigungen stärker waren.

Auch durch Entstehung brenzlicher Verbrennungs-
produkte an den Bürsten des Elektromotors und an den
Elektroden aus Staub könnten vielleicht ebenso, wie dies für
Öfen und Heizungen genugsam bekannt ist, Reizerscheinungen
an den Augen und Atmungsorganen verursacht werden.
K o n r i c h benutzte ferner einen Gitterapparat o h n e
K ü h l u n g zu diesen Versuchen. An solchen Apparaten
wird die Möglichkeit einer Entstehung von Stickoxyden von
der Technik ohne weiteres zugestanden.[1]) Durch diese werden
aber bekanntlich sehr heftige Reizerscheinungen hervorgerufen.

Ich bin fern davon, etwa behaupten zu wollen, daß das
Ozon in stärkeren oder starken und stärksten Konzentrationen
ein harmloser Stoff sei, der überhaupt keine Reizerscheinungen macht. Wir kennen seine hochgradige Wirksamkeit von der Wassersterilisation her, wir können seine

---

[1]) Hierauf weisen auch L. Schwarz und G. Münchmeyer hin.
Ztschr. f. Hyg., Bd. 75, 1913, S. 98.

Und an anderer Stelle erwähnt Labbé:

»Nous avons pu établir expériment alement dans le laboratoire
de M. Schutzenberger que nous entrainions ainsi en 2 heures de
85 à 90 milligrammes de mercure qui nous servait alors d'électrode
(habituelement nous employous l'aluminium).«

Labbé Congr. Internat. d'Electrol. et de Radiol. Paris 1900,
Separatabdruck S. 9.

chemischen Wirkungen mit Leichtigkeit demonstrieren. Nur scheint mir, daß die Resultate der Konrichschen Versuche sich nicht als r e i n e Ozonwirkung auffassen lassen, weil, wie wir gesehen haben, noch eine Reihe anderer gewichtiger Faktoren dabei mit in Betracht zu ziehen sein dürften. Zur Entscheidung dieser Fragen wären also neue Versuche notwendig.

Labbé und Oudin beobachteten ferner bei der Ozonerzeugung das Auftreten von Metallverdampfung. Um ein Laboratorium von 300 cbm zu ozonisieren, wandten sie 10 ihrer Ozonröhren von ca. 80 cm Länge an, montiert en quantité. Als Elektrizitätsquelle diente ein Dynamo Gramme mit Wechselstrom, verbunden mit einem Transformator, an welchen in Nebenschließung ein Kondensator eingeschaltet war. Ein eingeschalteter regulierbarer Widerstand (Induktionsapparat, bobine à résistance magnétique variable) gestattete die Spannung zu steigern, gemessen mit Curieschem Elektrometer.

Die Ozonentwicklung begann bei 6000 Volt, wurde bei 8000 Volt mehr als genügend, die Röhren begannen heiß zu werden. Um diese Temperaturerhöhung zu verhindern, gingen sie auf 7000 Volt zurück. Nach einer Viertelstunde war der Raum vollkommen durch einen bläulichen Nebel erfüllt, welcher nur aus Aluminium oder Aluminiumoxyden bestehen konnte — die Armatur des Apparates war aus Aluminium. Quecksilber verlor 0,045 mg an seinem Gewicht, mit einem Rühmkorff von 1,5 cm Funkenlänge verlor derselbe Apparat in 3 Stunden 0,0884 dixmillièmes de milligramme, in 2½ Stunden 0,0805 (l. c. S. 144 bis 145).

Daß Metalldämpfe sehr stark reizen und giftig wirken können, ist zur Genüge bekannt. Wenn die Elektroden und Metallteile oxydiert sind, wird eine Verdampfung um so leichter erfolgen können.

In der Praxis läßt man die Ozonisatoren immer nur verhältnismäßig kurze Zeit gehen. Die großen Apparate scheinen gegen längeres Laufenlassen unempfindlicher zu sein. Die kleineren halten das aber gar nicht aus, weil der Motor des Ventilators bald versagt, da er sich meistens warm läuft.

Ich habe überhaupt den Eindruck gehabt, daß die Ozonisatoren bei längerem Gang in der Leistung zurückgehen. Auch macht C r a m e r (l. c. S. 501) mit Recht darauf aufmerksam, daß es in der Praxis empfehlenswert ist, die Elektroden stets rein zu halten, weil sonst ihre Leistung und damit die Ozonausbeute sehr schnell zurückgeht.

Auch die Ozonapparate an sich leiden sowohl durch Benutzung als Nichtbenutzung. Auch hierbei können reizende Dämpfe entstehen.

Bails Versuche.

B a i l sah bei seinen Versuchen keine Beschwerden, weil er sich absichtlich darauf beschränkte, mit Konzentrationen zu arbeiten, welche mindestens bei weniger empfindlichen Personen, wie bei ihm selbst, keine unangenehmen Sensationen hervorriefen.

Eigene Versuche.

Ich bin in der angenehmen Lage, auch über einige Versuche berichten zu können, die wir in der Zwischenzeit mit Ozon anstellen konnten. Für die Möglichkeit zur Ausführung dieser Versuche, für die leider nur kurze Zeit übriggeblieben war, bin ich Herrn Schlachthofdirektor Dr. B ü t z l e r sowie der Firma Hemmerlin & Co., Mülhausen i. E., zu großem Danke verpflichtet. Dieselben betrafen zwei verschiedene Systeme. Im Schlachthof handelt es sich um eine große zentrale Ozonbelüftungsanlage der Firma Siemens & Halske mit Wasserkühlung, im zweiten Falle um zwei Ozongeneratoren der Firma Hemmerlin & Co.

Geringste Konzentrationen wurden von allen beteiligten Versuchspersonen angenehm empfunden; bei ihnen war Ozon quantitativ nicht bestimmbar. Stärkere Konzentrationen, bei denen das Ozon (mit $^1/_{10}$ neutraler K J-Lösung und Thiosulfat) quantitativ bestimmbar war, machten mehr oder weniger heftige Reizerscheinungen. Besonders unangenehm waren dieselben im Schlachthofe bei der niederen Temperatur der Kühlräume.

Von verschiedenen Versuchspersonen wurde bei stärkeren Ozonkonzentrationen über ein eigentümliches Gefühl der Be-

nommenheit und Ermüdung, mitunter auch über Kopfschmerzen geklagt. Nach längerem Aufenthalt in der starken
Ozonluft war noch am folgenden Tage starke Abgeschlagenheit zu bemerken.

Es handelt sich aber bei diesen starken Konzentrationen
um eine Stärke, wie sie selbst in der Technik des Kühlhaus-
betriebes überhaupt nicht zur Anwendung gebracht werden,
und welche nur für unsere Versuchszwecke ausnahmsweise
erzeugt wurden.[1]

Irgendwelche ernstliche Störungen haben wir danach nicht
beobachtet. Bei diesen starken Konzentrationen trat auch
die Bleichwirkung des Ozons gegenüber Farben gut hervor.
Mehrfach konnten wir einen deutlich anhaftenden Nachgeruch nach Ozon (wohl infolge Absorption desselben) im
Raume und an den Kleidern wahrnehmen. In einem Falle
wurde ein Geruch nach Hyazinthen von den Kleidern spontan
angegeben. In einem Falle behauptete ein Kollege, der viel
chemisch arbeitet, der Raum röche nach NO_2. Versuche, NO_2
als Verunreinigung nachzuweisen, waren jedoch bis jetzt
erfolglos.

Erfahrungen aus der Praxis.

Wenn sich aus dem Vorhergehenden zwingende Gründe
f ü r die neuerdings von anderer Seite behauptete Giftigkeit
und Gefährlichkeit des Ozons nicht haben ergeben wollen,
so sprechen am besten d a g e g e n die Erfahrungen aus der
P r a x i s , und zwar in den Ozonanlagen für Wassersterilisation,
von denen viele Hunderte im Betriebe sind. Sie sind für
uns um so maßgebender, als man bei ihnen das Ozon nicht
nach Milligramm und Bruchteilen von Milligrammen, wie bei
den Ozonluftanlagen, sondern nach Grammen dosiert. Es
läßt sich dabei schlechterdings nicht vermeiden, daß Ange-
stellte und Arbeiter vorübergehend einmal viel zu hohen
Dosen Ozon ausgesetzt werden — ohne Schaden zu nehmen.
Doch hören wir darüber E r l w e i n selbst. Er bemerkt dazu:

---

[1] In einem Versuch wurden mit neutraler $\frac{n}{10}$ KJ-Lösung
ca. 2,7 g Ozon in 1 cbm festgestellt.

»Tatsache ist jedenfalls, daß nachweis-
lich noch niemals, solange man das Ozon
kennt, Erkrankungen ernster Art aufgetreten sind, welche einwandfrei auf Einatmung von Ozonluft zurückgeführt werden konnten. Wir verweisen insbesondere
auf die Erfahrungen, die in großen, über
10 Jahre in Betrieb befindlichen zentralen
Ozonwasserwerken vorliegen, woselbst das
zahlreiche Personal sich fortdauernd in
einer Ozonluft bewegen muß, die um das
Mehrtausendfache stärker ist als die in
der Ozonlüftungstechnik je übliche. Es ist
niemals bekannt geworden, daß Personen,
welche hier beruflich selbst in hohen Konzentrationen zu tun hatten, infolge ihrer
Tätigkeit einen vorübergehenden oder dauernden gesundheitlichen Schaden davongetragen haben.« (Erlwein, Zeitschr. f. Sauerstoff-
u. Stickstoff-Industrie 1913, Heft 7 u. 8, Sonderabdruck S. 5.)

Die durch das Ozon erzeugten Reizwirkungen auf die
Schleimhaut können ja mitunter ziemlich unangenehm werden (immer angenommen, daß es sich wirklich um reine
Ozonwirkungen handelt), sie sind aber doch verhältnismäßig
gering; man möge sie einmal mit den Reizerscheinungen, wie
sie z. B. der Formaldehyd macht, vergleichen. Als wir die For-
maldehyddesinfektion ausarbeiteten und einführten, sind wir
ganz anderem ausgesetzt gewesen. Dagegen sind die Ozon-
reizungen das reine Kinderspiel. Etwas anderes ist es freilich
mit den beschriebenen Nachwirkungen Kopfschmerz,
Abgeschlagenheit usw. — falls es sich hier eben um reine
Ozonwirkungen handelt. Das Ozon ist aber, wie wir gesehen haben, **nicht immer rein.**

Bei der **Verwendung für die Ozonbelüftung** müssen
wir aber **unbedingt ein reines Ozon verlangen.**

Gegen die Gefährlichkeit des Ozons spricht auch die
Tatsache, daß man es zum Teil mit Erfolg, jedenfalls aber.

ohne Schaden zu therapeutischen Versuchen am Menschen mittels Ozoninhalationen hat anwenden können.

Sogar H i l l und F l a c k sagen, Ozoneinatmungen in etwas höheren Konzentrationen (1 pro Million) mögen einigen therapeutischen Wert besitzen, wenn sie kurze Zeiten eingeatmet werden. Durch Reizung des Respirationstrakts mögen sie wie ein Pflaster oder Umschlag wirken und mehr Blut und Gewebslymphe, welche immunisierende Eigenschaften besitzen, der betreffenden Stelle zuführen.

Ozon erscheint danach H i l l und F l a c k als der einfachste Weg, eine Art Pflaster für den Respirationstrakt anzuwenden (l. c. These 6, S. 915).

So berichten auch L a b b é und O u d i n :

Dans ces conditions (d. h. mit dem von ihnen beschriebenen Apparat), nous ne dépassons jamais ce que nous appellerons la dose thérapeutique, qui est de 11 a 12 centièmes de milligramme par litre d'air, et bien qu'au bout d'un quart d'heure on ait respiré ainsi 2 mg d'ozone, dose réputée dangereuse nous avons pu, pendant des heures soumettre nous mêmes a ces inhalations et, une fois surs de leur innocuité, en faire respirer des milliers de fois à des malades cachectiques, à des enfants, même en bas âge, sans le moindre inconvénient.

L a b b é et O u d i n , Compte rend. de l'acad. sc. T. CXIII, 1891, S. 142.

P f a n n e n s t i e l (Zentralbl. f. d. ges. Therap. 29, Heft 1 u. 2) verwandte Ozon therapeutisch zusammen mit NaJ. Bezüglich des Ozons sagt er wörtlich (l. c. S. 9):

»1. Die Einatmung von Ozon verursacht in entsprechender Konzentration keine Gefahren oder Unbehagen.

2. Bei stärkerer Konzentration ruft sie wohl Hustenreiz aber keine dauernde Reizung oder Katarrh der Luftwege hervor.

3. Nach einiger Zeit gewöhnen sich die Patienten derart daran, daß die Konzentration ohne Beschwerden gesteigert werden kann.

4. Ozoninhalation allein hat k e i n e therapeutische Wirkung.

5. Durch Kombination desselben mit innerlicher Darreichung von NaJ gelang es in einem verzweifelten Fall von

Tuberkulose des Rachens und der angrenzenden Höhlen, welche bis dahin allen anderen Behandlungsmethoden getrotzt hatte, vollständig zu heilen (l. c. S. 10).«

Die Reaktion verlaufe wie folgt:

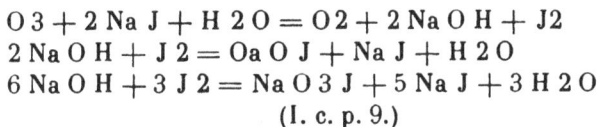

$$O 3 + 2 Na J + H 2 O = O 2 + 2 Na O H + J 2$$
$$2 Na O H + J 2 = Oa O J + Na J + H 2 O$$
$$6 Na O H + 3 J 2 = Na O 3 J + 5 Na J + 3 H 2 O$$
(I. c. p. 9.)

P f a n n e n s t i e l benutzte zu seinen ozontherapeutischen Versuchen erstens einen Laboratoriumsapparat und zweitens einen Ozonventilator von Siemens & Halske. 220 Volt Gleichstrom wurden in 110 Volt Wechselstrom umgeformt und in 8000 Volt Wechselstrom transformiert. Entweder ozonisierte er die Raumluft oder setzte die Patienten in entsprechende Entfernung von der Sammelröhre des Ozonapparates.

Als Indikator für die Konzentrationen der Mischung mit Luft diente ihm der Hustenreiz, »welcher bei allzu starker Beimischung des O_3 sich alsbald einstellt.« »Diese ist nämlich die einzige unangenehme Wirkung, welche das Ozon hervorruft, anderseits soll jedoch in der Atmungsluft genügend O_3 vorhanden sein, um die gewünschte Wirkung herbeizuführen. Eine Gefahr der Reizung der Atmungsorgane durch zu starke Konzentrationen mit O_3 besteht allerdings nicht, aber anderseits soll doch starker Husten vermieden werden.« Er ließ 1 bis 3 Stunden 1 bis 2 mal am Tage inhalieren und gab kurz vorher 0,5 bis 2 g Na J pro die in Einzeldosen bis nicht über 2 g. Von größeren Dosen sah er keinen Vorteil. (P f a n n e n s t i e l, Zentralbl. f. d. ges. Wissensch. 1911, S. 62.)

In umfangreichem Maße ist das Ozon von L a b b é und seinen Mitarbeitern, wie sie angeben, zum Teil mit sehr günstigem Erfolge zur Behandlung des Keuchhustens der Tuberkulose, schwerer Anämien und neuerdings des Diabetes angewandt und empfohlen worden. Interessenten finden Näheres bei ·

L a b b é, La Médecine infantile III, 1905, Nr. 6, S. 403;
L a b b é et O u d i n, Bulletin officiel de la Société Française d'Electrothérapie 1893, Nr. 5;
H é r a r d, Bulletin de l'Acad. de Médec., Nr. 40, 1. Okt. 1893;
L a b b é et P é r o c h o n, La Presse médicale Nr. 24, 22 Mars 1913.

Labbé stellte dafür folgende Grundsätze auf:

»1⁰ L'ozone doit être pur, exempt des produits nitreux
ou phosphorés;

2⁰ la dose ne doit pas dépasser un dixième de milligramme par litre d'air;

3⁰ son inhalation doit se faire à l'aire libre et non des
espaces clos ou dans des cloches ou appareils herme-
tiquement fermés;

4⁰ Enfin la durée de chaque inhalation ne doit pas
dépasser 15 à 20 minutes, mais peut être répétée
plusieurs fois par jour et toujours autant que pos-
sible avant le repas.«

(Labbé, Action physiol. et thérap. de l'Ozone, Congrès International d'Electrol. et de Radiol. Médicales, Paris 1900, Extrait S. 11.)

Anwendung des Ozons zur Belüftung.

Ich komme jetzt zur Besprechung der Anwendungen des
Ozons zu Belüftungszwecken. Während sich die Luft unserer
Atmosphäre bei dem Wechsel von Tag und Nacht durch die
Atmung der Pflanzen und durch meteorische Einflüsse, wie
Tau, Regen, Gewitter, immer wieder reinigt und auffrischt,
ist das bei der Luft unserer Räume nicht der Fall.

Die Luft geschlossener Räume verdirbt, namentlich bei
Anwesenheit von vielen Menschen

1. durch die Atmung: a) Lungenatmung: Ausscheidung
von Kohlensäuren (ca. 43,4 pro Mille, 1000 g in 24 Stunden),
Ausscheidung von Wasserdampf (ca. 250 g in 24 Stunden),
Steigen der Temperatur; b) Hautatmung: Ausscheidung von
Wasserdampf (ca. 650 g in 24 Stunden), Ausscheidung von
mannigfachen Ausdünstungen, Riechstoffen, unter denen namentlich wohl flüchtige Fettsäuren eine Rolle spielen.

2. Durch Beleuchtung (auch diese bedingt ·Steigen der
Temperatur, Ausscheidung von CO_2 und von Riechstoffen,
z. B. bei Petroleum).

3. Durch Beimischung sonstiger riechender Stoffe, z. B.
durch Speisendämpfe (Braten, Backen), Speisegerüche, Tabakrauch usw.

In der Hauptsache haben wir es zu tun mit einem Steigen des Wasserdampfgehaltes, der CO_2, sowie einer Verarmung an O und einer Schwängerung der Luft mit unangenehmen, peinlichen, »offensiven« Gerüchen. Besonders stark ist dies der Fall in Versammlungslokalen, in Restaurationsbetrieben, im Zwischendeck von Auswandererschiffen, namentlich bei Sturm. Diese Verschlechterung der Luft ist aber nicht nur unangenehm und ekelhaft, sondern auch gefährlich. Die Sättigung der Luft mit Wasserdampf sowie das Steigen der Temperatur führen zu Wärmestauung infolge Verhinderung der Wärmeabgabe durch Behinderung der Verdunstung von der Haut aus. Schlechte Luft führt außerdem zu schlechter und flacher Atmung und dadurch zu schlechter Körperernährung. Die Empfindlichkeit gegen die Gerüche, als die Indikatoren der Luftverschlechterung, ist verschieden. Dieselbe stumpft sich auch ab. Bei Betreten des Raumes wird der Geruch am stärksten empfunden.

Auch die Luft u n b e w o h n t e r und u n b e n u t z t e r g e s c h l o s s e n e r Räume verdirbt infolge der Ausdünstungen der Wände und Gegenstände des Raumes a u s M a n g e l a n e i n e r a u s r e i c h e n d e n n a t ü r l i c h e n V e n t i l a t i o n und erhält den Charakter der »verbrauchten« abgestandenen Luft, sie wird »stickig«, »muffig«.

Ozon zur Belüftung menschlicher Aufenthaltsräume.

Da wir den Sauerstoff der Luft notwendig zum Leben brauchen und denselben nur in f r i s c h e r u n v e r d o r - b e n e r Außenluft in genügender Menge und Reinheit vorfinden, sind wir gezwungen, unsere Wohnungen und Aufenthaltsräume mit a u s r e i c h e n d e n M e n g e n F r i s c h - l u f t zu versorgen. Das einzig sichere Mittel hierzu ist eine g u t e V e n t i l a t i o n. Sie wird um so s c h w i e r i g e r, je g r ö ß e r die ihr g e s t e l l t e Aufgabe ist, je g r ö ß e r d i e L u f t v e r d e r b n i s i s t und je s c h n e l l e r s i e e i n t r i t t. Letzteres ist natürlich der Fall, wo v i e l e M e n s c h e n z u s a m m e n g e p f e r c h t werden (Überfüllung) und v i e l e o f f e n e B e l e u c h t u n g s k ö r p e r brennen, z. B. in Schulen, Versammlungs- und Restaurationslokalen. Bei l e t z t e r e n ist die Aufgabe sehr erschwert durch die R e s t a u r a t i o n s g e r ü c h e, welche sich aus dem Geruch der Speisen, Getränke, Tabak und menschlichen Ausdünstungen zusammensetzen. Da man bei der Ventilation aus Rücksicht auf die Betriebskosten und a u f t r e t e n d e Z u g e r s c h e i n u n g e n über ein g e w i s s e s Maß nicht hinausgehen darf, läßt sich in manchen Fällen trotz sonst tadelloser Einrichtungen eine g e n ü g e n d e Ventilation nicht erreichen. Hier hat man zum Teil mit großem Erfolge das Ozon zur Mithilfe herangezogen. Man rühmt der Ozonluft dabei vielfach eine e r f r i s c h e n d e W i r k u n g nach. In verhältnismäßig k u r z e r Zeit sind, wohl unter dem Einfluß der Erfolge der Ozonwasserwerke, eine große Reihe solcher O z o n l ü f t u n g s a n l a g e n entstanden, worüber Ihnen der Herr Korreferent ausführlich berichten wird.

Wir haben dabei zu unterscheiden 1. die Ventilation mit ozonisierter Frischluft und 2. die Ozonisierung der eingeschlossenen Raumluft. Erstere ist in hygienischer Beziehung unbedingt vorzuziehen. Die Ozonisation der Raumluft stellt einen Raubbau dar, indem sie gerade den wichtigsten Bestandteil der Luft, den Sauerstoff, angreift und dabei das Mischungsverhältnis der Luft stört. Bei der Ozonventilation wird entweder die g e s a m t e Frischluftmenge ozonisiert (direkte Ozonisation) oder n u r e i n T e i l d e r s e l b e n und dann der Hauptmenge der Frischluft beigemischt (indirekte Ozonisation).

Die günstigen Wirkungen, welche man mit Ozonventilationsanlagen erzielt, sind nach H i l l und F l a c k zu erklären durch die Wirkung des Ozons auf das Nervensystem. Indem es die Nerven des Geruchsorgans, des Respirationstrakts und der Haut reizt, mag es die Eintönigkeit der abgeschlossenen Luft und den Geruch von Untergrundbahnen, Fleisch- und Trockenkühlräumen sowie anderen Verkaufsläden aufheben (relieve). H i l l und F l a c k, l. c. S. 415.

So wurde die günstige Wirkung der Ozonlüftung von den verschiedensten Seiten in S i t z u n g s s ä l e n, T h e a t e r n, B a n k e n, R e s t a u r a t i o n e n, C a f é s usw. gerühmt. Als

ein voller Erfolg ist auch die Belüftung der Untergrundbahnen zu bezeichnen. Ich brauche auf alle diese
Punkte hier gar nicht näher einzugehen, da Ihnen mein verehrter Herr Korreferent diese Anlagen genauer schildern wird.

Eine der schwersten Aufgaben ist die Belüftung von
Auswandererschiffen. Hier hat bekanntlich Lübbert (Gesundh.-Ing. 1907) mit der Ozonbelüftung Elworthy Kölle ausgezeichnete Resultate erzielt. Bei geschlossenen Fenstern vermochte der Ozonisator in dem sonst übelriechenden Zwischendeck eine tadellose Luft zu erzielen. Der Ventilator allein
vermochte dies nicht. Nachdem der Ozonisator wieder angestellt wurde, hatte er in einer Stunde die hochgradig ver-
dorbene Luft gereinigt.

Zu den Lübbertschen Versuchen im Zwischendeck bemerkt Konrich, daß trotz der offenbar benutzten hohen
Ozonkonzentrationen keine Ozonbelästigungen aufgetreten
seien. Abgesehen von der Unempfindlichkeit der Zwischen-
decker liege dies offenbar an dem Feuchtigkeitsgehalt der
Luft, die erstens an sich auf See feucht sei und in einem be-
legten Zwischendeck feucht sein müsse, weil der Luftraum
im Verhältnis zur Bewohnerzahl zu klein sei.

Empfohlen wurde das Ozon auch zur Belüftung von
Badeanstalten. Bekanntlich haftet diesen trotz starker
Ventilation ein eigentümlicher Bade- bzw. Badehausgeruch an.
Derselbe setzt sich zusammen aus einer Menge verschiedener
Einzelgerüche. In erster Linie sind dabei wohl beteiligt die
Ausdünstungen der Haut mit flüchtigen Fettsäuren, Exapora-
tionen, der Geruch der oft sehr wenig wohlriechenden Seife,
der Geruch des gebrauchten Wassers. Dazu kommen Gerüche
nasser Matten und des nassen Holzwerkes sowie die Nachgerüche, welche von den Wänden und Gegenständen des
Raumes abgegeben werden. Hier gelang es nach Angabe
von Kuckuk (Heidelberg) und Bennecke (Breslau),
den unangenehmen »Badegeruch« durch Ozonbelüftung zu
beseitigen (cit. nach Erlwein, Zeitschr. f. Sauerstoff- u.
Stickstoff-Industrie 1913, Heft 7 u. 8 und v. Kupffer,
Gesundheits-Ingenieur 1913 Nr. 16). An seine Stelle tritt
der Geruch frischgebleichter Wäsche.

Auch in S e z i e r s ä l e n gelang es nach den Angaben
von E r l w e i n , den widerlichen Verwesungs- und Leichen-
geruch »wesentlich einzudämmen und in überraschendem Maße
erträglich zu machen« (Zeitschr. f. Sauerstoff- u. Stickstoff-
Industrie 1913, Heft 7 u. 8). Dies würde sehr gut zu den Angaben B a i l s über Beseitigung von Fäulnisgerüchen stimmen, nach welchen nach der Ozonisierung nur ein hartnäckiger
Leimgeruch übrigbleibt.

Auch zur Belüftung von S p i n n e r e i e n und W e b e -
r e i e n hat das Ozon mit Erfolg Verwendung gefunden (C.
G u t m a n n , Elsässisches Textilblatt, Gebweiler 1912, Sonderdruck).

Aus Rücksicht auf die Fabrikationszwecke ist in diesen
Betrieben ein hoher Feuchtigkeitsgehalt der Luft notwendig.
Dieser wirkt jedoch höchst ungünstig auf das Befinden der
Arbeiter, da bei hohem Feuchtigkeitsgehalt und hoher Temperatur die W a s s e r v e r d u n s t u n g von der Haut und
dadurch die A b k ü h l u n g d e s K ö r p e r s verhindert wird.
Namentlich bei u n g e n ü g e n d e r V e n t i l a t i o n kommt
es zu f l a c h e r A t m u n g . Es tritt E r s c h l a f f u n g
e i n u n d d i e L e i s t u n g w i r d w e s e n t l i c h v e r -
m i n d e r t . Aus Rücksicht auf die Kosten für die Erwärmung der notwendigen großen Luftmengen mußte man im
Winter zur V e r r i n g e r u n g d e r H e i z k o s t e n n o t -
g e d r u n g e n m i t U m l u f t arbeiten, welche natürlich
a l s t e i l w e i s e v e r b r a u c h t e , wenn auch w i e d e r
g e r e i n i g t e Luft die Frischluft nicht zu ersetzen vermag.
Einen guten Erfolg hatte man, als der zugeführten Frischluft
eine g e w i s s e M e n g e o z o n i s i e r t e r L u f t b e i g e -
m i s c h t w u r d e .

Ozon in technischen Betrieben.

Außer zur Belüftung von menschlichen Aufenthalts-
räumen hat man das Ozon mit Erfolg zur Belüftung in
technischen Betrieben verwandt.

Mit Recht sagt K o n r i c h : »Man darf aber nicht vergessen, daß an die Lüftung bei technischen Betrieben vollkommen andere Maßstäbe angelegt werden als an die Ven-

tilation von Versammlungsräumen. Es sei nur an die sog. Staubgewerbe erinnert, bei denen man notgedrungen die Forderungen an die Luftbeschaffenheit auf ein bescheidenes Mindestmaß herabsetzt. Die Erfahrungen über Luftozonisierung in technischen Betrieben sind daher kaum bei der Beurteilung der Ozonisierung von Versammlungsräumen verwertbar; und nur um die handelt es sich bei den vorliegenden Untersuchungen« (l. c. S. 478).

Ein weites Feld für die Ozonbelüftung in technischen Betrieben erscheint sich in der Nahrungsmittelbranche zu bieten, namentlich in den Kühlräumen der Schlachthöfe. Hier sollen durch das Ozon direkte Ersparnisse erzielt werden, indem sich das Fleisch länger frisch und ansehnlich erhält, und indem S c h i m m e l b i l d u n g e n aufhören, wodurch weniger Abfall entsteht.[1]) Hierüber wird Ihnen Herr v. K u p f f e r und wohl auch der Herr Direktor und die Herren Ingenieure vom Schlachthof näher berichten, dessen vorzügliche Anlagen nebst Eierkühlanlage Ihnen ja morgen gezeigt werden sollen.

Gerade bei den Eierkühlanlagen wird die Wirkung des Ozons als vorzüglich gerühmt, indem der unangenehme Stroh-

---

[1]) Bei dem Auftreten eines muffigen Geruches auf Fleisch handelt es sich durchaus nicht immer um Schimmelpilze, sondern wohl meist um gewisse Bakterien. Als Erreger wies P r a n g (Deutsche Vierteljahrschr. f. öff. Gesundh.-Pfl., Bd. 44, Heft 3, 1912, S. 462 bis 477) in Beuthen eine bestimmte Bakterienart nach, deren Kulturen den unangenehmen Geruch erzeugen. Durch sorgfältige Versuche wurde festgestellt, daß diese Art hauptsächlich durch die Hände des Fleischers weiter verbreitet wurde. Sie trat mit Regelmäßigkeit auf dem Fleische auf, wenn das Fleisch sofort nach dem Schlachten in die Kühlhallen gebracht wurde. Es spielte also die kurze Dauer des Aufenthaltes des Fleisches in der Schlachthalle eine sehr wesentliche Rolle als Ursache der Fleischverderbnis. Auf Grund von Versuchen wurde dann bestimmt, daß die Tierkadaver wenigstens 6 Stunden lang nach der Schlachtung in den Schlachthallen blieben. Dann kamen sie auf 2 Tage in die Vorkühlhallen, deren Sättigungsdefizit erhöht wurde (+ 7° C, relat. Feucht. 70%), danach in die Kühlhallen. Das Fleisch blieb nunmehr trocken und frei von Bakterienwucherungen (l. c. S. 475) (selbst bei starker künstlicher Impfung).

und Kistengeruch schwindet, weniger Eier verderben und eine längere Haltbarkeit derselben erzielt wird.[1]

Über die Anlage (von Siemens & Halske) in der Kühlhalle des Potsdamer Schlachthofes berichtet K o n r i c h:

Es wurde recht kräftig ozonisiert, als ich den Raum betrat, so daß ich sogleich neben Augenbrennen Kratzen im Halse verspürte. Der Haupterfolg der Ozonisierung bestand hier darin, daß die Schimmelbildung auf dem Fleische unterdrückt wurde. Die Temperatur des Raumes war +3⁰ gehalten.

B a i l (Prag. Med. Wochenschr. 1913, Nr. 17, S. 217) teilt übrigens eine handschriftliche Mitteilung des Ingenieur Herrn G r o ß aus unserm Cölner Schlachthause mit, »wonach bereits in Fäulnis übergegangenes Fleisch durch sehr starke Ozonisierung bis zu einem gewissen Grade konserviert wurde, daß Schimmelbildungen an den Anhaustellen verschwanden«.

K o n r i c h berichtet über eine A n l a g e i n d e r D a r m r e i n i g u n g s - A n s t a l t d e s B e r l i n e r S c h l a c h t h o f e s. »Hier empfand ich den sehr kräf-

---

[1] Ed. S a i n t - P è r e macht bemerkenswerterweise darauf aufmerksam, daß man zur Konservierung von Nahrungsmitteln r e i n e s Ozon nehmen müsse. Während reines Ozon bei Gegenwart von Feuchtigkeit nur Sauerstoff liefert und 20 Minuten nach Anhalten des Apparates keinen Geruch mehr erkennen lasse, sei dies bei unreinem Ozon nicht der Fall. Dieses gebe infolge der gebildeten Stickoxyde etc. Eiern, Fleisch etc. einen unangenehmen und anhaltenden Geschmack. Der Geruch fixiere sich gern in feuchten Partien, z. B. den Muskeln, gerade von der gesuchtesten Qualität. Die Stickoxyde könnten also die Waren entwerten. Auch feuchte Watte nehme den Geruch an.

Auf die Reifung aufbewahrter Früchte, meint S a i n t - P è r e, sei es jedoch ohne Einfluß. Die Verdickung der kortikalen Schichten, welche zur Abwehr gegen die Kälte auftritt, nehme sogar eher noch zu, wodurch die Reifung nicht begünstigt werde. Man dürfe in der Praxis die Ozonapparate daher jedenfalls nicht zu lange gehen lassen (1 bis 12 Stunden eher weniger).

Schimmel auf Früchten sah er dabei in Staub zerfallen. Fleisch hielt sich dabei 20 Tage und hätte sich länger gehalten, wenn es nicht abgeholt wäre. (La Revue Générale du Froid, IV, Nr. 34, Mars 1912.)

tigen Gestank des Darminhalts zugleich mit Ozongeruch und daneben die eben genannten Ozonbeschwerden (nämlich Brennen in den Augen usw.). Dieser Anlage wurde als besonderer Erfolg von authentischer Seite nachgerühmt, daß die Klagen der Anlieger über Belästigungen durch den Gestank aufgehört hätten« (K o n r i c h 1913, l. c. S. 487). Auf die gleiche Anlage bezieht sich wohl auch der günstige Bericht von E r l w e i n über die gute Wirkung des Ozons in einer Darmschleimerei. Ventilation und Versuch einer Absorption der Gerüche der Darmschleimerei durch ein Koksrieselfilter waren fehlgeschlagen. Abhilfe wurde erzielt, indem die über Dach austretende Luft mit konzentriertem Ozon gemischt wurde. Von den früher überaus intensiven Gerüchen sei nicht mehr viel wahrzunehmen. Die teure Ventilation konnte in Wegfall kommen, die Beschwerden hörten auf und die Anlage wurde von den Aufsichtsbehörden als mustergültig anerkannt. (E r l w e i n , Zeitschr. f. Sauerstoff-u. Stickstoff-Industrie 1913, Heft 718.)

Hierzu möchte ich bemerken, daß, wie mir Herr Oberingenieur M u s m a c h e r gütigst mitteilte, auf unserem Schlachthofe eine D a r m s c h l e i m e r e i in Betrieb gezeigt werden soll, von welcher die eine Hälfte o h n e Ozon arbeitet, während die andere m i t O z o n b e l ü f t e t wird. Wer also noch an der Wirksamkeit des Ozons Zweifel hegt, kann an diesem Experiment im großen seine eigenen Erfahrungen machen.[1]

Eine Anlage in einer großen Heringshandlung sah K o n - r i c h. »Als Erfolg der Ozonisierung wurde hier genannt, daß die Schimmelbildung in den Lagerräumen verschwunden sei. In diesen Räumen vermochte ich Ozongeruch neben dem intensiven Heringsgeruch nicht zu riechen, empfand aber bald Brennen in den Augen« (K o n r i c h 1913, l. c. S. 478).

---

[1] Bei der Besichtigung hat diese Anlage, wie ich höre, mehrfach nicht den erwarteten Eindruck gemacht. Es handelt sich aber wohlgemerkt nur um eine ganz provisorische Anlage, bei welcher in einer — in der Mitte ungeteilten — Halle auf einer Seite Ozon o h n e genügende Mischung mit der Luft, zum Teil wohl auch in zu großer Menge eingeleitet wurde.

Auch in der Brauerei ist das Ozon mit Nutzen zur
Lüftung benutzt worden (cf. Louis von Vetter sowie
Louis von Vetter und Ed. Moufang, Wochenschr. f.
Brauerei 1911 No. 2—3 und No. 34). v. Vetter und
Moufang betonen bei der Ozonventilation für die Gärkeller-
lüftung ausdrücklich: »Nicht zu viel Ozon! Es ist nicht notwendig, daß man Ozon in der Luft überhaupt riecht« (l. c. No. 34).
Sie benutzten es aber in starker Konzentration auch zur Sterilisation. Die Versuche zur Sterilisation von Hefe, Filtermasse
und Spänen gehen uns hier nicht direkt an, weil es sich dabei
nicht um Ozonlüftung handelt. v. Vetter fand aber weiter,
daß sich die Ozonlüftung auch zur Flaschen- bezw. Faß-
reinigung und zur Reinigung von Rohrleitungen und Geräten
nach vorhergehender mechanischer Reinigung ev. Lösen mit
Sodalösung gut eignet, desgleichen zum Belüften von Kühlern.
Sehr interessant ist, daß Trub- und Filtertücher sowie Trub-
und Hefesäcke, welche durch Dampf und Kochen nicht steril
zu bekommen waren, durch Ozonisierung von innen nach
außen (1 Stunde, dann 24 Stunden in Ozonluft stehen lassen)
steril wurden.

Die Dosierung des Ozons.

Für die Anwendung des Ozons zur Belüftung ist die
Frage der anzuwendenden Ozonkonzentrationen von grund-
legender Bedeutung.

Die individuell so außerordentlich verschieden große
Empfindlichkeit gegenüber Ozon erschwert seine Anwendung,
weil es eine allgemein gültige Dosierung unmöglich macht.
Denn wenn man, wie Bail ausführt, so weit mit der Ozon-
dosis heruntergehen wollte, daß der Eigengeruch der ozonisierten Luft ganz unmerklich sein soll, käme man damit zu
so ungemein geringen Mengen, daß man von ihnen eine luftverbessernde und desodorisierende Wirkung kaum mehr erwarten kann.

Mit Recht fordern zunächst Hill und Flack in ihrem
Schlußsatz 2, daß Ozonventilationsanlagen nur von erfahrenen Leuten bedient werden, damit nur Konzentrationen,
welche keine Reizung des Respirationstrakts verursachen,
gegeben werden (l. c. 415, These 2).

Nach H i l l und F l a c k sind geringe Mengen, die man
kaum riechen kann, harmlos; mittlere Dosen 1 : 1 000 000,
d. h. 0,0001%, reizen die Atemwege; größere Dosen 15 bis
20 : 1 000 000 = 0,0015 bis 0,002% sind nicht ohne Lebens-
gefahr.[1]) Reizungen, Unbehagen (Husten, Kopfweh) sind War-
nungssignale, sich in Sicherheit zu bringen.

Von einem Gehalt von 0,3764 mg in 1 cbm = 0,1883
pro Million bemerkt K i ß k a l t: »Diese Menge wirkt schon
etwas reizend, wenn eine leichte Conjunctivitis vorliegt; die
dem Apparat direkt entströmende Luft reizt zum Husten.«
(K i ß k a l t , Zeitschr. f. Hyg., Bd. 71, 1910, S. 280).

»Über die ertragbare Dosis läßt sich sagen, daß 0,10/00000
im allgemeinen nicht reizend wirkt; 0,380/00000 ist etwas
zu hoch« (K i ß k a l k , ibidem S. 284).

L a b b é bezeichnet als

La dose maxima un dixième de milligramme par litre
d'air (l. c. p. 404).

An einer weiteren Stelle rät er im Zimmer »une atmo-
sphère légèrement ozonée« zu unterhalten, »soit un milligramme par mètre cube«.

L a b b é , La Médicine infantile. Vol. III, 1905, Nr. 6 p. 408.)

Da man in der Natur einen Ozongehalt hat, der 0,1 mg O_3
pro 1 cbm Luft selten überschreite, betont E r l w e i n[2]),
»daß bei der Konstruktion von Ozonapparaten und bei der
Projektierung einer Anlage für Ozonlüftung sehr große Rücksicht daraufhin genommen werden muß, daß der auf künst-
lichem Wege zu schaffende Ozongehalt ein den natürlichen
Verhältnissen in der Atmosphäre entsprechendes Maß möglichst nicht überschreitet« (Sonderdruck l. c. S. 1).

Er empfiehlt daher: 1. für allgemeine Lüftungszwecke
ca. 1,1 mg Ozon pro 1 cbm (= rd. 0,05 ccm O_3 auf 1 000 000 ccm
= 1 cbm Luft); 2. für eine speziell der Nahrungsmittelkon-
servierung dienende industrielle Dauerlüftung höchstens 0,3 mg
Ozon auf 1 cbm (= rd. 0,15 ccm O_3 auf 1 000 000 ccm = 1 cbm

---

[1]) Der Beweis hierfür fehlt.
[2]) Zeitschr. f. Sauerstoff und Stickstoff-Industrie 1913,
Heft 7/8.

Luft). Dies entspricht, in Volumenprozenten ausgedrückt, einem Mischungsverhältnis von rd. 0,000005% bis 0,00002% Ozon (l. c. S. 4).

»Diese geringe Konzentration, die auch sonst in der freien Natur festgestellt werden konnte, reicht bei angemessener Zufuhr vollkommen aus, um die sich ständig bildenden Gerüche schnell und sicher zu beseitigen, reicht aber vor allem auch aus, um die stehenden, durch Lufterneuerung nicht zu beseitigenden Eigengerüche ebenfalls zu entfernen«[1]).

»Die höchstzulässige Ozonkonzentration ist mit 0,5 mg pro Raummeter höchstwahrscheinlich schon merklich zu hoch bemessen« (K o n r i c h 1913, l. c. S. 478).

In drei technischen Betrieben (Heringshandlung, Darmreinigungsanstalt und Kühlhalle im Schlachthof) erfuhr K o n r i c h , daß anfangs vereinzelt zu stark ozonisiert sei, so daß sich die Arbeiter beklagten, doch werde jetzt längst durch Übung der richtige Ozonisierungsgrad getroffen (l. c. S. 478).

»Die von der Technik angegebenen Konzentrationen lagen zwischen 0,5 und 0,05 mg pro Raummeter (K o n r i c h , l. c. S. 479).«

»Da nun nach Lage der Dinge eine quantitative Bestimmung des Ozons in der Praxis ausgeschlossen ist, so bleibt nur übrig, nach der Nase als Meßinstrument zu urteilen. Es ist nun nachgewiesen worden, daß bei feuchter Luft die Riechbarkeit des Ozons abnimmt, wenigstens bei etwas höheren Konzentrationen, als gewöhnlich benutzt werden. Ob bei diesen geringen Mengen das gleiche beobachtet werden kann, steht dahin, ist aber nicht unwahrscheinlich. Aber auch wenn dem nicht so ist, wird doch die Stärke der Ozonisierung nicht immer leicht zu treffen sein.«

»Es ist weiterhin die Frage zu beantworten, ob es möglich ist, daß das Ozon in nicht mehr riechbaren Dosen gleichwohl eine erfrischende, luftverbessernde Eigenschaft besitzt.

---

[1]) E r l w e i n , Zeitschr. f. Sauerstoff- und Stickstoff-Industrie 1913, Heft 7/8, S. 4.

Darauf läßt sich auf Grund der Experimente nur sagen,
daß das sich nicht hat beweisen lassen; wenn das Ozon nicht
mehr gerochen wurde, war keinerlei Anhalt mehr vorhanden,
daß es vorher dagewesen war.« (K o n r i c h , l. c. S. 479.)

Fehlen einer allgemein anerkannten Methode zur Ozonbestimmung.

Bei der Durchsicht der Literatur, insbesondere zur Vorbereitung unserer eigenen Versuche, mußte ich zu meinem
großen Erstaunen sehen, daß die Grundlagen für die Bewer-
tung des Ozons und die Beurteilung seiner Wirkungen durchaus nicht so sicher feststehen, als ich bis dahin angenommen
hatte. Vor allem zeigte sich dabei, daß die Angaben der
einzelnen Autoren gar nicht direkt miteinander vergleichbar
und gleichwertig waren, weil die Autoren fast jeder mit einer
anderen Methode ihre Ozonbestimmungen ausgeführt und diese
als richtig angenommen hatten.

Zu quantitativen Ozonbestimmungen wird fast durchweg die Bestimmung mit der Jodkalimethode angewandt.
Das durch Ozon in einer Jodkalilösung freigemachte Jod wird
mittels Natriumthiosulfatlösung titriert und daraus die äquivalente Ozonmenge berechnet. Nur wenige Autoren haben
auf anderem Prinzip beruhende quantitative Methoden angewandt, so M i q u e l , welcher die aus arseniger Säure
durch Ozon gebildete Arsensäure bestimmte, und R u a t a
(Ölsäuremethode).

S o n n t a g leitete 500 ccm meist 1 l ozonhaltige Luft
(1 l ca. 20 Minuten) mittels Aspirator durch 25 ccm 5 proz.
K J-Lösung in Will-Varentrappschen Kugelapparat und titrierte
nach Ansäuern mit Salzsäure mittels Natriumthiosulfat.

Viele französische Autoren scheinen die M e t h o d e v o n
H o u z e a u zu bevorzugen:

»Cette méthode consiste à absorber l'ozone par une dis-
solution d'iodure de potassium neutre, en présence d'un acide
sulfurique libre: il se forme de l'oxyde de potasse, et l'iode
est mis en liberté. On porte à l'ébullition pour expulser
l'iode, et après refroidissement, on détermine par un simple

essai alcalimétrique l'acide sulfurique restant. Du poids de la potasse trouvée, on deduit celui de l'ozone.

Labbé, Action physiol. et thérap. de l'ozone. Congr. Intern. de l'Electrol et de Radiol. Paris 1900, Sep.-Abdr. S. 5—8.

Erlandsen und Schwarz benutzten zur Ozonbestimmung saure Jodkaliumlösung nach Baumert-Otto (frische KJ-Lösung mit Gehalt von 33,2 KJ pro Liter vor Gebrauch mit der gleichen Menge Schwefelsäure 19,6 Schwefelsäure pro Liter) verdünnt.[1]) Die Menge der Lösung ist nicht angegeben, dürfte aber nach Analogie mit anderen Versuchen 200 ccm betragen haben, da die Verff. zu anderen Versuchen Absorptionsflaschen mit eingeschliffenen Glasverbindungen zu 200 ccm Absorptionsflüssigkeit benutzten. Die abgesaugte Luftmenge schwankte nach den Tabellen zwischen 50 und 250 l, welche in 20 bis 50 Minuten durchgesaugt wurden (meist 75 l in 20 Minuten). Zur Titrierung benutzten sie jeden Tag frischbereitete n/1000 Thiosulfatlösung.

Auch Hill und Flack benutzten saure Jodkalilösung. Sie saugten meist 10 l Luft in einer Wasserflasche nach Drechsel durch einprozentige KJ-Lösung, welche mit wenig 10 proz. Schwefelsäure angesäuert wurde. Nach Zusatz von Stärkelösung Titration mit Natriumthiosulfat (22,2 g in 1 l). Für geringe Mengen Ozon wurde die Thiosulfatlösung 10- oder 100 fach verdünnt.

Kißkalt bemerkt nur: »Die Bestimmung des Ozons geschah durch Einwirkenlassen auf neutrale Jodkaliumlösung und Titration des ausgeschiedenen Jods« (Zeitschr. f. Hyg., Bd. 71, 1912, S. 276).

Treadwell empfahl zur quantitativen Bestimmung des aus reinem Ozon gewonnenen Ozons eine doppelt normale KJ-Lösung.

Meist werden aber, wie Konrich bemerkt, aus Rücksicht auf die Billigkeit schwächere Lösungen verwandt.

---

[1]) Die Autoren bemerken dazu, daß eine derartige Reagenzflüssigkeit jetzt im allgemeinen von den Ozonfirmen zur Ozonbestimmung verwendet würde.

S c h w a r z verwandte z. B. eine einprozentige Lösung.
Sehr bemerkenswert ist, daß T r e a d w e l l ausdrücklich
saure K J - L ö s u n g e n **widerrät**, weil man damit **zu hohe**
Ozonwerte erhalte.[1])

K o n r i c h machte verschiedene Absorptionsversuche und
stellte dabei fest, daß tatsächlich dünne KJ-Lösungen für
zuverlässige Ozonbestimmungen nicht ratsam sind. Auch bei
gleichstarken Lösungen stimmten die Ergebnisse nicht vollkommen, aber doch mit für praktische Zwecke genügender
Genauigkeit. Freilich ergibt sich aus K o n r i c h s Protokollen
auch, daß die beiden Absorptionssysteme (wie übrigens zu
erwarten stand) nicht gleichstark Luft durchgesaugt hatten
(z. B. 371: 221, 218: 275, 173: 207, 359: 381 l). Die Versuchsdauer betrug zwischen 2 bis $4\frac{1}{2}$ Stunden, die durchgesaugte
Luftmenge 157 bis 381 l. Waren die KJ-Lösungen kräftig
gebräunt, wurde mit n/100 Natriumthiosulfat titriert; waren
sie dagegen nur gelb gefärbt, nur mit n/1000 Natriumthiosulfatlösung.

Schon K o n r i c h beobachtete, »daß schwächere KJ-
Lösungen sich beim Durchsaugen der ozonisierten Luft we-
niger bräunten als stärkere, und daß demgemäß schwächere
Lösungen auch tatsächlich einen geringeren Verbrauch an
Natriumthiosulfat ergaben« (l. c. S. 49).

S c h r ö t e r (Zeitschr. f. Hyg., Bd. 73, Heft 3, S. 494
bis 496) benutzte auf Empfehlung der Firma Siemens & Halske
zur Ozonbestimmung neutrale Jodkalilösung nach L a d e n -
b u r g und Q u a s i g (Ber. d. Deutsch. Chem. Gesellsch.
XXXIV, S. 1184). Die zu untersuchende Luft wird durch
300 ccm einer 5 proz. neutralen KJ-Lösung gesogen. Nach
Ansäuren mit der berechneten Menge (2,37 ccm) H_2SO_4 Titration mit n/100 Natriumthiosulfatlösung.

Die sehr auffälligen Beobachtungen K o n r i c h s , daß
gleiche Mengen Ozonluft in konzentrierteren KJ-Lösungen
mehr J ausscheiden als in verdünnteren[2]), erklären L. S c h w a r z

---

[1]) Nach L a d e n b u r g und Q u a s i g (l. c.) sind die Resultate in saurer KJ-Lösung ca. 50% zu hoch! (Cit. nach Sigmund.)

[2]) Während doppelt normale und normale KJ-Lösungen ungefähr übereinstimmten, fand K o n r i c h bei n/5-Lösungen nur

und G. M ü n c h m e y e r auf folgende Weise: Sie fanden
Parallelversuche mit n und n/10 KJ-Lösungen gut übereinstimmend, doch lieferte die n KJ-Lösung ein sehr wenig höheres
Resultat an J. Diese führen sie auf eine Zersetzung der n KJ-
Lösung im zerstreuten Tageslicht zurück, die bei n/10-Lösungen fehlt (in einem Versuche wurde aus n KJ-Lösung in
zerstreutem Tageslicht in 4½ Stunden eine 0,25 mg Ozon
entsprechende J-Menge ausgeschieden). Außerdem machen sie
es wahrscheinlich, daß K o n r i c h , welcher einen Gitterapparat o h n e Kühlvorrichtung benutzte, zu hohe Werte
erhalten hat durch beigemengte Stickoxyde. In 2½ Stunden
erhielten sie aus 80 l mit Stickoxyden (aus mit rauchender Salpetersäure geschwängerter Luft) in n/10 KJ-Lösung eine 16,6
n/100 Thiosulfat entsprechende J-Menge, in n KJ-Lösung 24,3.
Die höhere Konzentration lieferte also höhere Werte.

L. S c h w a r z und G. M ü n c h m e y e r empfehlen
neutrale n/10 KJ-Lösung oder alkalische KJ-Lösung nach
L e c h n e r (Zeitschr. f. Elektrochem. 17, 1911, S. 412),
n/5 KJ-Lösung + n/5 Kalilauge ā̄ā, nachgeprüft von C z a k o
(Journal f. Gasbel. u. Wasservers. 1912), die d i r e k t vor der
Titration angesäuert werden müssen (Zeitschr. f. Hyg., Bd. 75,
1913, S. 96—98).

Wenn wir dies zusammenfassen, so können wir jedenfalls
wohl auch mit Recht sagen, daß zur exakten quantitativen
Bestimmung des Ozons keine einheitlich anerkannte und eingeführte Methode vorliegt. Eine solche Methode ist aber
absolut notwendig, da von der richtigen Berechnung der im
Einzelfalle angewandten Konzentration durchaus die Beurteilung der Resultate abhängig ist. Bei derselben müssen
Absorptionsflüssigkeit, Konzentration, Reaktion und Mengenverhältnisse derselben, Form und Größe des Absorptionsgefäßes, Art und Dauer des Luftdurchleitens, Titration usw.
genauestens vorgeschrieben sein.

Da mir die Schaffung einer solchen e i n h e i t l i c h e n
Methode als das erste Erfordernis zu einem gesunden wissen-

---

¹/₃ bei n/10-Lösungen in einem Falle nur ¹/₆ J-Ausbeute. Er hielt
die hohen mit n- und 2 n-Lösungen erhaltenen Werte für richtig,
weil Treadwell doppeltnormale Lösungen verwandt hatte.

schaftlichen Weiterarbeiten in der Ozonfrage erscheint, möchte ich hierdurch anregen, für die beste Ozonbestimmungsmethode einen **Preis** eventuell unter Mithilfe der großen Ozonfirmen **auszuschreiben und die preisgekrönte Methode offiziell zur Einführung zu bringen.**

Bezüglich des Nachweises sehr g e r i n g e r Mengen Ozon sind wir dabei bis jetzt leider immer noch auf die bei den einzelnen Individuen so verschiedene und auch bei ein und derselben Person infolge Ermüdung usw. oft wechselnde Schärfe unserer Sinne angewiesen. So sagen H i l l und F l a c k:

> Viel kleinere Mengen Ozon als 1 Teil Ozon auf 1 000 000 Teile Luft (0,0001%) könne man höchstens mittels Durchsaugen großer Mengen Luft durch ausgesäuerte KJ-Lösung feststellen. Man könne sie aber wohl noch riechen und schmecken. Der physiologische Nachweis des Ozons ist also außerordentlich empfindlich. H i l l und F l a c k, l. c. S. 407.

Und B a i l (Prag. med. Wochenschr. 1913, Nr. 17, S. 216) betont mit Recht,

> »daß die menschlichen Sinne wohl das empfindlichste Reagens auf Ozon in der Luft darstellen, das jedenfalls den Methoden des chemischen Nachweises weit überlegen ist. Eine Luft kann schon sehr deutlich nach Ozon riechen, wenn die Durchleitung vieler Liter davon durch Jodkalilösung in der üblichen Weise noch keinerlei deutlichen Ausschlag auf Ozon ergibt. «

Bei der Ausarbeitung einer einheitlichen Ozonbestimmungsmethode wäre also anzustreben, die Methode s o z u v e r f e i n e r n, daß damit auch **geringste** O z o n k o n z e n t r a t i o n e n, zu deren Schätzung wir vorläufig noch immer auf unsere sich bei Aufenthalt im Raum abstumpfenden Sinne (Geruch und Geschmack) angewiesen sind, quantitativ nachgewiesen werden können. Das Ideal wäre natürlich, dieses Ziel mit k l e i n s t e n L u f t m e n g e n (10 bis 50 l) in w e n i g e n M i n u t e n zu erreichen, eine Aufgabe, welche für die Bestimmung anderer gasförmiger Stoffe in der Atmosphäre durch Professor Martin H a h n, Freiburg i. Br.,[1] bereits in glücklichster Weise gelöst ist.

---

[1] Gesundheitsingenieur 1908, Nr. 11.

9*

Angabe der Ozonkonzentration.

Noch ein Punkt scheint mir dabei der Besserung bedürftig, das ist die B e z e i c h n u n g d e r g e f u n d e n e n
K o n z e n t r a t i o n.

Bald sprechen die Autoren von einem Teil Ozon auf
eine Million Teile Luft, andere berechnen den Ozongehalt
nach Volumprozenten, andere als Milligramme in 1 cbm.

Am besten scheint mir die Bezeichnung als Milligramme
pro 1 cbm Luft von 0 und 760 Druck berechnet. Auch hierüber möchte ich vorschlagen, eine Einigung herbeizuführen
und die angenommene Ausdrucksweise o f f i z i e l l einzuführen.

Wann soll ozonisiert werden?

Bezüglich der Frage, w a n n ozonisiert werden soll, ob
vor der Benutzung eines Raumes oder auch während die
Menschen sich darin befinden, bemerkt K o n r i c h:

»Man kann die Frage nicht generell beantworten. Wird
das Ozon mit einer zentralen Lüftung zugeführt, so können
sehr schwache Ozonisierungen auch wohl während einer
Theatervorstellung usw. vorgenommen werden. Anders bei
einzelnen (Gitter-) Apparaten, die in Nischen u. dgl. des
Raumes eingebaut sind. Läßt man diese Apparate arbeiten,
während das Publikum sich in dem Raume befindet, so trifft
der ozonhaltige Luftstrom ungenügend verdünnt die Besucher des Raumes und dann kann das Ozon recht lästig
empfunden werden, wie man an den Gesichtern der Betroffenen unverkennbar sehen kann« (K o n r i c h , l. c. S. 481).

Hierzu möchte ich bemerken, daß man nur von h ä u f i g
wiederholten Ozonbelüftungen Erfolge erwarten darf, bis
nämlich der Raum auch in seinen W ä n d e n d a m i t abgesättigt ist.

In b e w o h n t e n Räumen wird man während der Anwesenheit von Menschen stets n u r s c h w a c h ozonisieren dürfen.
Bei Abwesenheit derselben steht natürlich nichts im Wege,
auch s t a r k e Konzentrationen vorübergehend anzuwenden
und nachwirken zu lassen.

Wert der Luftozonisierung.

Bezüglich der Frage des hygienischen Wertes der Luftozonisierung gehen bekanntlich die einzelnen Autoren in ihren Ansichten weit auseinander. Wir wollen es Ihnen, meine Herren überlassen, sich selbst ein Urteil zu bilden.[1] Eines möchte ich aber noch hinzufügen, eine Mahnung von Direktor Gutmann - Stuttgart:

Gute Verteilung des Ozons.

»Es genügt auf keinen Fall, wie dies schon oft versucht worden, den Räumen Ozon zuzuführen, ohne Rücksicht auf seine Verteilung, da es dann stets zu einer Überozonisierung einzelner Räume und mangelhafter Ozonisierung anderer kommt. Es dürfte dies ohne weiteres klar sein, wenn man unter Berücksichtigung des eigentlichen Zweckes des Ozons — Luftreinigung — sich vorstellt, daß jeder Raumpunkt nur eine bestimmte Ozonmenge notwendig hat, den angestrebten Grad der Reinheit zu erzielen. Mehr Ozon zuzuführen ist zwecklos und im Übermaß sogar belästigend.« (Direktor C. Gutmann, Stuttgart, Der Wert der Ozonlüftung in Spinnereien und Webereien, Sonderdruck aus dem »Elsässischen Textilblatt«, Gebweiler, S. 4.)

Meine Herren! Ich bin damit am Schlusse meiner Ausführungen angelangt, in denen ich versucht habe, Ihnen eine möglichst objektive Übersicht über die Verwendung des Ozons bei der Belüftung in hygienischer Beziehung zu geben,

---

[1] Vgl. namentlich:

Lübbert, Gesundheits-Ingenieur 1907, Nr. 49.

W. Cramer, ibidem 1909, Nr. 29, S. 497.

Hill und Flack, Proc. of Royal Soc. Vol. LXXXIV, p. 409.

Konrich, Ztschr. f. Hyg. Bd. 73, 1913, S. 480 bis 482.
     und in wesentlich schärfer gefaßter Form Chemiker-Zeitung
     1912, Nr. 139.

Erlandsen und Schwarz, Ztschr. f. Hyg. 67, 1910, S. 428.

Schwarz und Münchmeyer, Ztschr. f. Hyg. 1913.

Bail, Prag. Med. Wochenschr. 1913, 17, S. 217.

um damit eine Basis für weitere wissenschaftliche Arbeiten zu schaffen. Die Hauptresultate meiner Arbeit möchte ich in folgende Sätze zusammenfassen:

Schlußsätze:

1. Das Ozon ist ein höchst aktives Gas. Seine Wirkung beruht auf seiner hohen Oxydationskraft, es wirkt besser feucht als trocken. Energische Wirkungen werden nur von hohen Konzentrationen geleistet.

2. Was die von ihm behaupteten luftreinigenden Eigenschaften anlangt, so ist

   a) auf eine Bakterienvernichtung durch Ozon in der Luft und an den Wänden des Raumes sowie an Gegenständen ebensowenig zu rechnen als

   b) auf eine Verbrennung der organischen Stäubchen. Dagegen entfaltet es

   c) eine gewisse Wirksamkeit auf bestimmte Riechstoffe und die von diesen entwickelten Gerüche. Einige Gerüche werden unzweifelhaft zerstört, andere gemildert. Mitunter entstehen unangenehme Mischgerüche. Nachgerüche sind zum Teil wenigstens auf die von Wänden und Gegenständen adsorbierten Gerüche zurückzuführen.

3. Die Wirkungen des Ozons auf Menschen sind je nach seiner Konzentration verschieden. In geringerer Konzentration wird seine Wirkung vielfach als angenehm und erfrischend empfunden und ist vollkommen ungefährlich. In stärkeren Konzentrationen wirkt es aber auf die Schleimhäute, besonders der Atmungsorgane, stark reizend. Die Empfindlichkeit dagegen ist verschieden groß und wird anscheinend bei Entzündung der Schleimhäute gesteigert.

4. Ob die dem Ozon zur Last gelegten Todesfälle von Tieren und üblen Erscheinungen am Menschen allein dem Ozon zur Last zu legen sind, bedarf weiterer Prüfung. Es ist jedenfalls darauf besonders zu achten, daß bei Verwendung von Ozon zu Belüftungszwecken dieses in r e i n e m Zustande

o h n e Verunreinigungen zur Anwendung kommt. Namentlich die Bildung von Stickoxyden und salpetrigen Säuren ist auszuschließen.

5. Bei der Ozonisierung der Luft sind zwei Arten scharf zu unterscheiden und auseinanderzuhalten.
>   1. Ventilation mit ozonisierter Frischluft (am besten als zentrale Luftozonisierung).
>   2. Ozonisierung der eingeschlossenen Raumluft.

Erstere ist unbedingt vorzuziehen und kommt für den weiteren Ausbau der Luftozonisierung a l l e i n in Frage. Die Ozonisierung der Raumluft ist dagegen nur ein Notbehelf von zum Teil sehr zweifelhaftem Wert. Versuche mit Raumluftozonisierung erlauben auf die Ventilation mit ozonisierter Frischluft nur sehr bedingte Rückschlüsse.

6. Für die Belüftung sind bei Anwesenheit von Menschen nur g e r i n g s t e Konzentrationen der Luft anzuwenden, bei welchen über Reizerscheinungen noch nicht geklagt wird.

7. S t a r k e Konzentrationen sind nur bei A b w e s e n h e i t von Menschen oder in Räumen, die auf nur k u r z e Zeit betreten werden, zulässig, z. B. in technischen Betrieben (obwohl v o r ü b e r g e h e n d vielfach selbst stärkste Konzentrationen ohne dauernden Schaden zu ertragen sind).

8. Keinesfalls erlaubt eine Ozonisation der Luft die Ventilation zu beschränken. Eine gute Ventilation ist in jedem Falle zu verlangen. Sie kann in manchen Fällen mit Vorteil durch Ozonisierung der Luft unterstützt werden.

9. Unter diesen Voraussetzungen erscheint die Verwendung des Ozons in der Luft für manche Fälle nicht nur zulässig, sondern vorteilhaft, namentlich für technische Betriebe.

10. Die auffallenden Widersprüche zwischen den günstig lautenden praktischen Erfahrungen und den Ergebnissen von manchen Experimenten sind durch Weiterarbeit aufzuklären.

11. Hierzu ist Schaffung einer einheitlich angenommenen sicheren O z o n b e s t i m m u n g s m e t h o d e anzustreben.

12. Eine einheitliche Angabe der Ozonkonzentration ist wünschenswert. (Lebhafter Beifall.)

— 136 —

Literaturübersicht.[1])

Arnold C. und Mentzel, Alte und neue Reaktionen des Ozons. Ber. d. Deutsch. Chem. Ges., Jahrg. XXXV, 1902, S. 1324.

Arnold C. und Mentzel, Verbesserte Reaktionen des Ozons und Darstellungsmethoden des Ozons; Ursol D als Reagens auf Ozon. ibidem S. 2902.

Bail, Über Luftozonisierung, Prager Mediz. Wochenschr. 1913, Nr. 17, S. 215 bis 218.

*Barlow, The Physiol. Action of ozonised air. Journ. of Anat. and Physiol. T. XIV, 1879.

Baumert, Poggendorfs Annalen Bd. LXXXIX, S. 38.

Binz C., Berl. Klin. Wochenschr. 1882, Nr. 1, 2, 43.

Binz, Die Wirkung ozonisierter Luft auf das Gehirn. Berl. Klin. Wochenschr. 1884, S. 633.

Binz, »Ozonisierte Luft, ein schlafmachendes Gas«. Berl. Klin. Wochenschr. 1882:
1. Bd. I, Nr. 1, S. 6 bis 8; Nr. 2, S. 17 bis 21.
2. Bd. II, Nr. 43, S. 645 bis 648.

*Boeckel Eugen, De l'ozone, Thèse de Straßbourg 1856.

Bohr und Mahr, Skandin. Arch. f. Physiol., Bd. 16, 1904, S. 41.

Brunck O., Die quantitative Bestimmung des Ozons. Ber. d. Deutsch. Chem. Ges. Bd. XXXIII 1900, S. 1832.

*Brunck O., Zur technischen Ozonbestimmung. Ztschr. f. angew. Chem. 1903, S. 894.

Carius, Ann. d. Chem. u. Phys. Bd. CLXXIV, S. 31.

*Chappuis, Action de l'ozone sur les germes contenus dans l'air. Bull. de la Soc. chim. t. XXXV, 1881.

de Christmas Dirskirch-Holmfeld, Ann. de l'Inst. Past. VIII, S. 689.

Collart, Traitement de la Tuberculose pulmonaire par les inhalations d'Ozone. Bulletin Officiel de la Société Française d'Electrothérapie 1893, Nr. 5, S. 73 bis 76.

*Coustan, De la valeur thérapeutique de l'Ozone. Bordeaux, Paul Cassignol, impr.

---

[1]) Anmerkung. Die mit Sternchen versehenen Arbeiten habe ich nicht im Original einsehen können. Cz.

C r a m e r W., Die Verwendung von Ozon zur Luftreinigung. Vortr. geh. bei dem Kongreß f. Heizung u. Lüftung in Frankfurt a. M., 10. Juni 1909. Gesundh.-Ing. 1909, Nr. 29, S. 496 bis 501.

*D u M o n t Karl, Chronische Ozonvergiftung. Diss., Greifswald 1891.

E n g l e r, Historisch-kritische Studien über das Ozon. Leopoldina XV. Halle 1879 Sonderabdruck.

E r l a n d o n s A. und S c h w a r z L., Experimentelle Untersuchungen über Luftozonisierung. Ztschr. f. Hyg. Bd. 67, 1910, S. 391 bis 428.

E r l w e i n Gg., Berlin, Über Luftozonisierung. Ztschr. f. Sauerstoff- und Stickstoff-Industrie 1913, Heft VII, VIII.

v a n E r m e n g h e m, De la stérilisation des eaux par l'ozone. Ann. de l'Inst. Pasteur IX, p. 711.

*F i s c h e r Ernst, Über die Einwirkung des Ozons auf die Gärung und Fäulnis. Dissert., Bonn 1883.

*F o x Cornel B., Ozone and Antozone. London 1873.

*F r ö h l i c h O., Über das Ozon, dessen Herstellung auf elektrischem Wege und dessen technische Anwendungen. (Elektrotechnische Zeitschr., Jahrg. XII, 1891, S. 340.)

*G o r u p - B e s a n e z E. v., Über die Einwirkung des Ozons auf organische Verbindungen. Annal. d. Chem. u. Pharmac. Bd. CX, 1859, S. 107.

G u t m a n n C., Direktor, Stuttgart, Der Wert der Ozonlüftung in Spinnereien und Webereien. Elsässisches Textilblatt, Gebweiler 1912, Sonderabdruck.

H é r a r d, Rapport sur une mémoire de MM Labbé et Oudin institué »Du traitement de la tuberculose pulmonaire par les inhalations d'air ozonisé.« Bulletin de l'Académie de Médecine Nr. 40, Séance du 10 Octobre 1893, S. 345 bis 354.

H i l l, Leonhard and F l a c k, Martin, The Physiological Influence of Ozone (Received July 6, Read December 7, 1911). (From the Laboratory of the London Hospital Medical College.) Proceedings of The Royal Society, Series B, Vol. 84, Nr. B 573, S. 404 bis 415.

*I r e l a n d (Edinburg), Action de l'Ozone sur les animaux vivants, analysé par Beaugrand in Ann. d'hyg. publ. 1863.

H a r r i e s , Ber. d. deutsch. Chem. Gesellsch. 45, 936 (1912).
Ztschr. f. Elektrochem. 17, 629 (1911), betr. Oxozon O_4.

H o u z e a u , Ann. d. chim. phys. (4), V. XXVII, S. 17 Anm.

J a n s e n Hans und S t r a n d b e r g Ove, Untersuchungen darüber, ob die Bakterizidität der Radiumemanation auf Ozonentwicklung zurückzuführen ist. Ztschr. f. Hyg. Bd. 71, 1912,
S. 223 bis 228.

K i ß k a l t , Die Entfernung der Geruchsstoffe durch Ventilation.
Arch. f. Hyg. Bd. 71, 1909, S. 380 bis 386.

K i ß k a l t Karl, Versuche über Desodorierung. Ztschr. f. Hyg.
Bd. 71, 1910, S. 273 bis 295.

K o n r i c h , Zur Verwendung des Ozons in der Lüftung, nach einem
Vortrag auf dem Kongreß des Royal Institute of Public
Health, Berlin 1912. Ztschr. f. Hyg. Bd. 73, 1913, Heft 3,
S. 443 bis 482.

K o n r i c h , Berlin, Zur Verwendung des Ozons in der Lüftung.
Chemiker-Zeitung 1912, Nr. 139, Sonderabdruck.

*K u c k u c k F., Heidelberg, Mitteilungen zur Luftverbesserung in
einem Hallenschwimmbade. Journ. f. Gasbel. u. Wasserversorgung, Jahrg. 1910, Nr. 9.

K u p f f e r Ludwig Ad. v., Luftverbesserung durch Ozonisierung
in Badeanstalten. Gesundh.-Ing. 1913, Nr. 16.

*L a b b é , De l'Ozone. Aperçu physiologique et thérapeutique 1889.

L a b b é , Action physiologique et thérapeutique de l'Ozone.
Congrès international d'Electrologie et de Radiologie, Paris
1900, Sep.-Abdr.

L a b b é , Ozone et coqueluche. La Médecine infantile, Vol. III,
1905, Nr. 6, S. 403 bis 408.

L a b b é , Stérilisation de l'air par l'Ozone. Compt. rend. hebdomad.
des séances de la Société de Biologie, Tome LIX, 1905, Nr. 31,
S. 378. Vorläufige Mitteilung.

L a b b é , De la stérilisation de l'air par l'ozone. Bulletin officiel
des Sociétés médicales d'arrondissement de Paris et de la Seine
VIII, 1905, Nr. 24, p. 693.

L a b b é D. et O u d i n , Sur l'ozone considéré au point de vue
physiologique et thérapeutique, note présentée par M. Schützen-
berger. Compt. rend. hebdom. des Séances de l'Acad. des
sciences, Tome CXIII, Paris 1891, S. 141.

L a b b é D. et O u d i n , Documents nouveaux relatifs à la valeur thérapeutique de l'Ozone. Bulletin officiel de la Société Française d'Electrothérapie 1893, Nr. 4, S. 56 bis 64; Nr. 5, S. 65 bis 76.

L a b b é D. et P e r c h o n P., Quelques états glycosuriques traités par l'Ozone. La Presse Médicale Nr. 24 du 22 Mars 1913.

L a b b é D. et V a r e t A., Traitement de la Coqueluche par l'Ozone. Communication faite à la Société médicale de l'Elysée Séance du 7 Juin 1909.

*L a d e n b u r g jun., Ber. d. deutsch. physik. Gesellsch. 4, 125 bis 135, betr. Verflüssigung des Ozons und Spaltung in zwei Fraktionen.

*L a d e n b u r g A. und Q u a s i g R., Quantitative Bestimmung des Ozons. Ber. d. Deutsch. Chem. Ges., 34. Jahrg., 1901, p. 1184.

L ü b b e r t D. A., Über die Gesundheitsschädlichkeit der Luft bewohnter Räume und ihre Verbesserung durch Ozon. Gesundh.-Ing. Jahrg. 1907, Nr. 49.

*L u t z , Art. Ozometrie. In Dict. enc. des Sciences médicales t. 19.

*M a l a q u i n , Chem.-Techn. Report. Chemiker-Zeitung 1911, S. 337.

*M a r i é P., De l'Ozone Thèse 1880.

*M e y e r Aug., Experimentelle Studien über den Einfluß des Ozons auf das Gehirn. Diss. Bonn, 1883.

*O b e r d ö r f f e r , Über die Einwirkung des Ozons auf Bakterien. Diss. Bonn 1889.

O e r u m , Ugeskrift for Läger 1887, Nr. 11 bis 12, ref. Ztbl. f. Bakt. 1887, II, Nr. 7, S. 202.

O h l m ü l l e r und P r a l l Fr., Die Behandlung des Trinkwassers mit Ozon. Arb. a. d. Kais. Ges.-A. XVIII, 1902, Heft 3, S. 417 bis 495.

O h l m ü l l e r , Über die Einwirkung des Ozons auf Bakterien. Arb. a. d. Kais. Ges.-Am. VIII, S. 229.

O h l m ü l l e r , Reinigung des Trinkwassers durch Ozon. Dtsch. Vierteljahrsschr. f. öff. Gesundheitspfl. Bd. 36, S. 132.

Ozone et coqueluche, article. Archives de Biothérapie I, 1895, Nr. 8, S. 133 bis 134.

P a l m i e r i , Compt. rend. 1872, p. 1266.

P f a n n e n s t i e l S. A., Ein neues Heilverfahren bei der Tuberkulose und dem Lupus der Luftwege. Zentralbl. f. d. ges. Therapie XXIX, Heft 1, S. 1 bis 10; Heft 2, S. 57 bis 63.

P f l a n z , Die Verwendung des Ozons zur Verbesserung des Ober-
flächenwassers und zu sonstigen hygienischen Zwecken.
Vierteljahrsschr. f. gerichtl. Med. usw., 3. Folge, Bd. 26,
Suppl.-H.

P r a n g , Über Fleischverderbnis in einem städtischen Kühlhause.
Deutsche Vierteljahrsschr. f. öff. Gesundheitspfl. Bd. 44,
1912, Heft 3, S. 462 bis 477.

P r o s k a u e r und S c h ü d e r , Weitere Versuche mit dem Ozon
als Wassersterilisationsmittel im Wiesbadener Ozonwerk.
Ztschr. f. Hyg. 42.

*R a n s o m e , Mémoire sur les usages de l'ozone. Manchester
médical mai 1889.

*R a n s o m e A. und F o u l e r t o n R., Über den Einfluß des
Ozons auf die Lebenskraft einiger pathogener und anderer
Bakterien. Proc. R. Soc. London 68, 55. Ztbl. f. Bakt. Abt. I,
Bd. XXIX, p. 900.

*R u a t a , Estratto dall' Igiene Moderna III, 1910, Nr. 1, S. 1;
ref. Hyg. Rdsch. 1910, S. 1165; quant. Bestimmung mit Öl-
säure.

S a i n t - P è r e Ed., Le Rôle de l'Ozone dans les Frigorifiques.
Extrait de la Revue Générale du Froid, Tome IV, Nr. 34,
Mars 1912.

S c h ü d e r und P r o s k a u e r , Über die Abtötung pathogener
Bakterien im Wasser nach dem System Siemens & Halske.
Ztschr. f. Hyg. Bd. 41.

S c h m i t z P. M., Städtezeitung 1912, S. 144 und Chemikerzeitung,
1913, S. 384/85, dazu Antwort von Konrich.

S c h w a r z L., Über Luftreinigung mittels Ozon. Gesundh.-Ing.
1910, Nr. 24.

S i g m u n d , Die physiologischen Wirkungen des Ozons. Ztbl. f.
Bakt. Abt. II, Bd. 14, 1905, S. 400 bis 415, 494 bis 502, 627
bis 640.

S o n n t a g Hermann, Über die Bedeutung des Ozons als Des-
inficiens. Ztschr. f. Hyg. VIII, 1890, S. 95 bis 136.

S t u n f Paul le, De l'Ozone et de son emploi dans le traitement
de la tuberculose pulmonaire Thèse, Paris. Imprimerie de la
Faculté de Médecine Henri Jouve 1891, Monogr.

S c h n e c k e n b e r g Erich, Physiologische Versuche mit Ozonluft. Gesundh.-Ing. 1912, Nr. 52, S. 965 bis 970. (Übersetzung der Arbeit von Hill und Flack.

*Schoenbein (Professor der Chemie in Basel), Mitteilung an die Akademie in München 1840, ref. Compt. rend. Académie des Sciences 1840, t. X.

*Schulz, Über chronische Ozonvergiftung. Arch. f. experim. Pathol. 1882, Bd. 29, S. 364.

Schroeter, Die praktische Verwendbarkeit von Hausozonisierungsapparaten. Ztschr. f. Hyg. Bd. 73, 1913, Heft 3, S. 483 bis 508.

Schwarz L., Über Luftreinigung mittels Ozon. Gesundh.-Ing. 1910, Nr. 24.

Schwarz L. und Münchmeyer G., Weitere experimentelle Untersuchungen über Luftozonisierung; a. d. Staatl. Hyg. Inst. Hamburg. Ztschr. f. Hyg., Bd. 75, 1913, S. 81—100.

Sigmund, Die physiologischen Wirkungen des Ozons. Ztbl. f. Bakt. Abt. II, 1905, Bd. 14, Nr. 12/13, S. 400 bis 415, Nr. 15 und 16, S. 494 bis 502, Nr. 18/20, S. 627 bis 640.

Spitta, Beiträge zur Frage der Desinfektionswirkung des Ozons. Mitt. d. Kgl. Prüfungsamt. f. Wasserversorgung u. Abwässerbes. 1904, Heft 4.

*Treadwell, Kurzes Lehrbuch der analytischen Chemie Bd. II, Quantitative Analyse, 2. Aufl., 1903, S. 447.

Vetter Louis v., Ing. chem., Über die Anwendung des Ozons im Brauereibetriebe. Wochenschr. f. Brauerei 1911, Nr. 2 bis 3.

Vetter Louis v., Ing. chem., und Moufang Dr. Ed., Wochenschrift f. Brauerei 1911, Nr. 34.

Weyl Th., Keimfreies Trinkwasser mittels Ozon. Ztbl. f. Bakt. XXVI, Abt. I.

Wolpert, Artikel »Ozon«. Enzyklopädie der Hygiene, herausg. von R. Pfeiffer und B. Proskauer, Leipzig 1905, Bd. II, S. 177 bis 178.

Werner-Bleines, Oberingenieur, Wannsee bei Berlin, Luftreinigen und präparieren mit technischen Hilfsmitteln, insbesondere Ozon. Medizinische Klinik 1910, Nr. 46, Sonderabdruck S. 1 bis 11.

*Wolffhügel, Über den sanitären Wert des atmosphärischen Ozons. Ztschr. f. Biol. 1875, XI, S. 422.

Wyssokowicz W., Über den Einfluß des Ozons auf das Wachstum der Bakterien. Mitt. a. Dr. Brehmers Heilanstalt, Neue Folge, Wiesbaden 1890, S. 71 bis 123.

Wyssokowicz, Kongr. russ. Ärzte in Petersburg, Januar 1889, Ztbl. f. Bakt. 1889, Bd. V, S. 715.

Vorsitzender Kommerzienrat U g é , Kaiserlautern:

Der lebhafte Beifall spricht für das Interesse, mit dem die Versammlung der Ausführung gefolgt ist und ist gewiß der beste Dank für den Vortragenden selbst für seine mühevolle Arbeit (Lebhafter Beifall).

Geheimrat Dr. R i e t s c h e l:

Verzeihen Sie, wenn ich Ihre Verhandlungen etwas aufhalte. Ist Herr Geheimrat Hartmann hier? (Zurufe: Nein). Meine Herren! Ich brauche Ihnen nicht klar zu machen, wie viel mühevolle Arbeit das Arrangement eines Kongresses mit sich bringt. Ich brauche Ihnen auch weiter nicht mitzuteilen, wieviel Arbeit auf den Schultern des Herrn Geheimrat Hartmann liegt. Einer solchen Arbeit stehen wir bewundernd gegenüber. Unsere Kongresse haben unter seiner Leitung einen glanzvollen Aufschwung genommen und sind an innerem Wert in herrlicher Weise gewachsen, und das verdanken wir Herrn Hartmann in erster Linie. So ruht in unser aller Herzen der Wunsch, ihm auch ein äußerliches Zeichen des Dankes zu geben. Namens des geschäftsführenden Ausschusses habe ich Ihnen den Vorschlag zu unterbreiten, Herrn Hartmann sein Bild von Künstlerhand gemalt zu stiften. Alle Kollegen, die unsere Kongresse bislang besucht haben, sollen ersucht werden, durch einen Beitrag zu den Kosten an dieser Ehrengabe sich zu beteiligen. Ich weiß, daß wir unserm Freund Hartmann mit dem Bildnis eine große Freude bereiten. Der Antrag liegt vor, es würde mich freuen, wenn Sie ihn ohne Diskussion annehmen würden (Lebhaftes Bravo). Ich glaube Ihre Zustimmung aus Ihrem lebhaften Beifall entnehmen zu können. Wir haben die Absicht, morgen Abend bei einer Tischrede Herrn Geheimrat Hartmann unsern Beschluß kund zu tun. Ich bitte bis dahin Stillschweigen zu üben, damit wir uns an dem erstaunten Gesicht des Gefeierten erfreuen können.

Vorsitzender Kommerzienrat U g é:

Ich freue mich über die Einstimmigkeit, mit der Sie den Vorschlag des Herrn Geheimrat Rietschel angenommen haben. Es hieße Wasser in den Rhein tragen, wollte man zu den Aus-

führungen des Herrn Geheimrat Rietschel noch etwas zu-
fügen.

Ich erteile nunmehr das Wort Herrn Ingenieur v o n
K u p f f e r, zu dem weiteren Referat über die »V e r w e n d u n g
d e s   O z o n s   b e i   d e r   L ü f t u n g.«

III. Vortrag.

Verwendung des Ozons bei der Lüftung.

Ergebnisse der Praxis.

Von Ingenieur **Ludwig Ad. v. Kupffer,** Berlin.

Meine Herren! Anschließend an die ausführlichen und
interessanten Ausführungen meines verehrten Herrn Vorredners fällt mir die Aufgabe zu, an Hand der in der Praxis
gewonnenen Erfahrungen über den heutigen Stand der Luftozonisierung so eingehend als möglich zu berichten. Lassen
Sie mich Ihnen aber vorher einen flüchtigen historischen
Überblick über die Entwicklung der Ozontechnik, besonders
im Hinblick auf ihre Verwendung für Lüftungszwecke,
geben. Hierzu sehe ich mich aus dem Grunde genötigt, weil
von wissenschaftlicher Seite behauptet wurde, die Industrie
wäre nie auf den Gedanken gekommen, Ozon für Lüftungszwecke zu verwenden, wenn nicht so allgemein der Glaube
verbreitet wäre, O z o n a t m u n g sei für die menschliche
Gesundheit von übertrieben hohem Werte. Diese Behauptung
trifft nicht zu, dafür bietet die Entwicklungsgeschichte der
Ozontechnik selbst den besten Beweis.

Im Jahre 1840 wurde das Ozon von dem Chemiker
S c h ö n b e i n entdeckt. 1857 gelang es Werner v. S i e m e n s
mit Hilfe der nach ihm benannten Ozonröhre, Ozon auf elektrischem Wege herzustellen. Als dann durch die Untersuchungen W o l f f h ü g e l s und die späteren eingehenden Arbeiten
O h l m ü l l e r s der Beweis geliefert wurde, daß die sich
sogar auf Abtötung und Vernichtung von Kleinlebewesen er-
streckende Oxydationskraft die Haupteigenschaft dieses interessanten Gases ist, ging man ernstlich daran, die Apparate

zur Ozonisierung in bezug auf ihre Leistungsfähigkeit zu ver-
vollkommnen. Der Firma Siemens & Halske gelang es damals zuerst, nach dem Prinzip der Siemensröhre einen technischen Ozonapparat herzustellen, mit dem es möglich war,
aus Luftsauerstoff Ozon unter Anwendung hochgespannter
Ströme mittels der sog. Glimmentladung herzustellen.[1]) Diese
Herstellungsweise ähnelt der natürlichen Ozonerzeugung bei
Gewitterentladungen. Damals, im Jahre 1889, wäre es zweifellos naheliegend gewesen, das auf so verhältnismäßig einfache
Weise herstellbare Ozon, dessen Vorhandensein in der atmosphärischen Luft ebenso wie dessen luftreinigende Eigenschaft
W o l f f h ü g e l nachgewiesen hatte, zur künstlichen Reinigung und Verbesserung der Luft in geschlossenen Räumen
zu verwenden.[2]) Das geschah jedoch nicht. Im Gegenteil,
man ließ das natürlichste Verwendungsgebiet des Ozons un-
berücksichtigt und wandte sich angesichts der hohen bakteri-
ziden Eigenschaften fast ausschließlich der Sterilisation von
Trinkwasser zu. Und auch dann noch, als der »Ozongehalt«
der Luft in Kurorten und Bädern als ein besonderer Vorzug
angepriesen wurde, ging der Techniker nichtachtend daran
vorüber. Erst viel später, als die Industrie der Ozonwasser-
sterilisation bereits eine große Ausdehnung erlangt hatte und
man erkannt zu haben glaubte, d a ß d i e d i r e k t e
E i n a t m u n g o z o n h a l t i g e r L u f t a n s i c h v ö l -
l i g u n w e s e n t l i c h , d e r O z o n g e h a l t d e r L u f t
t r o t z d e m , d a e r e i n e g e w i s s e R e i n h e i t
d e r s e l b e n g e w ä h r l e i s t e t , v o n w e s e n t -
l i c h e m W e r t e i s t , ging die Technik dazu über,
Ozon auch für Lüftungszwecke zu verwenden. Das geschah aber nicht ohne die notwendige Zurückhaltung und
Vorsicht. Langsam, Schritt für Schritt suchte man zuerst geeignete Apparate für den neuen Verwendungszweck
zu konstruieren, weil man die nur zur Herstellung hoch-

[1]) Vgl. Dr. Gg. E r l w e i n , Journal für Gasbeleuchtung und
Wasserversorgung, Jahrg. 1901, Nr. 30 u. 31.

[2]) W o l f f h ü g e l , Über den sanitären Wert des atmosphärischen Ozons. Zeitschrift für Biologie 1875, XI, S. 422.

konzentrierter Ozonmengen geeigneten, bisher lediglich für
Wassersterilisation gebräuchlichen Ozonapparate für Lüftungszwecke damals noch für untauglich hielt. Es folgten dann
praktische Versuche, die dartun sollten, daß Ozonluft auch in
geringer Beimischung imstande ist, durch Beseitigung bzw. Einschränkung übler Gerüche die Luft zu reinigen. Ich erinnere
Sie an die ersten derartigen Versuche, die Dr. L ü b b e r t in
Hamburg mit einem Apparat System Elworthy-Kölle in den
Räumen eines Schiffszwischendeckes mit epochemachendem
Erfolge unternahm. Der Gesundh.-Ing. Nr. 49, Jahrg. 1907,
brachte aus der Feder des Herrn Dr. L ü b b e r t hierüber
einen ausführlichen Bericht. Dieser Bericht, der von wissenschaftlicher Seite vielen Angriffen ausgesetzt war, hat dennoch den Anstoß zur allgemeineren Einführung der Ozonisierung in der Praxis gegeben. L ü b b e r t hat jedenfalls
zum ersten Male im größeren Maßstabe unter rein praktischen
und sogar sehr ungünstigen Verhältnissen den Nachweis er-
bringen können, daß ekelerregende Gerüche durch Ozonbei-
mischung zur Luft so wesentlich eingedämmt werden, daß
eine durch derartige Gerüche verpestete Luft ertragbar wird.
Bestätigt wurden seine Wahrnehmungen durch dritte Personen, denen Gelegenheit gegeben wurde, den Unterschied
der Luft vor und während des Versuches zu prüfen. Es ent-
zieht sich meiner Beurteilung, ob die in dem Bericht enthaltenen theoretischen Erklärungen und Folgerungen vor
der rein wissenschaftlichen Kritik bestehen können. Den
Praktiker interessiert daran zunächst nur die feststehende
Tatsache, daß schlechte, durch menschliche Ausdünstungen
hervorgerufene Gerüche durch Ozon derartig beeinflußt werden, daß ihre unangenehmen Folgeerscheinungen ausbleiben.
Und in diesem für uns allein maßgebenden Punkte haben die
rein praktischen Ergebnisse der folgenden Jahre Herrn
Dr. L ü b b e r t vollkommen recht gegeben.

Der Kongreß für Heizung und Lüftung beschäftigte sich,
wie Sie wissen werden, in Frankfurt im Jahre 1910 zum ersten-
mal mit der Frage der Luftozonisierung. Auf Grund der
damals vorliegenden praktischen Ergebnisse und an Hand
der noch spärlichen Literatur erstattete Herr Ingenieur C r a -

m e r einen ausführlichen und abschließenden Bericht über
das damals noch ziemlich unbekannte neue Verfahren.[1]) Es
bestand zu der Zeit vielfach noch die irrtümliche Auffassung
— woran die Ozonindustrie übrigens nur zum geringsten Teil
die Schuld trug —, daß die Luftozonisierung imstande sei,
eine gute Lüftungsanlage zu ersetzen. Diese Auffassung wies
C r a m e r mit Recht zurück, indem er ausdrücklich betonte,
eine Lüftungsanlage könne durch die Ozonisierung niemals
ersetzt werden, jedoch sei diese sehr wohl imstande, jene
wirksam zu ergänzen. Und, meine Herren, hieran anknüpfend
möchte ich nebenbei erwähnen, daß in Hygienikerkreisen
anscheinend noch immer die Meinung vorzuherrschen scheint,
die Ozonindustrie stände auch heute noch auf dem Standpunkt,
ozonisierte Luft könne Frischluft ersetzen. Und aus dieser
die Ozonindustrie zu Unrecht treffenden Annahme wird
gefolgert, es bestände die Gefahr, die Einführung der Ozonisierung könne dazu führen, die Frischluftzufuhr zu vernachlässigen. Das ist, ich betone dies ausdrücklich, absolut nicht
der Fall. Die Herren Ingenieure unter Ihnen, die bereits
Gelegenheit hatten, eine Ozonanlage in Verbindung mit einer
Lüftungsanlage auszuführen, werden wissen, daß diese Ergänzung in den weitaus meisten Fällen ohne jeglichen Einfluß
auf die Bemessung des normalen Luftwechsels blieb. Unter
anormalen Umständen aber — ich nenne beispielsweise die
schwer belüftbaren Tresorräume in Banken, viele industrielle
Betriebe, Badeanstalten usw. — kann man, das wird man
mir ohne weiteres zugeben, von einem übermäßig häufigen
Luftwechsel absehen, wenn man die Ozonlüftung zur Hilfe
mit heranzieht. E i n e r a u s r e i c h e n d e n L u f t e r n e u e -
r u n g w i r d h i e r d u r c h k e i n e r l e i A b b r u c h g e t a n.
     Deshalb dürfte auch die von meinem verehrten Herrn
Korreferenten aufgestellte Forderung, daß die Ozonisierung
nur in Verbindung mit einer ausreichenden Luftzuführung
angewandt werden sollte, die Zustimmung aller Praktiker
finden. Nur in ganz bestimmten Fällen kann, wie die Praxis

---

[1]) W. C r a m e r , Hagen i. Westf., Gesundh.-Ing. Jahrg. 32,
Nr. 29 Die Verwendung von Ozon zur Luftreinigung.

bewiesen hat, eine Ausnahme hiervon gemacht werden, indem Raumluftozonisierung vorgenommen wird. Sie bleibt aber, wie Professor Czaplewski mit Recht sagt, immer nur ein Notbehelf, »die auf die Ventilation mit ozonisierter Frischluft nur sehr bedingte Rückschlüsse zuläßt«.

Erfahrungsgemäß besitzt die Ozonlüftung zwei sehr bedeutende Vorzüge, die ihre Verwendung fast überall empfehlenswert machen. Das sind die Gerüche beeinflussenden und die rein physiologischen Wirkungen.

Meine Herren! Ich berichte völlig objektiv nur auf Grund der vorliegenden praktischen Erfahrungen und enthalte mich möglichst jeder Erörterung über die mutmaßlichen Grundursachen der genannten Einwirkungen. Deshalb lasse ich es auch dahingestellt sein, ob Ozon Gerüche nur überdecken kann oder ob es imstande ist, dieselben auch durch Oxydation zu zerstören. Meine persönliche in der Praxis gewonnene Ansicht hierüber habe ich in einer vor kurzem im Gesundheits-Ingenieur veröffentlichten Arbeit in Form einiger Erfahrungsleitsätze niedergelegt.[1]) Als völlig feststehend zu betrachten ist es jedenfalls, daß durch die Zufuhr ozonisierter Luft in Räume mit stickiger, dumpfer Luft eine sowohl für die Insassen als auch für etwa eintretende Personen recht bemerkbare Auffrischung der Innenluft erzielt wird. Besonders auffallend tritt diese Wirksamkeit dann in Erscheinung, wenn man, aus der frischen Luft kommend, einen stark besetzten Raum erst vor, dann später noch einmal nach Inbetriebnahme des Ozonisators betritt. Schon nach wenigen Minuten ist besonders dann, wenn die Luft vorher auffallend schlecht war, ein kaum glaublicher Unterschied wahrzunehmen. Vor Jahren wurden dahingehende Versuche in einem Berliner Volkstheater gemacht, und zwar Sonntags in der Zeit zwischen der überaus stark besuchten Nachmittags- und Abendvorstellung. Bei diesen Versuchen gelang es in etwa 40 Minuten, dort sogar ohne jegliche Luftzuführung, trotzdem alle Fenster, Türen und Klappen auf ausdrückliche Anordnung der Direk-

---

[1]) L. A. v. K u p f f e r , Berlin, Gesundh.-Ing. Jahrg. 1913, Nr. 16: Luftverbesserung durch Ozonisierung in Badeanstalten.

tion geschlossen wurden, eine angenehme und frisch erscheinende Luft herzustellen. Die Versuche führten dann zur
dauernden Einführung der Ozonisierung, die nur während
der Pausen vorgenommen wurde, und die Direktion machte
die erfreuliche Wahrnehmung, daß die am Sonntag abend
auf der Tagesordnung stehenden Ohnmachtsanfälle fortan
ausblieben. Ich betone, daß in jenem Theater sehr ungünstige
Lüftungsverhältnisse herrschten, und daß auch die zur Verwendung kommende Ozonapparatur eine äußerst primitive war.

Besonders groß ist der Einfluß ozonisierter Luft auf die
sich ständig bildenden menschlichen Ausdünstungen und
Atmungsgerüche und auf die Ihnen ja allen von der unange-
nehmsten Seite her bekannten Eigengerüche, die am stärksten
dort in Erscheinung treten, wo viel geraucht wird. Dafür,
daß Ozon auf frischen Tabaksrauch einwirkt, liegen einwandfreie Beweise aus der Praxis nicht vor. Dagegen wird vielfach behauptet, daß in solchen Räumen bei Ozonisierung
die Rauchbelästigung sich weniger stark bemerkbar macht.
Sehr erheblich wird aber wiederum der abgestandene Rauch-
geruch durch Ozon beeinflußt. Diese Feststellung verdankt
die Praxis in erster Linie einer Anregung des Herrn Geheimrat
Professor R i e t s c h e l , der als Begutachter der Ozonanlage
im Reichstag zu Berlin den Vorschlag machte, dem großen
Erfrischungsraum durch eine besondere Leitung Ozonluft
zuzuführen, weil sich herausstellte, daß die für die Gesamt-
räumlichkeiten vorgesehene und auch völlig ausreichende
Ozonkonzentration von 0,1 mg pro 1 cbm Luft, das entspricht,
in Volumprozenten ausgedrückt, einem Mischungsverhältnis
von 0,000005%, nicht vollauf genügte, auch die häßlichen
Restaurationsgerüche zu beseitigen. Die Anlage wurde dementsprechend so umgeändert, daß ganz unabhängig von
der Ozonisierung der dem Hause zugeführten Gesamtluft
eine zeitweise kräftigere Ozonisierung der Restaurationsluft
vorgenommen werden kann. Und der Erfolg gab Herrn Geheimrat R i e t s c h e l recht. Das mag Ihnen nachfolgende
Zuschrift, die ich jetzt auf meine Anfrage hin von Herrn
G e h e i m r a t J u n g h e i m , Direktor beim Reichstag,
erhielt, zeigen:

»Auf das gefällige Schreiben vom 15. Mai 1913 er-
widere ich Ihnen ergebenst, daß die im Reichstagsgebäude
hergestellte Ozonanlage zur Zufriedenheit gewirkt hat.
Der Geruch in den Restaurationsräumen wie auch der
unangenehme Geruch in Räumen, in denen stark geraucht
wird, ist fast beseitigt.«

Es ist hier sowohl wie in vielen anderen Fällen die inter-
essante Beobachtung gemacht worden, daß oft erst eine längere
Einwirkungsdauer den bemerkbaren Erfolg bringt. Das ist
erklärlich. Anhaftende Gerüche zeichnen sich durch große
Hartnäckigkeit aus. Viele Stoffe verlieren ihre Gerüche erst
dann, wenn sie an der freien Luft ausgelüftet werden. Alle
Stoffe aber nehmen, wie mancher von Ihnen an seiner eigenen
Kleidung wahrgenommen haben wird, den Ozongeruch äußerst
schnell und intensiv an. Nicht sofort, aber je nach Stärke oder
Dauer der Ozon-Einwirkung verschwinden die anhaftenden
dumpfen Gerüche, und es setzt sich an deren Stelle, der an den
Geruch frisch gebleichter Wäsche erinnernde Ozongeruch. Bei
gleichmäßiger, praktisch zulässiger Ozonisierung dauert dieser
Austausch etwas länger, hält dann aber zugunsten des Ozongeruches auch dauernd an, indem die Wirkung des Ozongeruches
immer wieder die Wirkung der sich frisch bildenden Gerüche
aufhebt, auch wenn, wie dies beispielsweise im Reichstags-
Restaurant der Fall ist, die Ozonisierung nur etwa eine Stunde
pro Tag vorgenommen wird. Eine ähnliche Beobachtung wurde
in vielen Bankgebäuden, insbesondere in den Tresorräumen gemacht. Es gelang hier sogar in verhältnismäßig kurzer Zeit, den
oft unangenehmen Geruch frisch gelegten Linoleums zu
paralysieren.

Auf Grund praktischer Erfahrungen kann ich meinem
Herrn Korreferenten aber darin nicht zustimmen, daß die
anhaftenden Gerüche erst aus den Wänden, Stoffen usw.
herausgetrieben werden müßten, bevor sie wirksam durch
Ozon beseitigt werden können. Ich möchte, um ein leicht
verständliches, wenn auch sachlich nicht völlig zutreffendes
Wort anzuwenden, die Einwirkung von Ozon auf diese Gerüche
als eine »Gegenabsorption« bezeichnen, die wie gesagt zur

Folge hat, daß jene dem Ozongeruch bei längerer Einwirkungsdauer weichen.

Auffallend und in der Praxis zu berücksichtigen ist vielfach das Auftreten sehr unangenehmer Mischgerüche in den
allerersten Tagen. Der Glaube, diese Mischgerüche wären
„das Ozon", hat, ehe man die Ursache erkannte, vielfach
zu Anständen geführt. Derartige Mischgerüche haben meiner
Ansicht nach überhaupt bei der Beurteilung und Verur-
teilung der Luftozonisierung eine erhebliche Rolle gespielt.
Bei neuen Anlagen, bei denen noch zahlreiche allen Neubauten
eigene Gerüche in unverminderter Stärke vorherrschen,
empfiehlt es sich daher stets, Früh- und Abendstunden dazu zu
benutzen, die unbesetzten Räume kräftig mit Ozonluft auszu-
waschen. Dann erübrigt sich so lange, bis die Mischgerüche
durch Beseitigung der anhaftenden Gerüche gänzlich verschwunden sind, eine Inbetriebnahme der Ozonisierungsanlage während der Arbeitsstunden.

Auch Czaplewski erwähnt mehrfach derartige Mischgerüche und schreibt ihnen ebenfalls zum Teil die ungünstige Wirkung zu, die fälschlicherweise dem Ozon allein zur
Last gelegt wird.

Die mir zur Verfügung stehende Zeit läßt es nicht zu,
näher auf diese Frage der Geruchs-Beseitigung einzugehen,
abgesehen davon, daß es lediglich meine Aufgabe ist, über die
rein praktischen Erfahrungen zu berichten. Deshalb will ich
jetzt nur noch darauf hinweisen, daß ich in der Lage bin, Ihnen
im Verlauf meines Referates einige Berichte vorzulegen, die
ich auf rein private Anfragen hin von sehr vielen Seiten erhielt
und zwar von namhaften Persönlichkeiten, die zum größten
Teil Jahre hindurch Gelegenheit hatten,
fast möchte ich sagen täglich und stündlich unter ihrer Obhut stehende Anlagen
in bezug auf Leistung und Wirkungsweise
zu beobachten. Aus diesen Berichten werden Sie
von Ärzten hören, daß unter der Einwirkung von Ozon
häßliche Krankenhausgerüche fast zum Verschwinden gebracht wurden, von Tierärzten und Schlachthofdirektoren,

daß die naturgemäß nicht geruchsfreie Kühlhausluft sich erheblich verbessert hat, von Bankvorstehern, daß die ständigen
Klagen über schlechte Luft mit Einführung der Ozonisierung
aufgehört haben, und so fort.

Meine Herren! Die rein physiologische Wirkung hängt mit
der Einwirkung auf die Raumgerüche wohl zusammen, ist jedoch
von ihr allein nicht abhängig. Die Erfahrung hat uns in vielen
Fällen gezeigt, daß auch in Räumen, in denen von schlechter
Luft kaum gesprochen werden kann, die zeitweise Ozonisierung meist angenehm empfunden wird. Das ist d e r R e i z ,
d e n d i e p l ö t z l i c h e V e r ä n d e r u n g e i n e s s e h r
o f t u n e r t r ä g l i c h w e r d e n d e n b e h a r r e n d e n
Z u s t a n d e s h e r v o r r u f t . Veränderung ist, vom physiologischen Standpunkt aus betrachtet, wie Sie alle wissen werden, oft gleichbedeutend mit Befreiung. Und wenn Ozonluft
auch nur in allergeringsten, kaum wahrnehmbaren Mengen
einem vollbesetzten Raume zugeführt wird, dann tritt eine
solche merkbare Veränderung ein, die auch tatsächlich von
den meisten Personen fast momentan als Auffrischung empfunden wird. Herr Architekt B i e l e n b e r g in Berlin, der vielfach Gelegenheit gehabt hat, in den von ihm ausgeführten
Bauten den mit der Ozonisierung erzielten Effekt zu beobachten, berichtet u. a. wörtlich:

»Eine richtig angelegte und einregulierte Ozonisierungsanlage trägt nach meinen Beobachtungen sehr zur
Verbesserung der Luft bei; sie fördert das Allgemein-
befinden derjenigen, welche sich in Räumen mit ozonisierter
Frischluft aufhalten und erhöht die Arbeitskraft des einzelnen.«

Gleiche oder ähnliche Ansichten kommen auch in anderen
Berichten zum Ausdruck. Schwer ist es natürlich, eine Grenze
zu ziehen zwischen der Gerüche beeinflussenden und der physiologischen Wirkung. Wir müssen uns mit der Tatsache begnügen,
daß die Wirkung selbst in der Praxis anerkannt wird.

Meine Herren! Die Frage, inwieweit die für Lüftungszwecke gebräuchliche, äußerst schwach konzentrierte Ozonluft
auch Luftbakterien beeinflußt, besitzt für die Lüftungstechnik

an sich nur wenig oder gar keine Bedeutung. Der normale
Luftwechsel genügt vollkommen, um die in der Luft befindlichen, meist harmlosen Bakterien fortzuschaffen. Dennoch
dürfen wir daran nicht vorübergehen, weil in diesem Punkte
der starke Gegensatz, der anscheinend zwischen Theorie und
Praxis besteht, am schärfsten in Erscheinung tritt. Denn bezüglich der Luftverbesserung oder Luftreinigung bestehen lediglich Meinungsverschiedenheiten darüber, ob Ozon überhaupt
imstande ist, die Luft wirklich zu reinigen oder Gerüche nur zu
überdecken und ob daher die Ozonlüftung zweckmäßig ist oder
nicht. In bezug auf Beeinflussung der Luftbakterien ist
aber von wissenschaftlicher Seite auf Grund exakter Versuche zunächst festgestellt worden, daß Ozon überhaupt
nicht imstande ist, trockene Bakterien abzutöten. Daraus
wurde dann ohne weitere Nachprüfung die Schlußfolgerung
gezogen, daß Ozon infolgedessen in der zur Anwendung
kommenden schwachen Konzentration um so weniger befähigt
sein könne, die Lebensfähigkeit von Bakterien und Keimen
zu beeinflussen. Demgegenüber liefert nun aber wiederum
die Praxis den Beweis, daß auch sehr schwache Ozonluft
imstande ist, das Wachstum von Fäulnisbakterien und Schim-
melpilzen erheblich zu beeinträchtigen.[1]) Auch hier steht der
sicherlich mit großer Sorgfalt auf wissenschaftlicher Basis
gewonnenen Resultaten von Laboratoriumsversuchen der praktische Effekt gegenüber. Denn, meine Herren, für die Belüftung von Kühlräumen und Nahrungsmittelräumen überhaupt
hat die Ozonlüftung auf Grund der einwandfrei erwiesenen
keimhemmenden Wirkung eine grundlegende Bedeutung
erlangt, was übrigens auch ohne Einschränkung von der
Hygienikern anerkannt wird, die der Ozonlüftung sonst jeden
Wert absprechen. Da einerseits feststeht, daß, wie Ohl

---

[1]) Die hier im Cölner Schlachthof befindliche Ozonanlage
hat gewissermaßen historische Bedeutung. Herr Betriebs-
ingenieur Musmacher war der erste, der sich zu der
Einführung der Luftozonisierung im Kühlhausbetrieb entschloß
und der an Hand zahlreicher Versuche, die er mit der ausführenden
Firma gemeinsam unternahm, fand, daß Ozon auf die Schimmelbildung äußerst hemmend einwirkt.

m ü l l e r bereits in den neunziger Jahren festgestellt hat, Ozonluft trockene Bakterien absolut nicht abzutöten vermag, die praktischen Ergebnisse anderseits den erheblichen Einfluß erkennen lassen, den Ozonluft auf das Wachstum bestimmter Keime ausübt, findet der bestehende Gegensatz nur dadurch seine Erklärung, daß eine indirekte Beeinflussung vorhanden sein muß, die etwa darauf beruht, daß durch einen chemischen Prozeß (Oxydation od. dergl.) eine wesentliche Veränderung der Keim-Nährböden sich vollzieht. Diese Veränderung der Nährböden aber kommt einer Nahrungsmittelentziehung gleich, durch die sowohl das Wachstum wie auch die Fortpflanzungsmöglichkeit der Mikroorganismen gehemmt wird. Und nun, meine Herren, Nährböden für Luftbakterien und Keime gibt es schließlich überall. Ich erwähne nur Klosetts, Wasch- und Badetoiletten, Küchen, Speisekammern etc. Deshalb interessiert uns bis zu einem gewissen Grade auch diese Frage. Denn bietet uns die Luftozonisierung neben den luftreinigenden Eigenschaften auch noch den Vorteil, ein übermäßiges Anwachsen von Keimen bezw. e i n e B i l d u n g v o n K e i m h e r d e n v o n v o r n h e r e i n z u v e r h i n d e r n, dann ist nicht einzusehen, warum man diesen Vorteil nicht ebenfalls mit ausnützen soll.

Sehr kurz fassen kann ich mich über die Frage der Giftigkeit und angeblichen Schädlichkeit des Ozons. Hierüber hat uns Herr Professor C z a p l e w s k i ja bereits eingehende Aufklärungen gegeben. Heute hat diese Frage für den Praktiker keinerlei Bedeutung mehr. Denn dieser weiß und wußte schon zu der Zeit, als von der übrigens längst bekannten Giftigkeit des Ozons in der Öffentlichkeit noch keine Rede war, daß zu große Mengen Ozon, wenn nicht für die unerläßliche gute Verteilung dieses Gases auf die Raumluft gesorgt ist, unangenehm empfunden werden. Er wußte aber auch, und zwar zumeist aus recht eigener Erfahrung, daß selbst große Mengen ziemlich hoch konzentrierter Ozonluft, wenn auch schwer, immerhin doch noch ertragbar sind, und zwar ohne irgendwelchen dauernden Schaden für die Gesundheit. Meine Herren, hier unter uns in diesem Saale sind mehrere Herren anwesend, die beruflich sicherlich viele Jahre hindurch mit Ozon auch in

Versuche nicht genügend bewiesen zu sein. Zunächst handelt es sich, wie C z a p l e w s k i mit Recht hervorhebt, insbesondere bei menschlichen Ausdünstungen um sehr verschiedene, zum Teil bekannte und wenig komplizierte, zum Teil aber auch um völlig unbekannte und äußerst flüchtige Körper. Durch die verschiedentlichen Versuche, die sich naturgemäß nur auf die bekannten Geruchstoffe erstrecken konnten, scheint in mehreren Fällen ein bestimmtes Einwirkungsverhältnis von Ozon auf gewisse Geruchsstoffe festgestellt zu sein. Es wurde bei diesen Versuchen (Schwefelwasserstoff, Skatol, Indol, Merkaptan) jedoch nur mit Mengen gearbeitet, die noch meßbar sind. Daher der meist hohe Ozonverbrauch. Das Reaktionsverhältnis dürfte aber bei nicht mehr meßbaren Mengen ungefähr das Gleiche bleiben. Wenn z. B. von S c h w a r z und G. M ü n c h m e y e r festgestellt werden konnte, daß Skatol bei hundertfachem Ozonüberschuß in schon ganz kurzer Zeit vernichtet wird, dann ist es wohl für den Effekt gleichgültig, ob meßbare Mengen

> z. B. 0,1 g O z o n a u f 0,001 g S k a t o l
> o d e r 0,1 m g O z o n a u f 0,001 m g S k a t o l,

die nicht mehr einwandfrei meßbar sind, aufeinander einwirken. Es ist aber bekannt, daß sehr viele Geruchsstoffe, die quantitativ in der Luft nicht mehr nachgewiesen werden können, dem Geruchsinn dennoch lästig auffallen. Demnach halte ich es für durchaus möglich, daß auch geringe Ozonmengen auf geringste Geruchsstoffmengen einzuwirken vermögen, besonders dann, wenn es sich um jene sehr flüchtigen und teilweise chemisch noch unbekannten Ausdünstungsstoffe handelt. Nur so oder doch ähnlich ist der Widerspruch zu erklären, der darin liegt, daß nach Aussage von Professor B a i l (Prag) Faulgerüche, nach der von Direktor G o l t z (Berlin) Darmgerüche usw. usw. auch bei geringem Ozongehalt schon wesentlich eingeschränkt werden, während anderseits behauptet wird, Ozon sei nur in praktisch unzulässigen Mengen imstande, jene Gerüche merklich zu beeinflussen.

Ozonkonzentrationen, die über 1 mg pro 1 cbm liegen, kommen für die Praxis der Ozonlüftung nicht in Frage. So

interessant demnach auch die verschiedenen Versuche an
Tieren für denjenigen sein mögen, der sich wissenschaftlich
mit Ozon beschäftigt, für den Lüftungstechniker sind sie
ohne Bedeutung. Mag Ozon immerhin ein giftiges Gas sein,
in den für Lüftung gebräuchlichen Mengen kann von giftiger
Wirkung nicht mehr die Rede sein, da es, wie C z a p l e w s k i
überzeugend nachgewiesen hat, in weit höheren Konzentrationen (1 g pro 1 cbm, wie etwa in Wasserwerken gebräuch-
lich) zeitweise ohne jeglichen Schaden ertragen werden kann.
Im übrigen sind, wie mein Herr Korreferent an Hand eines
beispiellos reichhaltigen Quellenmaterials nachgewiesen hat,
die Ansichten hierüber derart geteilt, die Meinungen so verschieden, daß der Techniker und Laie zunächst völlig auf
den praktischen Effekt angewiesen sind.

Die Ozonindustrie stimmt mit meinem Korreferenten
darin völlig überein, daß bei der Ozonlüftung ein von Stickstoffgasen völlig freies Ozon zur Anwendung kommen muß.
Die Möglichkeit, daß dies bei den Versuchen von Dr. K o n -
r i c h nicht der Fall war, gab ich Herrn Professor C z a p -
l e w s k i , wie derselbe in seinem Vortrag erwähnt, auf seine
Anfrage hin zu. K o n r i c h benutzte einen sog. Gitterapparat, der nur durch die hindurchströmende Luft gekühlt
wird. Das erscheint mir aber unwesentlich. Die Praxis hat
gezeigt, daß auch diese Luftkühlung völlig ausreichend ist.
Anders verhält es sich aber mit der Reinhaltung. Das Elek-
trodengitter wirkt vielfach wie ein Staubfilter. Es fängt
feinste Staubteilchen auf, die allmählich verbrennen, wobei
sich dann allerdings leicht Stickstoffgase, wenn auch in verhältnismäßig sehr geringen Mengen, bilden. Das geschieht
aber nicht, wenn die Luft vorher durch ein Tuchfilter hin-
durchgeführt wird und außerdem die Elektrodenstäbe von
Zeit zu Zeit gereinigt werden. Inwieweit K o n r i c h hierauf
Rücksicht genommen hat, ist mir nicht bekannt. Meines
Erachtens überschätzt aber mein Herr Korreferent die Gefährlichkeit der Stickstoffgase im Großbetriebe, woselbst nur
große Luftmengen in Frage kommen. Die geringen Mengen,
die ein Ozonapparat davon zu bilden imstande ist, stehen
beispielsweise in gar keinem Verhältnis zu denen, die eine

einzige Bogenlampe stündlich produziert, und sind naturgemäß
verschwindend geringfügig im Vergleich zu der gesamten
Frischluftmenge. Bei Versuchen in so kleinem Maßstabe,
wie K o n r i c h sie angestellt hat, dürfte das Verhältnis von
Luft, Ozon und Stickstoffgasen sich allerdings sehr ungünstig
verändern.

In der Praxis sind jedenfalls folgende Gesichtspunkte
zu beachten:

Schwache Konzentration, gute Einregulierung und feine
Verteilung sind die Grundbedingungen für eine einwandfreie,
dann aber auch wirksame Anlage. Um etwaige Salpetersäurebildung zu vermeiden, ist für Reinhaltung der Anlagen zu
sorgen, die sich leicht ermöglichen läßt. Auf Bildung von Mischgerüchen ist insbesondere in Neubauten und bei Neuanlagen
überhaupt, wie bereits erwähnt, zu achten. Die Dauer des
Betriebes richtet sich nach den jeweiligen Verhältnissen. Oft
genügen 2—3 Stunden täglich in verschiedenen Abständen.
Oft ist es aber notwendig, während der gesamten Betriebszeit
zu ozonisieren. Ohne gleichzeitig zu ventilieren darf niemals
ozonisiert werden, es tritt dann naturgemäß ein völlig anderes
Mischungsverhältnis ein und die Verteilung ist unvollkommen.
Eine Ozonanlage erfordert nur wenig Bedienung, die bescheidenste Sorgfalt belohnt sie aber mit anstandslos guter Wirkung.
Zumeist sind Klagen über Belästigung nur dort laut geworden,
wo eine grobe Vernachlässigung der Anlage durch das Bedienungspersonal festgestellt werden konnte. Unerläßlich ist
eine möglichst umfangreiche Regulierbarkeit, die technisch
leicht durchführbar ist. In den meisten Fällen genügt bei konstanten Luftverhältnissen eine einmalige Einregulierung.
Meßbar ist die für Lüftungszwecke gebräuchliche Konzentration nicht mehr, auch die besten Bestimmungsmethoden
reichen nicht aus, so geringe Ozonmengen fehlerlos quantitativ nachzuweisen. Dennoch läßt die Höhe der Konzentration, die stets das Produkt der Ventilatorleistung und der
Ozonisatorleistung ist, sich leicht feststellen. Die mir bekannten, von den verschiedenen Firmen gebauten Ozonapparate
sind so bemessen, daß ein wirklich ernstlich belästigendes Übermaß — ganz abgesehen von irgendwelcher Schädlichkeit —

überhaupt nicht eintreten kann, auch wenn der Apparat einmal versehentlich ohne Ventilation in Betrieb ist.

Da es, wie Sie wissen, meine Aufgabe ist, hauptsächlich über die bisher erzielten praktischen Ergebnisse der Ozonlüftung zu berichten, habe ich mir, wie ich vorhin schon erwähnte, Gutachten über bereits längere Zeit in Betrieb befindliche Anlagen verschafft. Die darin erwähnten Anlagen sind von verschiedenen Ozonfirmen geliefert, die Namen derselben jedoch mit Absicht nicht genannt, da selbst der Schein vermieden werden soll, als ob es sich hierbei um Reklameschreiben handelte. Die Gutachten, die ich Ihnen nachfolgend im Wortlaut wiedergebe, sollen lediglich dazu dienen, Ihnen zu zeigen, wie das Ozonverfahren in der Praxis beurteilt wird.

Ich benutze hierbei die Gelegenheit, von dieser Stelle aus allen denen Dank zu sagen, die mir so bereitwillig Auskunft erteilt und ihre Unterstützung gewährt haben. Auch den Firmen: Hemmerlin & Co. in Mühlhausen, Ozon-Verwertungs-Gesellschaft in Stuttgart und Siemens & Halske in Berlin spreche ich meinen Dank für das überlassene Material und die freundlichen Ratschläge aus.

Ich beginne mit Berichten über die Desodorisierung starker Gerüche durch Ozon.

Hamburg, d. 31. 5. 13.

Baudeputation, I. Sektion
Ingenieurwesen
Abteilung für Straßenreinigung und Abfuhr.

In den Mannschaftsgebäuden der beiden Verbrennungsanstalten am Bullerdeich und am Alten Teichweg sind Ozonanlagen eingerichtet. Die Mannschaftsgebäude bestehen aus einem Kleiderraum für die unreinen Arbeitskleider und einem solchen für die reinen Ausgehkleider. Beide Kleiderräume stehen durch eine Brauseanlage miteinander in Verbindung. Die Kleider werden in den Kleiderräumen mittels besonderer Tragschnüre an der Decke aufgehängt, und zwar so hoch, daß sie von unten nicht erreichbar sind. Die Räume haben Decken-

lüftung und Deckenheizung. In dem Raum für die
unreinen Kleider wird außerdem in Höhe der auf-
gehängten Kleider von einer Ozonanlage durch ein Rohrleitungssystem Reinozon gedrückt. Die Ozonanlage besteht aus einem Motorgenerator, welcher Wechselstrom
von etwa 140 Volt erzeugt und gleichzeitig ein Gebläse
antreibt. Der niedriggespannte Wechselstrom wird in
einem Transformator auf höhere Spannung gebracht und
einer Ozonröhre zugeführt. Das Gebläse drückt die Luft
durch die Ozonröhre nach dem oben genannten Ver-
teilungssystem.

Die Ozonanlage wird ca. 1 Stunde vor Schichtwechsel in Betrieb gesetzt und bleibt bis etwa 2 Stunden
nach Schichtwechsel in Betrieb. Messungen über die
Menge der pro Zeiteinheit ozonisierten Luft, über den
Ozongehalt dieser Luft und dem Ozongehalt der Luft
zwischen den Kleidern sind bis jetzt, da wichtigere
Aufgaben zu erledigen waren, nicht gemacht worden.
Etwa eine ½ Stunde nach Inbetriebsetzung der Anlage
ist der typische Ozongeruch deutlich wahrnehmbar. Der
sonst von den unreinen Kleidern aus-
gehende Geruch nach Schweiß und zer-
setztem Unrat wird mit Erfolg unterdrückt.

Markthallen-Verwaltung
Hannover.   5. 6. 13.

Die Ozonisierung findet den allgemeinsten
Beifall. Unser Hallengebäude ist ein richtiges Treibhaus.
Die Wände bestehen aus Glas und Eisen und das Dach
ist mit Zink gedeckt. Im Sommer herrscht daher gewöhnlich eine unerträgliche Hitze und bei starker Be-
setzung, z. B. an den Sonnabenden, war die Luft infolge
der Anwesenheit so vieler Menschen, wie so großer
Mengen stark riechender Ware überaus schlecht.
Dem ist jetzt abgeholfen. Allerdings lasse ich
die Maschine während der heißen Zeit un-
ausgesetzt Tag und Nacht im Betriebe,

der Ozongeruch hat sich bisher auch gar nicht oder nur in ganz verschwindendem Maße bemerklich gemacht.

Bei Einstellung des Betriebes tritt bald wieder eine merkenswerte Verschlechterung der Luft ein.

Auch beim Publikum findet die Anlage die zweifelloseste Anerkennung, so daß ich glaube behaupten zu können, daß die Ozonisierung für Markthallen und ähnliche große Verkehrsinstitute eine unumgängliche Notwendigkeit sei.

gez. v. G l a d i s (Betriebsleiter).

C a r l L i p p m a n n & Co. Hamburg, d. 4. 6. 13.

Wir haben seit ca. 2 Jahren eine Ozonlüftung in unserem Betrieb eingerichtet. Dieselbe funktioniert gut und hat sich bei unserem Betieb, d e r m i t z i e m - l i c h s t a r k e n G e r ü c h e n verbunden ist, als notwendig erwiesen.

Der folgende Bericht bezieht sich auf die Beseitigung von Gerüchen in der unter städtischer Regie stehenden D a r m - s c h l e i m e r e i zu Berlin.

Berlin, d. 24. 5. 13.

D i r e k t i o n d e s S t ä d t. V i e h - u n d S c h l a c h t h o f e s.

Die im Mai 1911 für die Desodorisierung unserer Darmschleimerei bezogene Ozonanlage hat sich gut bewährt. Wenn auch bei der Eigenart des Betriebes eine vollständige Geruchlosmachung der Luft in dem genannten Gebäude nicht zu erreichen ist, so ist doch während des Betriebes der Ozonanlage e i n e s t a r k e H e r a b m i n d e r u n g d e r G e r ü c h e z u b e m e r k e n. Gesundheitsschädigende Einflüsse auf die in den ozonisierten Räumen befindlichen Arbeiter sind nicht beobachtet worden.   gez. G o l t z.

Als besonders bemerkenswert für die Wirkung dieser Anlage ist zu erwähnen, daß die Belästigungen der Nachbarschaft und somit die dauernden Klagen seit 2 Jahren — Mai 1911 wurde die Anlage installiert — völlig aufgehört haben.

Nachfolgende Berichte sprechen sich über die Wirkung in industriellen Betrieben aus.

Emil Gminder, Reutlingen. 6. 6. 13.

Meine Firma Ulrich Gminder G. m. b. H. hat seit Jahren eine größere Anzahl Apparate im Betrieb. In den Baumwollspinnereien und noch mehr in den Baumwollwebereien, in denen sehr viele Menschen in einem Raume sind und außerdem die geschlichteten Ketten schlechte Gerüche ausbreiten, ist die Luft selbst bei gewöhnlicher Lüftung immer schlecht, dagegen bei Ozonisierung der Luft ist dieselbe direkt angenehm. Mit gleichem Erfolg sind Apparate in den großen Garderoben, in den Bureauräumen und in einem Teil der Appretur in Betrieb. Besonders wohltuend wird die Wirkung in der Abteilung empfunden, in welcher die von den Geweben abstehenden Fasern durch Gasflammen abgesengt werden.

In der langen Zeit, in der ich Gelegenheit hatte, unsere Anlagen zu beobachten, bin ich zu der Ansicht gekommen, daß die Ozonisierung der Luft für alle Räume vorteilhaft ist, solange die Ozonisierung nicht übertrieben wird, d. h. wenn Ozon gar nicht oder kaum wahrgenommen wird.

gez. Emil Gminder.

Rudolf Meidinger, Reichenbach. 7. 6. 13.

Die Ozonisierung der Luft wird im allgemeinen angenehm empfunden. Die dumpfe Luft weicht einer klaren durchsichtigen. Dies habe ich erst in den letzten Wochen deutlich wahrnehmen können, als wegen eines Motordefektes der Ozonapparat nicht in Tätigkeit gesetzt werden konnte. Die Baumwolle verarbeitende Textilindustrie ist zur Luftanfeuchtung gezwungen, es herrscht daher leicht eine schwüle, tropenähnliche Luft in den Arbeitssälen trotz guter Ventilation. Die Arbeitsfreudigkeit leidet natürlich darunter sehr. Ich war daher bei der feuchten

Tropenhitze in der vergangenen Woche sehr froh, den
Ozonapparat wieder in Tätigkeit setzen zu können.
Das Atmen und Transpirieren geht bei ozonisierter Luft
so leicht von statten, daß man das Unangenehme der
Hitze nicht empfindet.

Bei Einführung der Ozonisierung
der Luft war es jeden Tag deutlicher
wahrzunehmen, wie die unangenehmen
Gerüche abnahmen. Heute ist von diesen nichts
mehr zu merken.

In einem Shedbau waren an der Decke stets pilz-
artige Niederschläge, die seit der Ozonisierung der Luft
verschwunden sind, nachdem sie vorher durch Zusatz
von Kupfervitriol und anderen Massen zur Tünche nicht
zu beseitigen waren.

Früher hatte ich auch eine große Anzahl von Arbeitern,
die an den Atmungsorganen erkrankt waren. Diese Krankheiten sind ganz wesentlich zurückgegangen. Während
sie früher vorherrschend waren, bilden sie heute noch
einen Bruchteil sämtlicher Erkrankungen.

gez. Rudolf Meidinger.

Herr Direktor Kuckuck, Heidelberg, hat seinerzeit
seine Erfahrungen in einer ausführlichen Arbeit, Journal für
Gasbeleuchtung und Wasserversorgung, Jahrg. 1910, Nr. 9,
niedergelegt. Er schreibt außerdem:

Städt. Gas-, Wasser- und
Elektrizitätswerke Heidelberg.   24. 5. 13.

Auf Ihre Anfrage vom 16. d. M. teile ich Ihnen
mit, daß die im hiesigen Hallenbad eingerichtete Luft-
ozonisierungsanlage sich bisher gut bewährt hat.

Es handelte sich für unsere Badeanstalt zunächst
um Zuführung ozonisierter Luft, um den sog. Badegeruch zu beseitigen; das Ozon sollte in erster Linie
desodorisierend wirken. Man muß bei der Dosierung
sehr vorsichtig sein, und es stellte sich bei uns nach
einiger Zeit heraus, daß bei zu starker Ozonisierung der
Geruch nach Ozon unangenehm wurde, und daß das

Badepersonal Kopfschmerzen bekam. Die zweckmäßigste Dosierung muß ausprobiert werden; der Ozongeruch darf nicht vorherrschen. gez. Kuckuck.

Es folgen nunmehr ein paar Berichte von Krankenhausärzten. Diese Berichte legen ein beredtes Zeugnis dafür ab, daß selbst Ärzte, die in der Lage waren, längere Zeit hindurch die Wirkungsweise von Ozonanlagen praktisch zu beobachten, andere Anschauungen vertreten, als diejenigen ihrer Berufskollegen, die ihre Folgerungen in der Hauptsache aus den Ergebnissen experimenteller Arbeiten ziehen.

Kgl. Heilanstalt Winnental.   6. 6. 13.

Auf Ihre Anfrage vom 4. d. M. bestätige ich Ihnen gerne, daß wir an der hiesigen Anstalt mit der in einem ihrer Pavillons eingerichteten Ozonlüftung sehr zufrieden sind. Wissenschaftliche Untersuchungen über ihren Einfluß auf die Beschaffenheit der Luft liegen nicht vor. Aus den praktischen Erfahrungen heraus aber kann bestätigt werden, daß nicht nur keinerlei Nachteile davon zu bemerken gewesen sind, daß namentlich auch der Ozongeruch von den Geisteskranken nie in wahnhafter Weise umgedeutet worden ist, sondern daß vielmehr die unangenehme Empfindung einer verbrauchten Luft in den betreffenden Krankenräumen, in denen vorzugsweise hilflose und zur Unsauberkeit neigende Kranke verpflegt werden, nie aufkommen konnte. Besonders schätzenswert war dies bei extremen Außentemperaturen, weil so auf das Öffnen der Fenster an sehr kalten wie an sehr heißen Tagen verzichtet werden konnte, ohne daß doch eine Luftverschlechterung bemerkbar geworden wäre. gez. Dr. Kreuser.

Erfahrungen mit der Ozonlüftung
     im Karl-Olga-Krankenhause,
          Stuttgart.   13. 6. 13.

Die Ozonlüftung ist seit 3 Jahren in Betrieb und funktioniert zu unserer Zufriedenheit. Sie wirkt ent-

11*

schieden desodorisierend auf die Luft der Krankenhaus-
säle. D i e s f i e l n a m e n t l i c h a u f, a l s e i n -
m a l d i e L ü f t u n g e i n i g e W o c h e n a u ß e r
B e t r i e b w a r. In dieser Zeit hatte man mehr mit
üblen Gerüchen in den Sälen zu kämpfen, als vorher
und nachher. Irgendwelche schädliche Einflüsse der
Ozonlüftung auf die Patienten und Bewohner des Hauses
konnten in der ganzen Zeit nie beobachtet werden.

gez. Professor Dr. v. H o f m e i s t e r.

Dr. med. Konrad S i c k, Direktor des Städtischen
Katharinen-Hospitals in Stuttgart, äußert sich wie folgt:

Stuttgart, den 11. Juni 1913.

Bezüglich Ihrer Anfrage über Ozonapparate kann
ich Ihnen auf Grund meiner Erfahrungen in unserem
Krankenhause folgendes mitteilen:

Wir haben einen transportablen Apparat im Gebrauch, und zwar wird dieser angewandt an Plätzen,
wo die natürliche Lüftung nicht genügend wirken kann,
oder in Krankenzimmern, in denen durch Ausscheidungen
von Kranken, die sehr übelriechender Art sind, mehr
oder weniger vorübergehend das Bedürfnis von Luftverbesserung eintritt. Besonders für den letzten Zweck
hat sich der Apparat gut bewährt, dagegen konnte ich
die günstige Beeinflussung von Krankheitsprozessen, die
mit Fäulnisvorgängen verbunden sind, besonders in der
Lunge, durch starke Ozonisierung der Atmungsluft nicht
bestätigen. D i e K r a n k e n, d i e i n d e r U m -
g e b u n g s o l c h e r P a t i e n t e n m i t ü b e l -
r i e c h e n d e n A u s s c h e i d u n g e n l a g e n, h a -
b e n d i e E i n w i r k u n g d e s O z o n a p p a r a t e s
s t e t s m i t D a n k a n e r k a n n t.

Daß die früheren Vermutungen einer direkten Zerstörung von Luft verunreinigenden Substanzen durch
Ozon nach neueren experimentellen Arbeiten nicht zutreffend sind, dürfte Ihnen wohl bekannt sein. Ich halte
deshalb dafür, daß eine Ozonisierung der Luft die eigent-

liche Lüftung nicht ersetzt, daß aber vorübergehend auftretende üble Gerüche, die ja an sich nicht gesundheitsschädlich zu sein brauchen, durch die Ozonisierung mit Erfolg verdeckt werden. Natürlich hat diese Verdeckung übler Gerüche für die verständnislose Anwendung der Apparate ohne Kenntnis der hygienisch entscheidenden Prinzipien der Lüftung auch naheliegende Gefahren. gez. Dr. Sick.

Obermedizinalrat Dr. Gußmann, Leibarzt Sr. Maj. des Königs von Württemberg, berichtet über seine Wahrnehmungen im Stuttgarter Hoftheater:

Stuttgart, Juni 1913.

Meine Erfahrungen über Ozonlüftung habe ich seinerzeit niedergelegt nach monatelangem Gebrauch, heute kann ich nach jahrelangem Gebrauch dieselben in vollem Umfange bestätigen:

Mit Ausnahme der Ferien läuft in unserem Theater (großes und kleines Haus) täglich der Apparat, so daß man von täglicher Erfahrung sprechen kann. Und ist hierbei mit Bestimmtheit festzustellen, daß die Wohltat der Desodoration eine unverkennbare ist. Daneben staubmindernd (durch Niederschlag vermutlich). In Nebenräumen: Massengarderoben, Klosetts usw. habe ich wiederholt Gegenversuche gemacht und ist hier der negative und anderseits positive Erfolg evident.

Von nachteiligem Einfluß bezüglich Reizung der Atmungswege kann nur unzweckmäßige Behandlung in Betracht kommen: einseitige Verteilung, zu lange Zeitdauer, ungenügende Nachlüftung usw.

Meine Herren! Es liegt der Ozonindustrie und auch mir gewiß fern, der wissenschaftlichen Kritik, auch wenn sie der Technik gegenüber zu negativen Resultaten gelangt, auch nur im geringsten ihre volle Berechtigung abzusprechen. Die hygienische Wissenschaft erfüllt damit nur eine Pflicht im Interesse der öffentlichen Gesundheitspflege. Angesichts der hier vorliegenden, durchaus sachlichen Berichte medizinischer Sachverständiger scheint mir jedoch die Frage berechtigt, ob es nicht etwas übereilt und ob es überhaupt notwendig war, ganz ohne mit der hier in Frage kommenden Praxis Fühlung zu nehmen, aus experimentellen Arbeiten so schwerwiegende Folgerungen zu ziehen und den Stab zu brechen über ein Verfahren, das auch von Ärzten eine derartige Anerkennung draußen im praktischen Leben gefunden hat. Der der Ozonindustrie hierdurch gewiß unbeabsichtigt zugefügte Schaden hätte jedenfalls leicht vermieden werden können.[1]

---

[1] Kurz vor meiner Abreise zum Kölner Kongreß erhielt ich eine aus dem unter Leitung von Prof. Dr. W o l f stehenden Hygienischen Institut der Universität Tübingen stammende Arbeit des Herrn Dr. Eberhard Albrecht L e o n h a r d t aus Tübingen. Der Titel derselben lautet: »Über die Lüftung von Versammlungsräumen unter besonderer Berücksichtigung der modernen Ozonventilatoren.« Leonhardt berichtet über eine große Reihe von Versuchen und auch über eigene Beobachtungen in der Praxis. Die Ergebnisse seiner Arbeit faßt er in folgenden Schlußsätzen zusammen:

1. Bei der Ventilation von Hörsälen, Versammlungsräumen usw. ist die Pulsionsmethode der Aspirationsmethode unter allen Umständen überlegen. Die Frischluft soll nicht durch eine einzige Öffnung, sondern durch viele zugeführt werden. Diese sind am besten in der Nähe der Decke anzubringen, vor allem dann, wenn die Plätze amphitheatralisch angeordnet sind.

2. Daß die Luft in Hörsälen usw. durch Zumischung von Ozon zur Frischluft verbessert würde, ist objektiv mit Hilfe der uns bekannten Untersuchungsmethoden nicht nachzuweisen. Es besteht aber kein Zweifel, daß subjektiv Riechstoffe durch Frischluft mit Ozon besser beseitigt werden als durch Frischluft allein.

3. Ozon darf zur Ventilation nur verwendet werden, wenn es der Frischluft zugemischt wird. Die Menge darf nie so erheblich sein, daß es unangenehm bemerkbar wird (0,5 mg im cbm als Höchstmaß).

Es folgen nunmehr einige Berichte über die Ozonwirkung in Gebäuden und Räumen mit normalen Luftverhältnissen.

Berlin, d. 3. 6. 13.

Der Präsident der Preußischen
Zentral-Genossenschaftskasse.

Die durch die Ozonanlage bei der Preußischen Zentral-Genossenschaftskasse bewirkte Auffrischung der Luft wird deutlich wahrnehmbar. Mehrere Herren wollen jedoch die Beobachtung gemacht haben, daß das Ozon die Schleimhäute der Luftwege angreife.

gez. i. V. Dr. Heßberger, Geh. Oberfinanzrat.

Deutsche Bank, Filiale Hamburg.   30. 5. 13.

Von denjenigen der bei uns Beschäftigten, denen sich das Ozon bemerkbar machte, hören wir, daß, nachdem die Luft in dem betreffenden Raum schlecht geworden ist und stagniert, sie die Zuführung von Ozon als wohltuend empfinden und sich dadurch erfrischt fühlen. Die Betreffenden verzeichnen aber viele Tage, an denen — wohl infolge mangelhafter Verteilung in dem großen Schachtsystem — ein Ozongehalt in der Zimmerluft von ihnen vermißt wird. Zeitweise ist, bei zu starker Zuführung von Ozon, allerdings auch schon darüber geklagt worden, daß dies Unbehagen verursache.

Hotel Atlantic, Hamburg.   3. 6. 13.

Wir sind mit den Wirkungen der in unserem Hotel Atlantic in Betrieb befindlichen Ozonanlage durchaus zufrieden. Die Ozonisierung der Luft wird durchweg angenehm empfunden, unangenehme Gerüche werden eingedämmt und die durch Ozon hervorgerufene Auffrischung dumpfer Luft tritt deutlich wahrnehmbar in Erscheinung.

Dresdner Bank in Hamburg.   28. 5. 13.

Die bei uns eingerichtete Ozonanlage funktioniert zu unserer Zufriedenheit und die früher seitens unserer

Beamten in einzelnen Räumen unseres Bankgebäudes erhobenen Klagen wegen schlechter Luft sind verstummt, seitdem die Ozonisierung der Luft in diesen Lokalitäten erfolgt.

Es liegt noch eine Anzahl ähnlich lautender Gutachten und Meinungsäußerungen vor, deren Veröffentlichung an dieser Stelle zu weit führen dürfte.

Es folgen jetzt noch ein paar Berichte über die in Kühlhäusern gemachten Erfahrungen, die zum Teil das Gebiet der Konservierung berühren.

Direktor Klepp[1]) vom Schlachthof P o t s d a m , einer der besten Kenner des Ozonverfahrens, schreibt:

P o t s d a m , den 24. Juni 1913.

Die Ozonanlage befindet sich jetzt über 3 Jahre in den Kühlräumen im Betriebe. Während dieser Zeit hat sich nichts ereignet und ist nichts zur Beobachtung gelangt, was auf einen ungünstigen Einfluß des Ozons auf die in den Räumen verkehrenden Menschen schließen ließe. E s s i n d k e i n e r l e i K l a g e n l a u t g e w o r d e n . I m G e g e n t e i l w i r d v o n d e n G e w e r b e t r e i b e n d e n a l l s e i t i g d i e a u s - g e z e i c h n e t e W i r k u n g d e r O z o n a n l a g e a n e r k a n n t . Daß die Fleischerinnung auf die von anderen Innungen an Sie gerichteten Anfragen die Einrichtung von Ozonanlagen empfohlen hat, dürfte am besten die Zufriedenheit der Gewerbetreibenden mit der Anlage bekunden. Abgesehen von den auf der Dresdner Tagung bekannt gegebenen günstigen Versuchen über den Keimgehalt der Luft und über die ausgezeichnete

---

[1]) Direktor K l e p p hat in erster Linie dazu beigetragen, daß das Ozonverfahren für die Kühlhausbelüftung die große Bedeutung erlangt hat, die es heute besitzt. Über seine eingehenden, auf praktischer Grundlage gewonnenen Versuchsergebnisse hat er mehrfach der Öffentlichkeit berichtet. Besonders hingewiesen sei auf die Deutsche Schlacht- und Viehhof-Zeitung Nr. 3, Jahrg. 11, S. 473 bis 474.

Konservierung der finnigen Rinder, liegen nun noch die im letzten Jahre vorgenommenen Versuche vor über die Dauer der Konservierungsmöglichkeit.

Es folgt ein längerer Bericht, der an dieser Stelle nicht von großem Interesse ist.

Ähnlich äußert sich Schlachthof-Direktor H e i ß vom Schlachthof in S t r a u b i n g:

Was meine persönlichen Beobachtungen mit Ozon anlangt, so haben wir die Anlage seit 1911 im Betrieb und. sind damit ganz außerordentlich zufrieden. Gerade im vergangenen Herbst und Winter ist es uns mit Hilfe der Ozonisierung möglich gewesen, dänisches Fleisch bis zu 55 Tagen tadellos frisch aufzubewahren. Irgendwelche auftretenden stickigen Gerüche lassen sich durch einen Betrieb des Ozonisators von 5—10 Minuten sicher vertreiben. Solche treten in jeder Fleischkühlanlage nach Feiertagen auf, weil an diesen die Maschinen möglichst kurze Zeit im Betrieb sind.

Zum Schluß sollen Ihnen die Bilder ausgeführter Anlagen zeigen, wie hoch sich die Ozontechnik entwickelt hat. Denn vielfach ist leider noch die Ansicht verbreitet, es handle sich hierbei nur um einen überflüssigen Luxus und um eine technische Spielerei. Wäre das der Fall, meine Herren, dann hätten die betreffenden Firmen zweifellos nicht die Mühe aufgewandt, die tatsächlich, wie diese Bilder Ihnen zeigen werden, aufgewendet wurde.

Fig. 1 zeigt die bereits vor ca. 4 Jahren im Hotel Atlantic in Hamburg in das System der Lüftungsanlage eingebaute Gitterozonanlage. Die von einem Hofgarten unmittelbar bei einem Springbrunnen entnommene Frischluft wird mittels Koksfilter gereinigt und dann durch die Ozongitter hindurchgesaugt. Unter dem Einfluß der elektrischen Hochspannungs-Glimmentladung, die sich zwischen den Metall- und Glaselektroden vollzieht, wird ein Teil des Luftsauerstoffes zu Ozon umgewandelt. Es wird bei Anwendung dieses Verfahrens also die gesamte Frischluft durch den Ozonisator getrieben, jedoch nur ein sehr kleiner Teil derselben wirklich

ozonisiert. — Wenn es sich darum handelt, nicht ganz ein-
wandsfreie, z. B. mit Nebengerüchen angefüllte Frischluft
wirkungsvoll zu reinigen, dann ist dieses Verfahren der Ge-
samtozonisierung sehr vorteilhaft.

Die beschriebene Anlage ozonisiert pro Stunde etwa
30 000 cbm Luft, die hauptsächlich Restaurations- und

Fig. 1. In die Mischkammer eingebaute Gitter-Ozonisatoren, Hotel Atlantic, Hamburg.

Garderobenräumen zugeführt wird. Die Anlage ist vorzüglich regulierbar. Außer einem gewöhnlichen Regulierwiderstand, der die Spannung und somit auch die Ozonausbeute
leicht regeln läßt, sind noch Hochspannungsschalter vorgesehen, die es ermöglichen, während des Betriebes ein oder
mehrere Gitter auszuschalten, wodurch die Ozonmenge dann
leicht um 25,50 oder 75% reduziert werden kann. Außerdem

— 171 —

ist dann noch eine Klappenregulierung vorgesehen, die eine Verringerung der Ozonmenge durch Verringerung der Luftzufuhr möglich macht.

Fig. 2 zeigt die im Reichstag befindliche Ozonanlage. Diese ist jetzt 3 Jahre in Betrieb. Technisch ist sie von der

Fig. 2. Ozon-Station zur Ozonisierung von 200 000 m³ Luft pro Std. im Reichstagsgebäude zu Berlin.

vorher beschriebenen wesentlich unterschieden. Die Anlage ist eine sog. Ozonstation, d. h. Ozon wird in einem geschlossenen Apparat an einer Zentralstelle hergestellt, mit einem verhältnismäßig geringen Luftquantum gemischt, und diese relativ hochkonzentrierte Ozonluft mittels Hochdruckgebläse durch eine gering dimensionierte Rohrleitung hindurch zu den

Ventilatoren gefördert. Die Ozonluft tritt dort aus und mischt sich nun erst gründlich im Luftwirbel des Ventilators mit der gesamten, vom Ventilator geförderten Frischluft. Im Prinzip gleicht diese Anlage der vorher beschriebenen vollkommen. Ihre Wahl empfiehlt sich jedoch, wenn mehrere Frischluftventilatoren vorhanden sind und die Frischluft geruchfrei ist. Die zentrale Anordnung aller Apparate und Maschinen hat Vorzüge sowohl in bezug auf die Bedienung wie auch auf die Beobachtung. — Im Reichstagsgebäude zweigen von einem Rohrstrang drei Rohrleitungen ab. Eine davon geht zu den vier großen Hauptventilatoren, die alle Räume des Hauses, mit Ausnahme des Plenarsaales, belüften. Eine Rohrleitung führt zu den zwei Ventilatoren des Plenarsaales und eine dritte führt direkt zu den Luftkanälen des Restaurants. Das ist die vorher erwähnte Ozonzuführungsleitung, die auf Vorschlag von Geheimrat R i e t s c h e l noch nachträglich verlegt wurde, um eine z e i t w e i s e s t ä r k e r e Ozonisierung der Restauration zu ermöglichen.

Im Hintergrunde des Bildes befindet sich die Ozonanlage, bestehend aus zwei sog. technischen Ozonapparaten. In dem Schrank, auf dem die Ozonapparate ruhen, befindet sich der Transformator, der zur Erzeugung der Hochspannung dient. Der verschlossene Schrank und die Anordnung der Apparate gewähren ausreichend Schutz gegen zufällige oder unachtsame Berührung der Hochspannung führenden Teile. Die Höchstleistung eines jeden Apparates beträgt pro Stunde 10 g Ozon, das sind zusammen 20 g. Diese 20 g Ozon werden, wie bereits gesagt, mit einem geringen Luftquantum zu den Ventilatoren geführt, woselbst sie sich dann mit 200 000 cbm Luft mischen. Die höchst erreichbare Konzentration beträgt hier somit etwa 0,0001 g, also 0,1 mg pro 1 cbm Luft, bei 120 Volt Wechselstromspannung. Da zumeist nur mit 100 Volt gearbeitet wird, d ü r f t e d i e K o n z e n t r a t i o n u n b e s c h a d e t i h r e r g u t e n W i r k u n g n o c h e r h e b l i c h g e r i n g e r s e i n.

Zur Regulierung dient auch in diesem Falle hauptsächlich der Regulierwiderstand. Eine Hahnregulierung ist ebenfalls vorgesehen. Diese ermöglicht es, die jedem einzelnen

Ventilator zuzuführende, höher konzentrierte Ozonluft ge-
gebenenfalls zu verringern oder, wie das beim Restaurant
in den Morgenstunden geschieht, wesentlich zu erhöhen, um
in kurzer Zeit eine schnelle und kräftige Einwirkung auf die
dort vorhandenen Gerüche zu erzielen.

Fig. 3 stellt die Lüftungs- und Ozonanlage im Casino
Municipal von Deauville s. M. dar. Das Bild veranschaulicht den Ventilator nebst Verteilungsrohrleitungen sowie

3. Lüftungsanlage kombiniert mit Ozonisierungsanlage im Casino Municipal zu Deauville s. M.

den in einem schmiedeeisernen Gehäuse untergebrachten
Ozongenerator. Der Zentrifugalventilator saugt pro Stunde
20 000 cbm Luft an. Unmittelbar vor der Saugseite befindet sich der Ozonapparat, durch den somit die Frischluft hindurchgesaugt wird. Durch die verschiedenen, auf
dem Bilde sichtbaren Rohrleitungen wird die ozonisierte
Frischluft gut verteilt in die Räume gedrückt. Die Luft-
eintrittsstutzen münden in den Deckengesimsen, die mit
den notwendigen Luftaustrittsgittern versehen sind.

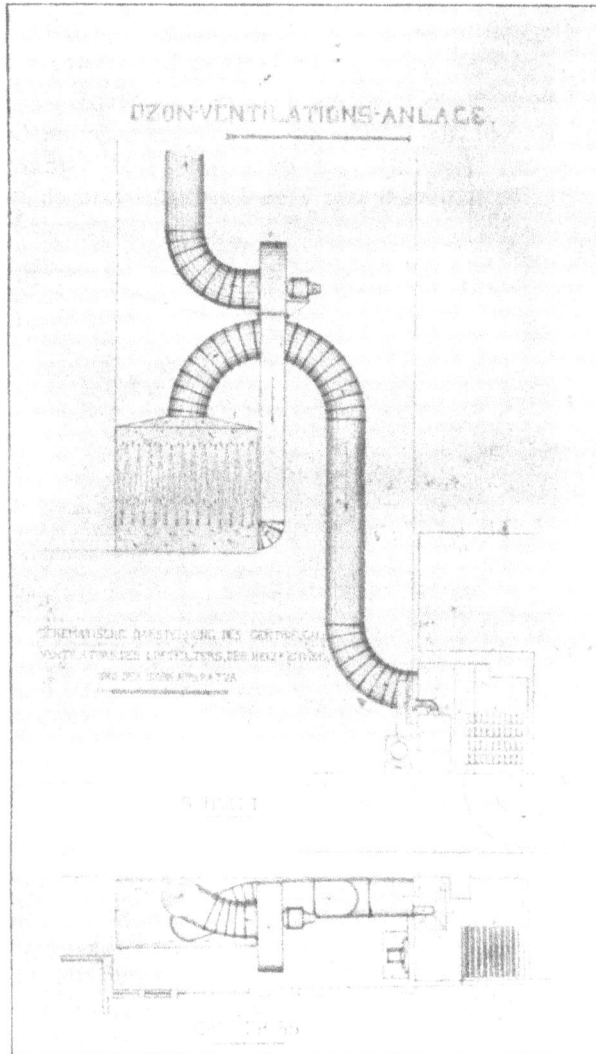

Fig. 4. Schematische Darstellung der Ozon-Lüftungsanlage im Gebäude des „Figaro“ zu Paris.

Da das Kasino nur im Sommer in Betrieb ist, wurde zur Kühlung der Luft ein Lamellenkalorifer vorgesehen, der so ausreichend berechnet ist, daß es möglich ist, die Luft bei

Fig. 5. Ozonanlage in einer Baumwollspinnerei.

einer Außentemperatur von 30⁰ mit 26⁰ C einzuführen. Der Lamellenkalorifer wird mit einer 80 mm weiten Druckwasserleitung gespeist. Der Wasserverbrauch zur Erreichung des obenerwähnten Effektes beträgt 7 bis 8 cbm pro Stunde, der Stromverbrauch für die Ozonisierung ist ca. 180 Watt stündlich.

Einschaltend sei hier bemerkt, daß ein äußerst geringer Stromverbrauch den Ozonanlagen jeglichen Systems eigen ist. Selbst bei sehr großen Anlagen mit einer Leistung von über 100000 cbm Luft sind die Kosten auf etwa 25 Pf. pro Tag berechnet worden. Andere Kosten entstehen überhaupt nicht, da weder für Zusatz noch Ersatz nennenswerte Aufwendungen zu machen sind. Die Bedienung ist eine sehr geringfügige Nebenarbeit des Heizerpersonals.

Fig. 6. Zuführung der Ozonluft zu einem Spinnereisaal.

Eine schematische Darstellung der im Gebäude der Pariser Zeitung »Le Figaro« befindlichen Ozonanlage, kombiniert mit Luftfilterung und Vorwärmung, gibt Fig. 4. Die gesamte Lüftungsmaschinerie ist hier in einem sehr engen Lichthofe untergebracht. Die Frischluft wird durch einen Zentrifugalventilator in Dachhöhe entnommen, durch ein Taschenfilter von Staub und Ruß gereinigt und nachher in die Ozonisierungs- und Vorwärmekammer eingeführt. Durch ein Rohrleitungssystem hindurch erfolgt die Verteilung in die einzelnen Räume des Gebäudes. Der Ventilator fördert stündlich 15 000 cbm Luft, die ozonisiert zugeführt werden.

Die Fig. 5 und 6 stellen zusammen eine in einer großen Spinnerei befindliche Ozonanlage dar. Der Ozonapparat selbst

Fig. 7. Ozonstation im Gebäude der Darmschleimerei auf dem Städtischen Schlachthof zu Berlin.

ist auf Fig. 5 im Hintergrunde sichtbar, während Fig. 6 die Verteilung der Ozonluft in dem Fabriksaal veranschaulicht.

Die Ozonstation in der vorher erwähnten Darmschleimerei des Berliner Schlachthofes gibt Fig. 7 wieder. Im

Hintergrunde links sieht man den Ozonapparat. Daneben
das Zentrifugalhochdruckgebläse und den Einankerumformer,
der zur Umwandlung des vorhandenen Gleichstromes in den
zur Ozonerzeugung notwendigen Wechselstrom dient. Im
Vordergrunde steht ein mit Chlorkalzium gefüllter Luft-
trockner, der mit einem Luftfilter kombiniert ist. Schalt-
tafel und Bedienungsapparate sind an der Wand rechts sichtbar. Eine sehr zweckmäßige Rohrleitung, deren verschiedene
Abzweige im Hintergrunde des Bildes zu sehen sind, dient
zur Verteilung der Ozonluft in den einzelnen Arbeitsräumen
der Anstalt. Zwei Rohrleitungen führen zu den unter Dach
befindlichen zwei Luftaustrittsschächten. Die dort entwei-
chende, sehr übelriechende Luft verbreitete, wie bereits erwähnt, früher in der Nachbarschaft einen unerträglichen
Geruch, so daß die Anwohner dauernd über diese Belästigung
klagten. Jetzt wird die schon in den Räumen durch Ozon-
beimischung erheblich verbesserte Luft, bevor sie über Dach
entweicht, mit hochkonzentrierter Ozonluft noch einmal
kräftig behandelt. Über den Erfolg konnte ich vorher schon
berichten:[1])

Ich bin nun am Schluß meiner Ausführungen angelangt.
Leider hat die Zeit nicht ausgereicht, das Thema erschöpfend

---

[1]) Anmerkung des Vortragenden. Daß, wie Geh. Rat
Rietschel bei Schluß der Cölner Tagung in seinem Rückblick
ausführte, die Besichtigung der Darmschleimerei auf dem Cölner
Schlachthof enttäuscht hat, ist nicht verwunderlich. Erstens
werden nur wenige der Herren vorher in ihrem Leben jemals
eine Darmschleimerei betreten haben; sie standen deshalb zunächst völlig unter dem Eindruck dieses keinesfalls angenehmen
Geruches. Zweitens hätte man die Herren zuerst vor und dann
etwa eine halbe Stunde später, nach der Ozoneinführung, in den
Raum führen sollen. Drittens aber, und das ist das wesentlichste,
war die ja zunächst nur provisorisch verlegte Ozonzuführungsleitung absolut unzulänglich und außerdem unzweckmäßig. Man
darf im übrigen auch nicht vergessen, daß man in einer Darmschleimerei niemals, weder durch Lüftung, noch durch Desodorisierung eine Boudoiratmosphäre schaffen wird. Es kann die Verbesserung immer nur durch den Vergleich von »vorher« und
»nachher« überzeugend festgestellt werden.

zu behandeln. Mögen Sie nun aus dem Vorgetragenen Ihre
Folgerungen ziehen. Eines werden Sie daraus ersehen haben,
daß die Ozon-Industrie nicht, wie ihr anscheinend zum Vorwurf
gemacht wird, nur im Interesse des Erwerbes unbedacht und
leichtsinnig eine Neuerung auf den Markt gebracht hat, über
deren Wert die Ansichten geteilt sind, s o n d e r n d a ß
s i e a n g e s i c h t s d e r p r a k t i s c h e n E r f o l g e u n d
d e r v i e l e n a n s i e e r g e h e n d e n A n f r a g e n
d u r c h a u s b e r e c h t i g t w a r , e i n V e r f a h r e n
z u p r o p a g i e r e n , d a s i h r g u t u n d n ü t z l i c h
e r s c h i e n . U n d a u f d i e s e m S t a n d p u n k t w i r d
d i e O z o n i n d u s t r i e m i t g u t e m G e w i s s e n v e r -
h a r r e n k ö n n e n .«

(Lebhafter Beifall.)

Vorsitzender Kommerzienrat U g é :

»Gestatten Sie mir auch Herrn von Kupffer unseren verbindlichsten Dank für die interessante Mitteilung auszusprechen.
Ich glaube zu einer Aussprache über die Referate ist die Zeit
leider zu spät geworden. Es dürfte sich vielleicht empfehlen,
daß die Herren, die an der Sache Interesse nehmen, ihre Meinungen in der Zeitschrift oder in einem Schriftwechsel aus-
tauschen. Es scheint mir doch der Fall zu sein, daß die Frage des
Ozons noch nicht geklärt ist.

Da keine Wortmeldungen vorliegen, schließe ich unter
nochmaligem Ausdruck verbindlichsten Dankes an die Vortragenden die heutige Versammlung.«

Besichtigungen.

Im Laufe des Nachmittags wurden unter Führung sachverständiger Herren des Ortsausschusses die H e i z u n g s -,
L ü f t u n g s - u n d K ü h l a n l a g e n d e s O p e r n -
h a u s e s und die A u s s t e l l u n g A l t - u n d N e u -
C ö l n besichtigt. Diese von der Stadt veranstaltete Darbie-
tung gibt ein gedrängtes übersichtliches Bild von dem
Werdegang der Stadt. In der historischen Abteilung wird
die Entwicklung Cölns von der Römerzeit an bis zum
Anfang des 20. Jahrhunderts anschaulich dargestellt. Eine

zweite Abteilung zeigt die moderne Großstadt mit ihrer rasch
gestiegenen Bevölkerung und weist auf die zahlreichen, nach
Umfang, Zahl, Anforderungen und Schwierigkeiten der Lösung
gesteigerten Aufgaben hin. Für die Kongreßteilnehmer waren
in dieser Abteilung die hygienischen und gesundheitstechnischen
Anlagen der Stadt von besonderem Interesse. Die Gas-,
Wasser- und Elektrizitätswerke der Stadt, ihre Schulen,
Krankenanstalten, hygienischen und medizinischen Institute,
die Anstalten der Armen-, Waisen-, Seuchen- und Obdach-
losenpflege boten in ihrer mustergültigen Darstellung ein reiches
Material zum Studium der Aufgaben, die an ein modernes Gemeinwesen gestellt werden, und der Einrichtungen und Maßnahmen ihrer Lösung.

Empfang durch die Städtischen Behörden im Gürzenich zu Cöln

am 26. Juni 1913.

Der Empfang fand in dem reich mit Palmen und Blumen
geschmückten Festsaale des Gürzenich statt. Herr Oberbürgermeister Wallraf und mehrere Beigeordnete mit ihren
Damen empfingen die Scharen der Gäste, die sich an den mit
Rosen und Nelken prächtig gezierten Tischen zu frohem Mahle
niederließen.

Der Oberbürgermeister der Stadt Cöln, Herr Wallraf,
brachte zunächst S. M. dem Kaiser, dem Schirmherrn und Mehrer der deutschen Arbeit, mit folgenden Worten ein dreifaches
begeistert aufgenommenes Hoch.

»Hochverehrte Anwesende! Das erste Glas in festlicher
Stunde gebührt dem Kaiser. Noch tönen in unseren Herzen
die Feierklänge nach von der herrlichen Feier des 25-jährigen
Regierungs-Jubiläums Seiner Majestät, die in allen deutschen
Gauen erschallten. Aber dauernder als diese Feierklänge
bleibt die Verehrung, der sie millionenstimmig Ausdruck
gaben, bleibt die Verehrung für den Mann auf hoher Warte,
der ein Schirmherr und Mehrer der deutschen Arbeit ge-

wesen ist und dessen Zepter den Frieden allen Freunden
dieser Arbeit und dem Reiche bringt.

Seine Majestät, unser allergnädigster Kaiser und König,
lebe hoch! hoch! hoch!« (Nationalhymne.)

Sodann begrüßte er die Versammlung mit folgender
Ansprache:

»Meine sehr verehrten Damen und Herren!

Führenden Männern auf dem Gebiete der Technik, die
bedeutsam ist für die Gesundheit und das Behagen der
Menschen, hat heute der Vater Gürzenich seine Pforten erschlossen, und die Hausherrin in diesen ehrwürdigen Räumen,
die Stadt Cöln, heißt durch meinen Mund Sie alle als liebe
und verehrte Gäste von Herzen willkommen! Wir danken
Ihnen, daß Sie Cöln zur Sitzung des IX. Kongresses erwählt
haben, wir danken Ihnen, daß Sie in so stattlicher Zahl,
gerade groß genug, daß der alte Gürzenich sie noch fassen
kann, daß Sie in so stattlicher Zahl unserem Rufe auch an
diese Stätte gefolgt sind, und wir danken insbesondere, daß
Sie hier erschienen sind in Gegenwart Ihrer Damen; denn
erstens betrachten wir das als ein freundliches Zeichen dafür, daß der alte Rhein und die alte Domstadt Cöln ihre
Anziehungskraft noch nicht verloren haben. Zweitens aber
haben Sie damit dieser Tafel einen Schmuck geschaffen,
der durch kein Edelmetall und durch keine Blumen ersetzt
werden kann. (Lebhaftes Bravo.) Zur besonderen Freude
gereicht es der Stadt Cöln, daß unter den ersten Sachverständigen des Kongresses zwei Männer — zu meiner Rechten
und zu meiner Linken sitzend — hier Einzug gehalten haben,
die seit nunmehr 30 Jahren im Vordergrunde der von Ihnen
vertretenen Bestrebungen stehen. Ich habe heute in den
Blättern Ihres Kongresses nachgelesen. Ausgangspunkt Ihrer
Bestrebungen war ja die lange hinter uns liegende Zeit, da
in Berlin der Kongreß für Hygiene und Rettungswesen tagte.
Zwischen diesem ersten Anfang und der gewaltigen Heerschau der Hygiene in Dresden war es ein langer Weg, ein
Weg mühevoller Arbeit, aber auch ein Weg frohen Gelingens.
Und wenn heute, wie die geschäftigen Blätter mir schon

gemeldet — leider konnte ich es aus Gründen besonderer
Pflichten nicht persönlich hören — wenn heute Ihr verehrter
Herr Ehrenvorsitzender Geheimer Regierungsrat, Professor
Dr. Ing. Rietschel, die Mahnung an Sie gerichtet hat, nicht
allzusehr der errungenen Lorbeern sich zu freuen, sondern
weiter zu streben auf diesem Wege empor, so wird er mir
Recht geben, daß man bei festlichem Mahle auch Freunden
der Arbeit dankbar gedenken kann. Daß die Stadt Cöln
der Technik ihre volle Schätzung zollt, mögen Sie gütigst
aus der Tatsache ersehen, daß die Oberleitung der Verwaltung dieser Stadt außer mir 13 Beigeordneten anvertraut
ist, von denen 5 Herren den verschiedensten Gebieten der
Technik entnommen sind. (Bravo.) Und wie groß gerade die
wirtschaftliche Tragweite Ihrer Bestrebungen für die Stadt
Cöln ist, das mögen Ihnen wenige Zahlen aus dem Geschäfts-
bereiche meines verehrten Herrn Mitarbeiters, des Herrn Bau-
inspektors Meyer, bekunden. Im Jahre 1912 hat die Stadt
Cöln verbaut an Heizungs-und Lüftungsanlagen 230 000 M.;
damals zum Schlusse des Jahres waren im Bau Anlagen
im Werte von 150 000 M. und fertig liegende Projekte, die
einen Kostenaufwand erfordern von insgesamt einer halben
Million Mark. Da, muß ich sagen, gereicht mir als verant-
wortungsvollem Leiter der Stadt ein Gedanke zur freudigen
Genugtuung, daß ich den Vorzug habe, Ehrenpräsident
Ihres Kongresses zu sein. Ich habe heute meinen Platz
zwischen den beiden Vorkämpfern Ihrer Bestrebungen wählen dürfen, und aus dieser Tatsache leite ich die leise Hoffnung her, daß doch aus dieser Nachbarschaft und diesem
Zusammensprechen auch so eine Art geistige Heizung für
meinen Verstand komme (lebhafte Heiterkeit), und daß etwas von all der Weisheit mir eigen werde, wie der Gürze-
nichsaal voll ist von traulicher Anmut. Meine verehrten
Damen und Herren! Wir heißen Sie alle, die Sie von fern
und nah gekommen sind, aufs herzlichste willkommen. Daß
Ihre Beratungen in unserer Stadt gedeihen mögen, ist unser
aufrichtigster Wunsch. Die Zusammensetzung des Kongresses gibt ja wieder das friedliche Bild, das wir in diesem
Jahre des Friedenskongresses beobachten konnten: Fried-

liches Schaffen und doch heißer Wettbewerb der Kultur-
Nationen auf allen Gebieten der geistigen Arbeit. Daß Ihre
Arbeit in Cöln gut gedeihen, und daß Sie nach den Stunden
der Mühen auch ein Stück rheinischer Gastfreundschaft bei
uns verspüren, das ist der Wunsch und die Hoffnung,
mit der ich die Cölner Herren bitte ihre Gläser erklingen
zu lassen unter dem Rufe: Unsere verehrten Gäste, sie leben
hoch, hoch, hoch!« (Lebhafter, langanhaltender Beifall).

Im Namen des geschäftsführenden Ausschusses und der Fest-
teilnehmer dankte Herr Ministerialrat Freiherr von Schacky
auf Schönfeld, München, mit folgenden Worten:

»Meine hochverehrten Damen und Herren! Hochverehrter
Herr Oberbürgermeister! Als die Kunde in unsere Kreise
drang, daß unser Kongreß hier in Cöln stattfinden würde,
fand diese Nachricht allgemein freudigen Widerhall. Es ist
auch natürlich, der Rhein und die altehrwürdige Stadt Cöln
haben eine Anziehungskraft, der niemand zu widerstehen
vermag. Die Bewohner Cölns genießen den Ruf freundlicher,
liebenswürdiger Menschen. Gerne sind wir hierher gekommen, gerne genießen wir Ihre Gastfreundschaft. Wir haben
das auch dadurch gezeigt, daß wir in hellen Scharen erschienen sind. Wir sind uns auch bewußt, daß wir in Cöln
willkommen sind. Wir haben es beim ersten Betreten dieses
Saales und auch heute früh vernommen und alle Anzeichen
sprechen dafür, daß wir gern gesehene Gäste sind. Für den
freundlichen Willkommen, den die Stadt Cöln durch den
Mund ihres Herrn Oberbürgermeisters uns gewidmet hat,
spreche ich im Namen der Kongreßteilnehmer den aufrich-
tigsten und herzlichsten Dank aus. (Lebhaftes Bravo.) Ich
lade die Kongreßteilnehmer ein, mit mir einzustimmen in den
Ruf: Die Stadt Cöln, ihre Stadtverwaltung, sie leben hoch!
hoch! hoch!« (Lebhafter Beifall.)

In froher Stimmung, erzeugt durch die heiteren Klänge
des Festorchesters und durch die reichbesetzte Tafel, verlief
der Abend, der den vielen Hunderten von Teilnehmern ein
anregendes Bild rheinischen Frohsinns und rechtkölnischer
Gastlichkeit bot.

Besichtigungen
am Freitag, den 27. Juni

Unter sachverständiger Führung wurden am Vormittag besichtigt:

die Kühl- und Gefrieranlagen der Hauptmarkthalle;

die Heizungs- und anderen sanitären Anlagen der Kranken-anstalt Lindenburg;

die technischen Anlagen des Kaufhauses Karl Peters;

die Heizungs- und Lüftungsanlage sowie das Schul- und Volksbad der Volksschule in der Zülpicherstraße 104;

die Ozonbelüftung und Kühlanlagen im städtischen Schlachthof.

Am Nachmittag erfolgte die Besichtigung der Maschinen-bauanstalt Humboldt in Kalk bei Cöln. Der Generaldirektor Herr Bergrat Zörner empfing die Besucher und erläuterte die Anordnung der großen Fabrik, die dann in mehreren Gruppen unter Führung von Ingenieuren der Anstalt durchwandert wurde.

Das Festmahl.

Am Abend des 27. Juni versammelten sich die Kongreß-teilnehmer zum Festessen im Zoologischen Garten zu Cöln.

Im großen reichgeschmückten Festsaale des Zoologischen Gartens vereinigten sich 700 Herren und Damen zu frohem Mahle. Freude und kollegiale Freundlichkeit herrschten in dem großen Kreise. Das vortreffliche Mahl, die unter Leitung des Kgl. Musikdirektors Herrn W. Beez ausgezeichnet ausge-führten Musikstücke der Kapelle des 16. Infanterie-Regiments, zwei Lieder zum Preise des Kongresses und zum Lob der Damen, gedichtet von Herrn Bauingenieur H. Blaesen und Herrn A. Bartscherer, erhöhten die festliche Stimmung. Mit einem fröhlichen Tanz fand das glänzende Fest seinen Abschluß.

Die erste Rede hielt in Vertretung des Ehrenpräsidenten des Kongresses Herr Laué, Beigeordneter der Stadt Cöln:

»Meine hochverehrten Damen und Herren! Die Ehre, die Sie der Stadt Cöln erwiesen haben dadurch, daß Sie beschlossen den Kongreß in diesem Jahre bei uns, am schönen alten deutschen Rhein abzuhalten, hat bei uns Cölnern und selbstverständlich auch auf dem Rathause die höchste Freude hervorgerufen. Gestern hat Ihnen Herr Oberbürgermeister Wallraf schon seinen herzlichsten Dank dafür ausgesprochen; er hat mich gebeten, ihn heute zu vertreten, und ich möchte den Dank noch vertiefen und erneuern und nochmals namens der Stadt Cöln überbringen. Wenn Sie, meine Herren, mitwirken an der Gesundung unserer immer wachsenden Großstädte, wenn Sie mitwirken ein stolzes deutsches Geschlecht zu erziehen, dann wirken Sie auch ästhetisch und symbolisch mit auf die Verdrängung alles Häßlichen, was im Leben den Menschen bedroht. Wir in den Großstädten besonders haben Wärme nötig, Wärme der gegenseitigen Empfindungen, Mitempfinden der Schäden und Leiden der Mitbürger und warmes Empfinden für das Glück unserer Mitbürger. Auch wir benötigen eine frische und freie Luft auf unseren Verwaltungsbureaus, und so weisen Sie uns durch Ihre technischen Symbole die Gedanken einer freien Selbstverwaltung der Stadt. Wenn Sie sich versammelt haben in diesem Jahre hier in der Westmark, hier wo Jahrhunderte hindurch Völker und Geschlechter daher gewandert sind, hier wo der Rhein auf das Meer weist, hier wo England, Holland, Dänemark, Schweden und Norwegen ihre Schiffe vor unseren Toren verladen, da, wo Sie mit uns empfinden, das stolze Gefühl, daß wir sagen können, ich bin ein Deutscher. Darin liegt nicht nur der Stolz, sondern auch die Beschaffenheit unserer Nation, die sich Luft machen muß in Expansionen, darin liegen ihre wirtschaftlichen und kulturellen Fragen. Auch wenn wir aufblicken zur Spitze unserer Nation, zu dem Manne, der unsere Nation verkörpert, zum deutschen Kaiser, dann tuen wir das — so verschiedenen Sinnes wir im einzelnen auch sein können — in der Zusammenfassung der Größe des Gedankens »daß Deutschland, Deutschland über alles« uns alles ist, ganz gleich, welcher Partei wir sind. Und wie im deutschen Reiche sich die Republiken der Hansastädte mit den Fürsten die Hände reichen, so reichen wir deutschen Männer und Frauen uns die Hände in der stolzen Freude der Herrlichkeit des Reiches und der Herrlichkeit des Rheines, deren symbolischer Vertreter unser Kaiser ist. Am deutschen Gestade unseres stolzen Rheins wollen wir heute das Fest beginnen mit dem Rufe: Seine Majestät, unser allergnädigster Kaiser und König, lebe hoch! hoch! hoch!« (Nationalhymne.)

An zweiter Stelle sprach Geheimer Reg. Rat Prof. Dr. Hartmann:

»Meine verehrten Damen und Herren! Vor Jahren ist durch die Lande gegangen das geflügelte Wort: »Der Cölner Dom, der Cölner Rhein und der Cölner Karneval, da geht nichts drüber!« Den Stolz, der aus diesem Lehrsatz spricht, können wir jetzt verstehen, nachdem wir einige Tage in der wunderschönen Stadt am Rhein verweilt haben.

Wir befinden uns in dem Zauberbanne, den eine glorreiche Vergangenheit und die großzügige Entwicklung der modernen Stadt auf uns ausüben.

Vor fast 2000 Jahren stand hier der Altar der Ubier errichtet. Heute bewundern wir den Dom, das herrlichste kirchliche Baudenkmal des Deutschen Reiches. In dieser langen Zeit hat Cöln manche tiefgreifende Schicksalswandlungen erfahren. Als wir gestern durch die Ausstellung Alt- und Neu-Cöln gewandert sind, haben wir manchen Einblick in die Entwicklung der Stadt getan, die in den letzten Jahren einen so beispiellosen Aufschwung genommen hat. Eine Eigenart ist hier entstanden, die wir voll würdigen und anerkennen. Altkölnischer Handelsgeist gepaart mit lebhafter Pflege von Kunst und Wissenschaft, stolze Patriziergeschlechter, königliche Kaufleute vereint mit einer selbstbewußten Bürgerschaft in unübertrefflichem Gemeinsinn, froher Wagemut zusammen mit einer frischen Lebensauffassung, alle diese Momente schufen in ihrem Zusammenwirken ein Gemeinwesen, das wir bewundern und das in seiner Entwicklung sich zweifellos zur Weltstadt ausgestalten wird.

Meine verehrten Damen und Herren! Die Herrschaften, die zum ersten Male nach Cöln gekommen sind, werden natürlich in der kurzen Zeit des Hierseins nur die Hauptzüge dieses charakteristischen und charaktervollen Gemeinwesens erkennen können. Aber diejenigen, die wie ich Cöln seit vielen Jahren kennen, die darin gelebt und — ich will nicht sagen geliebt — (große Heiterkeit) aber immerhin manche schöne Stunde verlebt haben, die werden es mir nachempfinden, wenn ich sage, die Entwicklung Cölns ist ein wahres Wunder. Vor 30 Jahren war Cöln noch eingezwängt in einen engen Festungsgürtel. Alles drängte nach freier Entfaltung der Kräfte, der Zwang fiel und aus der engbegrenzten Stadt wurde eine Gemeinde von heute über 600 000 Seelen, mit einem Etat, der, wie mir gestern versichert wurde, größer ist als der der Stadt Berlin. In dieser Stadt hat sich eine mächtige Industrie entwickelt, ein weitschauender Handel ist emporgeblüht, großartige Pflegestätten für Kunst und Wissenschaft sind geschaffen worden. Das konnte nur geschehen unter einer großzügigen Verwaltung. Als wir gestern die glänzende Rede des Herrn Oberbürgermeisters Wallraf hörten, da wurde uns klar, hier waltet ein frischer Geist, der die Bedürfnisse des modernen Gemeindelebens erfaßt hat und ihm weitgehende Förderung angedeihen läßt. Dem Herrn Oberbürgermeister steht zur Seite ein Rat von Beigeordneten, von denen wir heute einige unter uns zu sehen die große Ehre haben. Wir danken diesen hochverehrten Herren herzlichst, daß Sie unserer Einladung gefolgt sind, denn dadurch haben wir Gelegenheit, ihnen nochmal zu sagen, wie sie uns gestern durch den herzlichen Empfang im alten Gürzenich erfreut haben. (Lebhaftes Bravo.) Meine verehrten Damen und Herren! Wir wünschen der Stadt Cöln und ihrer Bürgerschaft, daß sie allezeit blühen und gedeihen möge. Ich bitte Sie unserem Wunsche Ausdruck zu geben durch ein dreifaches Hoch auf die Stadt Cöln und unsere werten Ehrengäste, sie leben hoch!«

Herr Bürgermeister Dr. Kretzschmar, Dresden, feierte die Damen, die in großer Zahl erschienen waren:

»Meine hochverehrten Damen und Herren! Als ich vor zwei Jahren in Dresden die große Freude und die hohe Ehre hatte, die hochverehrten Herrschaften im Namen der Stadt

Dresden willkommen zu heißen, da habe ich mir nichts davon träumen lassen, daß mir das Glück und die Freude beschieden sein würde, an dieser Tagung Ihres Kongresses wieder teilzunehmen. Ich verdanke das in erster Linie dem Umstande, daß Ihr geschäftsführender Ausschuß es für gut befunden hat, mich in seine Mitte zu berufen. (Lebhaftes Bravo.) Mir ist damit eine Auszeichnung zuteil geworden, für die ich an dieser Stelle auch nochmals danken möchte.

Stolz und Freude erfüllt mich in dem Gedanken, daß es mir auf diese Weise beschieden ist, mit Ihnen allen und insbesondere mit den vortrefflichen Männern, die an der Spitze Ihres Kongresses stehen, in nähere Fühlung zu kommen. Und ich bin, wie ich versichern darf, gern bereit meine schwache Kraft in den Dienst Ihrer Bestrebungen zu stellen, von denen wir ja wissen, daß Sie in erster Linie der Förderung des Gemeinwohls dienen, also ganz innerhalb des Rahmens meiner eigentlichen sonstigen Amtspflichten liegen.

Wenn ich mir nun die Frage vorlege, worin besteht denn eigentlich die so außerordentlich wachsende Anziehungskraft unseres Kongresses, so komme ich zu dem Schlusse: sie beruht nicht nur darin, daß sich die ersten Autoritäten auf dem Gebiete der Heizungs- und Lüftungs-Technik und Wissenschaft in diesem Kongresse zusammenschließen, sie ist auch nicht bloß darin begründet, daß die internationalen Kräfte sich in diesem Verbande zu einem gedeihlichen Wettbewerbe vereinigen. Die geheimnisvolle Kraft dieser Anziehung liegt in einer ganz anderen Ursache. Schauen Sie sich um in diesem Saale! Sind Sie nicht erfüllt von Lenzesjubel und Lenzeswonne, von Frühlingslust und Frühlingssonne, wenn Sie sehen, welche Schönheit und Anmut, welcher Liebreiz und Schmelz sich verkörpert in den Damen unseres Kongresses. (Lebhaftes Bravo.) Ich hoffe, meine hochverehrten Herren, daß ich begeisterten Widerhall finde, wenn ich Sie bitte, mit mir das Glas zu erheben und auszurufen: Unsere Damen, sie leben hoch, hoch, hoch!«

(Die Herren stimmen begeistert in das Hoch ein.)

Darauf nahm Geheimer Regierungsrat Professor Dr. Ing. Rietschel das Wort zu folgender Ansprache:

»Meine hochverehrten Damen und Herren! Es ist ein
schöner Brauch, daß bei einer Festtafel den Schluß aller
Tischreden der Damentoast bildet, und unser verehrter Herr
Vorsitzender, Senatspräsident Dr. Hartmann hat auch verfügt, daß nach dem Damentoast niemand mehr reden solle.
Sehen Sie nur sein erstauntes Gesicht darüber, daß ich trotzdem das Wort ergreife! Jch fühle mich etwas in Verlegen-
heit ihm gegenüber, aber ich will ihm Aufklärung geben,
warum ich das Wort ergreife. Also mein hochverehrter Herr
Präsident, Herr Geheimrat, Herr Professor, Dr. Ing. usw..
fort mit den Titeln und Redensarten. Mein lieber verehrter
Freund, gestatte, daß ich Dich auch an dieser Tafelrunde
mit dem vertrauten und lieben »Du« anrede, und laß Dir
sagen, daß ich heute Deine Anordnung durchbreche, weil ein
formeller Beschluß, ein einstimmiger Beschluß der gestrigen
Versammlung vorliegt, der aus gleichen freundschaftlichen
und verehrungsvollen Gefühlen gefaßt worden ist. (Lebhaftes
Bravo.) Unsere Kongresse haben sich immer herzlicher gestaltet, sie haben uns Anerkennung gebracht, sie haben
unsere Technik, Wissenschaft und Praxis in immer weitere
Kreise der Anerkennung geführt, sie haben glanzvolle Erfolge
erzeugt, unsere Kongresse haben auf alle Fälle unser ganzes
Gebiet gehoben. Du, mein verehrter Freund, Du hast uns
Jahre hindurch geführt in unbeschreiblicher Weise, Du hast
durch Deine Tätigkeit die Kongresse zu Glanz und Ehren
gebracht, Du hast alle die Mühen und Sorgen, die ein Kongreß verursacht, um ihn zur glänzenden Durchführung zu
bringen, mit Kraft und Mühe auf deine Schultern genommen.
Die gestrige Versammlung hat beschlossen, Dir den Dank,
den sie immer im Herzen trägt, auch durch ein äußeres
Zeichen zum Ausdruck zu bringen. Wie wir gewöhnt sind,
immer zu Dir empor zu sehen, so wünschen wir, daß in
Zukunft alle, die Dein Haus betreten, zu aller Zeit zu Dir
empor sehen sollen. Das verlangen wir aber nicht nur von
denen, die Dein Haus betreten, sondern auch von denen, die
darin sind, von Deiner Frau Gemahlin. (Lebhaftes Bravo
und Heiterkeit). Und nicht allein diese sondern auch Du
selbst sollst zu Dir empor sehen. (Heiterkeit). Und so

bitten wir Dich ein Bild von Dir, von Künstlerhand gemalt, stiften zu dürfen, und bitten Dich und laden Dich ein, dem Künstler die Sitzungen zu gewähren, nach denen wir Dich dann aufhängen können. (Lebhafte Heiterkeit). Und wenn ich Dir jetzt die Hand über den Tisch reiche, danke ich Dir im Namen der Versammlung (lebhaftes Bravo) von ganzem Herzen für alles, was Du bisher für uns getan, und wie ich Dich bitte uns in gleicher Weise weiter zu führen, so bitte ich Sie alle, meine verehrten Damen und Herren, das Glas zur Hand zu nehmen, sich von den Sitzen zu erheben und mit mir auszurufen: Unser I. Vorsitzender, Herr Senatspräsident Dr. Ing. Hartmann lebe hoch, hoch, hoch!« (Andauernde Ovationen.)

Senatspräsident Professor Dr. Ing. Hartmann dankte mit folgenden Worten:

»Meine hochverehrten Damen und Herren! Ich bin sonst nicht um Worte verlegen, aber vielleicht fühlen Sie es mir nach, wenn ich sage, daß es mir jetzt schwer ist, Worte zu finden, wie ich sie gern sprechen möchte. Ich dachte, daß, nachdem ich Cöln gefeiert hatte, was mir ein Herzensbedürfnis war, da ich 5 Jahre in der Nähe von Cöln gelebt habe und Cöln liebgewonnen hatte, auch als Mitglied der Großen Karnevals - Gesellschaft, ich dachte, dass ich nun in Ruhe mich an dem vortrefflichen Festessen laben könne.

Nun kommt mein hochverehrter Freund Rietschel mit dieser großen Ehrung, die mich ohne jede Vorahnung in höchstem Maße überrascht. Ich danke Dir, hochverehrter Freund, innigst für die lieben Worte, die Du mir soeben gewidmet hast. Ich habe ja gewiß Arbeit mit den Kongressen und bin in den Wochen vor ihnen ein geplagter Mensch. Aber das ist doch kein Grund, um mir eine solche wunderbare Ehrung zu bereiten. Ich glaube, ich muß da etwas tiefer gehen, in die Herzen hineinsehen und da glaube ich doch annehmen zu dürfen, daß der persönliche Verkehr, der für mich durch diese Kongresse seit 17 Jahren entstand, vielleicht die Ursache dieser Ehrung ist. Der persönliche Verkehr, der mich vielen von Ihnen näher gebracht hat, ist mir Herzensbedürfnis und volle Entschädigung dafür, daß ich mich einige

Zeit für Sie zu plagen habe. Wenn Sie nun trotzdem die
Güte haben wollen, mir meine Mühewaltung in so hohem
Maße zu vergelten, so darf ich Sie versichern, daß ich diese
hohe Ehre voll würdige und Ihnen herzlichst dankbar dafür
bin, allerdings mit dem Gefühl, daß ich sie nicht verdient
habe. Denn wenn der Kongreß für Heizung und Lüftung
sich so gut entwickelt hat, so kann das niemals das Verdienst
eines einzelnen sein. Dazu gehört das verständnisvolle Zusammenwirken einer großen Zahl von Persönlichkeiten, die
den verschiedenen Kreisen des Heizungs- und Lüftungswesens
entstammen. Der geschäftsführende Ausschuß arbeitet eben
in einer so verständnisvollen Zusammenwirkung, daß ich nur
sagen kann, ohne dieses herzliche Einvernehmen wäre die
Vorbereitung und Durchführung eines solchen Kongresses
nicht möglich.

Meine Herren! Ich glaube, Sie werden Ihren Dank daher
erweitern müssen, nämlich auf den ganzen geschäftsführenden
Ausschuß, der mit mir seit 17 Jahren zusammen arbeitet.
Vor 17 Jahren waren wir in Berlin auf unserer ersten Versammlung etwa 100 Personen. Von den Wenigen, die damals diese erste Zusammenkunft vorbereiteten, ist nur noch
einer hier, Herr Geheimrat Harder. (Lebhaftes Bravo.)
Manche haben wir verloren, an ihre Stelle sind andere getreten, alle gleich beseelt von dem festen Willen, unsere Kongresse so zu gestalten und weiter auszubauen, daß sie unserem
Spezialfach Segen und Nutzen bringen. Ich bitte Sie daher,
diesen Herren vom geschäftsführenden Ausschusse den ihnen
in vollem Maße für ihre Aufopferung gebührenden Dank
darzubringen in einem kräftigen Hoch. Die Mitglieder des
geschäftsführenden Ausschusses und ihr Ehrenvorsitzender
leben hoch! hoch! hoch!«

Stadtbaurat Beraneck, Wien: »Meine hochverehrten
Damen und Herren! Gestatten Sie mir bitte eine persönliche
Bemerkung. Ich als Wiener vergleiche unsre Kongreßver-
sammlung immer mehr und mehr mit unserem Lande Österreich, wo so viele Nationen zusammen wohnen. Wir finden
auch hier Vertreter der verschiedensten Staaten, von England,
Frankreich, Schweden, Norwegen, Dänemark, Österreich usw.

Und so frage ich mich, warum kommen denn die Damen und Herren? Wegen der Festgelage, daran zweifele ich, so vorzüglich sie auch sind. Ich kann mir nur vorstellen, daß diese Herrschaften kommen wegen der Wissenschaft und auf diese Wissenschaft spreche ich meinen Spruch: Die Wissenschaft, sie blühe, wachse und gedeihe, sie lebe hoch! hoch! hoch!« (Lebhaftes Bravo.)

II. Kongreß-Sitzung
im Saale der Lesegesellschaft
Sonnabend den 28. Juni 1913.

Ministerialrat Freiherr v o n S c h a c k y a u f S c h ö n - f e l d als Vorsitzender eröffnete die Sitzung:

»Sehr geehrte Herren, ehe wir zu dem ersten Vortrag der heutigen Tagesordnung übergehen, habe ich noch mitzuteilen, daß bei dem Vortrag über die praktische Wirkung des Ozons bei Lüftung eine Diskussion unterbleiben mußte, weil die Zeit zu weit vorgeschritten war. Sollte jemand der Herren wünschen, heute auf Punkte dieses Vortrages zurückzukommen? (Zuruf: Nein). Wenn nicht, werden wir zur Tagesordnung übergehen. Ich darf dann Herrn Professor Dr. B r a b b é e bitten, seinen Vortrag über die W i d e r s t ä n d e d e r W a r m w a s s e r h e i z u n g zu halten.«

IV. Vortrag.
Die Widerstände in Warmwasserheizungen [1]).
Von Dr. techn. **Karl Brabbée,**
Professor an der Kgl. Technischen Hochschule zu Berlin.
(Hierzu die Tafeln I bis VIII.)

Etwa 3 Jahre sind vergangen, seit wir einer Anordnung Geheimrats Dr. R i e t s c h e l folgend, Forschungsarbeiten

---

[1]) Der Vortrag ist ein Referat über die im Heft 5 der »Mitteilungen« der Prüfungsanstalt für Heizungs- und Lüftungseinrichtungen veröffentlichte Forschungsarbeit »Reibungs- und Einzelwiderstände in Warmwasserheizungen« (Heft 1 der Beihefte zum Gesundheits-Ingenieur, Reihe 1).

über die Größe der Reibungs- und Einzelwiderstände in Warmwasserheizungen aufgenommen haben. Während dieser Zeit
sind von verschiedenen Seiten Mitteilungen darüber verbreitet
worden, daß derartige Untersuchungen überflüssig und wert-
los seien, denn die Frage der Reibung erscheine endgültig
gelöst, und die bisher benutzten Werte der Einzelwiderstände
seien ausreichend. Solche Behauptungen wiegen um so schwerer,
als die durch harte Konkurrenzkämpfe schwer belastete Industrie selten Zeit findet, zwischen Schein und Wahrheit
strenge prüfend zu entscheiden.

Ich will nun versuchen, in einer kurzen Spanne Zeit den
Gang und die Ergebnisse unserer mehrjährigen Forschungsarbeiten in großen Zügen so zu entwickeln, daß ein Urteil
darüber möglich wird, ob unsere Studien überflüssig und
zwecklos waren oder aber ob sie Neues und Brauchbares
schaffen konnten.

I. Reibungswiderstände.

A. Untersuchung von Muffenrohren bei
Verwendung kalten Wassers (im Mittel
15⁰ C).

Zur Untersuchung wurden Verbandsrohre von 14 bis 49 mm
l. W. benutzt. Die Rohre, die 6 verschiedenen Werken entstamm-
ten, waren uns teils von Heizungsfirmen in dankenswerter
Weise zur Verfügung gestellt worden, teils hatten wir sie von
Rohrlieferanten direkt bezogen. Die Versuchsanordnung
zeigt Fig. 1 (Tafel I), in der zunächst ein größerer Wasserbehälter ersichtlich ist. In ihm befanden sich Dampf-
schlangen, die das Wasser auf beliebige Temperatur erwärmen konnten, wobei zwei elektrisch angetriebene Rühr-
werke für die Erzielung gleichmäßiger Wassertemperaturen
sorgten. Das Wasser floß durch die Leitung c dem Meßrohr b
zu, das durch Muffen h und i mit der Anordnung in Verbindung gebracht wurde. Die Muffen waren sorgfältig so
hergerichtet worden, daß die Rohre in der Muffe stumpf und
mit genau gleichem Durchmesser aneinander stießen. In der
Entfernung von 300 bis 500 mm von den Muffen wurden

die Rohre angebohrt und über die von den Enden aus sorgfältig abgeglätteten Bohrlöcher Rohrschellen nach Art der
Fig. 2 aufgesetzt, an die die Meßleitungen q und r angeschlossen waren. Diese führten zu zwei Entlüftungsleitungen k und l,
von denen ein Verteiler abzweigte, der die Verbindung mit
3 Manometern herstellte. Das mittlere derselben zeigte den
Ausschlag unmittelbar in mm/WS., das rechte vergrößerte
den Ausschlag unter Verwendung von Petroleum auf das
4,5 fache, während das linke Manometer, das Quecksilber
enthielt, den Ausschlag 12,5 fach verkleinerte.

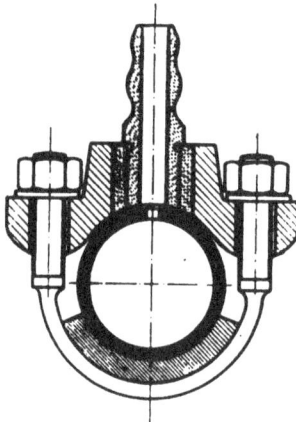

Fig. 2. Anbohrschelle mit Meßstutzen.

Zur Ausschaltung jedes Temperatureinflusses waren die
Meßstrecken und Meßleitungen auf bestimmte Längen genau
horizontal ausgerichtet worden. Die Rohrdurchmesser wurden
durch Abwägen der leeren und mit Wasser gefüllten Rohre
bestimmt, die Ablesung der Wassertemperaturen erfolgte an
geeichten Thermometern, die Messung des Druckes geschah
mittels der vorbeschriebenen Manometer und zur Ermittlung
der Wassergeschwindigkeiten standen geeichte Wagen verschiedener Empfindlichkeit in Verwendung.

Wir sind heute in der Lage, Wassergeschwindigkeiten
auch noch anders zu messen, und Fig. 3a zeigt drei von meinen
Assistenten, den Herren Dr. W i e r z und Dr. B r a d t k e ,

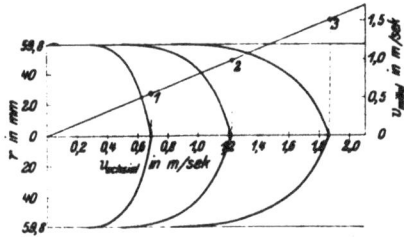

Fig. 3a. Geschwindigkeitsverteilungen in einer Wasserleitung.

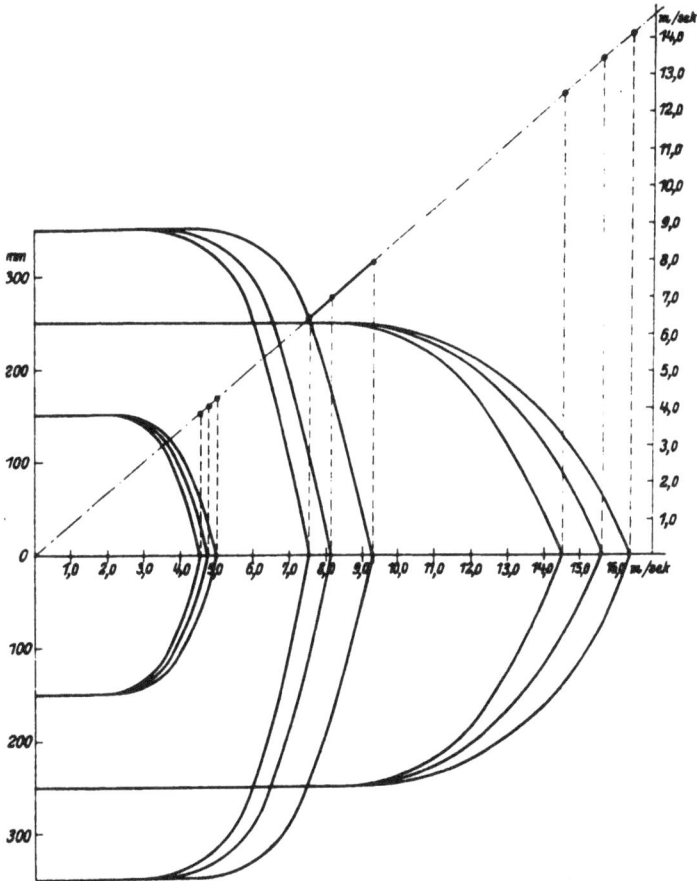

Fig. 3b. Geschwindigkeitsverteilungen in drei Luftleitungen.

13*

mittels Staurohr aufgenommene Geschwindigkeitsverteilungen. Das Verhältnis zwischen der mittleren und axialen Geschwindigkeit ist konstant, und die die Versuchspunkte verbindende Kurve ergibt sich als eine durch den Ursprung gehende Gerade. Genau dasselbe habe ich vor 8 Jahren auf dem Kongreß in Hamburg bezüglich Luftgeschwindigkeitsmessungen zeigen können. Die dort vorgeführte Auftragung ist hier in Fig. 3b wiedergegeben und zeigt, daß auch hier das Verhältnis zwischen der mittleren und axialen Geschwindigkeit konstant ist, und die die Versuchspunkte verbindende Gerade durch den Ursprung geht.

Kehren wir zu unserer Untersuchung zurück. Über jeden Versuch wurde ein Protokoll (Zahlentafel 1) aufgenommen, das neben sämtlichen Meßgrößen auch den Vermerk über die Nullpunktskorrektion trägt. Aus den Beobachtungen berechneten wir die Wassergeschwindigkeiten und Druckverluste und trugen die Werte, wie dies die Fig. 4, 5 und 6 (Tafel II) für drei ½″ Rohre zeigen, im logarithmisch geteilten Koordinatensystem auf. Die Versuchspunkte umfassen einen Bereich von 0,2 bis 2 m/sk und liegen mit absoluter Schärfe auf geraden Linien. Genau dasselbe lassen die Fig. 7, 8, 9, 10 und 11 (Tafel II) für fünf ¾″ Rohre erkennen, wobei Wassergeschwindigkeiten bis 3 m/sk beobachtet wurden. Um zu beweisen, daß wir nicht leichtfertig vorgegangen sind, muß ich auch noch alle übrigen aufgenommenen Diagramme anfügen, in denen sich die Fig. 12 bis 15 (Tafel II) auf vier 1″ Rohre, die Fig. 16 bis 19 (Tafel II) auf vier ⁵/₄″, die Fig. 20 bis 23 auf vier 1½″ und endlich die Fig. 24 bis 27 (Tafel II) auf vier 2″ Rohre beziehen.

Diese an 27 Rohren durchgeführten Versuchsreihen mit insgesamt 200 Einzelversuchen beweisen, daß die Versuchspunkte innerhalb des ganzen untersuchten Bereichs mit großer Genauigkeit auf geraden Linien liegen oder mit anderen Worten, daß der Druckverlust eine reine Exponential-Funktion der Wassergeschwindigkeit enthält. Die Exponenten selbst ergeben sich als Tangenten derjenigen Winkel, die die Geraden mit der positiven Abszissenachse einschließen; ihre Werte sind in Zahlentafel 2 zusammengefaßt, wobei eine kleine Steige-

Zahlentafel 1.

Rohr Nr. 1. Rohrdurchmesser 15,0 mm, Meßstrecke 2500 mm.

Ver-suchs-Nr.	Wasser-menge Q kg	Tempe-ratur t °C	Zeit z sk	Ge-schwin-digkeit v m/sk	Manometerausschläge			Druck-verlust $\frac{p}{l}$ kg/qm	Bemerkungen
					Queck-silber	Wasser	Petrol.		
1	10	15°	143,7	0,391	—	44,4	200	17,8	
2	10	15°	98,5	0,570	—	89,6	403	35,8	Nullpunkts-
3	15	15°	110,3	0,763	—	151	677	60,3	Berichtigung
4	25	15°	131,0	1,07	—	271	1216	108	± 0
5	25	15°	103,2	1,36	—	427		171	
6	40	15°	132,5	1,70	—	648		259	
7	30	15°	120,0	1,40	—	452		181	

Datum:

Name:

— 198 —

Zahlentafel 2.

Rohr Nr.		1	2	3	4	5	6	7	8	9	10	11	12
Lichter Rohrdurchmesser	mm	15,0	14,7	14,6	19,7	19,4	20,3	19,3	20,2	24,8	24,6	25,0	25,2
Exponent n		1,793	1,783	1,790	1,770	1,789	1,794	1,794	1,797	1,779	1,800	1,786	1,790

Rohr Nr.		13	14	15	16	17	18	19	20	21	22	23	24
Lichter Rohrdurchmesser	mm	34,0	33,7	34,4	33,2	38,4	38,9	38,6	39,4	49,0	49,5	50,1	48,5
Exponent n		1,780	1,790	1,776	1,776	1,776	1,763	1,794	1,724	1,770	1,765	1,774	1,793

Zahlentafel 3.

Rohr Nr.		25	26	27	28	29	30	31
Rohrdurchmesser mm		56,2	70,0	82,9	94,6	107,2	118,6	130,7
Exponent n		1,81	1,80	1,80	1,80	1,79	1,79	1,79

rung der Zahlen mit abnehmendem Durchmesser auftritt.
Diese Steigerung ist aber so klein, und das Bedürfnis der
Praxis nach einfachen Rechnungsbehelfen so groß, daß wir
uns entschlossen haben, das Mittel aller Exponenten, d. i.
den Wert 1,781 anzunehmen.

Die in den Diagrammen gezeigten geraden Linien mußten
aber auch noch. den Durchmessereinfluß enthalten, und wir
fanden ihn, indem wir die Ordinatenabschnitte für die Geschwindigkeit $v = 1,0$ m/sk auftrugen, was in Fig. 28 a und b
geschehen ist. Wir erkennen, daß die Versuchswerte mit geringen Schwankungen um eine einzige gerade Linie gruppiert
sind, womit bewiesen wird, daß der Druckverlust auch eine
reine Exponential-Funktion des Durchmessers enthält. Unter
Berücksichtigung dieser Erkenntnisse fanden wir für die
untersuchten Rohre die einfache Gleichung I

$$\frac{p}{l} = 3\,500\, \frac{v^{1,781}}{d^{1,298}}{}^{1}) \quad \ldots \ldots \ldots \text{(I}$$

die sämtliche Versuchspunkte mit genügender Genauigkeit
umfaßt.

B. Untersuchung von Siederohren bei
Verwendung kalten Wassers.

Bei dieser Untersuchung mußte mit kleinen Widerständen
und großen Wassermengen gerechnet werden, weshalb es nötig
erschien, eine neue Versuchsanlage zu schaffen. Eine elektrisch
angetriebene Zentrifugalpumpe c (Fig. 29 bzw. 30, Tafel III)
saugte das Wasser aus einer Grube b an und drückte es in
zwei große mit einander in Verbindung stehende Gefäße f
und g, aus denen es durch eine 40 m lange geschweißte Meß-
leitung a in die Grube zurückfloß. Sämtliche Messungen
glichen den früheren, wobei nur zu bemerken ist, daß die
großen Wassermengen mit Hilfe geeichter Siemens scher
Wassermesser bestimmt wurden. In den Fig. 31 bis 33

---

[1]) $p =$ Druckverlust in kg/qm (mm WS),
   $l =$ Länge des Rohres in m,
   $v =$ Wassergeschwindigkeit in m/sek.,
   $d =$ Lichter Rohrdurchmesser in mm.

und 34 bis 37 (Tafel III) sind 105 Versuche an 7 Siederohren
von 57 bis 131 mm l. W. dargestellt, wobei Geschwindig-

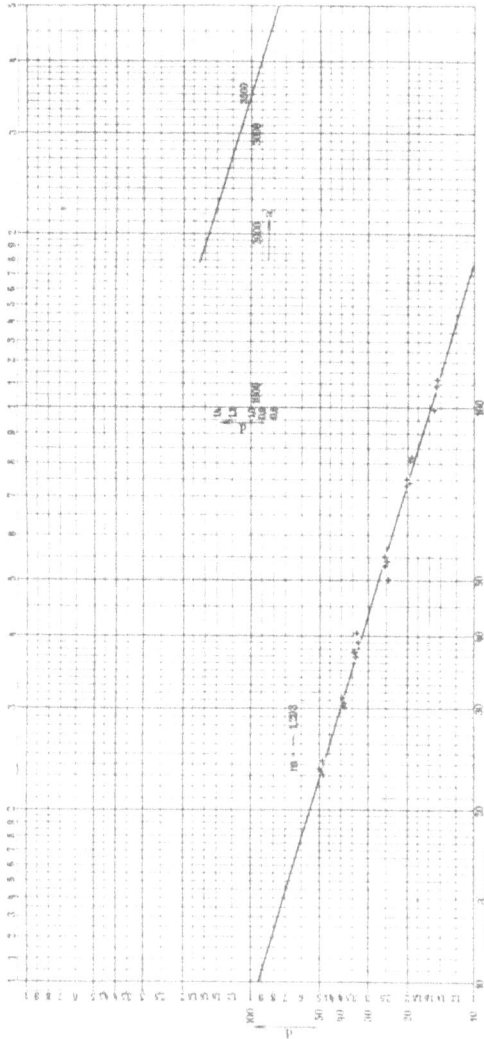

Fig. 28 a u. 28 b. Feststellung des Durchmesser-Exponenten und des Beiwertes.

keiten von 0,05 bis 3 m/sk auftraten. Auch hier liegen die Versuchspunkte mit genügender Genauigkeit auf

geraden Linien, womit bewiesen ist, daß der Druckverlust eine reine Exponential-Funktion der Geschwindigkeit aufweisen muß. Die bezüglichen Exponenten sind in der Zahlentafel 3 zusammengestellt, und es zeigt sich auch hier ein geringes Ansteigen der Werte mit kleiner werdendem Durchmesser. Aus den gleichen Gründen wie bei Muffenrohren haben wir auch bei Siederohren einen mittleren Exponenten, und zwar 1,80 angenommen. Trägt man die Logarithmen der Ordinatenabschnitte für die Wassergeschwindigkeit $v = 1,0$ m/sk als Funktion der Durchmesser-Logarithmen auf, so erhält man, wie Fig. 38 zeigt, wieder eine gerade Linie und nach deren Auswertung die Gleichung II

$$\frac{p}{l} = 6\,460 \, \frac{v^{1,80}}{d^{1,41}} {}^1) \quad \cdots \cdots \cdots \text{(II}$$

als einfache Beziehung für den Druckverlust in Siederohren bei Verwendung kalten Wassers.

C. Durchführung der Versuche mit warmem Wasser.

Nach unserer Anschauung mußte die Wassertemperatur einen erheblichen Einfluß auf den Reibungswiderstand haben, weshalb wir uns entschlossen, hierüber genaue Versuche anzustellen. Zunächst wurde ein Rohr von 14,7 mm l. W. bei Wassertemperaturen von rd. 15, 30, 50 und 90° C untersucht und die Ergebnisse in den Fig. 39 bis 42 (Tafel IV) zur Darstellung gebracht. Auch hier liegen wieder alle Versuchspunkte mit großer Genauigkeit auf geraden Linien, aber es ist hinzuzufügen, daß die Neigung dieser Linien eine verschiedene ist. Der Geschwindigkeitsexponent wächst mit steigender Temperatur und weist folgende Werte auf:

$$
\begin{aligned}
&\text{bei } 15,0^0 \text{ C} \ldots \ldots \ldots 1{,}753 \\
&\text{\textmaltese } 30,5^0 \text{ C} \ldots \ldots \ldots 1{,}773 \\
&\text{\textmaltese } 50,9^0 \text{ C} \ldots \ldots \ldots 1{,}801 \\
&\text{\textmaltese } 86,8^0 \text{ C} \ldots \ldots \ldots 1{,}815
\end{aligned}
$$

Genau dasselbe zeigen die Figuren 43 bis 46 (Tafel IV) bei einem Rohr von 24,6 mm l. W., wobei die Geschwindigkeits-

---

¹) Bezüglich der Bezeichnungen s. Gl. I.

exponenten bei Steigerung der Wassertemperatur von 13,5 auf 88,8° C die Werte 1,779 bis 1,860 durchlaufen. Ähnliches findet sich in den Fig. 47 bis 50 (Tafel IV) bei einem Rohr von 39,4 mm l. W., bei dem der Steigerung der Wassertempe-

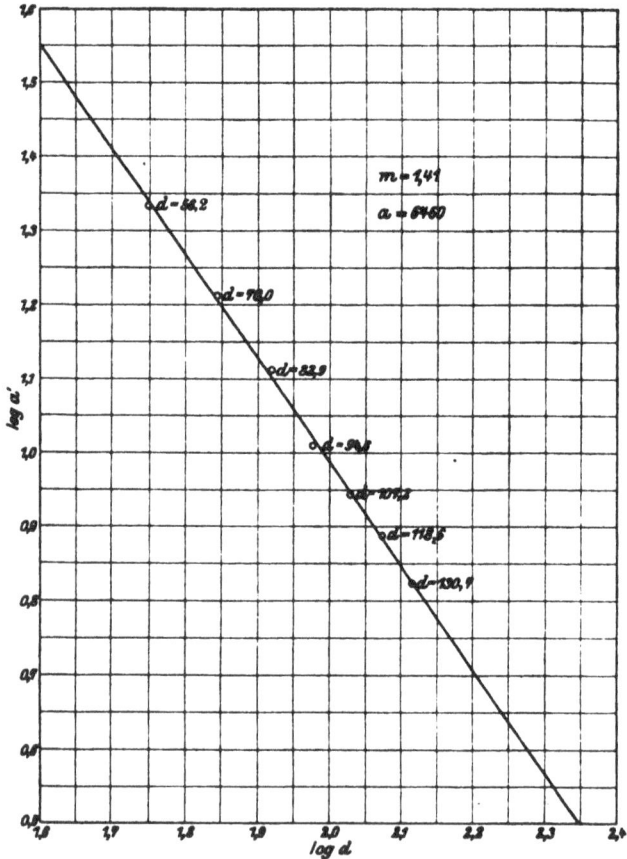

Fig. 38. Feststellung des Durchmesser-Exponenten und des Beiwertes.

ratur von 13 auf 90° die Exponentenwerte 1,724 bis 1,814 entsprechen. Gleichzeitig zeigen alle Figuren ein wesentliches Absinken der Ordinaten, die z. B. für eine Wassergeschwindigkeit von $v = 1$ m/sk von 32 mm WS bei 13° C (Fig. 47) auf 25 mm WS bei 90° C (Fig. 50), d. i. um etwa 20%, zurückgehen.

Diese 72 Versuche sind unseres Wissens die ersten, die an Heizungsröhren verschiedenen Durchmessers, innerhalb eines so großen Temperaturbereiches angestellt worden sind. Die Beobachtungen führten zu neuen Erkenntnissen über die Art des Temperatureinflusses, und sie zeigten, daß Geschwindigkeits- und Durchmesserexponent abhängig von der Wassertemperatur sind. Neue Wege werden hierdurch der physikalischen Forschung eröffnet, und wir hoffen, daß diese noch viel Interessantes aus unseren Versuchen wird ableiten können. Wir selbst gingen unsere eigenen Bahnen in der Erkenntnis, daß es unsere Hauptaufgabe sei, genügend genaue, vor allem aber praktische einfache Rechnungsmethoden zu schaffen. Es gelang uns, in empirischer Entwicklung die Gleichung III zu finden:

$$\frac{p}{l} = a_1 \frac{(1{,}625 - 0{,}000521 \cdot 10^5\, \eta_1)\, v^{n_1 + 0{,}0000866 \cdot 10^4\, (\eta_1 - \eta_x)}}{(1{,}625 - 0{,}000521 \cdot 10^5\, \eta_x)\, d^{m_1 + 0{,}0000558 \cdot 10^4\, (\eta_1 - \eta_x)}} \quad \text{III}[1])$$

die die Ableitung außerordentlich einfacher Schlußformeln ermöglicht. Die Gleichung III umfaßt, wie die Zahlentafel 4 (Tafel IV) beweist, sämtliche 72 Versuche miteiner Fehlergrenze von $\left\{\begin{matrix} +2{,}5\% \\ -3{,}5\% \end{matrix}\right\}$, und nur 5 Versuche fallen über diese Grenze hinaus, wobei dreien von ihnen absolute Fehler von $^1/_{10}$ mm Wassersäule entsprechen. Da die untersuchten drei Muffenrohre hinsichtlich der Rauheit voneinander mehr abwichen als die Siederohre von dem mittleren Rauheitsgrad der Muffenrohre, konnte die Gleichung III auch auf Siederohre angewendet werden. Hierbei ist aber zu erwähnen, daß für die in der Gleichung III vorkommenden Werte a_1, m_1 und n_1 jene Zahlen zu setzen sind, die bei den Kaltwasserversuchen für Siederohre gefunden wurden, wodurch deren Eigenart berücksichtigt erscheint.

---

[1]) Hierin bedeuten außer den Bezeichnungen in Gl. I:

$a_1 = $ Beiwert
$n_1 = $ Geschwindigkeitsexponent $\Big\}$ bezogen auf kaltes Wasser
$m_1 = $ Durchmesserexponent $\quad$ von der Temperatur t_1
$\eta_1 = $ Zähigkeit im CGS-System
$\eta_x = $ Zähigkeit, bezogen auf warmes Wasser von der Temperatur t_x.

An dieser Stelle soll darauf hingewiesen werden, daß
ein Fehler der Endformel von etwa 5% eine Abweichung
des Durchmessers von nur 0,5% hervorruft, welcher Einfluß
mit Rücksicht auf die festliegenden Handelsmaße als un-
erheblich zu bezeichnen ist. Wenden wir danach die ge-
fundene Gleichung auf die für Muffen- und Siederohre bei Benutzung kalten Wassers gefundenen Formeln an, so lassen
sich diese für beliebige andere Wassertemperaturen umrechnen und erscheinen für eine mittlere Temperatur von 70⁰
in folgender einfachen Form:

$$\text{Muffenrohre:} \; \frac{p}{l} = 2570 \; \frac{v^{1,84}}{d^{1,26}} \left.\right\}$$

$$\text{Siederohre:} \; \frac{p}{l} = 4920 \; \frac{d^{1,86}}{d^{1,37}} \left.\right\} \; \text{IV}[1]$$

D. Untersuchungen im Übergangsgebiet.

Haben wir vorher nachgewiesen, daß für sämtliche in
der Praxis der Heizungstechnik verwendeten Rohre und innerhalb der Wassergeschwindigkeiten von 0,2 bis 2 m/sk. reine
Exponential-Gesetze Geltung haben, so war es weiter unsere
Pflicht zu untersuchen, wie die Verhältnisse bei Anwendung
noch kleinerer Geschwindigkeiten liegen, weshalb wir eine
Versuchsreihe (Fig. 51) durchführten, die mit ganz kleinen
Geschwindigkeiten (0,03 m/sk.) begonnen wurde. Überblickt
man die Beobachtungen bis zu dem mit einem Kreis bezeich-
neten Punkt, so erkennt man, daß die Werte auch hier scharf
auf einer Geraden liegen, die genau unter 45⁰ geneigt ist.
Vergleicht man weiter die Zahlenwerte mit den bisher bekannten Forschungen, so erkennt man in dieser Linie nichts anderes
als den Ausdruck des bekannten Poeseuille schen Ge-
setzes. Die Tangente des Neigungswinkels der Geraden ist 1,
entsprechend der Poeseuille schen Gleichung, in welcher
die Geschwindigkeit mit dem Exponenten 1 auftritt, was der
in diesem Bereich gültigen linearen Abhängigkeit des Druck-
verlustes von der Geschwindigkeit entspricht.

---

[1] Bezüglich der Bezeichnungen s. Gl. I.

Der ganze bis zu dem umkreisten Punkt untersuchte
Verlauf spielt sich, wie ebenfalls längst erforscht ist, bei grad-

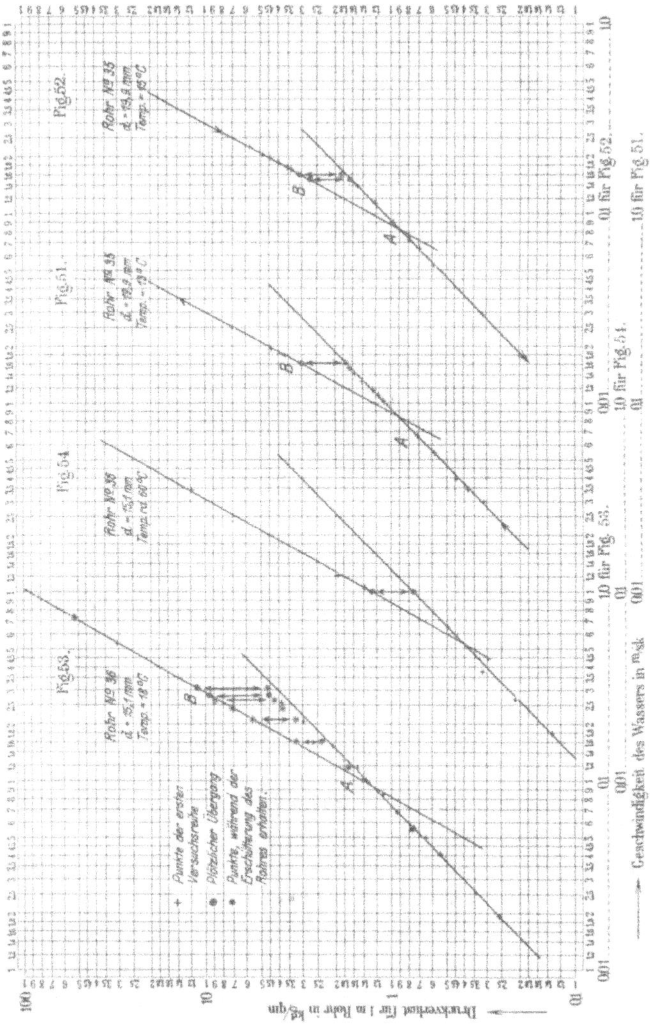

Fig. 51 bis 54. Untersuchungen in Übergangsgebieten.

liniger Bewegung der Wasserfäden ab oder mit anderen Worten,
es ist Schichtenströmung vorhanden. Plötzlich aber ändert

sich dieser Zustand, der umkreiste Versuchspunkt springt ohne Übergang auf den Wert *B*, oberhalb welchem das alte Exponentialgesetz auftritt. Diese Erscheinungen waren sehr genau zu verfolgen, denn der Sprung erfolgte von etwa 8 auf rd. 15 mm Petroleumsäule und zeichnete sich scharf und eindeutig aus. Wir haben denselben Versuch in der Weise wiederholt, daß wir mit größeren Wassergeschwindigkeiten beginnend, nach den kleineren fortschritten. Fig. 52 zeigt auch hier wieder das sprunghafte Abfallen des Druckhöhenverlustes, und zwar fast genau an derselben Stelle wie früher.

Um zu untersuchen, welches Gesetz zwischen den Punkten *A* und *B* Gültigkeit habe, führten wir nochmals einen Versuch mit einem zweiten Rohr anderer lichter Weite durch, der in Fig. 53 dargestellt ist. Zunächst zeigte sich wieder die P o e - s e u i l l e sche Linie bis zu dem Punkt *A*, über welchen hinaus weitere Versuchspunkte auf derselben Geraden lagen. Erschütterte man aber jetzt das Rohr ganz wenig durch Klopfen, so stiegen alle diese über *A* hinausfallenden Punkte sofort nach der Exponential-Linie hoch, die jenseits des Punktes *B* Gültigkeit hat. Es war außerordentlich interessant zu beobachten, wie die Ausschläge kurz nach Einsetzen des Klopfens von etwa 60 bis 130 mm Petroleumsäule anstiegen und nach Aufhören des Klopfens wieder in ihre frühere Lage zurückkehrten. Unterhalb des Punktes *A* und oberhalb des Punktes *B* war selbst durch stärkstes Klopfen eine Änderung der ursprünglichen Lage der Versuchspunkte nicht zu erzielen.

Auch hieraus ergibt sich eine neue Erkenntnis. Die Wasserbewegung vollzieht sich in unseren Heizungsrohren bei ganz kleinen Geschwindigkeiten in »Schichtenströmung« und befolgt hierbei das P o e s e u i l l e sche Gesetz bis zu einem Punkte *A*. Oberhalb dieses Punktes wird bei leisen Erschütterungen der Rohre, die wir in der Heizungstechnik sicher annehmen dürfen, die Schichtenströmung gestört, und es setzt Wirbelbildung ein, für die das neu ermittelte Exponential-Gesetz Gültigkeit hat. Die Grenze zwischen beiden Strömungszuständen »die Grenzgeschwindigkeit« wird als Schnittpunkt der beiden geraden Linien gefunden, die die erwähnten Gesetze im logarithmisch geteilten Koordinatensystem darstellen.

Da bekannt ist, daß das Poeseuillesche Gesetz einen Temperatureinfluß enthält und da ferner durch uns nachgewiesen wurde, daß ein solcher Einfluß auch im Exponential-Gesetz erscheint, mußte die »Grenzgeschwindigkeit« abhängig von der Temperatur sein. Den experimentellen Nachweis hierfür bringt Fig. 54, die die gleichen Versuche wie Fig. 53 mit dem alleinigen Unterschiede darstellt, daß die Wassertemperatur bei der früheren Beobachtung 18^0, jetzt dagegen rd. 60^0 C betrug. Die Grenzgeschwindigkeit ergab sich zu etwa 0,55 m/sk, während sie ursprünglich oberhalb 0,9 m/sk lag.

Nach diesen Erkenntnissen darf es nicht überraschen, wenn die nach älteren Anschauungen gewonnenen Ergebnisse wesentlich von unseren Beobachtungen abweichen. In Zahlentafel 5 sind die Druckverluste zusammengestellt, die sich nach unseren Messungen für 70grädiges Wasser ergeben, und daneben erscheinen die Weißbachschen Werte wie auch deren prozentuale Abweichungen angeführt. Man erkennt, was die Praxis schon längst wußte, daß die Werte für kleine Abmessungen verhältnismäßig zu klein, für weitere Rohre verhältnismäßig zu groß waren.

Wie ferner bekannt ist, hat Biel vor einigen Jahren, ohne eigene Versuche zu machen, Gleichungen für die Bewegung des Wassers in Rohrleitungen aufgestellt und von einer dieser gesagt, daß sie in »roher Annäherung den Versuchswerten genügen dürfte«. Unter Benutzung dieser wie auch anderer Gleichungen hat Recknagel seine »Hilfstabellen« für die Berechnung von Warmwasserheizungen ausgewertet. Wie die Zahlentafel 5 beweist, weichen seine Werte bei Muffenrohren um 40 bis 70% und wie die Zahlentafel 6 zeigt, bei Siederohren um 30 bis 50% von unseren Beobachtungen ab. Die Gründe hierfür sind unter anderen folgende: Zunächst gibt es nicht zwei Grenzgeschwindigkeiten, wie Recknagel annimmt, sondern nur eine. Ferner ist in dem zwischen diesen beiden Grenzen liegenden, für Schwerkraftheizungen wichtigsten Bereich der Druckverlust nicht proportional dem Quadrat der Wassergeschwindigkeit, sondern dem Ausdruck v^n, wobei n etwa den Wert 1,8 aufweist. Weiter

Muffenrohre.

d in mm	v in m/sk	Druckhöhenverlust für 1 m Rohr in mm WS			Abweichungen in Prozenten	
		Prüfungsanstalt Wasser von 70°C	Weisbach	Biel (Recknagel) Warmes Wasser	Weisbach	Biel (Recknagel)
14	0,05	0,37	0,52	—	+ 41	—
	0,1	1,34	1,61	1,82	+ 20	+ 36
	0,5	26,2	25,3	45,4	— 3	+ 73
	1,0	95,1	86,9	154,3	— 9	+ 62
	2,0	341,0	307,1	552,0	— 10	+ 62
20	0,05	0,236	0,36	—	+ 53	—
	0,1	0,85	1,13	1,17	+ 32	+ 37
	0,5	16,8	17,71	28,72	+ 5	+ 71
	1,0	60,5	60,80	94,68	+ 1	+ 57
	2,0	222,0	214,98	339,28	— 3	+ 53
25	0,05	0,176	0,29	—	+ 65	—
	0,1	0,64	0,90	0,89	+ 41	+ 39
	0,5	12,5	14,17	21,03	+ 13	+ 68
	1,0	45,4	48,64	69,78	+ 7	+ 54
	2,0	165,0	171,99	250,88	+ 4	+ 52
34	0,05	0,119	0,21	—	+ 77	—
	0,1	0,43	0,66	0,62	+ 52	+ 43
	0,5	8,6	10,42	13,73	+ 21	+ 60
	1,0	31,0	35,77	45,87	+ 15	+ 48
	2,0	114,0	126,46	166,13	+ 11	+ 46
39	0,05	0,100	0,19	—	+ 90	—
	0,1	0,36	0,58	0,53	+ 61	+ 47
	0,5	7,1	9,08	11,35	+ 27	+ 59
	1,0	26,1	31,18	38,95	+ 19	+ 49
	2,0	85,5	110,25	140,36	+ 29	+ 64
49	0,05	0,074	0,15	—	+ 103	—
	0,1	0,27	0,46	0,40	+ 69	+ 47
	0,5	5,4	7,23	8,36	+ 34	+ 55
	1,0	19,8	24,82	28,16	+ 26	+ 43
	2,0	70,3	87,75	102,52	+ 25	+ 46

d in mm	v in m/sk	Druckhöhenverlust für 1 m Rohr in mm WS			Abweichungen in Prozenten	
		Prüfungsanstalt Wasser von 70°C	Weisbach	Biel (Recknagel) Warmes Wasser	Weisbach	Biel (Recknagel)
64	0,05	0,0615	0,11	—	+ 79	—
	0,1	0,227	0,35	0,3	+ 54	+ 32
	0,5	4,55	5,53	5,83	+ 22	+ 28
	1,0	16,6	19,00	20,00	+ 14	+ 21
	2,0	60,0	67,18	72,50	+ 12	+ 21
70	0,05	0,0548	0,10	—	+ 82	—
	0,1	0,200	0,32	0,27	+ 60	+ 35
	0,5	4,00	5,06	5,16	+ 27	+ 29
	1,0	14,5	17,37	17,70	+ 20	+ 22
	2,0	53,0	61,42	64,58	+ 16	+ 22
106	0,05	0,0306	0,07	—	+ 128	—
	0,1	0,112	0,21	0,17	+ 88	+ 52
	0,5	2,30	3,34	2,99	+ 45	+ 30
	1,0	8,3	11,47	10,18	+ 38	+ 23
	2,0	30,0	40,56	38,03	+ 36	+ 27
156	0,05	0,0182	0,05	—	+ 174	—
	0,1	0,066	0,14	0,14	+ 112	+ 112
	0,5	1,34	2,27	1,80	+ 69	+ 34
	1,0	4,9	7,80	6,30	+ 60	+ 29
	2,0	17,8	27,56	23,47	+ 55	+ 32
216	0,05	0,0117	0,03	—	+ 156	—
	0,1	0,042	0,10	0,09	+ 138	+ 114
	0,5	0,86	1,64	1,19	+ 91	+ 38
	1,0	3,1	5,63	4,28	+ 82	+ 38
	2,0	11,3	19,91	15,75	+ 76	+ 39
290	0,05	0,0077	0,03	—	+ 290	—
	0,1	0,028	0,08	0,06	+ 186	+ 114
	0,5	0,57	1,22	0,82	+ 117	+ 44
	1,0	2,1	4,19	2,93	+ 100	+ 41
	2,0	7,4	14,83	12,12	+ 100	+ 64

ist der Druckverlust in diesem Bereich nicht unabhängig von der Wassertemperatur, wie R e c k n a g e l trotz des Umstandes annimmt, daß er unterhalb der unteren und oberhalb der oberen Grenzgeschwindigkeit einen solchen Temperatureinfluß selbst berücksichtigt.

Aus diesen Gründen können die R e c k n a g e l schen Hilfstabellen wie auch die aus ihnen abgeleiteten H a a s e schen Zahlentafeln zur einwandfreien Berechnung von Warmwasserheizungen nicht verwendet werden.

II. Einzelwiderstände.

Bevor wir auf die praktische Verwendung der neu gewonnenen Ergebnisse übergehen, müssen wir kurz die Bestimmung der Einzelwiderstände in Warmwasserheizungen behandeln. Diese können erhebliche Druckverluste hervorrufen und zehren z. B. bei Gebäudeheizungen etwa die Hälfte der überhaupt zur Verfügung stehenden Druckhöhe auf. Der durch die Unterschätzung der Einzelwiderstände entstandene Fehler wurde bisher dadurch verdeckt, daß die Reibungswiderstände wesentlich zu groß angenommen waren und sonach der berechnete Gesamtwiderstand der Anlage in den meisten Fällen den wirklichen Wert überstieg. Aus diesen Gründen erschien es unbedingt notwendig, gleichzeitig mit der Veröffentlichung der neuen Reibungswerte zuverläßliche Angaben über die Größe der Einzelwiderstände zu machen, zu welchem Zweck etwa 170 Versuchsreihen mit zusammen rd. 1250 Einzelversuchen durchgeführt wurden.

A. V e r s u c h e m i t k a l t e m W a s s e r ü b e r E i n -
z e l w i d e r s t ä n d e i n e i n e m S t r o m k r e i s
(V e n t i l e , K n i e , H e i z k ö r p e r u s w.).

Zu den Beobachtungen wurde dieselbe Anordnung wie bei den Versuchen mit Muffenrohren verwendet, nur waren die Meßrohre zerschnitten und zwischen ihnen die Einzelwiderstände eingebaut worden. Zur Prüfung gelangten fast alle in der Praxis der Heizungstechnik vorkommenden Einzelwiderstände, von denen einige in den Fig. 55 bis 60 (Tafel V) dargestellt sind. Zunächst zeigt Fig. 55 ein Präzisions-Re-

gulier - Durchgangsventil mit dem charakteristischen S-för-
migen Wasserweg, der, wie wir sehen werden, außerordentlich hohe Widerstandswerte bedingt. Fig. 56 stellt
ferner ein Präzisions-Reguliereckventil, Fig. 57 einen normalen Flanschenschieber von 119 mm l. W. und Fig. 58
ein Strangventil mit Entleerungsstutzen dar. Schließlich
erscheint ein Eck- und ein Durchgangsventil abgebildet,
die so gebaut sind, daß der Wasserbewegung möglichst kleine Widerstände entgegentreten. Hierzu sind beim
Eckventil (Fig. 59)[1]) sorgfältig alle überflüssigen Ecken und
Kanten entfernt und außerdem unter dem Ventilsitz eine besondere Leitfläche angebracht, während das Durchgangsventil
(Fig. 60) nach Art eines Schiebers eingerichtet ist und somit
vielleicht als Schieberventil bezeichnet werden kann.

Über die mit den Präzisions-Durchgangsventilen gewonnenen Erfahrungen klären die Fig. 61a bis 61b (Tafel V) auf. Ein
Blick auf die Abbildungen zeigt, daß auch hier wieder die Versuchspunkte mit großer Genauigkeit auf geraden Linien liegen, wobei
hinzugefügt werden muß, daß sich die Tangenten der Neigungswinkel dieser Geraden sehr scharf zu 2 ergeben. Die Druckverluste sind daher hier, im Gegensatz zur Reibung, dem Quadrat der Wassergeschwindigkeit proportional, aus welchem
Grunde es auch unrichtig ist, die Einzelwiderstände durch
äquivalente Rohrlängen zu berücksichtigen. Die aus den
Versuchen errechneten Widerstandszahlen zeigen mit zu-
nehmendem Durchmesser ζ-Werte von rd. 15 bis 30, woraus
folgt, daß die Widerstände dieser Konstruktionen bisher
wesentlich unterschätzt worden sind. Auch das Flanschen-
ventil (Fig. 62, Tafel V) von 119 mm l. W. zeigt den erheblichen Widerstandswert von $\zeta = 7$. Dagegen läßt Fig. 63
(Tafel V) die dem früher gezeigten Schieberventil entspricht,
den ζ Wert dieser Konstruktion zu 1,8 erkennen, also zu $^1/_{10}$
des Widerstandswertes des gleichweiten Präzisions-Regulier-
durchgangsventiles.

Die Figuren Fig. 64 a bis 64 d (Tafel V) entsprechen den
Versuchen mit Präzisions-Reguliereckventilen von 14 bis 34
mm l. W. und zeigen Widerstandswerte von $\zeta = 8$ bis 9,
während jenes in Fig. 59 dargestellte, mit einer Leitfläche

14*

ausgestattete Eckventil nur etwa $^1/_7$ des bezüglichen Druckverlustes hervorruft (Fig. 65). Auch die in den Fig. 66a bis 66 f (Tafel V) dargestellten Versuche mit Strangventilen zeitigten neue Erkenntnisse, denn der Widerstandswert dieser Konstruktionen betrug je nach lichter Weite $\zeta = 6,7$ bis

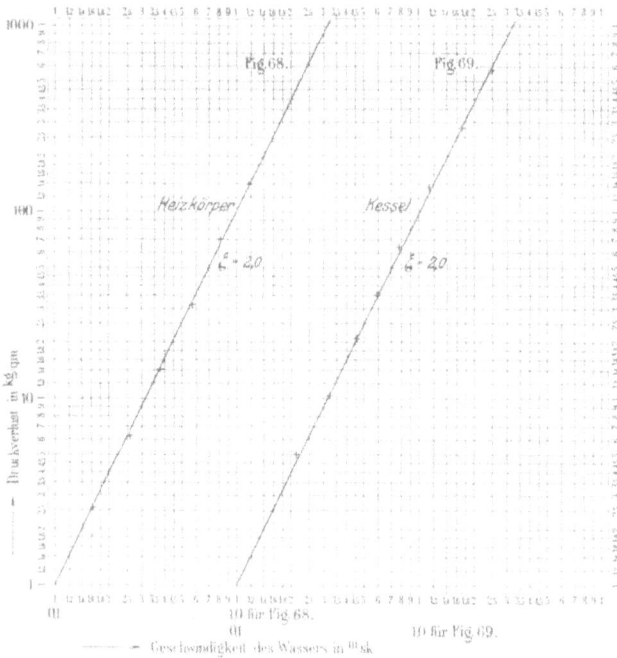

Fig. 68 u. 69. **Versuche an Heizkörpern und Kesseln.**

$\zeta = 15,9$, also weit mehr, als bisher hierfür angenommen wurde. Schließlich sind in den Fig. 67a bis 67d (Tafel V) noch die Versuche mit Eckhähnen dargestellt, um zu zeigen, daß auch deren Widerstandswerte heute wesentlich unterschätzt werden; denn diese Werte steigen mit fallender Lichtweite von $\zeta = 3,9$ bis $\zeta = 6,9$.

In ähnlicher Weise sind noch Durchgangshähne, Muffen und Flanschenschieber, Drosselklappen, Knie, 90 grädige Bögen, 180 grädige enge und 180 grädige weite Doppelbögen,

sowie auch Muffen untersucht worden. Bei der Kürze der mir
zur Verfügung stehenden Zeit ist es leider nicht möglich, alle
Diagramme vorzuführen, so daß ich mich darauf beschränken
muß, am Schlusse meines Referates eine diesbezügliche Zusammenstellung zu geben. Weiter wurden Heizkörper und
Kessel untersucht und die Beobachtungen auch in diesem Fall
im logarithmischen Koordinatensystem aufgetragen. Wieder
liegen die Versuchspunkte, wie die Fig. 68 und 69 beweisen,
auf geraden Linien, deren Neigungswinkel 2 ist, so daß das
quadratische Widerstandsgesetz auch für Heizkörper und
Kessel befolgt erscheint. In der Zahlentafel 7 sind die ζ-Werte
für gleichseitig angeschlossene Heizkörper verschiedener Höhen-,
Glieder- und Säulenzahlen zusammengestellt und bewiesen,
daß die Widerstandszahlen bei Heizkörpern über 10 Elementen
unabhängig von den eben genannten Einflüssen sind.

Zahlentafel 7.

**Anschluß gleichseitig, 25 mm l. W. Verschiedene
Heizkörperhöhen, verschiedene Glieder und Säulenzahlen.**

Versuchsreihe-Nr.	55 56	57 58	59 60
Anzahl der Heizkörper- glieder	5	10	15
	$\zeta =$		
2 säuliger Heizkörper 560 mm Bauhöhe .	Nr. 55..2,24	Nr. 57..1,93	Nr. 59..1,92
2 säuliger Heizkörper 1145 mm Bauhöhe .	Nr. 56..2,01	— —	Nr. 60..1,92
3 säuliger Heizkörper 1145 mm Bauhöhe .	— —	Nr. 58..1,93	— —

Zahlentafel 8 und 9 umfassen Radiatoren bei gleich- sowie
wechselseitigem Anschluß, verschiedener lichter Weite, und die
darin aufgeführten Werte beweisen, daß der Widerstand bei
wechselseitigem Anschluß etwas höher ist als bei gleichseitigem,
bei weiterem Anschluß geringer als bei engem. In ähnlicher
Weise umfaßt Zahlentafel 10 Versuche an National- und

Zahlentafel 8.

**Anschluß wechselseitig, 25 mm l. W. Verschiedene
Heizkörperhöhen, verschiedene Glieder und Säulenzahlen.**

Heizkörper	ζ
Versuchsreihe 61, Heizkörper 5/560[II] . .	2,24
» 62, » 10/1145[III] .	2,28

Zahlentafel 9.

**Anschluß wechselseitig, 14 mm l. W. Verschiedene
Heizkörperhöhen, verschiedene Gliederzahlen.**

Heizkörper	ζ
Versuchsreihe 63, Heizkörper 5/560[II] . .	2,89
» 64, » 15/1145[II] . .	2,59

Zahlentafel 10.

Kessel	Anschluß	Gliederzahl	Bezeichnung	Wert	Versuchsreihe-Nr.
Strebelkessel	gleichseitig . .	4	Kola	1,45	65
		12	Kohlensparer	1,3	66
	wechselseitig .	4	Kola	2,0	67
		12	Kohlensparer	2,0	68
Nationalkessel	einschließlich Sammelstutzen	12	Serie D II	2,22	69

Strebelkesseln verschiedenen Anschlusses und verschiedener
Gliederzahl, woraus erkannt werden kann, daß die Widerstandszahlen nahezu unabhängig von der Anzahl der Glieder,
bei wechselseitigem Anschluß größer als bei gleichseitigem
Anschluß sind. Hiermit werden die Behauptungen R e c k -
n a g e l s , daß der Widerstand von Heizkörpern und Kessel
mit zunehmender Gliederzahl erheblich wachse und bei gleichseitigem Anschluß etwa das 5- bis 7 fache derjenigen bei
wechselseitigem Anschluß betrage, widerlegt.

B. Versuche mit kaltem Wasser an Einzel-
widerständen bei der Trennung und dem
Zusammentreffen der Stromkreise (T-Stücke,
Kreuzstücke, Verteiler und Sammler).

Betrachtet man die Fig. 70 bis 73, so erkennt man, daß bei
jedem T-Stück rechtwinklige und gegenläufige Trennung,
rechtwinkliges und gegenläufiges Zusammentreffen der Wasserströme zu unterscheiden ist. Bedenkt man ferner, daß nicht
nur alle Muffen-T-Stücke sondern auch alle Flanschen-
T-Stücke zu untersuchen waren und daß die in jedem T-
Stück vorkommenden 3 Schenkel gleiche oder verschiedene

Fig. 70. Recht-winkelige Tren-nung der Wasserströme.	Fig. 71. Gegen-läufige Trennung der Wasser-ströme.	Fig. 72. Recht-winkeliges Zu-sammentreffen der Wasserströme.	Fig. 73. Gegen-läufiges Zusam-mentreffen der Wasserströme.

Durchmesser aufweisen, so wird man beurteilen können,
welche außerordentlich schwierige Aufgabe wir zu lösen
hatten. Eine allgemeine Behandlung erschien unmöglich,
und wir mußten uns darauf beschränken, sichere Widerstandswerte für alle in der Praxis der Heizungstechnik vorkommenden
Fälle zu ermitteln. Zur Durchführung der anzustellenden
125 Versuchsreihen mit zusammen 950 Einzelversuchen war
es nötig, 8 verschiedene Versuchseinrichtungen zu schaffen.

Eine hiervon, die zur Untersuchung eines Muffen-T-Stückes
bei rechtwinkligem Zusammentreffen der Wasserströme angewendet wurde, zeigt die Fig. 74. Neben dem im Obergeschoß
der Anstalt befindlichen Wasserbehälter A mußte ein zweiter
Behälter B aufgestellt werden, so daß das Wasser dem zu unter-
suchenden T-Stück aus beiden Gefäßen A und B zufließen
konnte. Hierbei war es nicht nur erforderlich, die aus dem
T-Stück gemeinsam austretenden Wassermengen mit Hilfe

einer Wage zu messen, sondern es mußte auch die in dem einen Zweig zuströmende und dadurch auch die in dem andern Zweig auftretende Wassermenge ermittelt werden. Zu diesem Behufe stellten wir das Gefäß *B* auf eine Wage und verbanden

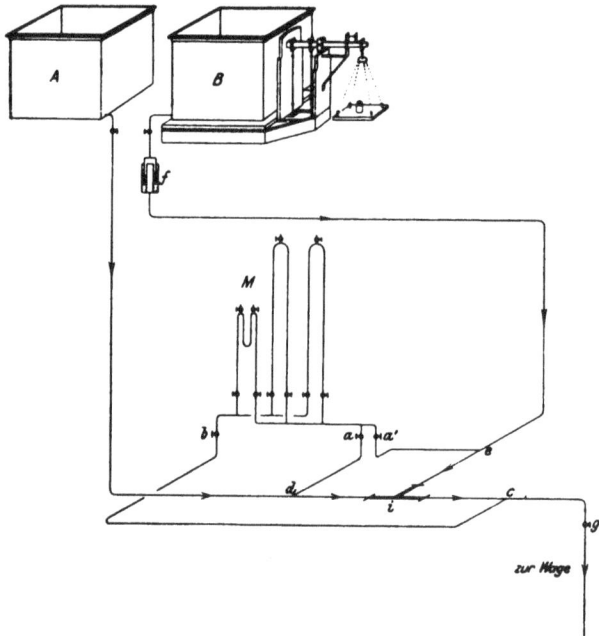

Fig. 74. Untersuchung eines Muffen-T-Stückes bei rechtwinkligem Zusammentreffen der Wasserströme.

es durch einen Quecksilberverschluß *f* mit der Versuchsanordnung. Vor und hinter dem T-Stück waren in allen 3 Leitungen Meßstellen *c, d, e* vorgesehen worden, die je nach der Schaltung der 3 Hähne *a, a′* und *b* mit dem Manometer *M* in Verbindung gebracht werden konnten. Hierdurch erschien es möglich, sowohl den Druckverlust im Durchgang wie auch jenen im Abzweig zu bestimmen. Da hier im Gegensatz zu früher die Messung mittels kleiner Anbohrungen keine einwandfreien Ergebnisse gezeitigt hätte, wurden zur Druckmessung kleine, in die Rohre eingeführte Staurohre benutzt. Eine ähnliche

Anordnung zeigt Fig. 75 für die Untersuchung eines Flanschen-T-Stückes, wobei rechtwinklige Trennung der Wasserströme auftrat. Die Anordnung unterscheidet sich grundsätzlich von der eben besprochenen nur dadurch, daß die in beiden Zweigen strömenden Wassermengen mit Hilfe geeichter Wassermesser festgestellt wurden. Die Photographie der Versuchseinrichtung (Fig. 76) läßt erkennen, daß zu diesen Versuchen

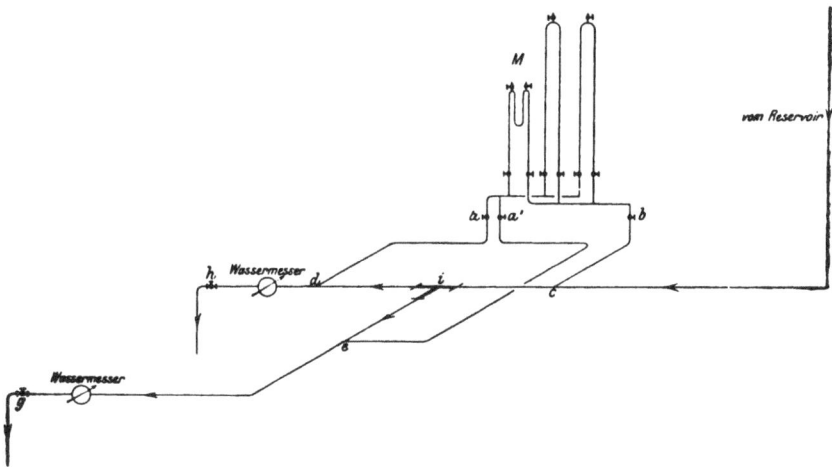

Fig. 75. Untersuchung eines Flanschen-T-Stückes bei rechtwinkeliger Trennung der Wasserströme.

die früher, gelegentlich der Siederohrversuche benutzte Anlage in Verwendung stand. Bei Flanschen-T-Stücken haben wir den Übergang von einem Durchmesser auf den anderen nicht durch Reduktionsstücke, sondern durch exzentrische Flanschen-Reduktionen hergestellt, weil letztere weitaus gebräuchlicher sind und Maximalwerte der bezüglichen Widerstände ergeben. Entgegen der manchmal geäußerten Ansicht wiesen diese Flanschen-Reduktionen aber keineswegs außerordentlich große Widerstände auf, so daß die später aufzuführenden Versuchsergebnisse wohl dahin führen werden, die billigen und stets vorrätigen Flanschen-Reduktionen allgemein statt der teuren schwer zu beschaffenden Reduktionsstücke zu verwenden.

Fig. 76. Untersuchung von Flanschen-T-Stücken.

Den Ausgangspunkt unserer Untersuchungen bildete der Nachweis, daß die Widerstandszahlen der T-Stücke unab-

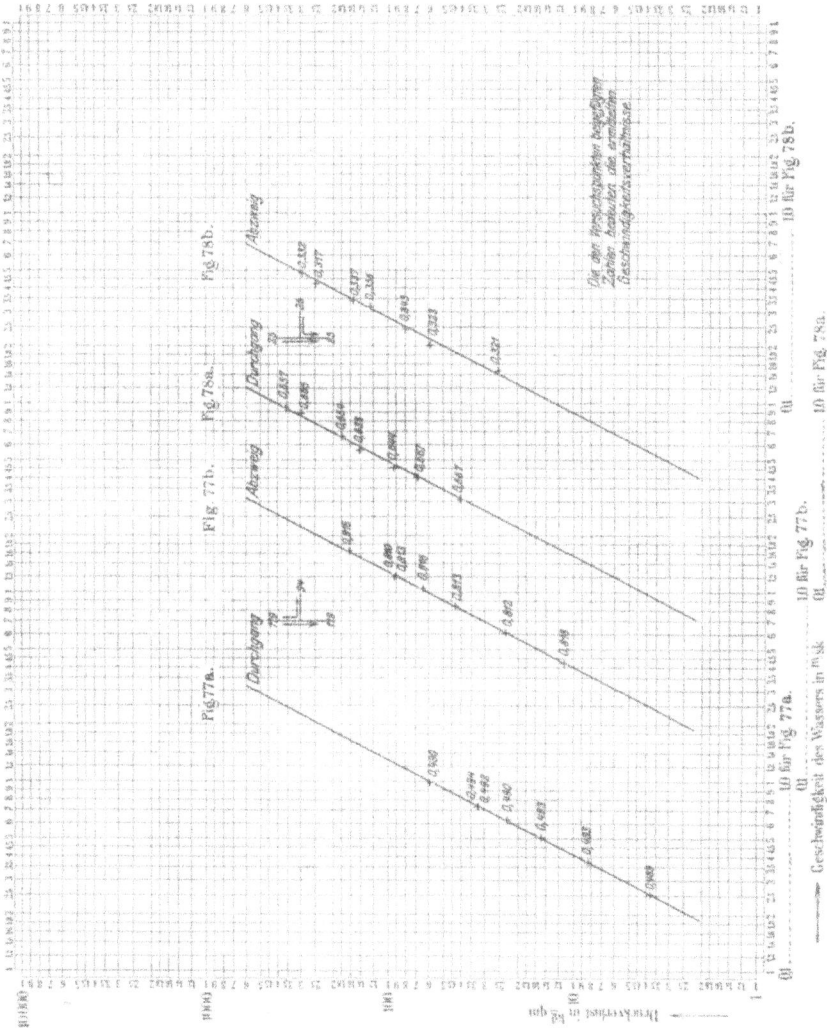

Fig. 77a bis 78b. Untersuchung von T-Stücken.

hängig von dem Absolutwert der Geschwindigkeiten und nur abhängig von deren Verhältnis sind. Der ersterwähnte Zusammenhang wird durch die Versuchsreihen (Fig. 77 a und 77b) an einem Flanschen-T-Stück bei rechtwinkliger Trennung der Wasserströme bewiesen. Es wurden die Wassergeschwindigkeiten zwischen 0,25 und 1,6 m/sk. so eingestellt, daß ihr Verhältnis möglichst genau dasselbe blieb u. zw. im Durchgang um etwa 0,49, im Abzweig um etwa 0,81 schwankte. Die Versuchspunkte liegen auf geraden Linien, die Tangente des Neigungswinkels ist wieder 2, so daß der Widerstand der T-Stücke abhängig vom Quadrat der Wassergeschwindigkeit erscheint und der durch sie hervorgerufene Druckhöhenverlust genau wie bei allen anderen Einzelwiderständen einer Widerstandszahl ζ proportional gesetzt werden kann. Die gleiche Gesetzmäßigkeit zeigen die Fig. 78 a und 78 b für ein Muffen-T-Stück bei rechtwinkligem Zusammenlauf der Wasserströme.

Nach Feststellung dieses Zusammenhanges war es nur mehr notwendig, Diagramme aufzunehmen, in denen die Widerstandszahl ζ als Funktion des jeweiligen Geschwindigkeitsverhältnisses auftritt, wobei die Wassergeschwindigkeiten im Abzweigbzw. Durchmesserschenkel auf die in dem gemeinsamen Schenkel herrschenden Geschwindigkeiten bezogen wurden. Zweifellos ist, daß die so erscheinenden Kurven eine Abhängigkeit von der geometrischen Bauart des T-Stückes aufweisen müssen. Bezeichnet man den lichten Durchmesser des Abzweigschenkels mit d_1, den des Durchmesserschenkels mit d_2 und den des gemeinsamen Schenkels mit d_3, so wird die geometrische Form des T-Stückes am besten durch den Bruch $\dfrac{d_1{}^2 + d_2{}^2}{d_3{}^2}$ ausgedrückt. Dieses Verhältnis kann jedoch im Kopf nicht gebildet werden, was für die schnelle Beurteilung eines T-Stückes wesentlich ist, weshalb wir die T-Stücke, abweichend davon, nach dem Wert des Ausdruckes $\psi = \dfrac{d_1 + d_2}{d^3}$ beurteilten. In den Fig. 79 bis 86 (Tafel VI) sind die Diagramme einer ganzen Reihe solcher, nach dem Verhältnis ψ geordneter T-Stücke verzeichnet, und man erkennt bei der Betrachtung der Figuren eigenartige Zusammenhänge. Die ζ_d-Kurven, d. h. jene, die die Widerstandszahlen für den Durchgang enthalten, gehen stets eindeutig nach der positiven Ordinatenachse. Anders aber verhalten sich die ζ_a-Kurven, d. s. jene, die die Widerstandszahlen für den Abzweig umfassen. Zunächst zieht die ζ_a-Linie in Fig. 79 eindeutig nach der negativen Ordinatenachse, aber schon die nächste Fig. 80 zeigt streuende Punkte nach der positiven Ordinatenachse und läßt vermuten, daß bestimmte Werte nach dieser Richtung hin auftreten werden. Diese Vermutung wird durch die Fig. 81 bestätigt, bei der zwei scharf voneinander getrennte Zweige erscheinen, von denen einer nach der positiven, der andere nach der negativen Ordinatenachse zieht. Scharf und deutlich drücken sich diese zwei Zweige in den Fig. 82, 83 und 84 aus, wobei zu beachten ist, daß der nach der negativen Ordinatenachse gerichtete Zweig immer später ansetzt. Die daraus abzuleitende Folgerung, daß dieser Zweig bald überhaupt nicht mehr meßbar sein wird, bestätigen die Fig. 85 und 86, indem tatsächlich nur mehr der nach der positiven Ordinatenachse gerichtete Zweig auftritt.

Geringe bauliche Änderungen beeinflussen die Lage der ζ-Kurven wesentlich. So zeigt Fig. 87 bei einem »Verbandsnormal« von 57 mm l. W. die ζ_a-Kurve eindeutig nach der negativen Ordinatenachse gerichtet, während die Fig. 88 die bei einem »Siederohr-Normal« gleicher Lichtweite aufgenommen wurde, beweist, daß die ζ_a-Kurve hier wieder in beiden Zweigen erscheint. Und Fig. 89, die sich auf ein Muffen-T-Stück von 25 mm l. W. und »gegenläufiger Wasserbewegung« bezieht, läßt erkennen, daß hier beide Zweige gleichzeitig auftreten.

Danach ist es zweifellos, daß hier, geordnet nach der geometrischen Bauart der T-Stücke, ganz bestimmte Gesetzmäßigkeiten zum Ausdruck kommen, die sich sicher auch mathematisch fassen ließen; aber es ist eben so deutlich erkennbar, daß die Widerstandszahlen von kleinen baulichen Änderungen wesentlich abhängig sind und infolge labiler Strömungserscheinungen plötzlich von einem Wert zu einem anderen springen können. Unter Beachtung dieser Erkenntnisse haben wir in Berücksichtigung der Erfordernisse der Praxis aus den von uns aufgenommenen ζ-Diagrammen für

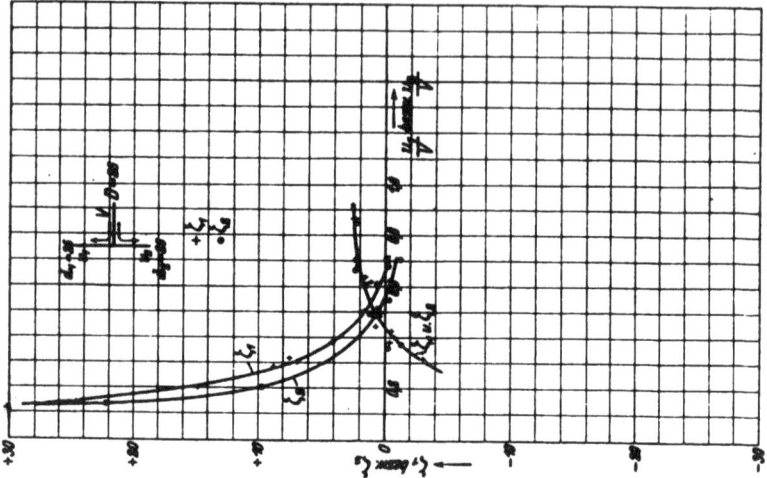

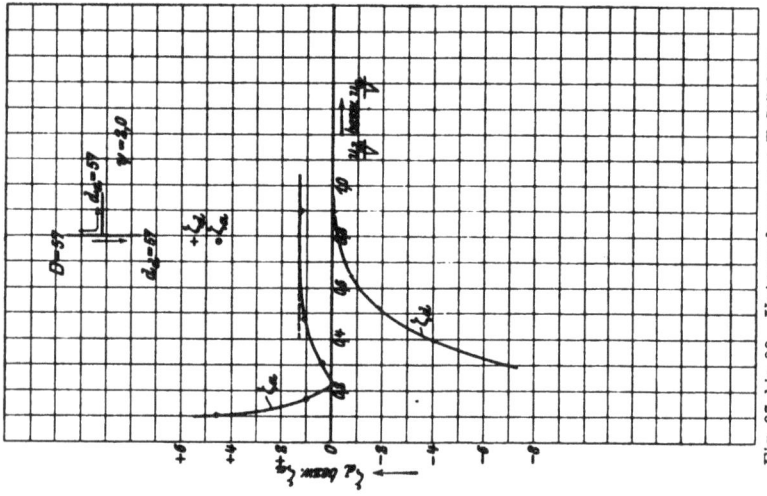

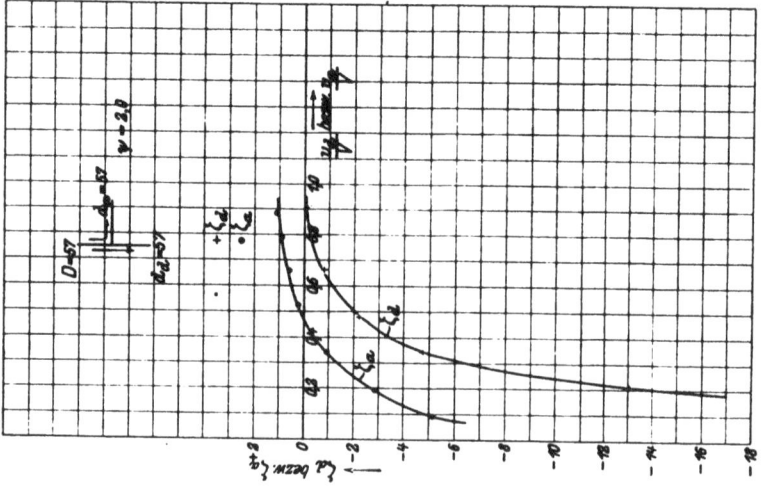

Fig. 87 bis 89. Untersuchung von T-Stücken.

jedes T-Stück sichere Höchstwerte abgeleitet und in 4 Tabellen nach Art der Zahlentafel 11 (Taf. VII) zusammengefaßt. In dieser sind die verschiedenen T-Stücke geordnet nach ihrer geometrischen Bauart aufgeführt und für jedes T-Stück die Widerstandszahlen für den Durchgang und Abzweig als Funktion des jeweiligen Geschwindigkeitsverhältnisses angegeben. Die mit Rücksicht auf die praktische Verwendung der gewonnenen Werte weiterhin notwendige Vereinfachung dieser 4 Zahlentafeln soll später besprochen werden.

Kreuzstücke können in T-Stücke, Verteiler- und Sammelstutzen in Kniestücke aufgelöst werden.

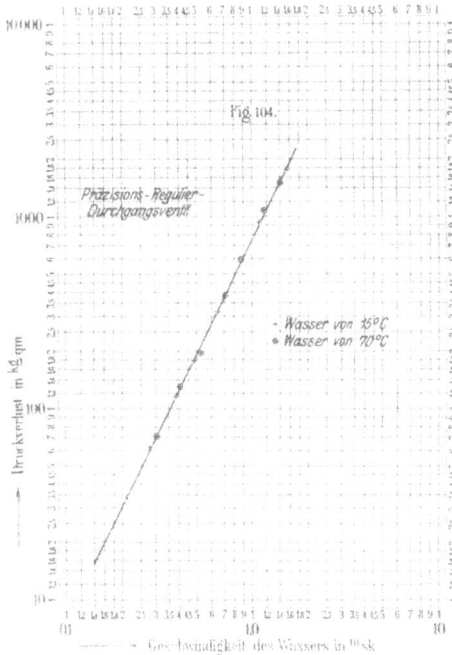

Fig. 90. **Unabhängigkeit des durch Einzelwiderstände hervorgerufenen Druck-verlustes von der Wassertemperatur.**

C. Versuche mit warmem Wasser.

Wir hatten bei den Reibungsversuchen gefunden, daß die Geschwindigkeitsexponenten mit steigender Temperatur zunahmen, die Absolutwerte des Druckhöhenverlustes aber erheblich kleiner wurden. Da bei den Einzelwiderständen der mögliche Höchstwert des Exponenten mit 2 bereits erreicht war, konnte eine weitere Steigerung desselben nicht mehr auftreten und tatsächlich beweist die Fig. 90 die Versuche an einem Präzisions-Regulier-Durchgangsventil mit Wassertemperaturen von 15 und 70⁰ zeigt, daß der Exponent unveränderlich verbleibt, gleichzeitig aber auch die Absolutwerte des Druckverlustes keine wesentliche Verkleinerung erfahren. Der Einfluß der Temperatur auf die Größe der untersuchten Einzelwiderstände kann sonach unbeachtet bleiben.

III. Anwendung der gewonnenen Ergebnisse für die Praxis.

Zunächst erkennen wir in Zahlentafel 12 ein Hilfsmittel zur leichten Bestimmung der wirksamen Druckhöhe. Die Zahlentafel gibt (hier im Auszug[1]) für Wassertemperaturen im Steigestrang von 95, 90, 85 und 80⁰ sowie einer beliebigen in ¹/₁₀ Grad angegebenen Wassertemperatur im Fallstrang sofort die wirksame Druckhöhe in Millimeter Wassersäule für jedes vertikale Meter Rohr an.

Es war bisher nicht in einfacher Weise möglich, jene für die Aufstellung des Kostenanschlages zugrunde zu legende Gesamtdruckhöhe aufzufinden, mit der bei Berücksichtigung der Abkühlung der Rohrleitung zu rechnen ist. Hierbei ist zu bedenken, daß die durch die Abkühlung »zusätzlich« auftretende Druckhöhe oft 100 und mehr Prozent der ohne Abkühlung ermittelten Druckhöhe ausmacht. Die Zahlentafel 13 gibt für praktische Verhältnisse, geordnet nach der Geschoßzahl der Gebäude und der Entfernung der Fallstränge vom Steigstrang, die in jedem Fall auftretende zusätzliche Druckhöhe sofort in Millimeter Wassersäule an, wobei diese Zahlentafel in ihrer vollen Ausführung[1] »frei von der Wand liegende« und »isolierte« Fallstränge aufweist. Die Zahlentafel umfaßt aber auch gleichzeitig die bei den einzelnen Strängen und in den einzelnen Geschossen erforderlichen Heizflächenzuschläge,

---

[1] Die vollständige Tabelle enthält die 5. Auflage des »Leitfadens zum Berechnen und Entwerfen von Lüftungs- und Heizungsanlagen« von H. Rietschel, Springer 1913.

Zahlentafel 12.

Fallstrang von	Druckhöhe in mm WS bei einer Temperatur im			
	Steigstrang von			
	95	90	85	80
60,9	20,85	17,43	14,12	10,94
60,8	20,91	17,49	14,18	11,00
60,7	20,96	17,54	14,23	11,05
60,6	21,01	17,59	14,28	11,10
60,5	21,06	17,64	14,33	11,15
60,4	21,11	17,69	14,38	11,20
60,3	21,16	17,74	14,43	11,25
60,2	21,22	17,80	14,49	11,31
60,1	21,27	17,85	14,54	11,36
60,0	21,32	17,90	14,59	11,41
59,9	21,37	17,95	14,64	11,46
.59,8	21,42	18,00	14,69	11,51
59,7	21,48	18,06	14,75	11,57
59,6	21,53	18,11	14,80	11,62
59,5	21,58	18,16	14,85	11,67
59,4	21,63	18,21	14,90	11,72
59,3	21,68	18,26	14,95	11,77
59,2	21,73	18,31	15,00	11,82
59,1	21,78	18,36	15,05	11,87
59,0	21,83	18,41	15,10	11,92
58,9	21,88	18,46	15,15	11,97
58,8	21,93	18,51	15,20	12,02
58,7	21,98	18,56	15,25	12,07
58,6	22,03	18,61	15,30	12,12
58,5	22,08	18,66	15,35	12,17
58,4	22,13	18,71	15,40	12,22
58,3	22,18	18,76	15,45	12,27
58,2	22,23	18,81	15,50	12,32
58,1	22,28	18,86	15,55	12,37
58,0	22,33	18,91	15,60	12,42
57,9	22,38	18,96	15,65	12,47
57,8	22,43	19,01	15,70	12,52
57,7	22,48	19,06	15,75	12,57
57,6	22,53	19,11	15,80	12,62
57,5	22,58	19,16	15,85	12,67
57,4	22,63	19,21	15,90	12,72
57,3	22,68	19,26	15,95	12,77
57,2	22,73	19,31	16,00	12,82
57,1	22,78	19,36	16,05	12,87
57,0	22,83	19,41	16,10	12,92

Zusätzliche Druckhöhen und Vergrößerung der Heizflächen bei Anwendung „oberer Verteilung" und Berücksichtigung der Wärmeverluste der Rohrleitung (für den Kostenanschlag).

Beim Zweirohrsystem sind die vollen, beim Einrohrsystem die halben Tabellenwerte zu nehmen.

A. Zusätzliche Druckhöhe in mm WS.

Die nachstehenden Werte gelten für eine Vorlauftemperatur am Kessel von $90°$ C. Sie sind für eine Vorlauftemperatur von $85°$ um 15%, für eine solche von $80°$ um 30% zu verringern.

I. Fallstränge isoliert in Mauerschlitzen.

a) Gebäude mit 1 oder 2 Geschossen.

Horizontale Ausdehnung der Anlage	Höhe des Heizkörpers über Kesselmitte	Horizontale Entfernung des Stranges vom Steigstrang					
		bis 10 m	10 bis 20 m	20 bis 30 m	30 bis 50 m	50 bis 75 m	75 bis 100 m
bis 25 m	bis 7 m	5	10	10	—	—	—
25 bis 50 m	,,	5	5	10	10	—	—
50 bis 75 m	,,	5	5	5	10	15	—
75 bis 100 m	,,	5	5	5	10	15	20

b) Gebäude mit 3 oder 4 Geschossen.

bis 25 m	bis 15 m	10	15	20	—	—	—
25 bis 50 m	,,	10	15	20	25	—	—
50 bis 75 m	,,	5	10	15	20	25	—
75 bis 100 m	,,	5	5	10	15	20	25

c) Gebäude mit mehr als 4 Geschossen.

bis 25 m	bis } 10 m	15	20	20	—	—	—
	über }	10	15	15	—	—	—
25 bis 50 m	bis } 10 m	15	20	20	30	—	—
	über }	10	15	15	20	—	—
50 bis 75 m	bis } 10 m	15	15	20	20	30	—
	über }	10	10	15	15	20	—
75 bis 100 m	bis } 10 m	15	15	20	20	30	35
	über }	10	10	15	15	20	25

B. Vergrößerung der Heizflächen, ausgedrückt in Prozenten der ohne Berücksichtigung der Rohrabkühlung berechneten Werte.

I. Fallstränge isoliert in Mauerschlitzen.

Geschoßzahl des Gebäudes	Prozentuale Vergrößerung der Heizflächen im		
	Erdgeschoß	1. bzw. 2. Obergeschoß	3., 4. bzw. 5. Obergeschoß
1 oder 2	5	0	—
3 oder 4	5	3	0
über 4	5	5	3

die bei »frei liegenden« Fallsträngen bis zu 25% der ursprünglich vorgesehenen Fläche anwachsen können.

In ähnlicher Weise gibt die Zahlentafel 14 hier im Auszug[1]) die bei der Berechnung von Etagenheizungen anzunehmenden Druckhöhen, wobei auch hier »frei liegende« und »isolierte« Falleitungen unterschieden und die Anlagen nach ihrer horizontalen Ausdehnung eingeteilt sind.

Hat man nun unter Benutzung dieser Hilfsmittel jene Druckhöhen gefunden, die beim Einrohr- oder Zweirohrsystem bei unterer oder oberer Verteilung, bei Pumpen- oder Etagenheizungen, ohne oder mit Berücksichtigung der Rohrabkühlung auftreten, so zieht man von dieser Druckhöhe jenen Anteil ab, der für die Einzelwiderstände zu rechnen ist. Hierüber gibt Zahlentafel 15 Aufschluß, die zeigt, daß für gewöhnliche Gebäudeheizungen 50%, für Fernheizungen je nach der Entfernung der Gebäude 10 bis 20%, für Pumpenräume 70 bis 90% der Gesamtdruckhöhe für die Überwindung der Einzelwiderstände aufgebraucht werden. Der verbleibende Rest wird durch die Länge der Rohrleitung dividiert und damit der Druckabfall pro laufendes Meter erhalten[2]). Zur weiteren Rechnung werden nun 4 Hilfsblätter benutzt, die nach Maßgabe der Fig. 91[3]) hergestellt sind. Man erkennt, daß diese Hilfsblätter als Abszissen die zu fördernden Wärmemengen und als Ordinaten die auftretenden Druckverluste für 1 m Rohr enthalten. Gleichzeitig weisen die Hilfsblätter im »Leitfaden« sämtliche Rohrdurchmesser von 11 bis 290 mm und

---

[1]) Die vollständige Tabelle enthält die 5. Auflage des »Leitfadens zum Berechnen und Entwerfen von Lüftungs- und Heizungsanlagen« von H. R i e t s c h e l, Springer 1913.

[2]) Es kann auch eine andere Verteilung des Druckabfalles angenommen werden.

[3]) Die vier Hilfsblätter enthält in ihrer vollen Ausführung die 5. Auflage des »Leitfadens zum Berechnen und Entwerfen von Lüftungs- und Heizungsanlagen« von H. R i e t s c h e l, Springer 1913. Zur leichteren Orientierung sind in diesen Hilfsblättern die Abszissen- und Ordinatenteilungen grün, die Geschwindigkeitslinien rot und die Durchmesserlinien schwarz ausgeführt worden.

Zahlentafel 14.

Annahmetabelle für Etagenheizungen.

A. Wirksame Druckhöhe in mm Wassersäule.[1]

Die nachstehenden Werte gelten für eine Vorlauftemperatur am Kessel von 90° C. Sie sind für eine Vorlauftemperatur von 85° um 15%, für eine solche von 80° um 30% zu verringern.

I. Fallstränge isoliert in Mauerschlitzen.[2]

Horizontale Ausdehnung der Anlage	Horizontale Entfernung des Fallstranges vom Steigstrang in m						
	bis 5	5 bis 10	10 bis 15	15 bis 20	20 bis 30	30 bis 40	40 bis 50
bis 10 m	5	15	—	—	—	—	—
10 bis 25 m	5	8	12	16	22	—	—
25 bis 50 m	4	6	8	11	15	20	25

B. Vergrößerung der Heizflächen in Prozenten der ohne Berücksichtigung der Rohrabkühlung berechneten Werte.

I. Fallstränge isoliert in Mauerschlitzen.[2]

bis 10 m	5	10	—	—	—	—	—
10 bis 25 m	5	5	10	15	20	—	—
25 bis 50 m	3	3	5	10	15	20	30

schließlich die in den Rohren herrschenden Wassergeschwindigkeiten auf. Während die Hilfsblätter 1 und 3 für Wassergeschwindigkeiten zwischen 0,01 und 0,3 m/sk aufgestellt, also für Schwerkraftheizungen anwendbar sind, enthalten die Hilfsblätter 3 und 4 Wassergeschwindigkeiten von 0,2 bis 3 m/sk und können sonach für die Bemessung von Pumpenheizungen benutzt werden. Die Hilfsblätter Nr. 1 und 2 sind für ein

---

[1] Es liegen folgende Annahmen zugrunde:
Steigstrang keine Abkühlung, Verteilungsleitung unisoliert, Rückläufe keine Abkühlung, Außentemperatur — 20° C, Raumtemperatur + 20° C, Temperaturgefälle der Heizkörper 20°.

[2] Außer obigen Annahmen ist vorausgesetzt:
Wirkungsgrad der Isolierung der Fallstränge 60%, Lufttemperatur im Schlitz 35° C.

Zahlentafel 15.

Anteil der Einzelwiderstände an dem Gesamtwiderstand des Rohrnetzes einer Warmwasserheizung.

Die nachstehenden Prozentsätze gelten sowohl für das Zweirohr- wie auch für das Einrohrsystem, sowohl für obere als auch für untere Verteilung und sind für die Annahme der Grundleitungen, der Stränge und Heizkörperanschlüsse verwendbar.

	Benennung der Anlage	Anteil der Einzelwiderstände in Prozenten des Gesamtwiderstandes
1*)	Gebäudeheizungen mit einer senkrechten Entfernung der Mitte des ungünstigsten Heizkörpers von der Kesselmitte bis 1,0 m.	Unabhängig von der horizontalen und vertikalen Ausdehnung des Gebäudes für den ungünstigsten und alle Stromkreise desselben Geschosses rund 60%, für alle anderen Stromkreise 50%
2*)	Gebäudeheizungen mit einer senkrechten Entfernung der Mitte des ungünstigsten Heizkörpers von der Kesselmitte 2,0 m und darüber	Unabhängig von der horizontalen und vertikalen Ausdehnung des Gebäudes für alle Stromkreise 50%
3	Fernleitungen mit einer mittleren Entfernung der einzelnen Gebäude von etwa 50 m	20% des gesamten in der Fernleitung auftretenden Widerstandes
4	Fernleitungen mit einer mittleren Entfernung der einzelnen Gebäude von etwa 100 m	10% des gesamten in der Fernleitung auftretenden Widerstandes
5	Pumpenräume bei Fernheizungen	70 bis 90% des gesamten im Pumpenraum auftretenden Widerstandes, und zwar je nach der Wahl von Schiebern bzw. Ventilen.

*) Bei Wahl von Regulier- und Absperrorganen, die sehr kleine Widerstände aufweisen, können die in der Zusammenstellung angegebenen Prozentsätze um 10% (z. B. von 50 auf 40%) vermindert werden.

Temperaturgefälle von 1° C entworfen, dagegen ist den Hilfsblättern Nr. 3 und 4 ein Temperaturgefälle von 20° C zugrunde gelegt.

Hat man nun, wie früher besprochen, den Druckabfall pro laufendes Meter gefunden, so sucht man diesen im Ordinatenmaßstab auf und liest in derselben Horizontalreihe nach Maßgabe der zu fördernden Wärmemengen die zu wählenden Durchmesser ohne weiteres ab. Da dieses Verfahren sowohl für die Hauptleitungen als auch für die Stränge und Heizkörperanschlüsse angewendet werden kann, erscheint die »Annahme« der Rohrleitungen beendet.

Aber auch die genaue Berechnung der Rohrleitung wird unter Benutzung der Hilfsblätter einfach. Zunächst ermittelt man die ζ-Werte der Einzelwiderstände aus Zahlentafel 16 in der die bezüglichen Widerstandzahlen angegeben sind. Die T-Stück-Werte erscheinen in dieser Zahlentafel sehr einfach, denn es kann näherungsweise für alle Fälle im Durchgang $\zeta = 1$, im Abzweig $\zeta = 1,5$ gesetzt werden. Dies gilt aber nur unter der Voraussetzung, daß Geschwindigkeitsumsetzungen in den T-Stücken vermieden werden. Treten solche aber wirklich auf, so müssen zwei besondere Tabellen nach Art der Zahlentafel 17 benutzt werden, in denen die ζ-Werte für alle Geschwindigkeitsverhältnisse, geordnet nach T-Stücks-Gruppen, angegeben sind. In diesen Zahlentafeln erscheinen Werte bis $\zeta = 12$, woraus hervorgeht, daß man sich über diese Fälle nicht leichtfertig hinwegsetzen darf.

Sind die Widerstandzahlen für alle Teilstrecken ermittelt, so erfolgt die genaue Berechnung der Rohrleitung wieder unter Benutzung der früher erwähnten Hilfsblätter. Man entnimmt dem Blatt (s. Fig. 91) zunächst den, bei dem gewählten Durchmesser und der gegebenen Wärmemenge auftretenden Druckabfall pro laufendes Meter, der mit der Rohrlänge multipliziert wird. Gleichzeitig hat man aber die in dem Rohr herrschende Wassergeschwindigkeit gefunden und erhält auf der bezüglichen Geschwindigkeitslinie nach rechts gehend (Fig. 91) für jede beliebige Widerstandzahl den durch die Einzelwiderstände hervorgerufenen Druckverlust in Millimeter WS.

Zahlentafel 16. ζ-Werte von Einzelwiderständen.

I. Heizkörper und Kessel.

Radiatoren bei gleichseitigem Anschluß $\zeta = 2,5$ ⎫ bezogen auf die
Radiatoren, bei wechselseitigem Anschluß $\zeta = 3,0$ ⎪ Wasser-
Strebelkessel bei gleichseitigem Anschluß $\zeta = 1,5$ ⎬ geschwindigkeit
Strebelkessel bei wechselseitigem Anschluß $\zeta = 2,0$ ⎪ im
Nationalkessel einschl. des Sammelstutzens $\zeta = 2,5$ ⎭ Anschlußrohr.

II. Ventile, Hähne, Knie, Bögen usw.

Bezeichnung	Firma	ζ-Werte bei einem lichten Rohranschluß in mm von						Bemerkung
		14	20	25	34	39	49	
Präzis.-Regulier-Eckventil								
ältere Bauart .	Schäffer &	9,0	9,0	9,0	9,0	—	—	
neuere » .	Öhlmann	1,5	1,5	1,5	1,5	—	—	
Präzis.-Regulier-Durchgangsventil,								
ältere Bauart .	» »	15,0	17,0	19,0	30,0	—	—	
Schieberventil .		2,0	2,0	2,0	2,0	—	—	
Strangventil . .	Rud. Otto Meyer	16,0	10,0	9,0	9,0	8,0	7,0	
Flanschen-Durchgangsventil .	« « «	—	—	—	—	—	—	119 mm l.W. $\zeta = 2,0$
Eckhahn . . .	Gebr. Körting	7,0	4,0	4,0	4,0	—	—	
Durchgangshahn .	» »	4,0	2,0	2,0	2,0	—	—	
Absperrschieber .	Rud. Otto Meyer	1,5	0,5	0,5	0,5	0,5	0,5	
Flanschen-Absperrschieber . .	» » »	--	—	—	—	—	—	119 mm l.W. $\zeta = 1,0$
Drosselklappe .	» » »	3,5	2,0	2,0	1,5	1,5	1,0	
Knie	Georg Fischer	2,0	2,0	1,5	1,5	1,0	1,0	
Bogen 90° . .	» »	1,5	1,5	1,0	1,0	0,5	0,5	
Doppelbogen, eng	» »	2,0	2,0	2,0	2,0	2,0	2,0	
» weit	» »	1,0	1,0	1,0	1,0	1,0	1,0	
Muffen . . .	» »	0,5	0,0	0,0	0,0	0,0	0,0	

Plötzliche Querschnittsverengungen:

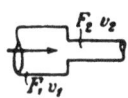

$F_2 : F_1$	0,01	0,1	0,2	0,4	0,6	0,8
ζ bez. auf v_2	0,5	0,5	0,4	0,4	0,3	0,2

III. Muffen- und Flanschen-T-Stücke.

Kommen in den T-Stücken keine oder nur sehr geringe Geschwindigkeitsumsetzungen vor, d. h.

$$\frac{v_d}{V} \sim 1 \text{ bezw. } \frac{v_a}{V} \sim 1,$$

dann kann gesetzt werden:

1. Für alle T-Stücke, bei denen keine gegenläufige Bewegung des Wassers vorkommt:
   a) in der Durchgangsrichtung . . . . $\zeta = 1,0$
   b) in der Abzweigrichtung . . . . $\zeta = 1,5$
2. für alle T-Stücke mit gegenläufiger Wasserbewegung $\zeta = 3,0$
3. für Hosenstücke . . . . $\zeta = 1,0$

Für alle übrigen Geschwindigkeitsverhältnisse siehe
Zahlentafel 17.

Zahlentafel 17. III. Flanschen-T-Stücke.

Die fett gedruckten Zahlen beziehen sich auf den Abzweig.

Trennung — **Zusammenlauf**

Trennung

$\frac{v_d}{V}$ bzw. $\frac{v_a}{V}$	Gruppe I — d_a über	Gruppe II — d_a bis	Gruppe III — $D = d_d = d_a$	Gruppe IV — Hosenstücke
0,4	−2,5	−3,0	−3,0	
0,4	+4,5	+1,0	+1,0	−2,5
0,5	−1,5	−2,0	−2,0	
0,5	+3,5	+1,0	+1,0	−1,5
0,6	−1,0	−1,0	−1,0	
0,6	+3,0	+1,0	+1,0	−0,7
0,7	−0,5	−0,5	−0,5	
0,7	+2,5	+1,0	+1,0	−0,3
0,8	−0,5	−0,2	−0,2	
0,8	+2,5	+1,0	+1,0	+0,1
0,9	0,0	0,0	0,0	
0,9	+2,0	+1,0	+1,0	+0,4
1,0	0,0	+0,3	+0,3	
1,0	+2,0	+1,0	+1,0	+0,5
1,2	+0,3	+0,3		
1,2	+2,0	+1,0		
1,4	0,4	0,3		
1,4	2,0	1,0		
1,6	0,4	0,5		
1,6	1,5	1,0		
1,8	0,4	0,5		
1,8	1,5	1,0		
2,0	0,5	0,5		
2,0	1,5	1,0		
2,2	0,5	0,5		
2,2	1,5	1,0		
2,4	0,5	0,5		
2,4	1,5	1,0		

Widerstandszahlen ζ_d bzw. ζ_a

(d_a über · d_a bis · 4 Dimens. kleiner als D¹))

Für alle Gewindeabzweige sind die Werte der Gruppe II zu nehmen. Für Gegenlauf sind obige **Abzweigwerte** ohne Erhöhung gültig.

Zusammenlauf

$\frac{v_d}{V}$ bzw. $\frac{v_a}{V}$	Gruppe I — d_a über	Gruppe II — d_a bis	Gruppe III — $D = d_d = d_a$	I, II, III — Bei Gegenlauf sind die Abzweigwerte zu nehmen und zu multiplizieren mit	Gruppe IV — Hosenstücke
0,4	+12,0	+7,0	+7,0		
0,4	+0,5	+8,5	+5,5	+1,4	+7,0
0,5	+8,0	+4,5	+4,5		
0,5	+0,4	+2,5	+4,0	+1,4	+4,5
0,6	5,0	3,0	3,0		
0,6	0,3	2,0	8,0	1,4	8,0
0,7	3,0	2,0	1,5		
0,7	0,3	1,5	2,0	1,6	2,0
0,8	2,0	1,5	1,0		
0,8	0,3	1,5	1,5	1,6	1,5
0,9	1,5	1,0	1,0		
0,9	0,2	1,0	1,5	1,6	1,0
1,0	1,0	0,5	0,5		
1,0	0,2	1,0	1,0	2,0	1,0
1,2	0,4	0,4			
1,2	0,1	0,5			
1,4		0,4			
1,4		0,2			
1,6		0,4			
1,6		0,2			

Widerstandszahlen ζ_d bzw. ζ_a

(d_a über · d_a bis · 4 Dimens. kleiner als D¹))

Schema des Gegenlaufes:

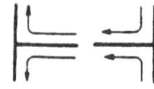

Für alle Gewindeabzweige sind die Werte der Gruppe II zu nehmen.

¹) d_a über 4 Dimensionen kleiner als D bedeutet, daß d_a mehr als 4 Handelsmaße unterhalb D liegt.

Handelsmaße: 57, 64, 70, 76, 82, 88, 94, 100, 106, 113, 119, 131, 143, 156, 169, 192, 216, 241, 264, 290 mm.

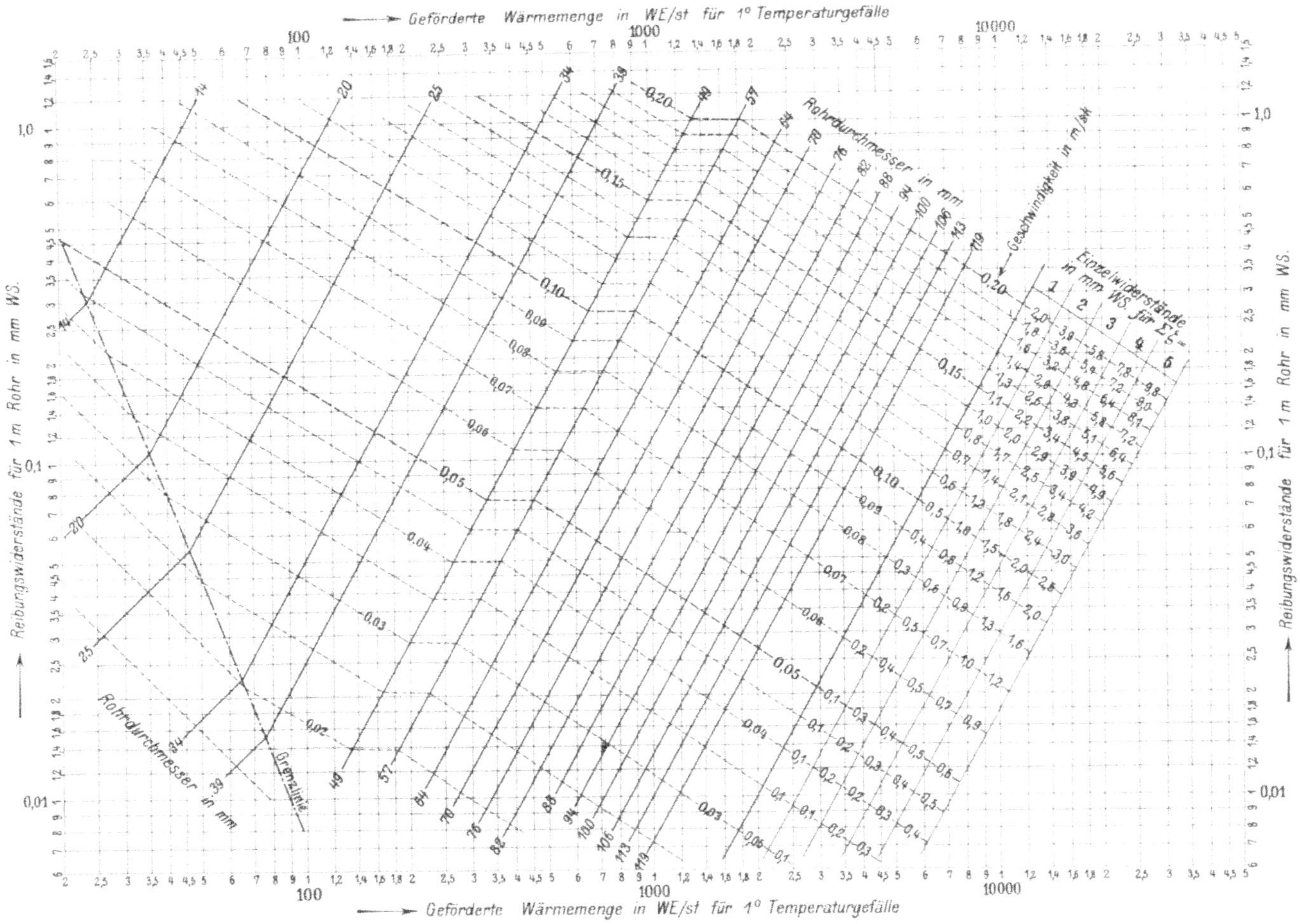

Geförderte Wärmemenge in WE/st für 1° Temperaturgefälle
Reibungswiderstände für 1 m Rohr in mm WS.
Rohrdurchmesser in mm
Geschwindigkeit in m/sk
Einzelwiderstände in mm WS. für Σζ =
Grenzlinie

Für diejenigen, die nicht gewohnt sind, graphisch zu arbeiten, und denen die Benutzung der Hilfsblätter unangenehm ist, sind Tabellen nach Art der Zahlentafel 18 (Tafel VIII) geschaffen worden, die sämtliche Werte der Hilfsblätter enthalten und ebenso leicht wie diese zur Annahme und Ausrechnung der Rohrleitungen verwendet werden können.

Von Anbeginn der Untersuchungen haben wir uns bemüht, so zu arbeiten, daß die Endergebnisse unserer Beobachtungen für den projektierenden Ingenieur unmittelbar verwertbar seien. Fußend auf theoretischer Grundlage, vorwärts schreitend auf dem Wege experimenteller Forschung, haben wir versucht, Wissenschaft und Praxis zu verbinden, in dem zuversichtlichen Glauben, daß beide nur einem Endziel zustreben können: der Erkenntnis der Wahrheit.

Sollte es gelungen sein, Neues und Brauchbares zu schaffen, so danken wir dies in erster Linie unserem verehrten Herrn Geheimrat Professor Dr.-Ing. R i e t s c h e l , der die Durchführung dieser Arbeiten anordnete, und den aufopfernden Leistungen folgender an den Versuchen beteiligten Herren: Dr. W i e r z , Dr. B r a d t k e , Dr. D i e t z , Ing. G r o ß - m a n n , Ing. H a a s e , Ing. H o f f m a n n , Dipl.-Ing. M a r g o l i s , Dipl.-Ing. P e t e r s e n , Ing. R ö h l e r , Ing. W e b e r , Dipl.-Ing. W e r n e r. Ich kann daher mein Referat nicht besser schließen, als mit dem Ausdruck des innigsten Dankes an meine Mitarbeiter, die alle, insbesondere mein erster Assistent, Herr Dr. W i e r z , zum Gelingen des Werkes ihr Bestes beigetragen haben.

(Lebhafter, lang anhaltender Beifall.)

Vorsitzender Ministerialrat Freiherr v o n S c h a c k y:

Der langanhaltende Beifall hat die Stimmung kund getan, welche der Vortrag des Herrn Professor Dr. Brabbée bei Ihnen hervorgerufen hat. Ich darf wohl annehmen, daß diese bedeutende Arbeit, die hier vorgeführt worden ist, von überwältigender Größe ist und wohl großen Wert und große Bedeutung für die Praxis hat. Es erleichtert hiernach jedem die Heizungsfrage vom wissenschaftlichen Standpunkt aus ganz bedeutend.

Die Ausführungen waren der Widerklang einer vereinfachten raschen Auffindung der erforderlichen Werte und der Gegenstände, die man bei der Ausführung wählen muß. Ich glaube, daß für die weitere Entwicklung des Heizungs-Systems und der Heizungs-Industrie diese Tabellen von allergrößtem Wert sein werden. Ich darf wohl gleich die Diskussion anschließen; wir würden nach der Diskussion eine kleine Pause eintreten lassen.

Diskussion.

Professor Dr. K n o b l a u c h , München:

Meine Herren, gestatten Sie, daß ich für einen Augenblick das Wort ergreife, wenn ich auch nicht technischer Fachmann auf dem Gebiete der Heizung und Lüftung bin. Da ich jedoch seit über 11 Jahren an der Technischen Hochschule in München das Laboratorium für technische Physik leite und mich mit wissenschaftlichen Forschungen befasse, so kann ich die große Mühe voll beurteilen, die Herr Kollege Brabbée bei seinen Untersuchungen hat aufwenden müssen. Gerade in bezug auf wissenschaftliche Arbeiten darf ich mich daher wohl als Sachverständigen betrachten, und da möchte ich nicht unterlassen, Herrn Brabbée meine volle Bewunderung für seine Leistungen auszusprechen (Bravo!).

Ich möchte außerdem noch einige Worte anschließen an die von dem Herrn Vortragenden gemachte Bemerkung, daß nämlich die praktischen Ingenieure für Heizung und Lüftung zu wissenschaftlichen Untersuchungen keine rechte Zeit und Gelegenheit haben. Eine solche Gelegenheit liegt aber meiner Ansicht nach doch vor.

Es ist nämlich leider nur in seltenen Fällen möglich, die über den Wärme-Übergang und -Durchgang veröffentlichten Beobachtungen wissenschaftlich zu verwerten und von einem Fall auf einen andern zu übertragen, bei dem die Dimensionen und Versuchsbedingungen andere sind. Dies liegt vor allem daran, daß bei den Beobachtungen nicht die wünschenswerte Anzahl von Temperaturmessungen vorgenommen ist.

Sei im speziellen Falle etwa die Rohrleitung einer Dampfheizung mit einem Isoliermaterial belegt, so lassen sich ohne

Schwierigkeiten mit Thermoelementen die Temperaturen des Dampfes, des Rohres und der äußeren Oberfläche der Isolierung bestimmen. Hieraus läßt sich dann bei Kenntnis der Dampfmenge die Wärmeübergangszahl von dem Dampf an die Rohrwand, sowie von der Isolierung an die Luft und endlich auch die Wärmeleitzahl der Isolierung selbst feststellen.

Auf diese Weise ist es möglich, einerseits eine große Menge von Beobachtungsdaten für diese Übergangszahlen bei sehr verschiedenen Werten von Druck, Temperatur und Dampfgeschwindigkeit zu sammeln, die sich bei Berechnung des Wärmedurchgangs bei neu zu projektierenden Anlagen mit Vorteil verwenden lassen; anderseits ist dadurch die Möglichkeit geboten, direkt zu kontrollieren, ob bei einer wirklich ausgeführten Isolierung die Wärmeleitzahl des benutzten Materials die gleiche ist, wie sie von der ausführenden Firma angegeben war. Auf diese Weise werden Erfahrungen gesammelt nicht nur für die Praxis sondern auch für die Wissenschaft.

Diplom-Ingenieur R e c k n a g e l , Berlin:

Herr Professor Brabbée hat sich bei seinen Ausführungen mehrfach mit meinen Arbeiten beschäftigt, die ich auf diesem Gebiete veröffentlicht habe. Aus seinen Mitteilungen ging hervor, daß bei dem Vergleiche der B i e l schen und W e i ß - b a c h schen Reibungskoeffizienten die Bielschen Koeffizienten tatsächlich günstiger sind wie die Weißbachschen und den heute mitgeteilten Versuchszahlen am nächsten stehen; aber es klang gerade wie ein Vorwurf seitens des Herrn Vortragenden, daß ich die Bielschen Koeffizienten meinen Arbeiten zugrunde gelegt habe. Ich möchte hervorheben, daß nach seinen eigenen Feststellungen von mir das wissenschaftlich Höchststehende verwendet wurde und daß also jeder Vorwurf unbegründet ist.

Es ist übrigens nach dem Vortrage nicht geklärt, ob die Werte der Widerstände bei derselben Temperatur verglichen worden sind und nicht noch größere Übereinstimmung besteht. Ich glaube auf diesen und andere Punkte kann man später in der Literatur zurückkommen.

Eins hat mich verdrossen, das war die absprechende Behandlung der theoretischen Ableitung der Widerstände von

Radiatoren und Gliederkesseln von seiten des Herrn Brabbée.
Nach seinen experimentellen Ergebnissen wendet er sich gegen
einen vorausgegangenen Versuch, die Widerstände theoretisch
zu ermitteln, um eine experimentelle Lücke auszufüllen,
in einer Form, welche kaum begründet ist. Mögen sich die
jungen Kollegen durch die Art, wie Herr Brabbée an anderen
Arbeiten Kritik übt, nicht abhalten lassen, an dem Ausbau
des Faches weiterhin tatkräftig mitzuwirken.

Privatdozent Dr. A. M a r x , Berlin-Wilmersdorf:

Meine Herren, einer der Herren Vorredner hat bereits
angedeutet, daß wir bei unseren Versuchen auch auf die Mithilfe
der Herren aus der Praxis angewiesen sind. Besonders die Werte,
welche uns hier vorgeführt worden sind, zwingen dazu, daß
wir derartige Versuche an ausgeführten Anlagen nicht unterlassen, denn die Werte des Herrn Vortragenden sind an neuen
Rohren im Laboratorium gefunden worden, während wir bei
der Warmwasserheizung mit Rostniederschlag und anderen
Ablagerungen zu rechnen haben. Sie werden daher durch Versuche an ausgeführten Anlagen feststellen müssen, mit welchem
Koeffizienten die hier vorgeführten Zahlen zu versehen sind,
um der Wirklichkeit zu entsprechen.

Weiter aber habe ich einen Wunsch an den geschäftsführenden Ausschuß zu richten. Es ist durchaus notwendig,
wenn unsere Aussprache einigermaßen Erfolg haben soll,
den wesentlichsten Teil der Vorträge vorher bekanntzugeben.
Das geschieht bei vielen anderen Kongressen, und das müssen
auch wir für die Zukunft einführen, denn es ist einfach unmöglich,
einem derartigen Vortrage ohne die angeregte Maßnahme in
der Aussprache genügend zu begegnen! (Bravo!)

Geheimrat Dr. R i e t s c h e l :

Die Anregung, meine Herren, gehört zwar nicht zur Diskussion des Vortrags; da sie aber gegeben ist, so will ich kurz
darauf antworten. An und für sich halte ich den Wunsch,
die Vorträge genügend lange Zeit vor den Kongressen den Teilnehmern bekannt zu geben, für berechtigt. Wir haben das auch
wiederholt versucht, es ist aber nicht durchzuführen. Ebenso
wie Sie an die Erledigung eines Auftrags zur Ausarbeitung
eines großen Entwurfs nicht sofort nach Eingang herantreten,

so erfolgt auch die Fertigstellung eines Vortrags bei vielbesetzter Zeit des Vortragenden meist erst dann, wenn Eile nötig ist. Auch will man gern einmal einen nahezu fertigen Vortrag liegen lassen, um objektiver an eine erneute Durcharbeitung zu treten. Ich hatte bei meinem Vortrag die Absicht, wenigstens Leitsätze für die Diskussion aufzustellen, aber auch das ist mir infolge Unwohlseins nicht einmal gelungen. Wir haben, wie gesagt, den Versuch, die Vorträge vor den Kongressen zu erhalten, früher wiederholt gemacht, aber stets ohne Erfolg, und meines Erachtens wird es leider auch ferner so bleiben.

Landes-Oberingenieur O s l e n d e r , Düsseldorf:

Es ist der Wunsch ausgesprochen worden, es möchten Versuche an ausgeführten Anlagen vorgenommen werden, die dann bekannt zu machen wären. Das wird, soweit ich das beeinflussen kann, geschehen. Man muß da vorsichtig sein, und deshalb müssen die Versuche häufig wiederholt werden, um auf eine sichere Grundlage zu kommen. Aber die Versuche, die bisher angestellt worden sind, haben doch im großen und ganzen das bestätigt, was uns im Vortrag gesagt worden ist, daß die Reibungswiderstände in ausgeführten Anlagen größer sind, als man bisher angenommen hat, wenn man die bisher bekannten Methoden der theoretischen Ermittlung zugrunde legt. Es hat sich ergeben, daß der Kraftbedarf, der für solche Anlagen in der Praxis nötig ist, doch ganz erheblich größer ist. Ich will keine bestimmte Zahl nennen; aber er ist mindestens 30 bis 50% größer, als man nach diesen theoretischen Ermittlungen annehmen sollte. Dann möchte ich weiter bitten, daß auch bei diesen Widerständen die Art der Verbindung der Rohre berücksichtigt wird. Sie wissen, in der neuesten Zeit verwenden wir vielfach Rohre, die zusammengeschweißt sind, und es hat die Untersuchung der Schweißnähte gezeigt, daß diese Schweißungen außerordentlich große Widerstände unter Umständen in die Leitung hereinbringen, und daß man daher vorsichtig bei ausgedehnten Leitungen diese Schweißungen zur Anwendung bringen soll.

Vorsitzender Freiherr von S c h a c k y:

Damit ist die Rednerliste erschöpft. Ich erteile Herrn Professor Dr. Brabbée das Schlußwort.

Professor Dr. B r a b b é e , Berlin:

Zunächst möchte ich bemerken, daß die Vergleiche zwischen jenen Werten gemacht sind, die einerseits Herr R e c k - n a g e l für die Berechnung von Warmwasserheizungen empfiehlt und die anderseits auf Grund unserer Beobachtungen ermittelt wurden. Wenn er die Werte für 45⁰ angibt, und wir müssen, da sich unsere ganzen Berechnungen im allgemeinen auf die tiefsten Außentemperaturen beziehen, eine mittlere Wassertemperatur von 70⁰ benutzen, so können wir hieran nichts ändern.

Bezüglich der Heizkörper und Kessel habe ich mit Absicht etwas scharf kritisiert. Wenn man aber wie Herr R e c k n a g e l Theorien aufstellt und dabei annimmt: »daß die in der Wasserzuleitung vorhandene Zuflußgeschwindigkeit sich bis in den halben Heizkörper bzw. Kessel geltend macht«, so kann ich vor solchen Theorien nur warnen.

Wenn man bei der Behandlung von Heizkörperverkleidungen einfach davon ausgeht, daß man den »Reduktionskoeffizienten = 2,5″ setzt, während diese Zahl naturgemäß für jede Verkleidung andere Werte aufweisen muß, wenn man ferner willkürlich annimmt, daß die »Lufttemperatur über dem Heizkörper bis zum Austrittsgitter konstant und gleich der Maximal-Endtemperatur von 50⁰ C« ist, obwohl wir 2 Jahre früher nachgewiesen hatten, daß die Luftaustrittstemperatur schon bei e i n e r Verkleidungsart zwischen 31 und 58⁰ C schwankte, so kann ich vor solchen Theorien nur nochmals dringend warnen.

Einen Vorwurf, daß Herr R e c k n a g e l die B i e l - schen Gleichungen benutzte, habe ich nicht erhoben, ich habe lediglich nachgewiesen, daß die R e c k n a g e l schen Hilfstabellen nicht mehr haltbar sind.

Herrn Dr. M a r x kann ich bezüglich der Rostablagerungen beruhigen. Wir haben in den 3 Jahren so manches Rohr wieder benutzt, das bereits ein Jahr früher untersucht worden war, und haben wesentliche Änderungen im Reibungsverlust nicht finden können, trotzdem die Rohre bei ihrer Lagerung ungünstigeren Verhältnissen ausgesetzt waren, als sie bei guten Warmwasserheizungen vorkommen.

Herr O s l e n d e r hat recht, wenn er behauptet, daß geschweißte Rohre ganz erhebliche Widerstände aufweisen können, jedoch sind dies dann zweifellos schlechte Schweißungen,
während wir naturgemäß nur gute Schweißungen untersucht
haben.

Vorsitzender Ministerialrat Freiherr v o n S c h a c k y:
Ich darf wohl nochmals aussprechen, daß die Mitteilungen
des Herrn Professor Dr. Brabbée von ganz hervorragender Bedeutung sind. Ich darf ihm wiederholt den wärmsten Dank
für das aussprechen, was er uns heute vorgetragen hat.

Es tritt eine Pause ein, nach der der Geheime Regierungsrat Professor Dr.-Ing. Hartmann einige geschäftliche Mitteilungen macht und dann folgendes vorträgt:

Geheimer Reg.-Rat H a r t m a n n: Auf dem letzten Kongreß
in Dresden sind im Laufe der Verhandlungen einige Anregungen gegeben worden, auf die ich nun im Auftrage des geschäftsführenden Ausschusses kurz eingehen möchte. Herr
Professor Meter hatte den Antrag gestellt, es möge eine Kommission von Hygienikern, Hochbauleuten und Heizungs- und
Lüftungstechnikern berufen werden, die eine Klarstellung
der Frage des Luftbedarfs bei Lüftungsanlagen herbeiführen.
Auf Antrag des Herrn Geheimen Regierungsrats von Boehmer
wurde dann beschlossen, die Einberufung einer solchen Kommission dem geschäftsführenden Ausschuß zu übertragen.
Dieser hat nun seitdem wiederholt eingehend über die Anregung beraten, ist aber jedesmal zu der Meinung gekommen,
von der Einberufung einer solchen Kommission abzusehen.
Für diesen Entschluß sind verschiedene Gründe maßgebend
gewesen. Eine solche Kommission müßte eine umfangreiche
Arbeit bewältigen, dazu viele Sitzungen abhalten. Das würde
ganz erhebliche Kosten verursachen, für die dem Kongreßausschuß keine Mittel zur Verfügung stünden. Hauptsächlich
aber wurde geltend gemacht, daß die Meinungen, namentlich der Hygieniker und Ärzte, über die Größe des Luftbedarfs für die verschiedenen Gebäudearten zu weit aus-
einandergingen und die zu einer solchen Kommission ein-
zuladenden Persönlichkeiten sicher zu keinem allgemein an-
zuerkennenden Ergebnis kämen. Es würde je nach der

Zusammensetzung der Kommission etwas vereinbart werden,
dem von andern nicht zugestimmt würde. Somit konnte der
Ausschuß dem Antrag zu seinem Bedauern nicht entsprechen.

Ein negatives Resultat ergab sich auch hinsichtlich des
von Herrn Privatdozenten Dr. Marx an den Kongreßausschuß
gerichteten Ersuchens, einen Vortrag auf dem nächsten Kongreß,
also auf unserm jetzigen, über die Betriebsergebnisse der verschiedenen Heizungs- und Gebäudearten halten zu lassen.
Meine Herren! Daß ich der Frage der Wirtschaftlichkeit der
Heizungsanlagen die größte Bedeutung zumesse, habe ich in
der Diskussion nach dem ersten Vortrag betont. Ich wäre
daher mit Herrn Kollegen Dr. Marx sehr dafür, daß man zu
mehr Klarheit über die Betriebsergebnisse der verschiedenen
Heizungsarten käme. Deshalb habe ich die Anregung des Herrn
Dr. Marx wiederholt in den Sitzungen des geschäftsführenden
Ausschusses zur Sprache gebracht, und es ist eingehend darüber
beraten worden. Man mußte aber davon absehen, dem Wunsche
zu entsprechen, da man sich sagte, daß eine Zusammenstellung
solcher Betriebsergebnisse zunächst umfangreiche Ermittlungen benötigte und dann es doch sehr zweifelhaft sei, ob die
ermittelten Werte einigermaßen zuverlässig und vergleichbar
wären. Es ist ja eine vielfach ausgesprochene Meinung, die
nicht ohne Grund ist, daß man eine Statistik nach den verschiedensten Richtungen verwerten könne, je nachdem man
sie zurecht mache. So könnte es auch mit einer Statistik gehen,
die man über die Betriebsergebnisse anstellen würde. Ihr Ergebnis würde den größten Zweifeln, Bedenken und Angriffen
unterliegen und damit wäre das nicht erreicht, was mit Recht
gewünscht wird, eine allgemeine zweifelsfreie Klarstellung.
Aber, wie schon gesagt, wir müssen künftig der Wirtschaftlichkeit mehr Bedeutung beimessen, und daher ist es im Ausschuß
lebhaft begrüßt worden, daß Herr Stadtbauinspektor Berlit,
Vorsitzender der Vereinigung behördlicher Ingenieure des Ma-
schinen- und Heizungswesens, erklärte, er wolle diese Vereinigung dafür gewinnen, daß sie zunächst eingehende Ermittlungen über die Betriebsergebnisse von Schulheizungen an-
stellt. Diese Ergebnisse sollen, wenn sie verwertbar wären,
dann auf unserm nächsten Kongreß vorgetragen werden.

Die Vereinigung der Verwaltungsingenieure ist am besten in der Lage, objektive Werte festzustellen, und so dürfen wir hoffen, wenigstens für eine Gebäudeart demnächst ein zweifelfreies Resultat zu erhalten.

Wir kommen dann zur Frage, wo wir den nächsten Kongreß abhalten sollen. Dem geschäftsführenden Ausschuß sind sehr freundliche Einladungen zugegangen von Düsseldorf, Königsberg und Karlsruhe. Ich möchte im Namen des Ausschusses auch von dieser Stelle aus für diese Einladungen herzlich danken. Auch haben unsere Wiener Kollegen den Wunsch ausgesprochen, es möchte der nächste Kongreß 1915 in Wien abgehalten werden.

Fabrikant W e n t z k e , Wien:

In meiner Eigenschaft als stellvertretender Präsident der Fachgruppe der Zentralheizungs-Fabrikanten im Bund österreichischer Industrieller möchte ich Sie bitten, den Kongreß im Jahre 1915 wieder einmal nach Wien zu verlegen. Im Jahre 1907 haben Sie sich in Wien außerordentlich wohlgefühlt und ich kann Ihnen die Versicherung geben, Sie werden sich auch zum zweiten Male dort wohl fühlen. Deshalb möchte ich Sie heute einladen. Staat und Stadt werden ihr möglichstes tun, Sie in ihren Mauern herzlich willkommen zu heißen. Also ich bitte Sie, nehmen Sie als nächsten Kongreßort Wien an.

Geheimrat Dr. H a r t m a n n:

Ich darf auch für diese so liebenswürdige Einladung zunächst herzlichen Dank sagen. Ich bitte die Auswahl des Kongreßortes dem geschäftsführenden Ausschuß zu überlassen. Ich möchte nun noch auf die in der ersten Sitzung von Herrn Privatdozenten Dr. Marx angeregte Frage der Organisation der Kongresse zurückkommen. Es wäre jetzt die Zeit, hierüber zu diskutieren, wenn das gewünscht wird. Jedenfalls stehe ich dazu jetzt gern zur Verfügung.

Privatdozent Dr. M a r x , Berlin-Wilmersdorf:

Ich kann jetzt zu meinem Bedauern wegen der vorgerückten Zeit auf das, was ich am Donnerstag vorzutragen beabsichtigte, nicht mehr eingehen. Ich habe eine Reihe von Verbesserungsvorschlägen, welche die Vorbereitung und die Abhaltung unserer Kongresse betreffen, und von deren Befolgung ich mir eine günstige Entwicklung derselben verspreche. Ich werde meine Vorschläge jedoch dem Ausschuß schriftlich unterbreiten, vielleicht auch im »Gesundheits-Ingenieur« zur öffentlichen Besprechung niederlegen.

Ministerialrat Freiherr v o n S c h a c k y:

Wir nehmen davon Kenntnis, die Leitung gebe ich für den weiteren Verlauf der Sitzung an Herrn Ingenieur Schiele.

Vorsitzender Ingenieur Ernst S c h i e l e , Hamburg:

Ich bitte Herrn Oberingenieur S c h u l z e, seinen Vortrag über die V e r b i n d u n g v o n K r a f t - u n d H e i z b e t r i e b e n halten zu wollen.

V. Vortrag.

Verbindung von Kraft- und Heizbetrieben.

Von Oberingenieur **A. Schulze** der Firma R i c h a r d D o e r f e l, Dresden.

(Hierzu die Tafeln IX bis XI.)

Wir brauchen die Heizungstechnik nur um ein Jahrzehnt zurückzuverfolgen, und wir erkennen, daß sich das Fach, besonders auf praktischem Gebiet, mächtig entwickelt hat, selbst vor den größten und schwierigsten Objekten schrecken wir nicht zurück.

Die bedeutsame Sammelausstellung des Verbandes der Heizungsindustriellen, die wir vor zwei Jahren auf der Hygiene-Ausstellung in Dresden studieren konnten, hat uns eine Fülle neuer Einrichtungen, neuer Formen und Ausführungen gezeigt.

Aber wie viel größer erscheint unser Feld, wenn wir vorwärts blicken und erkennen, welche reiche Tätigkeit uns aus der Verbindung von Kraft- und Heizbetrieben und der Verwertung der von den Kraftbetrieben in überreicher Menge zur Verfügung stehenden Abwärme bevorsteht.

Man könnte beinahe, besonders auch mit Rücksicht auf die ungünstige geschäftliche Lage des Heizungsfaches, behaupten, daß in der Ausnutzung von Abwärme eine der Hauptaufgaben für den zielbewußt arbeitenden Heizungsingenieur mindestens für das nächste Jahrzehnt zu erblicken ist.

Wir alle wissen, daß die Kohlen und Brennmaterialien von Jahr zu Jahr teurer werden und daß sie teurer werden müssen, da wir von einem Vorrat zehren, der sich nie wieder ersetzen läßt. Der Bezug der Kohlen ist infolge von Streiks und Aussperrungen mit einer gewissen Unsicherheit verbunden, und das Konto für Erzeugung der nötigen Betriebskraft und Wärme steigt in den meisten Betrieben in rapider Weise an. Ja, man muß Professor J o s s e vollkommen recht geben, wenn er in seinem Buch »Neuere Kraftanlagen« einleitend bemerkt, daß bei dem heute auf das äußerste angestrengten wirtschaftlichen Wettbewerb die Gestehungskosten der Betriebskraft oft für die Rentabilität eines Fabrikbetriebes ausschlaggebend sind. Besonders wirtschaftlich werden Kraftanlagen, die mit einer Wärmeversorgung verbunden werden können. In dieser Beziehung sind wirtschaftlich höchst fruchtbare Vereinigungen von Kraft- und Wärmeversorgung möglich, deren Bedeutung noch lange nicht genügend geschätzt wird, namentlich nicht von den Städteverwaltungen.

Die erwähnte unangenehme Tatsache, daß es überall zu knapp wird, ist für viele Besitzer von Kraftbetrieben die Veranlassung geworden, sich eingehender mit den Möglichkeiten zur Verringerung des Kohlenkontos zu beschäftigen, eine Aufgabe, der sich früher mancher nicht unterzog, weil er es einfach nicht nötig hatte. Aber auch die zunehmende Steigerung aller Löhne und die wachsende Konkurrenz zwingen den Fabrikanten — Fabrikant natürlich im weitesten Sinne — den technisch wirtschaftlichen Fragen seines Gesamtbetriebes erhöhte Aufmerksamkeit zu widmen.

Es entsteht nun die Frage: Sind denn die Abwärmemengen in Kraftbetrieben — Kraftbetrieb wieder im weitesten Sinne — wirklich so bedeutend, daß sich deren Nutzbarmachung lohnt und sich die zur Verwertung aufzuwendenden Mittel amortisieren? Ich habe in dieser Hinsicht in meiner eigenen Praxis bereits zahlreiche Berechnungen und Messungen angestellt und Anlagen ausgeführt und hierbei gefunden, daß fast überall, man kann beinahe behaupten in allen Betrieben, noch große Wärmeverschwendungen bestehen.

Denken wir an die hohen Temperaturen von 400 und
500⁰ C, mit denen die Abwärme von Glühöfen, Glasöfen,
Trockenöfen, Porzellanöfen u. dgl. in den Schornstein abziehen. Denken wir an die ungeheuren Abwärmemengen
der Koksöfen, Hochöfen, bei denen man jetzt endlich mit
der Verwertung langsam begonnen hat. Denken wir ferner
an die riesigen Wärmemengen, welche mangelhaft arbeitende
Kesselanlagen durch den Schornstein entweichen lassen, und
vor allem an die noch viel größeren Wärmemengen, welche
in dem Abdampf von Auspuff- und Kondensationsmaschinen
enthalten sind, da ja selbst die besten Dampfkraftmaschinen
einen thermischen Wirkungsgrad von höchstens 20% . besitzen und nach dem Urteil hervorragender Fachleute keine
wesentlich bessere Ausnutzung der Wärme mehr zu erreichen
ist.

Tabelle. Nach Dr. Schneider.

Wärmeausnützung von Dampfmaschinen.

| | Kolbenmaschine | | Turbine |
	Konden-sation	Auspuff	Konden-sation
Anfangstemperatur . . ⁰ C	300	300	300
Der Maschine zugeführt . Kal.	100	100	100
In Nutzarbeit verwandelt ,,	. 16	12	17
Reibungsarbeit . . . . ,,	1,5	1,5	0,5
Strahlungsverlust . . . ,,	3,5	2,5	0,5
Abwärme . . . . . ,,	79	84	82

Nehmen wir hierzu noch die Abwärme der verschiedenen
Maschinen für flüssige und gasförmige Brennstoffe, so gelangen
wir zu einer Summe von Abwärme, welche alle unsere Vorstellungen übersteigt, von der aber die Heizungstechnik sehr
wohl in der Lage wäre, vielleicht die Hälfte nutzbringend zu
verwerten. Interessante und umfangreiche Anlagen sind
vereinzelt gebaut worden, und ich möchte zunächst nur einige
wenige Anlagen schildern, die ich näher kenne.

1. In einer Glasfabrik befinden sich drei Glasöfen in
dauerndem Betrieb. Ich habe mit Hilfe eines Brabbé eschen
Staurohres und durch Temperaturmessungen ermittelt, daß

von jedem Ofen pro Stunde ca. 600 000 WE abziehen, bei drei Öfen sind das stündlich 1 800 000 WE im Werte von $\mathscr{M}$ 23 000 pro Heizungsperiode. Die Temperatur der Rauchgase betrug im Mittel 450⁰, es kamen Temperaturen bis 510⁰ vor. Von dieser Wärmemenge kann man gut 60% ausnützen ohne daß der Betrieb dadurch benachteiligt wird. Das wäre pro Jahr ein Gewinn von ca. $\mathscr{M}$ 13 800. Rechnet man hierzu noch $\mathscr{M}$ 2000 Ersparnis zur Bedienung der jetzigen Heizöfen, für Kohlentransporte, Ofenreparaturen usw., so ergibt sich eine jährliche Ersparnis von $\mathscr{M}$ 15 800, welche mit etwa $\mathscr{M}$ 25 000 einmaligem Aufwand zu verdienen sind.

2. In einer anderen Glasfabrik stehen pro Stunde 446 000 WE in Form von Auspuffdampf Tag und Nacht, jahraus, jahrein zur Verfügung, mit denen man heizen könnte: Das große Bureaugebäude mit Direktorwohnung und Gewächshaus, 3 Beamtengebäude, 2 kleinere Gebäude, 1 Badeanstalt und ferner noch 3 etwas weiter entfernt liegende Wohnhäuser. Wert der Abwärme pro Heizperiode ca. $\mathscr{M}$ 4500. Hierzu für Bedienung der vielen Zimmeröfen pro Jahr wenigstens $\mathscr{M}$ 3000 und für direkte Lieferung von Brennmaterial für die betreffenden Gebäude $\mathscr{M}$ 2500, so daß im Jahre durch Nichtausnutzung der Wärme: Verlust plus Verbrauch ziemlich $\mathscr{M}$ 10 000 verloren gehen. Die Einrichtungen zur Verwertung der Abwärme bedingen einen Aufwand von ca. $\mathscr{M}$ 40 000, so daß die Amortisation der Neueinrichtung in ca. 4 Jahren erfolgt sein wird.

3. Ein anderer Fall. Eine kleinere Anlage. Vorhanden sind 2 Dampfkessel à 75 qm. In den Rauchkanal wurde ein Ekonomiser eingebaut, von welchem den heißen Gasen noch soviel Wärme entzogen wird, daß man das ca. 100 m entfernte zweistöckige Bureaugebäude davon heizen kann. Die Betriebskosten sind fast Null, die Ersparnisse pro Jahr ca. $\mathscr{M}$ 2000. Kosten der Einrichtung $\mathscr{M}$ 3500, so daß sich die Anlage nach zwei Heizperioden schon bezahlt gemacht hat.

4. In einem Stahlwerk wird der Abdampf von Dampfhämmern verwertet, welcher bis jetzt frei in die Luft blies, zuerst aber nur zum Teil. Die Abdampfmenge, die fast ununterbrochen zur Verfügung steht, beträgt pro Tag 53 000 kg,

der Wert des Abdampfes pro Heizperiode ca. $\mathcal{M}$ 24 000, von dem jetzt etwa $^1/_3$ ausgenutzt wird. Kosten der zur Verwertung von $^1/_3$ nötigen Einrichtungen ca. $\mathcal{M}$ 16 000, so daß sich die Anlage ebenfalls in zwei Jahren bezahlt macht.

5. In einer Kesselanlage habe ich gemessen, daß pro Stunde 400 000 WE zu Heizzwecken aus den Rauchgasen entnommen werden könnten. Man könnte hiermit schon ein ziemlich großes Gebäude heizen.

6. In einer anderen Stahlgießerei werden die äußerst umfangreichen Gießereien teilweise mit Maschinenabwärme, zum großen Teil aber mit Abwärme von Glühöfen u. dgl. beheizt, was bei direktem Dampf wenigstens $\mathcal{M}$ 15 000 pro Jahr gekostet hätte.

Die Erwärmung einer großen Halle erfolgt dort durch die Strahlungswärme aus den Fundamenten von 3 Siemens-Martinöfen. Ungefähr 7 m unter Niveau sind gußeiserne Rohre in Schlangenform gelegt. Die Rohre haben ca. 1 m l. Durchm. und sind mit Längsrippen versehen. Aus einem ebenfalls 1 m weiten eisernen Standrohr wird frische Luft angesaugt. Dieses Rohr ist an dem Generatorschornstein 20 m hochgeführt worden, um möglichst reine Luft zu entnehmen.

Zur Bewegung der Luft dient ein Stahlblechexhaustor für 300 000 cbm stündl. Leistung. Die Luft wird vor ihrer Erwärmung gefiltert und kommt mit ca. 40° C nach den Ausmündungsstellen, welche in Entfernungen von 5 m gleichmäßig in der Stahlgießereihalle verteilt sind. Der Austritt der warmen Luft erfolgt in Augenhöhe, kann aber durch teleskopartige ineinandergesteckte Rohre bis 1 m tief gestellt werden.

Anwendung finden ferner hier die Abzugsgase von Stahlglühöfen zur Erzeugung von Badewasser.

Die abziehenden Feuergase, welche die Glühöfen umspülen, bestreichen vor dem Eintritt unter dem Fuchs eingebaute Heizschlangen aus starkwandigem Mannesmannrohr ähnlich wie Überhitzerschlangen. Die letzteren sind mit dem Wasser gefüllt, welches mit 2 Boilern von zusammen 15 000 l Inhalt in Zirkulation steht. Da die Glühöfen Tag und Nacht brennen, sind innerhalb 24 Stunden diese 15 cbm Wasser abends gegen ½6 Uhr auf 80⁰ erwärmt gewesen. Um die unvermeidlichen Ausscheidungsprodukte des Rohwassers als Gips, Salpeter und Eisen möglichst unwirksam zu machen, haben diese Feuerschlangen Schlammsäcke, welche jeden Tag einmal durchgeblasen werden.

7. In Bäckereien ist die Menge der Abwärme von den Öfen ebenfalls sehr bedeutend. Die meisten Bäcker nützen dieselbe nicht aus. Die Großbäckereien aber erzeugen damit warmes Wasser zum Backen und Reinigen, zum Teil aber auch zum Heizen.

Die von den Öfen von oben abgehenden Feuergase umspülen eingebaute Boiler. Diese sog. Backofenoberkessel stehen in Zirkulation mit einem auf dem oberen Mehlboden angelegten Boiler und erzeugen so viel warmes Wasser, daß nicht nur die Bäckerei genügend hat, sondern auch die darin angeordnete Bade- und Wascheinrichtung. Außerdem wird auch das Wasser geschaffen, um eine komplette Wäschereieinrichtung für Bäckerkittel, Schürzen und sonstige Bäckereiwäsche mit heißem Wasser zu versorgen.

8. In Badeanstalten ist die Abwärme von Dampfmaschinen und Kesseln schon häufiger auch bei städtischen Betrieben verwendet worden, z. B. in Stuttgart, Nürnberg, Spandau, auch in Leipzig soll dies jetzt gemacht werden.

9. Ein interessanter Fall ist folgender: In einer Fabrik wird Hochdruck für vorhandene Heizungen gebraucht, für einen Neubau steht die Wahl des Heizsystems noch frei. Als das wirtschaftlich Günstigste erscheint hier eine Dampfmaschine mit Anzapfung für die alte Heizung und Vakuumheizung für den Neubau, der Betrieb erfordert ca. 180 PS. Die Maschine ist so konstruiert, daß sie stündlich 725 kg Anzapfdampf und 260 kg Vakuumdampf liefert, womit der Dampf vollständig aufgebraucht ist, für etwaigen gelegentlichen Dampfüberschuß, z. B. auch im Sommer, ist noch größerer Bedarf an Warmwasser vorhanden; jährliche Ersparnis gegenüber getrenntem Betrieb ℳ 3500 bis 4000.

10. In Ziegeleien existieren Einrichtungen besonderer Art. Es werden dort die Abgase der Brennöfen und Kessel

mit Exhaustoren direkt durch weite Blechrohre gesaugt und geben da ihre Wärme zum Trocknen der Ziegel ab.

Diese Anlagen sind die allereinfachsten und billigsten. Als Rohre bewähren sich am besten solche mit homogener Verbleiung, alle anderen werden von den Rauchgasen zu schnell zerstört.

11. In kleineren Bäckereien, wo kein Dampfbetrieb ist, wird auch die Bäckerei und alle dazugehörigen Mehlboden mit dem aus den Backofenoberkesseln erzeugten Warmwasser erwärmt.

12. In einem Emaillierwerk wurden von dem Schmelzofen die Feuergase durch einen liegenden Röhrenkessel geleitet, es wurde durch die abziehenden Feuergase Dampf erzeugt und zum Heizen verwendet.

13. Interessant dürfte es sein, daß in der Nähe von Berlin in flachem Gelände ohne Vorflut eine Anlage ausgeführt wurde, welche die Abwässer verdampft, da dort keine Kanalisation ist, und das mit einer gewissen Wärme abfließende Verbrauchswasser soll möglichst kostenlos verschwinden. Hierzu benutzte man die Feuergase, welche einen sattelförmig ausgebildeten Kessel von 6 m Länge und 1 m i. L. bestreichen. Das Abwasser floß auf der einen Seite des Sattels in den Kessel ein, auf der anderen Seite war ein Dunstrohr angelegt, und das Resultat der Verdampfung war befriedigend und für das dortige Werk vollständig ausreichend.

Wenn man den Abwärmewert der wenigen hier spezieller angeführten Anlagen zusammenrechnet, so kommt man schon auf die Summe von ziemlich ℳ 80 000 im Jahre.

Wenn wir uns aber einmal ein Bild der riesigen Verluste an Dampfmaschinenabwärme, die allein im Königreich Sachsen vorhanden sind, machen wollen, so finden wir folgendes:

Im Jahre 1910 waren vorhanden 13 478 Dampfmaschinen mit 628 000 PS eff. Rechnet man im Mittel den Dampfverbrauch pro PS/Std. zu 7 kg, den Wärmeinhalt zu 700 WE pro kg, den Verlust zu 85%, so gehen stündlich 2615 Millionen Kalorien verloren im Werte von etwa ℳ 8710 pro Stunde

oder von 200 Heiztagen à 10 Stunden im Werte von über
.ℳ 17 Mill. Könnte man diese nur zu $^2/_3$ ausnutzen, so wäre
das ein Gewinn von ℳ 11 600 000 jährlich lediglich aus Maschinenabwärme.

M. H.! Unter das Kapitel »Verbindung von Kraft- und
Heizbetrieben« fallen auch die allbekannten Auspuffheizungen,
wie solche schon seit den Anfängen des Dampfmaschinen-
betriebes ausgeführt werden. Die Heizungen bildeten damals
eine Verlängerung, wohl auch eine Verästelung des Auspuff-
rohres, welches einfach durch eine Drosselklappe abgesperrt
wurde, die dann den Auspuff zwang, statt über Dach in die
Heizung zu gehen.

In den mannigfachsten Ausführungen, groß und klein
und in vielen Tausenden von Exemplaren wurden diese Heizungen gebaut; trotzdem geht heutigentags noch massenhaft
solcher Dampf verloren. Allmählich führten sich aber, auch
für kleinere Leistungen, die Kondensationsmaschinen ein,
weil man ausschließlich mit dem geringeren Dampfverbrauch
derselben rechnete und die Rückkühlanlagen überall billige
Kondensation ermöglichten; die Auspuffmaschinen verschwanden mehr und mehr, und die Heizungstechnik war
gezwungen, sich den geänderten Betriebsverhältnissen anzu-
passen. Der Heizungsingenieur stand gewöhnlich vor der
vollendeten Tatsache, daß die Kondensationsmaschine bereits beschafft war, und man half sich nun einfach so, daß man
entweder die alte vorhandene Auspuffheizung mit reduziertem
Kesseldampf speiste oder eine Heizung für direkten Dampf
beschaffte, die Maschinen aber ließ man mit Kondensation
laufen.

Ein Zusammenarbeiten zwischen Maschinen- und Heizungsingenieur fehlte vollständig. Der Maschineningenieur
baute eine mit möglichst geringem Dampfverbrauch arbeitende
Maschine, und der Heizungsingenieur baute eine davon völlig
unabhängige Heizung mit direktem Dampf. Jeder dieser
Teile war in sich vollkommen, beide zusammen aber waren
höchst unvollkommen, und diese Unvollkommenheit mußte der
Besitzer aus seiner Tasche bezahlen. Bei der Mehrzahl der
Anlagen besteht dieser Zustand bis auf den heutigen Tag.

Gezwungen durch die Konkurrenz der Gas- und Ölmaschinen[1]),
und angeregt durch die wissenschaftlich begründeten, wirtschaftlichen Untersuchungen von Eberle in München,
sind in den letzten Jahren Dampfmaschinen- und Turbinen-
fabriken mehr und mehr zum Bau von Abwärmeverwertungs-
maschinen übergegangen, meist in der Form von Anzapf-
maschinen und Anzapfturbinen mit besonderen Regelorganen
für die starken Belastungsschwankungen der Heizung und
Kraft. Diese Maschinen bieten in wärmewirtschaftlicher
Hinsicht gegenüber den alten Maschinen mit reiner Kondensation schon große Vorteile und führen sich deshalb außerordentlich schnell ein. Bekannt sind ja die Diagramme des
Wärmestromes, von denen ich Ihnen nachher einige zeigen werde.

---

[1]) Welche allerdings heiztechnisch mit den Dampfmaschinen
bei weitem nicht konkurrieren können, da man pro Pferdestärke
stündlich nur 400 bis 500 WE aus Abgasen allein und 900 WE
aus Abgasen und Kühlwasser zusammen gewinnen kann.
     Die hierzu nötigen Apparate sind sehr einfach und von
Hottinger in der Zeitschrift des Vereins Deutscher Ingenieure
eingehend beschrieben worden.

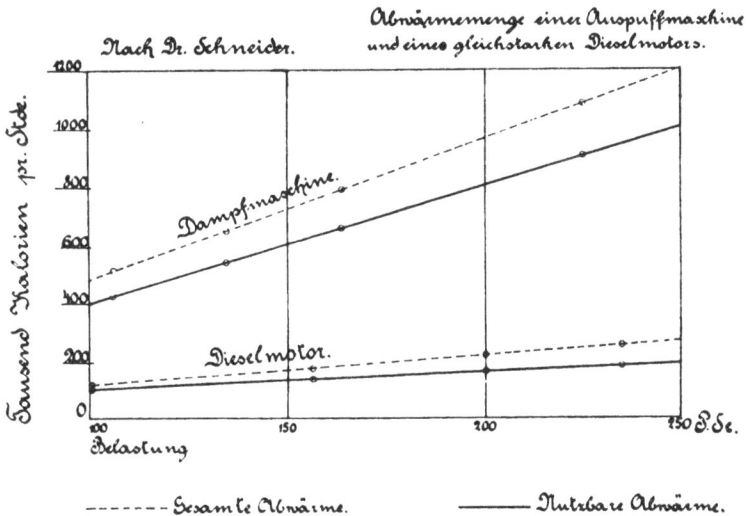

Fig. 2. Vergleich der Wärmemengen bei Dampfmaschinen und Dieselmotoren.

Ich kann als Heizungsingenieur natürlich auf Einzelheiten dieser Maschinen, Regulierung, Diagramme usw. nicht eingehen, muß sie aber ebenso wie die Anzapfturbinen besonders scharf hervorheben, da sie mit die wärmewirtschaftlich günstigste Verbindung von Kraft und Heizbetrieb erlauben und die Ausnutzung des Vakuumabdampfes obendrein gestatten.

Man dachte früher nicht daran, besonders in Deutschland nicht, den Vakuumabdampf von Dampfmaschinen zur Heizung von Räumen zu verwenden. Ich erinnere mich zweier Gespräche, in denen mich bewährte alte Dampfmaschinenbauer erstaunt fragten: »Ja, kann man denn mit Vakuumdampf überhaupt heizen?« Das kam wohl hauptsächlich daher, daß man die Temperatur für zu niedrig hielt und glaubte, damit nicht richtig heizen zu können, ferner fürchtete man die großen Rohrquerschnitte. Schließlich aber wurde die Vakuumheizung auch sehr teuer, da sie bei gleicher Leistung natürlich viel größere Heizflächen erfordert als Auspuffheizungen. Man hatte bis vor wenigen Jahren kein recht geeignetes Rohr für solche Vakuumdampfheizungen. Die üblichen Patentrohre waren viel zu schwer und zu teuer. Rippenrohre waren wegen der vielen Verbindungen und der Gefahr von Undichtheiten ziemlich ausgeschlossen, ferner kam hierzu die enorme Preissteigerung der Rippenrohre vor wenigen Jahren. Erst in allerletzter Zeit sind billige, schwachwandige, für den Zweck ganz besonders geeignete Heizrohre hergestellt worden, welche die Verwertung der im Vakuumabdampf enthaltenen Wärme in einfacher und billiger Weise ermöglichten, teils in Luftheizungen, teils in direkten Dampfheizungen oder in Warmwasserheizungen. Auch besondere Batterien, Register, Luftkondensatoren etc. sind konstruiert worden.

Der Heizungstechnik eröffnet sich speziell durch die Vakuumheizungen ein weiteres Feld der Betätigung, besonders im Anschluß an große, in der Nähe von Wohn- und Geschäftsvierteln gelegene Elektrizitätswerke und bei solchen Besitzern, welche mehr auf billigen Betrieb als auf billige Anlagen sehen. Bringt man noch einen Apparat an, durch welchen das in der Heizung entstandene Kondensat, bevor es wieder in den Einspritzkondensator gelangt, abgezogen und wieder zur Kessel-

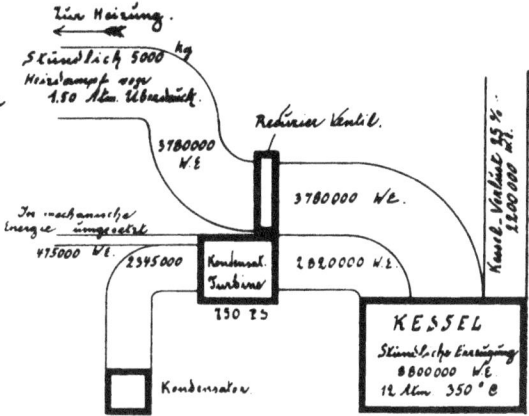

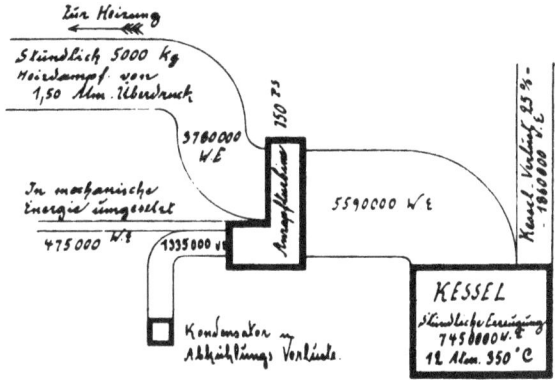

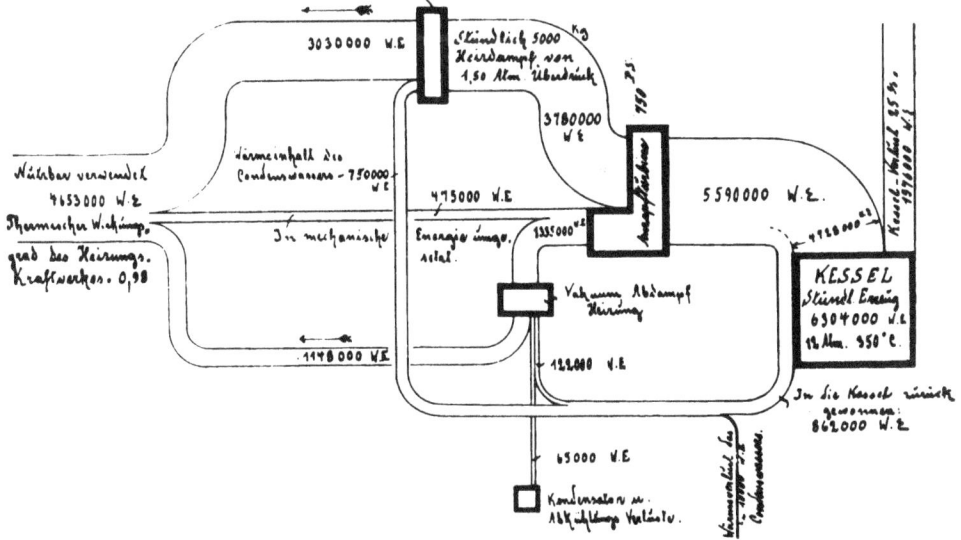

Fig. 3. Wärmebilanzen bei getrenntem und vereinigtem Kraft- und Heizbetrieb.

Obere Diagramme unter Mitbenutzung eines Katalogs der Görlitzer Maschinenbau-Anstalt aufskizziert.

speisung verwendet wird, so ist wohl das Maximum der Wirtschaftlichkeit erreicht. Die Wärmeverluste bestehen dann, sofern man nur imstande ist, die Abwärme für Heizzwecke immer zu verwenden, lediglich in Rohrleitungsverlusten, der thermische Wirkungsgrad einer solchen Anlage ist dann beinahe 100%.

M. H.! Gerade die Vakuumheizungen zeigen, daß wir mit unseren heutigen Dampfmaschinen, die bei vielen in thermischer Hinsicht gegenüber den Verbrennungskraftmaschinen als etwas vollkommen Abgetanes gelten, noch lange nicht fertig sind und sich ein in höchstem Grad wirtschaftlicher Betrieb schaffen läßt. Es sind nun in letzter Zeit vielfach solche Anlagen in großem Umfang gebaut worden und ich selbst habe auf meinen Reisen gefunden, daß großes Interesse dafür vorhanden ist. Ich werde Ihnen nachher im Schema eine solche Anlage, welche außerordentlich einfach ist, im Lichtbilde zeigen.

Als ein wirtschaftlicher Nachteil, wenn auch hygienischer Vorteil ist die gewöhnlich recht niedrige Oberflächentemperatur der Heizkörper anzusehen. Dieselbe beträgt bei Vakuum von 80% ca. 60° C. Es ergeben sich dabei recht große Heizflächen, zumal wenn man auch das Anheizen mit Vakuum bewirken will. Gewöhnlich heizt man aber mit direktem Dampf etwas vor und schaltet dann auf Vakuum um. Mir ist aber gesagt worden, daß das Vorheizen nur Montags früh nötig ist, an den übrigen Tagen ist das Gebäude wegen der langdauernden gleichmäßigen Wärmezufuhr am Tage so gut durchwärmt, daß man nicht vorzuheizen braucht. Selbst in Webereien und Spinnereien nicht, wo man doch Rücksicht auf die Gespinste nehmen muß. An Heizungen wird natürlich in solchen Fabriken nicht gespart, da ja die Wärme nichts kostet.

Die Heizung läßt sich nun dadurch verbilligen, daß man von gewissen Außentemperaturen ab, meinetwegen unter — 5°, das Vakuum in der Maschine vermindert, vielleicht bis auf 50%. Bei Dampfmaschinen steigt der Dampfverbrauch dadurch nur unwesentlich, das schadet aber auch nichts, da ja die Abwärme ausgenutzt wird. Ein weiterer Vorteil, den die Vakuumheizung ganz von selbst ergibt, besteht in einer großen Ersparnis von Einspritzwasser und Luftpumpenarbeit, dieser Vorteil ist schon äußerlich bemerkbar. Es kommen Zeiten vor, in denen nur ganz wenig Wasser eingespritzt wird, lediglich um das Vakuum gerade noch zu erhalten. Es ist ja ganz erklärlich, daß sich das zeigt, denn die Heizung ist ja in diesem Falle weiter nichts als ein dem Einspritzkondensator vorgeschalteter Luftoberflächenkondensator, den wir eben Heizung nennen, und was dieser kondensiert hat, braucht der Einspritzkondensator nicht mehr zu vernichten. Ich habe die Rentabilität solcher Anlagen regelmäßig nachgerechnet und habe gefunden, daß die höheren Anlagekosten — gegenüber einer direkten Dampfheizung ca. 80% — sich immer nach 3 bis 4, höchstens 5 Heizperioden bezahlt machen, d. h. die Mehrkosten sind dann durch Betriebsersparnisse vollkommen amortisiert; die Heizung arbeitet vollkommen kostenlos, während eine direkte Dampfheizung alljährlich hohe Betriebskosten verursacht.

Man ersieht, was für ein großes Feld sich der Heizungstechnik in der Ausnutzung speziell des Vakuumdampfes eröffnet hat, wenn man sich einmal vergegenwärtigt, wieviel Abwärme in den Turbinen und Dampfmaschinen unserer Elektrizitätswerke, in Fabriken und allen möglichen Betrieben jahraus, jahrein verfügbar ist, sobald man nur die Möglichkeit hat, für die Abwärme geeignete Abnehmer zu finden.

Die Fortleitung des Vakuumdampfes auf größere Entfernungen bietet aber, wegen des geringen verfügbaren Druckgefälles, Schwierigkeiten bzw. ist nicht möglich, hier kommt uns nun die Warmwasserheizung mit Pumpenbetrieb zu Hilfe, welche die Wärmeübertragung auf große Entfernungen gestattet[1]). — Bei strenger Kälte reicht allerdings die mit dem

---

[1]) Zur Geschichte der Fern-Warmwasserheizung mit Pumpenbetrieb möchte ich bemerken, daß eine solche komplette Anlage bereits vor mehr als 25 Jahren in Blasewitz bei Dresden in der damaligen Gärtnerei von Emil Liebig in Betrieb gewesen ist, woselbst ein sehr umfängliches Gewächshausareal mit einer solchen Anlage versehen war. Diese Idee soll von Liebig jun., der Gärt-

gewöhnlichen Vakuum von 85% erzielbare Wassertemperatur von etwa 50⁰ C nicht mehr aus, man müßte sonst in den Räumen so große Heizflächen aufstellen, daß die Anlagekosten die Sache sicher unrentabel machen würden, auch würde man so große Heizflächen wegen Platzmangel gar nicht unterbringen. Die Heizung würde einfach ein Monstrum werden.

Es bleibt also weiter nichts übrig, als bei strenger Kälte das Vakuum zu vermindern, um eine Wassertemperatur von etwa 75⁰ zu erzielen, hierzu dürfte das Vakuum höchstens 50% betragen, da die Dampftemperatur immer 5⁰ höher liegen möchte als die Zulauftemperatur.

Bewirkt man dann die Wasserbewegung durch Frischdampf, der bei solchen Anlagen immer zur Verfügung steht, und führt die Wärme des Frischdampfes ebenfalls dem Heizwasser zu, so erzielt man leicht eine Temperaturerhöhung auf etwa 80⁰, welche auch, sofern nur die Heizung selbst richtig berechnet ist, selbst bei strenger Kälte genügt.

Es könnte nun erscheinen, als ob durch die Verminderung des Vakuums die Maschinenanlage bedeutend unökonomischer arbeiten würde. Dies ist jedoch nicht der Fall. Der Dampfverbrauch pro Leistungseinheit nimmt zwar zu (eine Verminderung des Vakuums von 85% bis 0%, also auf atmosphärische Gegenspannung, bewirkt bei Einzylindermaschinen eine Erhöhung des Dampfverbrauchs um 15%, bei Zweizylindermaschinen um 25%, bei teilweiser Verminderung des Vakuums liegt der Verbrauch dann zwischen diesen Werten),

ner, aber kein Heizungsfachmann war, selbst hergerührt haben. Das heißgemachte Wasser wurde von einer Pumpe, die mit Riemen angetrieben wurde, in die einzelnen Gewächshäuser, deren 24 vorhanden waren, gedrückt. Diese Anlage ist bereits im Jahre 1887 in Betrieb gewesen.

Die Heizrohre lagen in unterirdischen Gängen, welche die einzelnen Gewächshäuser miteinander verbanden.

Diese Pumpenheizung ist bis Mitte der 90er Jahre in Betrieb gewesen, mit der Ausdehnung der Großstadt ist dann diese Gärtnerei und Heizbetrieb eingegangen. Die größten Entfernungen betrugen ca. 200 m.

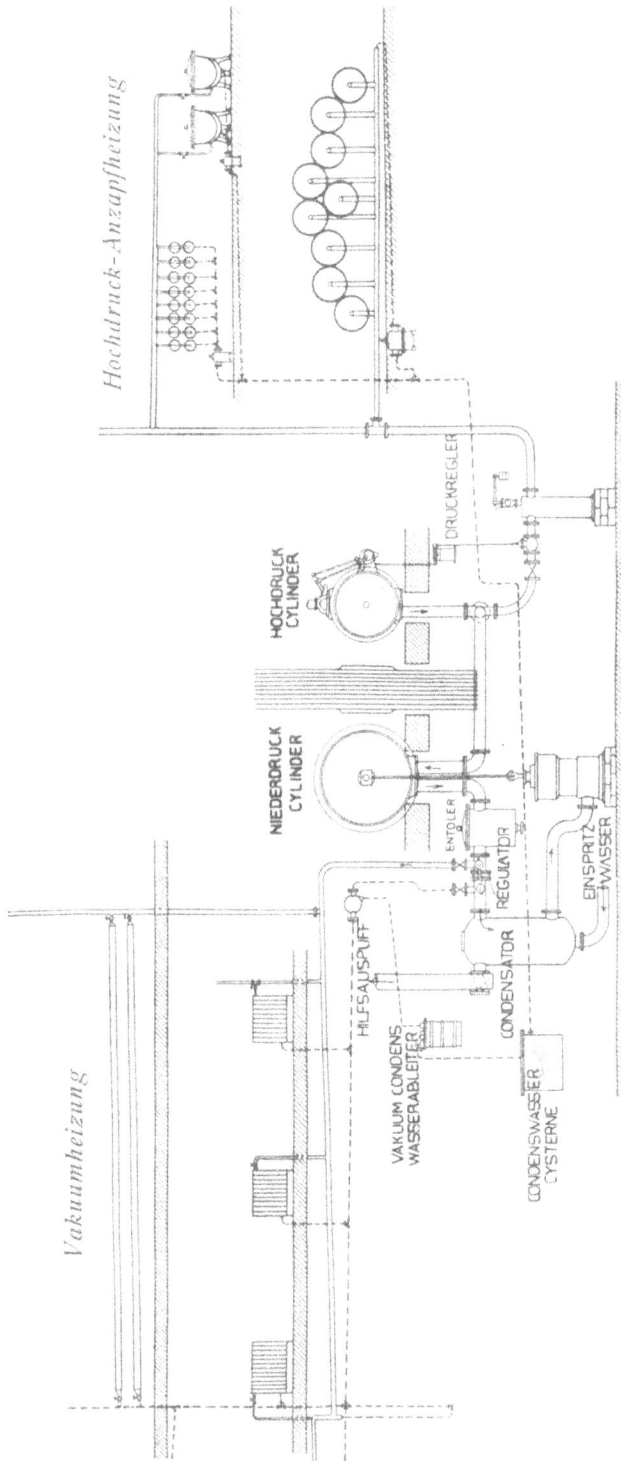

Hochdruck-Anzapfheizung

Vakuumheizung

HOCHDRUCK
CYLINDER

NIEDERDRUCK
CYLINDER

DRUCKREGLER

ENTÖLER

REGULATOR

EINSPRITZ
WASSER

CONDENSATOR

HILFSAUSPUFF

VAKUUM CONDENS
WASSERABLEITER

CONDENSWASSER
CYSTERNE

Fig. 4. Schema einer Hochdruck-Anzapf-Dampfheizung und einer Vakuumabdampf-Heizung von einer Dampfmaschine aus.

das schadet aber nichts, da der höhere Dampfverbrauch sich ja bezahlt macht, es kommt bei solchen Ausführungen sogar vor, daß dem Maschineningenieur von vornherein die Aufgabe gestellt wird, die Maschine mit einem gewissen höheren Dampfverbrauch zu konstruieren. Die Hauptsache bleibt, daß man den Abdampf jederzeit in der Heizung verwerten kann, wenigstens zum größten Teil.

Bei der Frage nach der Wirtschaftlichkeit eines solchen Abwärmebetriebes kommt die Betriebszeit, welche auf die verschiedenen Temperaturen fällt, sehr in Frage.

Ich habe hier eine Schaulinie über den Temperaturverlauf während der Heizperiode in Dresden nach den Aufzeichnungen der Königlichen Sächsischen Landeswetterwarte zusammengestellt. Es ist hier ein recht strenger Winter 1908/1909 herausgegriffen. Wir sehen aber, daß selbst in diesem strengen Winter die Außentemperatur nur an 25 Tagen unter — 5° C sinkt, unter — 10° C sind nur 8 Tage vorhanden, aber nicht volle Tage, sondern nur Tagesstunden.

Diese Verhältnisse muß man sich bei Beurteilung der Wirtschaftlichkeit eines solchen Abwärmebetriebes wohl vor Augen halten. Wenn man also die Heizung für — 5° C und 60° Wassertemperatur bei — 5° C konstruiert, so hätte man an 8 Betriebstagen auf je einige Stunden eine Verminderung des Vakuums auf etwa 65⁰% vorzunehmen, was bei Zweizylinder-Dampfmaschinen eine Vergrößerung des Dampfbedarfes um 10% bedeuten würde.

Verfolgen wir die wirtschaftlichen Fragen weiter, und rechnen immer wieder mit mittleren Werten, so wird das Bild noch günstiger. Ich habe Kurven, wie vorhin gezeigt, für eine Reihe von Jahren aufzeichnen lassen, und nach diesen die Anzahl der Betriebsstunden, welche auf die verschiedenen Außentemperaturen entfallen, für die durchschnittliche Heizperiode bestimmt. Hierbei wurde Tag- und Nachtbetrieb angenommen, weil es sich um einen speziellen Fall handelte.

Trägt man diese Zahlen in einem Diagramm auf, so erhält man eine Linie, welche bei — 20° C fast Null ist, erst allmählich, dann von — 5° C schneller ansteigt, bei + 4° C ihr Maximum hat und dann fast symmetrisch wieder abfällt. Diese Linie bezeichnet man als eine Häufigkeitskurve.

Sie sehen, daß die Zahl der Betriebsstunden, in denen man mit vermindertem Vakuum arbeiten muß, verschwindend klein ist gegenüber den Stunden, welche das normale Vakuum gestatten.

Meine Häufigkeitskurve gestattet aber nun noch einen weiteren wichtigen Schluß, nämlich den, bis zu welcher Größe man in einem speziellen Falle bei gegebener und als konstant annehmbarer Abwärmemenge, z. B. einem Straßenbahn-elektrizitätswerk, mit der Verwertung der Abwärme gehen kann, bzw. wo die Grenze der Wirtschaftlichkeit liegt.

Es ist von vornherein klar, daß man mit der Größe der anzuschließenden Heizungen nicht über einen gewissen Umfang hinausgehen darf, weil man ja dann während einer zu langen Zeit ein Wärmedefizit hätte und Frischdampf zugeben müßte, was natürlich die Wirtschaftlichkeit herabdrückt. Ist die Heizungsanlage zu klein im Verhältnis zur verfügbaren Abwärmemenge, so muß man wegen dieser kleinen Heizung bei strenger Kälte eine große Maschine ungünstig laufen lassen, der wahre Wert liegt also in der Mitte.

Vorausschickend bemerken will ich hier, daß es bei Vakuum-Warmwasserbetrieb nicht angängig ist, einfach das Defizit bei — 20⁰ C durch Zuführung von Frischdampf bei gleichbleibendem hohem Vakuum zu decken, denn bei 80⁰ Zulauf und 65⁰ C Rücklauf würde die mittlere Wassertempe-ratur 72⁰ C betragen, die Dampftemperatur aber nur 60⁰, es würde also die Heizung Wärme an den Vakuumdampf ab-geben, während es doch gerade umgekehrt sein sollte, das geht also nicht.

Welches ist nun die nach ihrem Umfang wirtschaftlich günstigste Heizung?

Doch offenbar diejenige, welche während des größten Teiles der Heizperiode die meiste Abwärme zu verwerten gestattet! Nehmen wir einen speziellen Fall an, wie er mir in der Praxis vorgelegen hat.

Die betreffenden Maschinen lieferten Tag und Nacht stündlich 446 000 WE, jahraus, jahrein. Im Diagramm er-

17*

scheint der Wärmevorrat demnach als gerade horizontale Linie.

In der Nähe des betreffenden Werkes liegen Häuser in großer Zahl, und man konnte von vornherein annehmen, daß nicht alle angeschlossen werden können.

Da die betreffende Fabrik die Kohlen für alle diese Häuser liefern muß, wollte sie gern diese Abwärme verwerten.

Wir nehmen nun mangels genauerer Unterlagen immer noch an, daß der Wärmebedarf einer Heizung proportional der Differenz zwischen Innen- und Außentemperatur verläuft, was für wirtschaftliche Untersuchungen, die immer mit mittleren Verhältnissen rechnen, auch ziemlich zutrifft.

Es ergeben sich also mehrere Linien, wenn man die Ordinaten der Häufigkeitskurve mit denen der Wärmevorratslinie, die eine horizontale Gerade bildet, und mit denen der Wärmebedarfslinie, die eine Gerade von — 20 nach + 20° C bildet, multipliziert. Man erhält dann eine Wärmevorratskurve und eine als Wärmebedarfskurve zu bezeichnende Linie. Sie sehen, daß die Vorratslinie weit über der Bedarfslinie liegt, d. h. wir haben, wenn wir nur Häuser mit einem Gesamtwärmebedarf von 446 000 Kal. bei — 20° C anschließen, eine sehr ungünstige Anlage, bei der die obere große Wärmefläche verloren geht. Je kleiner ich diese Fläche mache, um so mehr Abwärme kann verwertet werden, welche man dann anderseits erspart oder bezahlt bekommt. Das Günstigste wäre, wenn man beide Linien zur Deckung brächte, was aber nur bei Kondensationsturbinen möglich ist.

Nehmen wir jetzt eine Heizung an, die pro Stunde bei — 20° C z. B. 700 000 WE braucht, so müssen wir bei strenger Kälte natürlich Frischdampf zusetzen. Das zeigt sich sofort im Häufigkeitsdiagramm, und zwar zeigt die kleine Fläche hier unten links, welche jetzt ü b e r der Vorratskurve liegt, was ich zusetzen muß, gewinne dafür aber an Abwärme, was die große Fläche hier oben darstellt.

Je nach dem Wertverhältnis des Frischdampfes zum Abdampf und zum Kohlenpreis läßt sich dann in speziellen Fällen leicht das Maximum der Wirtschaftlichkeit ermitteln.

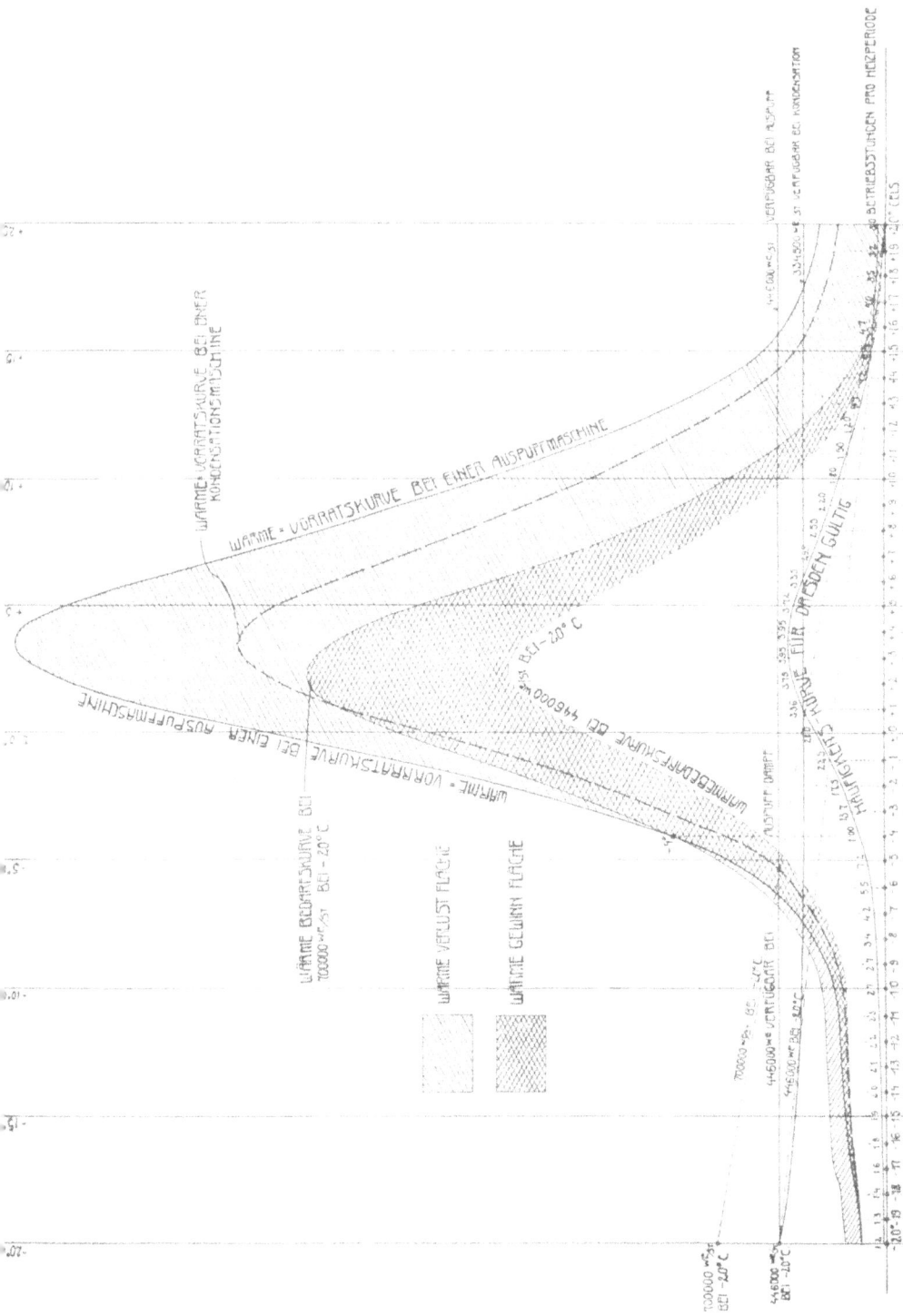

Fig. 6. Häufigkeit der Betriebsstunden zwischen — 20° und + 20° C während einer mittleren Heizperiode, Wärmebedarfs- und Wärmevorrats-Kurven.

dasselbe liegt dort, wo der Wert des zugesetzten Frischdampfes größer wird als der Wert des gewonnenen Abdampfes.

Macht man die Heizung größer, so muß man zu viel Frischdampf zusetzen, macht man sie kleiner, so hat man bei milder Witterung zu große Abwärmeverluste.

Da die Häufigkeitskurven schon in Deutschland recht verschieden sind — ich mache darauf aufmerksam, daß die Null-Isotherme im Winter von Schleswig über Berlin, München und dann weiter nach Konstantinopel läuft und daß zwischen Osten und Westen Temperaturdifferenzen bis 8^0 C vorhanden sind — ist es nicht gut möglich, die Sache allgemein analytisch zu behandeln, man könnte aber an Hand der Gleichungen, der hier ersichtlichen Linien das wirtschaftliche Maximum rechnerisch ermitteln. Die eingezeichnete gestrichelte Kurve gilt für Vakuumabdampf einer Kolbenmaschine; man sieht hieraus, daß die Abwärme dann viel weiter ausgenutzt werden kann, weil die Kurve viel tiefer liegt; bei einer Turbine könnte die gestrichelte Linie bis 108% tiefer liegen.

Sie sehen also, daß eingehende wärmewirtschaftliche Untersuchungen in jedem Falle notwendig sind, da die Verhältnisse — Preis des Frischdampfes, Höhe der Anlagekosten usw. — überall andere sind.

Die Anlagekosten sind aber von untergeordnetem Einfluß, da sie nicht proportional dem Umfang der Heizung, sondern weniger wachsen als letztere, ausschlaggebend sind die Betriebskosten, vielfach kommen auch noch Kosten für Bedienung, Versicherungsgebühren usw. in Frage, welche berücksichtigt werden müssen.

Der eben behandelte Fall aus der Praxis war ziemlich einfacher Natur , weil hier die Abwärme vorhanden war, und im Wärmevorrat vollständig konstante Verhältnisse vorlagen, wie dies z. B. bei der Abwärmeverwertung von städt. Straßenbahnwerken der Fall sein würde. Viel schwieriger liegt der Fall bei einem Lichtwerk, bei welchem die Belastung bekanntlich außerordentlich stark schwankt, nicht nur im Tagesverlauf, sondern im Verlauf der Heizperiode. Auch kommt der Fall vor, daß für eine gegebene Gebäudegruppe mit ganz bestimmtem Bedarf die wirtschaftlich günstigste Maschine zu ermitteln ist.

Letzter Fall lag kürzlich für die Neubauten der Techn. Hochschule Dresden vor, für welche ich die Diagramme hier habe. Es handelte sich dort um Beheizung älterer Institute, welche direkte Dampfheizung haben, und der neuen Institute, welche Warmwasserheizung bekommen. Auf Grund der Betriebsprotokolle ließ sich für jeden Tag genau ermitteln, welche Wärmemengen und welche Strommengen gebraucht wurden, von diesen konnte man weiter schließen auf den zukünftigen Bedarf der Hochschule an Strom. Der Wärmeverlust der neuen Institute wurde berechnet.

Ich habe nun für die Monate Oktober bis mit April, da diese für die Wirtschaftlichkeit ausschlaggebend sind, Diagramme für Strom- und Wärmeverbrauch aufgestellt, und zwar für einen durchschnittlichen Monatstag.

Wir sehen in den Diagrammen hier im Oktober den geringen Wärmebedarf und die kurze Heizzeit, im November wird der Wärmebedarf höher, der Betrieb länger, den stärksten Heizbetrieb erkennen wir im Januar, und fällt dieser dann wieder ab im Februar, Mai usw.

Ganz anders ist der Strombedarf. Im Oktober wenig Strom, wegen der Hochschulferien, im November mit seinen trüben Tagen der meiste Strombedarf, im Januar schon weniger usw. Im April ganz wenig Strom, da zeigt sich der Einfluß der Osterferien.

Ich bemerke nochmals, daß das keine theoretischen Zahlen sind, dieselben sind auf Grund von Betriebsprotokollen aufgestellt. Die Werte der Diagramme stimmen aber, wie ich durch Nachrechnung feststellte, mit den theoretischen Zahlen gut überein, z. B. bei — 10⁰ differierte es nur um ca. 100 000 WE, das sind 4%, die durch Wind u. dgl. leicht erklärlich sind.

Wir sehen schon bei oberflächlicher Betrachtung der Diagramme, daß Wärme- und Lichtbedarf keineswegs zusammenfallen, im November z. B. der viele Strom und die wenige Heizung, im Januar ist dies gerade umgekehrt.

Es handelte sich nun darum, für diese Verhältnisse die wirtschaftlich günstige Dampfturbine auszumitteln, d. h. diejenige, bei welcher zu allen Betriebszeiten der gesamte Abdampf für Heizzwecke verwendet werden kann, und welche gleichzeitig den erforderlichen Strom liefert, oder anders ausgesprochen, welche bei den verschiedenen Belastungen höchstens so viel Abdampf liefert, als die Heizungen benötigen. Liefert die Turbine zu viel, so ist die Anlage unwirtschaftlich.

Diese Ausmittlung war natürlich Aufgabe für die Turbineningenieure.

Es ergab sich als wirtschaftlich günstigste Turbine eine solche von etwa 260 bis 280 KW Leistung, bei welcher während der Heizzeit n i e m a l s Abdampf überschüssig ist, wie wir aus den Tekturdiagrammen, die unter den Monatsdiagrammen ersichtlich sind und welche den mit der Turbine zu erwartenden Zustand angeben, ersehen.

Zur Aufstellung kommt eine Turbine mit normal 300 KW, die sich durch Zusatzdüsen später auf 400 und 500 KW steigern läßt, je nach dem Ausbau der Institute, das Vakuum ist von 10% bis 92% variabel, was eine Veränderung der Abdampfmenge um 108% ergibt und woraus die große Anpassungsfähigkeit einer Dampfturbine hervorgeht.

Die Betriebszeiten für Heizung und Maschinenbetrieb sind in der Hauptsache wie sie bisher bestanden zugrunde gelegt.

Die Heranziehung der Akkumulatorenbatterie zum gelegentlichen Ausgleich der Maschinenbelastung hat wirtschaftlich nichts zu bedeuten, da ja der Strom außerordentlich billig, man könnte beinahe sagen kostenlos erzeugt wird, denn man hätte ja den Dampf für die Heizung doch ohnedies erzeugen müssen, und es ist, wie die Diagramme ergeben, ja außer Rohrleitungsverlusten kein Dampfverlust vorhanden, der thermische Wirkungsgrad der Kraft- und Heizanlage beträgt nahezu 100%. (Vgl. Wärmebilanz, Fig. 3, unten.)

Es ist hier einzuschalten, daß der Dampf, wenn er aus der Turbine kommt, einer gleichen Gewichtsmenge Frischdampf nicht gleichwertig ist, da ja ein Teil seines Wärmeinhaltes in Arbeit umgesetzt ist.

Der Reduktionsfaktor beträgt für mittlere Verhältnisse etwa 0,85 bis 0,90.

Es würde in einem kurzen Vortrag zu weit führen, alle Einzelheiten, die noch berücksichtigt werden müssen, hier in Zahlen und Prozenten auszudrücken. Ich komme nachher noch auf einen anderen Fall der Vereinigung von Kraft- und Heizbetrieb zu sprechen, bei welchem der praktische Betrieb derartige günstige, direkt in Geld faßbare Resultate ergeben hat, daß es auf 1% ab und zu in den wärmetheoretischen Ermittlungen und Grundlegen gar nicht ankommt.

Interessant sind bei dieser Anlage die Diagramme für starke Kältegrade, — 20⁰, — 10⁰ und — 5⁰, die wir hier sehen!

Man sieht bei — 20⁰ C, wie wenig Abwärme für die Deckung der Heizung — immer wieder mittlere Stromverhältnisse — vorhanden ist und welche Mengen von Frischdampf zugesetzt werden müssen, auch bei — 10⁰ und bei — 5⁰ ist das Defizit noch sehr groß; wie wir aber aus unserer Häufigkeitskurve ersahen, kommen solche strenge Kältegrade in Dresden nur vor:

— 20⁰ in 12 Betriebsstunden,
— 10⁰ in 24 Betriebsstunden,
— 5⁰ in 72 Betriebsstunden,

so daß der Einfluß dieser Diagramme auf die Wirtschaftlichkeit ein ganz geringer ist.

Die mittleren Monatsdiagramme zeigen aber bei näherer Betrachtung noch eins: Wir erkennen, daß die Maschinenbetriebszeit an jedem Tage bis gegen 7 Uhr abends geht, während die Heizung spätestens 5¼ Uhr abgestellt wird. Die Abwärme, welche die Turbinen nach 5¼ Uhr noch liefern, wird in Wasser aufgespeichert und am nächsten Morgen in die Heizung gegeben. Zur Speicherung sind 40 cbm Wasser erforderlich, welche auf 90⁰ erwärmt werden können.

Man sieht, wie die wärmewirtschaftliche Untersuchung notwendig ist, das Richtige zu finden. Eine zu große Turbine würde sich nicht ausnützen lassen, weil sie elektrisch zu viel

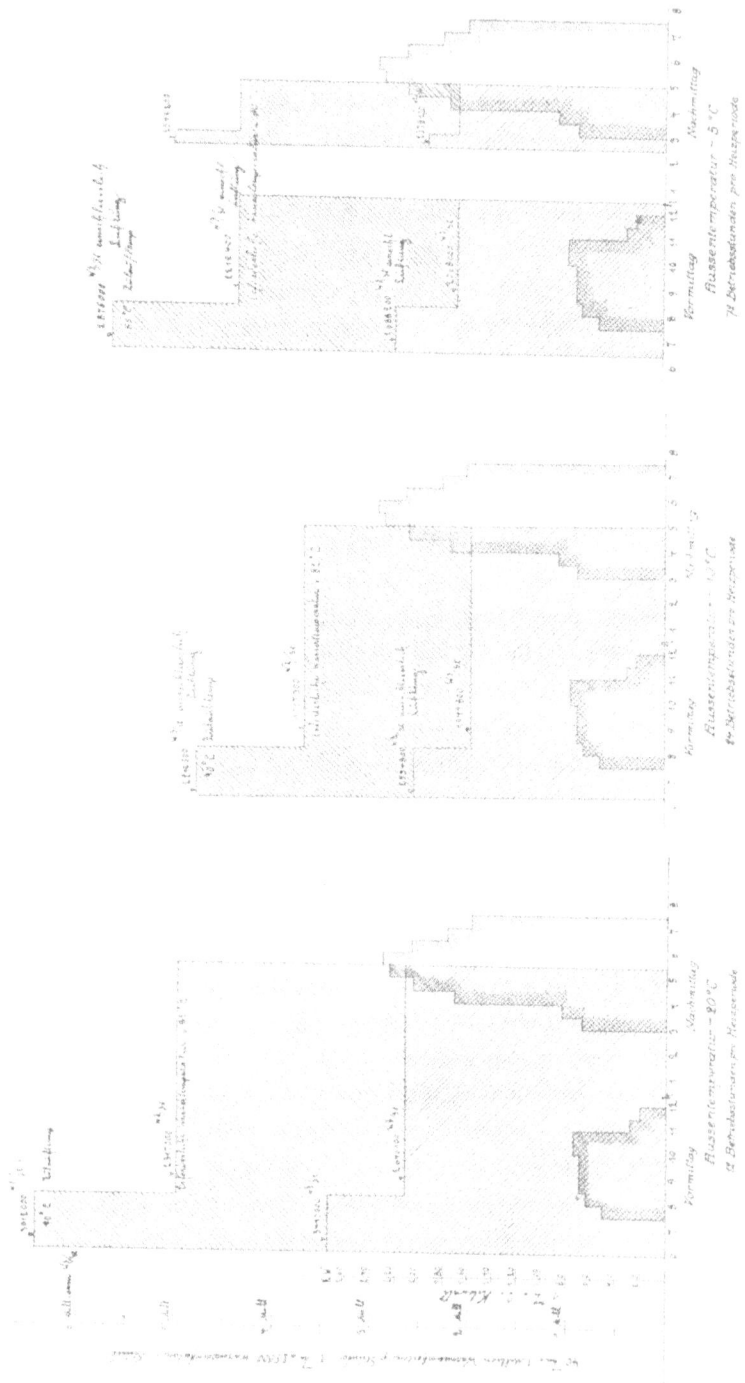

Früherer Zustand

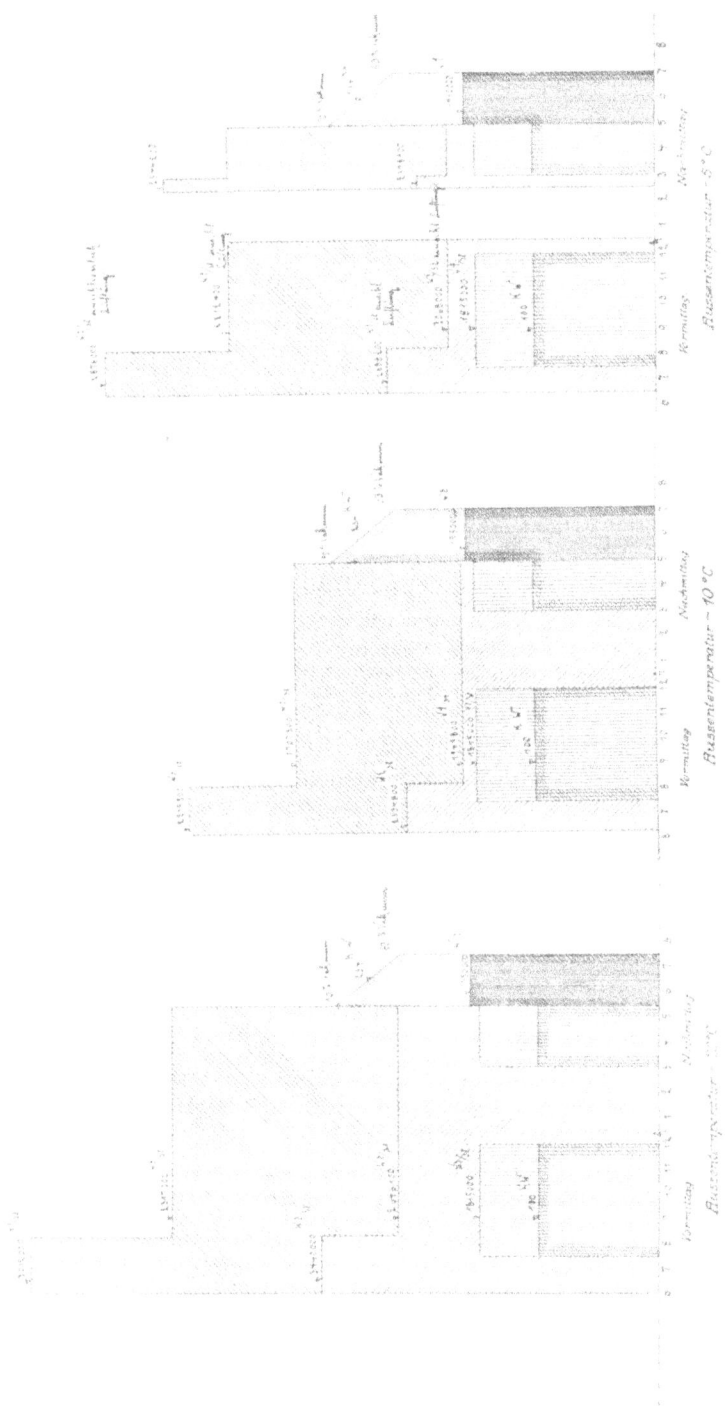

Fig. 9. Diagramme des Kraft- und Wärmebedarfs bei strenger Kälte.

Späterer Zustand

leistete, sie würde also großes totes Kapital darstellen, und bei
gelegentlicher voller Belastung würde dieselbe aber zuviel Abdampf liefern, den die Heizungen nicht aufnehmen könnten,
z. B. würde das im November der Fall sein, wo der Wärmebedarf durch den Abdampf beinahe gedeckt wird, das wäre
also den ganzen Monat hindurch Verlust.

Eine zu kleine Turbine würde zu wenig Abdampf liefern,
dann müßte man zuviel von dem teueren direkten Dampf
hinzufügen.

Bei der Billigkeit des erzeugten elektrischen Stromes
— Abdampfverluste in der Maschinenanlage gibt es während
der Heizperiode nicht — ist es nun auch möglich, elektrisch
zu heizen, und ich bitte die Herren, besonders die praktisch
ausführenden Herren, das wohl zu beachten. Es kommt für
die Verteuerung der Heizkosten nur noch die höhere Amortisationsquote des größeren Maschinenaggregats in Frage,
man hat aber den Vorteil, die Wärme mit Leichtigkeit auf
sehr große Entfernungen leiten zu können. Eine solche
elektrische Heizung, welche sicher viele Annehmlichkeiten
bietet, wird jetzt für das photographische Institut der Technischen Hochschule in Dresden für etwa 150 000 WE pro
Stunde eingerichtet.

Wir haben gesehen, daß für Fortleitung auf große Entfernungen die Wärmemengen, welche uns der Vakuumabdampf
der großen Elektrizitätswerke liefert, sowohl ihrer Menge,
als unter Vermittlung der Fernwarmwasserheizung, ihrer
Temperatur und Anspannungsfähigkeit nach, am allermeisten
geeignet sind und daß dieselben für die zentrale Beheizung
von Stadtteilen in erster Linie in Frage kommen werden.

In Deutschland wurde das erste Fernheizwerk, welches
wirklich den Charakter eines Fernheizwerkes hat, in Dresden
unter Professor Pfützner gebaut, ich darf wohl annehmen, daß es der Mehrzahl der Anwesenden bekannt sein
wird, der Umfang des Werkes ist auf dem dorthängenden
Bild ersichtlich.

In letzten Jahren sind eine Anzahl neuer Gebäude angeschlossen worden.

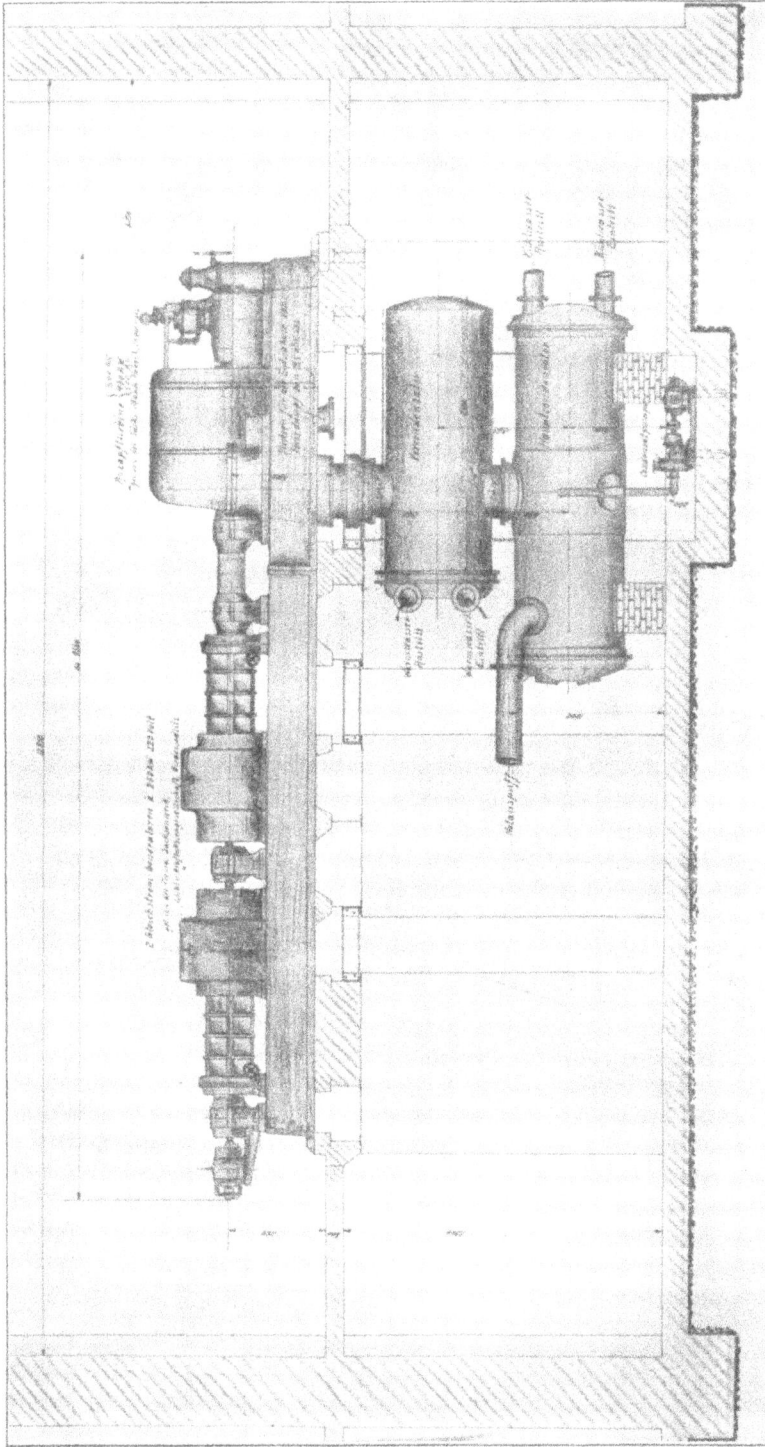

Fig. 10. Einschaltung des Vorwärmers zur Gewinnung der Vakuumabwärme in die Abdampfleitung der Dampfturbine zwischen letzterer und Kondensator.

Das mit dem Fernheizwerk verbundene Lichtwerk liefert den Strom für eine größere Anzahl von Staatsgebäuden.

Die Lichtmaschinen sind stehende Dampfmaschinen, direkt mit den Dynamos gekuppelt, z. Z. sind drei Maschinen mit 500 und 300 PS vorhanden, der Abdampf dieser Maschinen wurde bisher in Einspritzkondensatoren niedergeschlagen, wird aber jetzt, zunächst bei zwei Maschinen, in einer Fernwarmwasserheizung ausgenutzt.

Diese Anlage ist t e c h n i s c h als Vakuumabdampf-Fernwarmwasserheizung bemerkenswert, vor allen Dingen aber wirtschaftlich interessant, weil es wohl das erstemal in Deutschland ist, daß ein Privatunternehmer, nämlich die Firma Richard Doerfel, als Unternehmer für Wärmelieferung auftritt.

Die Anlage ist in dieser Hinsicht mit der Entstehung von Wasserwerken, Gaswerken und Elektrizitätswerken zu vergleichen. Diese wurden zu Anfang auch als Privatunternehmungen gebaut, irgendeine Gesellschaft, zuerst wohl englische, ließ sich auf eine Reihe von Jahren die Konzessionen geben und setzte nun das Gas, den Strom oder was es sonst war ab, bewirkte die Propaganda für die neue Sache, erweckte vielfach erst das Bedürfnis durch billige Preise usw., bis die Lieferungen endlich zu einem unentbehrlichen Bedürfnis wurden, so daß mit dem Betrieb des Werkes gar kein Risiko mehr verbunden war. Dann wurden die Werke von den Gemeinden aufgekauft, monopolisiert und zum Nutzen des Stadtsäckels weiter betrieben. Ebenso wie diese alten Anlagen größeren und größeren Umfang angenommen haben und die Rentabilität sich gesteigert hat, wird das auch bei Heizwerken der Fall werden, und wir werden, das hoffe ich, in der allmählichen Entwicklung des sozialen Gedankens in städtischen Verhältnissen in nicht zu langer Zeit öffentliche Heizwerke haben, an welche man sich bei Bedarf anschließen läßt, welche die Wärme in unbegrenzten Mengen liefern, und ebenso wie jetzt vierteljährlich die Gasrechnung erscheint, erscheint in Zukunft die Heizrechnung.

Daß wir in Deutschland gegenüber Amerika erst so spät auf Städteheizungen kommen, liegt in den althergebrachten Gewohnheiten begründet. Wir legen Wert auf Behaglichkeit

in unseren Wohnungen und diese ergibt das knisternde
Ofenfeuer viel mehr als die eiserne Zentralheizung. Auch
sind bei uns die Dienstboten noch nicht so teuer als wie
in Amerika. Hierzu kommt, daß bei uns die meisten
Familien täglich nur ein bis zwei Zimmer heizen, die
gute Stube wird höchstens Sonntags mit in Benutzung genommen.

Es war also in den Wohnvierteln bei uns gar kein großes
Bedürfnis nach zentraler Wärmeversorgung, die Geschäfts-
viertel aber liegen meist so weit von den öffentlichen elektrischen Werken entfernt, daß mit den bisherigen Hilfsmitteln
der Transport der Vakuumabwärme auf so große Entfernungen gar nicht durchführbar war, die Wärme ist eben
schwer fortzuleiten, während das bei Elektrizität sehr leicht
ist. Die allesmachende Elektrizität hat uns hier zu weiterer
starker Entwicklung die Wege geebnet.

Subjektiv, auf seiten der Heizungstechnik, liegt die
späte Entwicklung des Gedankens der Städteheizung wohl auch
mit in dem entschiedenen Mangel an wissenschaftlich und
allgemein gebildeten Heizungsingenieuren begründet.

Interessant ist, daß wir in unserem Warmwasserheiz-
werk eigentlich einen Abfallstoff, der seinem bisherigen Eigen-
tümer nur Schwierigkeiten bereitete, verwerten und nutzbar
machen, ähnlich wie man dies auch in anderen Industrien
mit großem Erfolg getan hat.

Das staatliche Fernheizwerk in Dresden erschien mir,
wegen seiner günstigen Lage in der Nähe einer Anzahl von
größeren Staats- und Privatgebäuden, als besonders geeignet
zur erstmaligen Verwirklichung des Gedankens eines Städte-
heizwerkes auf Unternehmergrundlage; eine mit dem Heizbetrieb besonders vertraute Betriebsleitung und ebensolches
Personal waren vorhanden, so daß ich auf einen guten Verkauf
der Wärme rechnen konnte.

Ich trat deshalb nach Projektierung der Anlage mit einem
Konzessionsgesuch um Überlassung der Maschinenabwärme
des staatlichen Elektrizitätswerkes, des zum Bau nötigen
Platzes und zur Mitbenutzung der vorhandenen Fernheiz-
kanäle an das Kgl. Sächsische Finanzministerium heran, und

ich bin hier Herrn Bauamtmann W e i d n e r und Herrn
Vorstand O r t m a n n für die jederzeit wohlwollende Förderung des Gedankens und Befürwortung beim Kgl. Finanzministerium zu besonderem Dank verpflichtet.

Es wurde mit dem Finanzministerium ein Vertrag geschlossen und am 4. August 1910 vom Minister unterzeichnet,
der Vertrag überläßt uns die Maschinenabwärme auf die
Dauer von 15 Jahren, alsdann gehen sämtliche Einrichtungen
ohne weitere Entschädigung in den Besitz des Staatsfiskus
über, das ist am 31. Mai 1926.

Natürlich mußte das Ministerium bei diesem neuartigen
geschäftlichen Unternehmen weitgehende Sicherungsmaß-
nahmen bezüglich der Dampflieferung, Einschränkungen,
sowie bezüglich der Planung und Ausführung der Anlage treffen
und behielt sich die jederzeitige Kontrolle der Arbeiten vor,
auch wurde die Stellung einer hohen Kaution verlangt. Ferner
sind Bestimmungen über einen etwaigen vorzeitigen Ablauf
des Vertrages getroffen, z. B. wenn die Unternehmerin Richard
D o e r f e l ihren Verpflichtungen nicht nachkommt, erlischt,
oder wenn der Konkurs eröffnet werden sollte.

Ebenso ist die Unternehmerin nicht berechtigt, dritte
in den Vertrag eintreten zu lassen.

Insbesondere regelt der Vertrag auch die an das Kgl.
Finanzministerium zu zahlenden Beträge für Abdampf,
Frischdampf und Platzmiete und Betriebsleitung.

Danach waren für 100 000 WE aus Abdampf 34 ₰ zu
bezahlen, bei normalem Vakuum von 85%.

Dieser Preis ist später durch einen Nachsatz zum Vertrag
auf 50 ₰ erhöht worden, wir bekommen aber dafür den Abdampf mit 50% Vakuum geliefert, so daß wir bis zu viel tieferen
Temperaturen mit Vakuum ohne Frischdampf heizen können.
Es zeigte sich, daß das normale Vakuum für die angeschlossenen
Warmwasserbereitungen zu groß war und sich das warme Wasser
nicht schnell genug ergänzte.

Für Frischdampf ist der Preis natürlich höher und beträgt
für 100 000 WE 80 ₰.

Für die Bedienung des Werkes und Platzmiete sind im
Jahre ℳ 2000 pauschal zu bezahlen.

Die Konzession und die Abwärme hatte ich nun, jetzt
kam der schwierigere Teil, dieselbe wieder los zu werden; es
ist im Leben bekanntlich immer leichter etwas einzukaufen
als zu verkaufen.

Hier setzte nun zunächst die spezielle Unternehmertätig-
keit ein. Am ältesten war das Bedürfnis nach Heizung im
Hoftheatergarderoben- und Requisitengebäude, deren Verwaltung, die Kgl. Generaldirektion der Hoftheater, auch dem-
zufolge sofort zum Anschluß bereit war, alsdann wurde Hotel
Bellevue umgebaut, und da die Sache so bequem war und
keine Anlagekosten aufzubringen waren, denn wir stellten
auch die Hausinstallationen auf eigene Kosten her, entschloß
man sich auch hier sehr schnell.

Dann folgten bald die anderen Gebäude: Kgl. Hofbauamt,
Hauptzollamt I und II, Techn. Prüfungsstelle und Zollnieder-
lage nach, und wir konnten mit dem Bau beginnen.

Schwierigkeiten machte es, den technisch ungebildeten
Abnehmern den Tarif, den ich aufgestellt hatte, klarzumachen,
da ja gar keine Erfahrungen vorlagen, welche man hätte anführen können.

Ich habe es deshalb so gemacht wie die alten Wasser-
werke, welche noch keine Messer hatten, sondern nach qm
Grundfläche abrechneten. Ich vereinbarte also einen Preis
für 1 cbm beheizten Raum pro Jahr und ermittelte hierfür
56 ₰ bei den auf 20^0 C geheizten Räumen und 50 ₰ bei den
auf 15^0 oder weniger geheizten Räumen, die Preise schließen
die Amortisation und Verzinsung des Anlagekapitals ein. Auf
Grund dieser Angaben war jeder in der Lage, den jährlichen
Betrag von vornherein auszurechnen und sich ein Bild zu
machen. Ohne diesen Tarif, vielleicht nach Wassermessern,
wäre es wohl nicht möglich gewesen, die neue Einrichtung,
da jede Referenz fehlte, durchzusetzen.

Man kann darüber verschiedener Meinung sein, die Pauschale fördert die Wärmeverschwendung, verbilligt aber die
Anlage und vor allen Dingen die Beaufsichtigung und gibt
der Rentabilitätsberechnung von vornherein eine feste Grundlage. Wassermesser sind noch nicht zuverlässig genug, die
besseren Konstruktionen sind sehr teuer, auch existieren ja

eigentliche Wärmemesser gar nicht, man müßte also gleichzeitig Temperatur-Differenzmessungen machen, und das macht
die Abrechnung bei einer größeren Anzahl von Gebäuden sehr
kostspielig und kompliziert, beinahe undurchführbar, denn
an solchen Apparaten treten fortwährend Störungen auf,
nicht zum Schaden des Abnehmers, sondern des Unternehmers.
Man strebt deswegen auch bei elektrischen Überlandzentralen
das Pauschalsystem an.

Ich muß aber sagen, daß ich besondere Fälle von arger
Wärmeverschwendung bis jetzt nicht beobachtet habe, man
hat es auch bei Warmwasserheizungen leichter in der Hand, die
Räume mit Hilfe der Wassertemperatur oder der Umwälz-
geschwindigkeit zu regulieren. Auffallend ist, daß sich die
Rauminsassen in der Mehrzahl nicht an den Reguliervorrich-
tungen vergreifen, wenn es zu warm ist, werden eben die
Fenster geöffnet.

Ich will Ihnen auch einiges aus den mit den Abnehmern
geschlossenen Verträgen bekanntgeben:

Danach stellte die Unternehmerin die Heizungen in den
betreffenden Grundstücken auf ihre Kosten her und übernahm die Lieferung der benötigten Wärme aus ihrem Abwärmeheizwerk.

Als Heizzeit ist Mitte September bis Ende Mai festgelegt,
wer im Sommer geheizt haben will, muß das extra bezahlen.
Durch diese Bestimmung sollte vor allen Dingen mißbräuch-
lichem Verlangen vorgebeugt werden, denn sonst könnte es
passieren, daß wegen eines einzelnen Hotelgastes im Hotel
Bellevue womöglich der ganze große Apparat in Bewegung
gesetzt werden müßte.

Hierüber sind noch über die nach jeweiliger Ansicht
der Kgl. Betriebsleitung im Tagesverlauf zulässigen Betriebs-
unterbrechungen nähere Bestimmungen getroffen, z. B. kann
die Heizung unterbrochen werden, wenn die Räume genügend
warm sind.

Ferner ist über die Berechnung der gelieferten Wärme,
über den Preis für Verbrauchswarmwasser, dessen Wärmeinhalt mit 45 ₰ für 1 cbm 50 grädigen Wassers nach Ablesung eines Wassermessers berechnet wird, sowie über die

¼ jährliche Rechnungslegung und deren Begleichung Näheres vereinbart.

Weiterhin ist vereinbart, daß die Heizung bis zum Ablauf von 15 Jahren Eigentum der Unternehmerin bleibt, und daß dieselbe Reparaturen selbst besorgt, daß Störungen sofort zu melden sind, ferner sind die zu erzielenden Temperaturen, die Art der zu verwendenden Heizflächen und anderes genau festgelegt.

Ferner verpflichten sich die Wärmebezieher zu pfleglicher sachgemäßer Benutzung der ihnen überlassenen Heizung und zur Vermeidung der Wärmeverschwendung durch unnötiges Offenhalten der Fenster u. dgl.

Die Verträge wurden ebenfalls auf die Dauer von 15 Jahren geschlossen und vereinbart, daß nach Ablauf dieser Frist sämtliche Einrichtungen vom Wasserverteiler ab ohne Entschädigung in den Besitz und das Eigentum des betreffenden Teilnehmers übergehen.

Außerdem wurde für den Fall von Streitigkeiten die Einberufung eines Schiedsgerichtes vorgesehen, da ich ein solches für die Auslegung eines solchen neuartigen Vertrags für geeigneter hielt als die ordentlichen Gerichte.

Sie sehen aus der kurzen Inhaltsangabe der Verträge, daß es ein ganz neuartiges Verhältnis ist, welches da geschaffen wurde, aus welchem drei Beteiligte zufriedengestellt werden sollen:

der Staatsfiskus, weil er die Abwärme verkaufen kann,

die Unternehmerin, weil sie mit der Abwärme ein Geschäft macht,

und die Abnehmer, weil sie kostenlos zu einer kompletten Zentralheizung kommen, ohne dafür mehr bezahlen zu müssen als sie bei direkter Feuerung gebraucht hätten bzw. bisher gebraucht hatten, außerdem ersparen die Abnehmer alle Kohlen- und Aschetransporte, Bedienung, Reparaturen, Rauch- und Rußplage, Geräusche usw., alles fällt weg, und die Wärme steht von früh 5 Uhr bis abends 11 Uhr zur Verfügung.

Ich will Ihnen als praktisches Beispiel noch einige Einzelheiten der neuen Anlage zeigen.

Die Gewinnung der Abwärme aus dem Vakuumdampf
erfolgt durch einen Vorwärmer, welcher an der Dampfmaschine
zwischen Niederdruckzylinder und Einspritzkondensator eingeschaltet wurde und welchen der Vakuumabdampf ständig
passiert, auch im Sommer.

Fig. 11. Abwärme-Fernheizwerke Dresden, Einbau des Vorwärmers
an der kleinen Maschine.

Der Apparat besteht aus schmiedeeisernem Zylinder,
in welchem an einem Zwischenboden U-förmige, schwachwandige Kupferrohre aufgehängt sind.

Oben sind zwei Wasserkammern für Zulauf und Rücklauf
angeordnet, von denen aus sich das Heizwasser in die Rohre
verteilt und wieder sammelt.

Der Vorwärmer ist an der Maschine so montiert, daß sich das Röhrenbündel leicht mit dem Kran zum Zwecke der Reinigung herausheben läßt.

Äußerlich ist der Apparat isoliert und mit einem Stahlblechmantel bekleidet. Nachdem sich der Apparat gut bewährt hat, sollen auch die anderen Maschinen noch mit solchen Apparaten von größeren Dimensionen ausgerüstet werden.

Fig. 12. Abwärme-Fernheizwerk Dresden, Einbau des Vorwärmers an einer großen Maschine während der Montage.

In die Abdampfleitung wurde vor dem Vorwärmer ein Entöler eingebaut, damit das Röhrensystem nicht durch Öl verunreinigt wird. Der noch überschüssige Dampf geht dann nach dem Einspritzkondensator weiter, die Regulierung des Vakuums erfolgt durch Einstellung der Einspritzwassermenge. Der Maschinist hat Thermometer vor sich, um sowohl die Abdampftemperatur als die Wassertemperatur beobachten und einstellen zu können.

Für den Fall des Maschinenstillstandes muß die Heizung natürlich auch betrieben werden können, das Wasser wird dann durch Frischdampf in zwei Nachwärmern erhitzt, die Nachwärmer nehmen außerdem den Abdampf der Umwälzpumpen auf, deren Abwärme mithin ebenfalls ausgenutzt wird.

Die Nachwärmer sind von ähnlicher Konstruktion wie der Vorwärmer, das Röhrenbündel läßt sich mit Hilfe des Deckenkranes im Maschinenhaus ebenfalls leicht herausheben und reinigen. Die Apparate sind mit Sicherheitsventilen versehen, welche bei 1 Atm. Überdruck schon abblasen, so daß das Überkochen der Warmwasserheizung auch ohne Anwendung irgendwelcher Regulierorgane ausgeschlossen ist, weil ja die Temperatur nie über 110° C steigen kann, die Dampfbildung aber, da der statische Druck 2 Atm. beträgt, erst bei 120° C beginnt. Um den Maschinisten rechtzeitig auf zu hohen Druck aufmerksam zu machen, ertönt schon vor Erreichung von 1 Atm. eine kleine Dampfpfeife.

Zur Umwälzung des Heizwassers dienen zwei Stoßpumpen von je 75 cbm stündlicher Leistung, durch welche also bis zu je 2 250 000 WE transportiert werden können. Die Belastung der Anlage beträgt z. Z. etwas über 1¼ Mill. WE pro Stunde, so daß sie also noch einmal so groß werden könnte.

Man muß sich bei Anlagen dieses Charakters natürlich auf Vergrößerung einrichten, denn man kann doch nicht, falls einmal ein neuer Anschluß gewünscht wird, diesen ablehnen lediglich weil man von vornherein zu klein gebaut hat.

An dem ausgehängten Schema können die Herren den Weg des Heizwassers und die Schaltungsmöglichkeiten verfolgen, zu näherer Erklärung habe ich leider keine genügende Zeit.

Die Fernleitungen sind unter der Erde in Tonrohren verlegt, die Rohre sind durchweg geschweißt, in der Erde sind keinerlei Flanschenverbindungen. Alle Erdleitungen sind so verlegt, daß sie sich ohne Erdarbeiten aus den Schutzrohren herausziehen lassen.

Eine andere Einrichtung ist noch zu erwähnen, durch welche man in der Lage ist, das warme Heizwasser auch von unten in die Heizkörper eintreten zu lassen, ich habe diese Einrichtung zum Zwecke der leichten zentralen Entlüftung der Heizung in Bellevue seinerzeit anbringen lassen, betrieben wird aber die Anlage gewöhnlich von oben.

Das Expansionsgefäß der gesamten Anlage steht im Turm des staatlichen Fernheizwerkes.

Fig. 13. **Abwärme-Fernheizwerk Dresden, Schalt- und Meßtafel.**

Durch einen Siemensschen Scheibenwassermesser wird der Verbrauch in der Warmwasserbereitung gemessen. Die Warmwasserbereitung ist mit thermostatischer Regulierung versehen und diese auf 50⁰ C Wasserwärme eingestellt und plombiert, es kann dann auch bei hoher Heizwassertemperatur das Verbrauchswasser nicht wärmer werden als vereinbart, denn höhere Erwärmung würde gar nicht bezahlt werden.

Ich bemerkte schon vorher, daß die von den Betriebs-
maschinen oder aus Frischdampf überlassene Wärme gemessen
werden muß, da die Bezahlung nach Wärmeeinheiten erfolgt.

Es muß also die umgewälzte Wassermenge gemessen
und ferner die jeweilige Temperaturdifferenz festgestellt
werden, beide miteinander multipliziert, ergeben die Wärmemenge. Zur Wassermessung dienen Woltmannmesser neuester
Konstruktion von Siemens & Halske, mit Kupferflügel. Diese
Wassermesser sind die einfachsten und zuverlässigsten und
deshalb für den Zweck besonders geeignet, werden aber leider
von den meisten Firmen nur für Kaltwasser gebaut. Die
Temperaturdifferenz wird direkt durch zwei Kurven aufge-
schrieben, der Abstand beider Kurven ist die Differenz zwischen Zulauf und Rücklauf in Celsius Graden.

Zu dem Zwecke sind in die Leitungen elektrische Wider-
standsthermometer eingeschaltet, welche durch ein Uhrwerk
abwechselnd alle halben Minuten mit dem Schreibwerk in
Kontakt gebracht werden. Demnach entstehen zwei Punkt-
reihen, eine für die hohe Temperatur des Zulaufs und eine
tiefe für die Temperatur des Rücklaufs. Durch Planimetrieren
wird dann die mittlere Temperaturdifferenz für ein Viertel-
jahr festgestellt, welche mit der vierteljährlichen Wassermenge
multipliziert die vierteljährliche Wärmemenge ergibt. Die
Apparate sind von Hartmann & Braun geliefert und arbeiten
äußerst genau, die Genauigkeit derselben ist durch Vergleich
mit geeichten Thermometern jederzeit kontrollierbar.

Ich habe eine Anzahl solcher Temperaturdifferenz-
diagramme ausgestellt, man sieht, wie unruhig der Zulauf
manchmal ist.

Die aus Frischdampf gewonnene Wärme wird durch
Wägung des Kondenswassers in automatisch arbeitenden
Wasserwiegern bestimmt, es ist viel wichtiger, das Kondensat,
dessen Temperatur doch immer wechselt, zu wiegen, anstatt
es nach Volumen zu messen.

Damit der diensthabende Maschinist die Anlage jederzeit
leicht von seinem Stand an den Maschinen beobachten kann,
sind dicht daneben noch eine Anzahl Beobachtungsmeß- und

Regulierapparate angebracht und auf einer Marmortafel in übersichtlicher Weise vereinigt.

Es befinden sich dort die schon erwähnten Differenzthermometer nebst Umschaltern, ferner Manometer, um die Frischdampfspannung, die Nachwärmerspannung und den Druck des Pumpendampfes ablesen zu können, ferner sitzen hier Differenzmanometer, damit der Maschinist sehen kann, welchen Druck die Pumpen erzeugen und mit welchem Druck die einzelnen Gruppen arbeiten, ferner sind Kapillarfernthermometer für Zulauf und Rückläufe eingestellt, nach dem die Maschinisten die jeweilige Wassertemperatur regeln.

Weiter ist hier ein Wasserstandsanzeiger, der die Füllung des Systems erkennen läßt, sowie die Apparatentafelbeleuchtung nebst Schaltern angebracht. Rechts und links ist noch Platz für Aufstellung von Wassermesser-Registrierinstrumenten vorgesehen.

Der Gang der Umwälzpumpen kann hier oben an der Marmortafel durch ein mit Skala versehenes Ventil geregelt werden, außerdem sind, damit der Betriebsmann jederzeit sofort die Belastung des Rohrnetzes, d. h. die momentan umgepumpte Wassermenge erkennen kann, zwei Apparate aufgestellt, welche die Druckdifferenz vor und hinter Drosselscheiben angeben.

Interessant ist für technisch-philosophierende Herren, daß diese Warmwasserheizung eine komplette Nachbildung des menschlichen und tierischen Blutkreislaufes bildet, wir haben die Viertaktpumpe — das Herz — die Rohrleitungen als die Adern, Vorwärmer und Nachwärmer als die Lungen, in denen die Wärmeentwicklung erfolgt, die Heizkörper sind die Kapillaren des Blutkreislaufes, und auch das Gehirn und Nervensystem ist in der Person des Herrn Maschinenmeisters vertreten.

Solche Organprojektionen finden wir in der Technik sehr häufig, aber so schön klar wie hier nur wenige.

Zu erwähnen ist ferner noch, ebenfalls oben neben den Maschinen angebracht, eine Telephonanlage nach den einzelnen Teilnehmern, ferner eine Fernthermometeranlage für eine Anzahl Räume und die Warmwasserbereitung im Hotel

Bellevue, welche die Maschinisten in Stand setzt, sich von dem Stande der Temperatur jederzeit leicht zu überzeugen. Diese Fernthermometeranlage hat sich als äußerst wichtig erwiesen, da sie ein wesentliches Hilfsmittel zur Erzielung ökonomischen Betriebs ist.

M. H.! Sie werden sich nun vor allen Dingen dafür interessieren, wie sich dieses Abwärmeheizwerk für den Unternehmer rentiert? Ganz fest steht ja die Höhe der Rentabilität noch nicht, weil wir erst zwei Heizperioden hinter uns haben, nach den vorliegenden Ergebnissen werden wir aber auf eine durchschnittliche Rentabilität — nach Abzug der Amortisationsquote und aller Unkosten — bis zu 10% kommen, je nach der Winterstrenge sind die Ergebnisse natürlich verschieden.

Wäre der Besitzer der Dampfanlage gleichzeitig Unternehmer der Heizanlage, so könnte er wohl mit 20% Verzinsung rechnen, und das ist ja bei der Verwertung eines so massenhaften, so billigen und doch so wertvollen Abfallstoffes wie Vakuumabdampf ganz erklärlich.

Eine Fülle neuer Gesichtspunkte offenbart sich beim Bau solcher Anlagen, und es dürfte für die Prognostiker unter Ihnen interessant sein, welche Zukunft wohl die Städteheizung haben wird.

Da liegen die örtlichen Verhältnisse teils günstig, teils ungünstig.

Günstig ist es, wenn die Elektrizitätswerke in der Nähe von Geschäfts- und besseren Wohnvierteln liegen, nur dann ist Aussicht auf Rentabilität vorhanden, denn die Fortleitung der Wärme auf große Entfernungen erfordert die meisten Anlage und Betriebskosten, schon wegen der vielen Erdarbeiten und der Rücksichtnahme auf bereits in der Erde liegende ältere Leitungen, und wegen der großen Abkühlungs- und Kapazitätsverluste. An verkehrsreichen Plätzen werden sich da rechte Schwierigkeiten ergeben, aber gerade diese Plätze sind es, wohin wir wollen.

Auch unsere jetzigen rechtlichen Verhältnisse sind dem Bau von Städteheizungen nicht günstig.

Erstens die bekannte Rechtsprechung des Reichsgerichts mit dem eventuell ungültigen Eigentumsvorbehalt.

Der normale Hausbesitzer wird sich kaum entschließen, sich wegen einer Städteheizung die Kosten einer Zentralheizung zu machen, wenn man ihm dieselbe kostenlos einbaut, dann sehr gern. Wenn aber nun ein solches Haus zur Zwangsversteigerung kommt, ist die ganze Heizung verloren, der nächste Besitzer kündigt den Vertrag, und das Werk hat einen großen Verlust. Ich habe mir juristische Gutachten eingeholt und daraus ersehen, daß es leicht so kommen kann, wie ich gesagt habe. Wenn der Eigentumsvorbehalt im Falle der Zwangsversteigerung gültig wäre, wäre das Risiko schon stark vermindert.

Ein zweiter Punkt betrifft den Diebstahl von Wärme, der bei einem sehr großen System, das sich nicht übersehen läßt, sehr leicht passieren kann, wenn man nach Pauschale abrechnet, oder wenn vor dem Zähler abgezweigt wird, wie das ja bei elektrischen Anlagen oft geschehen ist.

Die Novelle zum Reichsstrafgesetzbuch nimmt nur den Diebstahl von elektrischer Energie an, nicht von Wärmeenergie. Ich habe eine Eingabe an das Reichsjustizamt gemacht, in welcher ich darauf aufmerksam mache, daß nicht nur der Diebstahl elektrischer, sondern auch von kalorischer Energie vorkommen kann.

Sie sehen, daß mit dem Bau solcher Anlagen auf städtischem Gebiet ein recht großes Risiko verbunden sein wird, daß es bis auf weiteres ganz speziell Unternehmeraufgabe sein wird, die Idee der Städteheizung zu realisieren und daß öffentliche Mittel dafür wohl noch lange nicht in Frage kommen können, schon die große persönliche Propaganda kann eine Gemeinde gar nicht auf sich nehmen.

Allerdings möchten sich die Stadtverwaltungen nicht auf den Standpunkt eines juristischen Stadtrates stellen, welcher mir einmal auf ein Gesuch die Einlegung von Heizrohren in eine städtische Straße betreffend entgegnete: »Denken Sie sich doch nicht, daß Ihnen die Stadt die Straßen zur Verfügung stellen wird, damit Sie Ihr Gewerbe ausüben können.

— M. H.! Das klingt recht häßlich, wenig industriefreundlich und im Sinne der Städtebeheizung recht wenig ermutigend.

Was soll nun aber aus der vielen Maschinenabwärme werden, die die großen Überlandzentralen, die künftigen Staatsbahn-Elektrizitätswerke bei der Elektrisierung des Bahnbetriebs und die vielen anderen Werke liefern, die weitab von der Bevölkerungsdichte errichtet sind? Soll die Abwärme dauernd ungenutzt verloren gehen und ungeheure Werte vernichtet werden? Es fehlt bisher an allen Aussichten, hier etwas zu tun.

Ich glaube aber, daß landwirtschaftliche und gärtnerische Betriebe hier großen Nutzen ziehen könnten, wenn sie sich in der Nähe solcher Anlagen niederließen.

Ich las kürzlich in den Blättern für Volksgesundheitspflege, daß bei Danzig eine große Gemüsefarm errichtet worden ist oder werden soll, wie einfach wäre das, wenn eine solche Farm sich in der Nähe eines größeren Elektrizitätswerkes etablierte, die Vakuumabwärme ist ja ganz besonders geeignet zur Erwärmung des Gartenlandes, und sicher würde sich der Ertrag einer solchen Farm durch die gleichmäßige, Tag und Nacht erfolgende Wärmung zu tropischer Fülle steigern lassen, und besonders in der Nähe der großen Städte würden sich die zeitigen Gartenprodukte, für welche jetzt Millionen nach Frankreich und Italien wandern, leicht absetzen lassen.

Ich habe mich hierüber mit erfahrenen, wissenschaftlich gebildeten Gärtnern ausgesprochen, welche der Meinung waren, daß bei konstanter Bodenheizung der Ertrag früher und reichhaltiger erfolgt und sich gewaltig steigern läßt.

Es bietet sich hier der Heizungstechnik also ein Gebiet zu weitausgreifender volkswirtschaftlicher Betätigung.

Solche Millionenobjekte können natürlich nicht mehr die Aufgabe eines Einzelnen sein, da müssen wir zum großkapitalistischen Betrieb übergehen, wie vor uns die Elektrotechnik.

Meine Herren! Nur die schöpferische Tätigkeit macht Spaß und gibt der Arbeit ihren besonderen Wert und Inhalt; die Aufgaben für uns Heizungstechniker sind gestellt, und wir müssen mit Großzügigkeit an die Lösung derselben herangehen, frei wie schaffende Künstler können wir unser Material nehmen und formen, die Heizungstechnik muß sich ihrer Kraft bewußt werden, und es wird eine Lust sein, davon Gebrauch zu machen. (Lebhafter Beifall.)

Vorsitzender Ingenieur Ernst S c h i e l e , Hamburg:

Ihr Beifall ist dem Redner das beste Urteil für das rege Interesse, das Sie seiner Behandlung des hochaktuellen Themas entgegengebracht haben. Ich darf Herrn Schulze in Ihrem Namen danken und eröffne die

Diskussion.

Landes-Oberingenieur O s l e n d e r , Düsseldorf:

Der anregende Vortrag hat eine große Anzahl von Gedanken ausgelöst. Ich betrachte es als einen der wichtigsten, daß das Zusammenarbeiten der verschiedenen Ingenieure bei einem Unternehmen mehr gefördert werden müsse. Es kommen dann nicht so leicht Anlagen zustande, wie es bisher der Fall gewesen ist, nämlich daß die verschiedenen Installationen des Gebäudes schließlich nicht genügend im Einklang zu einander stehen. Dann möchte ich ferner wünschen, daß bekannt würde durch Wort und Schrift, wie wertvoll derartige technisch richtig verbundene Maschinen-Anlagen mit Abdampfverwendung sind, insbesondere wie wirtschaftlich sich dieselben gestalten. Endlich möchte ich noch darauf verweisen, daß man bei diesen Anlagen nicht nur an die Verwertung des Abdampfes bloß zum Heizen der Räume denken soll, sondern es gibt eine ganze Anzahl von Betrieben, die Wärme verbrauchen und die den Abdampf gut gebrauchen können, z. B. zur Wasseranwärmung, Speisenbereitung, Trocknung, bei Warenhäusern, Fabriken, Bureaus, Färbereien, Wäschereien. Dann ist noch zu sagen, daß doch nicht alle Zahlen, die hier genannt worden sind, richtig zu sein scheinen. Das kann nicht sein. Zur Berechnung der Selbstkosten des erzeugten Stromes muß man auch bei einer derartigen Anlage an die Verzinsung und Amortisation und an die Ausgaben für Löhne, Schmieröle, Dichtungsmaterial usw. denken. Dann möchte ich sagen, daß die Dampfmaschine im Gegensatz zur Turbine sich sehr wohl zu derartigen Anlagen eignet. Man sollte da nicht einseitig den Turbinen das Wort reden. Es ist gelungen, bei Kondensationsmaschinen Kühlwasser bis zu 70° zu verwenden und damit noch wirtschaftlich zu arbeiten.

Stadtbauinspektor a. D. B e r l i t , Wiesbaden:

Ich möchte auf die Schwierigkeiten aufmerksam machen, die entstehen, wenn man eine derartige Fernwärmeanlage an ein großes Elektrizitätswerk anschließen will, da viele Anlagen daran scheitern, daß die Betriebsleiter solcher Werke sich ihre Anlagen zu dem ihrer Ansicht nach untergeordneten Nebenzweck nicht kompliziert machen lassen wollen.

Augenblicklich bearbeite ich z. B. einen Entwurf, eine Reihe von städt. Gebäuden mit Fernwärme zu versorgen und wollte zuerst Warmwasser von unserem Elektrizitätswerk 2½ km weit in die Stadt leiten. Der Oberingenieur des Elektrizitätswerks erklärte aber, das mache ihm zu viel Unbequemlichkeiten, die in keinem Verhältnis zu dem erreichbaren Nutzen ständen, aber er sei gern bereit, mir Elektrizität abzunehmen, wenn ich dieselbe in einem besonderen Fernwärmwerk in der Stadt erzeugen wollte. Es erscheint mir auch technisch richtiger, daß derjenige, der für Abwärme Verwendung hat, vor allen Dingen für die vorherige Verwertung sorgt und es dabei in der Hand hat, Elektrizität erzeugen zu können, wie es ihm in den Heizbetrieb paßt. Die Verhältnisse liegen demnach bei uns tatsächlich so, daß es zweckmäßiger ist, ein besonderes Fernwärmwerk zur Nebenerzeugung von Elektrizität zu bauen, und es nicht mit dem großen Elektrizitätswerk zu verbinden. (Zuruf: Sehr richtig!)

Ich habe auch Aufstellungen gemacht über den möglichen Elektrizitätspreis und muß den Ausführungen des Herrn Oslender darin widersprechen. Wenn man nämlich unter solchen Verhältnissen in die Lage kommt, die natürlich ohne große Reserven einzurichtende Maschinenanlage vollständig auszunutzen und hoch zu belasten, so ist man sehr wohl in der Lage, die Elektrizität für 1 bis 2 Pf. pro KW/Std. an das Elektrizitätswerk abzugeben, selbst dann, wenn man Amortisation und Verzinsung berücksichtigt.

Oberingenieur S e e g e r s (in Fa. Oskar Winter), Hannover:
Ich kann hier einige Mitteilungen machen über 2 interessante Anlagen; die eine Anlage umfaßt eine Vakuum-Fern-
wasserheizung in der Leibniz-Kakesfabrik Hannover, wo diese
Vakuumdampf-Ausnutzung nachträglich in eine Kondensations-
Dampfmaschine eingebaut wurde, welche normal 150 PS bis
300 PS maximal zu liefern hat. Für Heizung und Lüftung
sind maximal ca. 640 000 WE stündlich notwendig, und als
diese Anlage von uns vorgeschlagen wurde, wurden auch sehr
viele Einwände gemacht, und es wurde eine Menge Bestimmungen und Garantien verlangt. Es mußte u. a. eine Wirtschaftlichkeit und Brennstofferparnis von wenigstens M. 3000
jährlich garantiert werden, wobei je 10 000 WE mit 3,5 Pf.
berechnet werden mußten. Die Anlage ist jetzt 23 Monate in
Betrieb gewesen, und es hat sich herausgestellt, daß es selten
nötig war, das Vakuum unter 55 cm herabzusetzen. Meistens
wurde mit Vakuum von 60 bis 65 cm geheizt, und man erzielte
eine Heißwassertemperatur von 57^0 C im Vorlauf und 47, 48
und 49^0 im Rücklauf, je nachdem man die Geschwindigkeit der
Rotationspumpe einstellte. Die Prüfung der Rechnung nach
23 Monaten ergab, daß die gestellten Garantien nicht nur voll
erfüllt, sondern übertroffen waren. Es ergab sich, wie der
Maschineningenieur selbst kontrollierte, eine Ersparnis von
M. 3600 bis 4000 im Jahr. Da der Einbau des Oberflächen-
Kondensators dieser Dampfmaschine ungefähr M. 10 000 gekostet hat, so ersieht man daraus, daß die Anschaffungskosten
wohl in der zweiten bis dritten Heizperiode getilgt sind; dabei
hat man auch noch die dauernde große Ersparnis an Brennstoff
und Bedienung, das ist wohl ein großer Vorzug der Vakuum-
Warmwasseranlage. Die Bedienung ist deshalb außerordentlich einfach, weil man eben nur mit ganz niedrigen Wassertemperaturen zu rechnen braucht.
Ein zweiter Fall, wie man industrielle Betriebe wirtschaftlich für Heizzwecke ausnutzen kann, ist die Ausnutzung der
Abgase einer Gasanstalt für eine Pumpen-Warmwasserheiz-
anlage, wie eine solche Anlage von uns in einem großen Ver-
waltungsgebäude in Hamm ausgeführt worden ist. Hier ist
ca. 70 m entfernt eine Gasanstalt, deren Abgase mit ca. 500^0 C.

in den Schornstein gingen. Für die Heizung des früheren Ver-
waltungsgebäudes war bisher ein Warmwasserkessel von ca.
18 qm vorhanden. Als das Gebäude ums Doppelte vergrößert
wurde, wurde von uns eine Warmwasserheizung unter Ausnutzung der Abgase vorgeschlagen und ausgeführt und zwischen Gasanstalt und Schornstein ein Zirkulationsseconomiser
eingebaut. Die Heizung ist eine ganze Winterperiode im Betriebe
gewesen und hat sich bewährt. Nach vorgenommener Berechnung mußte die Abgase-Wärme, welche von der Gasanstalt
in den Schornstein ging, soeben genügen, um das große Gebäude bei kalter Witterung zu heizen. Die Praxis hat ergeben,
daß aber doch noch ein ganz bedeutender Wärmeüberschuß
vorhanden ist. Der Vorzug dieser Anlage ist ein vollständig
kostenloser Betrieb, der allerdings schwieriger zu regulieren
ist als der der Vakuum-Heizungen, weil die überreichlich zur
Verfügung stehenden Gasanstaltsabgase sehr hohe Temperaturen (500° C) besitzen und dementsprechend auch die
Temperatur des Zirkulationswassers häufig auf 80 bis 95° C
steigt.

Die Ersparnisse an Brennstoff und Bedienung sind so
groß, daß auch diese Anlage innerhalb weniger Jahre amortisiert sein wird.

Landesoberingenieur O s l e n d e r , Düsseldorf:

Ich möchte Herrn Berlit gegenüber hervorheben, daß bei
der Anlage für 300 KW eine Erzeugung des Stroms zu 1½ Pf.
pro KW/Std. ausgeschlossen ist. Ich bin weiter bereit, meine
Ausführungen in dieser Angelegenheit schriftlich niederzu-
legen[1]). Es ist selbstverständlich bekannt, daß große, sehr

---

[1]) Eine Stromerzeugungsanlage für 300 KW kostet ohne
Leitungsnetz mindestens 100 000 M. Sie verursacht somit mindestens
30 M. Unkosten pro Tag für Verzinsung und Tilgung. Besteht dieselbe aus zweistufigen Kondensationsmaschinen von je 250 PS, so
gebraucht sie bei 12 stündiger Betriebszeit und stets vollständiger
Belastung für 100 M. Kohlen täglich und erzeugt dann $300 \cdot 12 =$
3600 KW/Std. Strom (1 kg Kohle pro PS/Std. zum Preise von
17 M. die Tonne). Die Löhne betragen täglich mindestens 15 M.
Der Schmieröl- und Packungsmaterialverbrauch stellt sich täglich
auf mindestens 20 M. Die Stromerzeugungsanlage verursacht

große Anlagen, die unter günstigen Verhältnissen arbeiten, sehr niedrige Preise für Elektrizität haben. Aber daß die Einschüsse glänzend verzinst werden, und daß sich dabei die Selbsterzeugung nur auf 1½ Pf. stellt, dem widerspreche ich. Jeder Etat eines Elektrizitätswerks zeigt Ihnen das klar und deutlich; sonst wäre es ja unverständlich, daß wir überall immer so hohe Preise zahlen müssen, in Düsseldorf z. B. 40 Pf. für Leucht- und 20 Pf. für Kraftstrom.

Städtischer Bauamtmann H a u s e r , München:

Meine Herren! Die Frage der Verbindung von Heiz- und Kraftanlagen ist für die Stadtverwaltungen, die Krankenanstalten, Badeanstalten usw. besitzen, von so großer wirtschaftlicher Bedeutung, daß ressortmäßige Schwierigkeiten überwunden werden müssen. In München sind sie beim Bau des neuen dritten Krankenhauses, einer Anstalt für 1200 Kranke, dahin erledigt worden, daß das städtische Elektrizitätswerk eine Kraftzentrale außerhalb der Krankenanstalt errichtet hat und von da aus das Krankenhaus mit Wärme und Kraft versorgt. In der Hauptsache wird ja bei uns in München die elektrische Kraft durch Wasserkraftausnutzung gewonnen; im

---

also täglich, ganz gering gerechnet, $30 + 100 + 15 + 20 = 165$ M. Unkosten und liefert dabei höchstens 3600 KW/Std.

Also kostet die KW/Std. $4\frac{1}{2}$ Pfg.

Bei v o l l e r Abdampfverwertung würden theoretisch 80 % Kohlen gespart werden können, so daß dann die täglichen Unkosten nur noch 85 M. betrügen oder die KW/Std. ca. $2\frac{1}{2}$ Pf. kostete.

Praktisch darf man kaum auf die Hälfte der theoretischen Kohlenersparnis durch Abdampfverwertung rechnen, da b e i d e Maschinen keineswegs a l l e Tage des Jahres regelmäßig 12 Stunden mit v o l l e r Belastung gehen können. Ihr Wirkungsgrad ist in diesem Falle schlechter und die Stromproduktion wesentlich kleiner.

Bei h a l b e r Abdampfverwertung betragen die Stromkosten ca. 3 Pf. pro KW/Std., sofern die Anlage j e d e n Tag 12 Stunden lang v o l l ausgenutzt werden könnte. Bei 75 % bis 50 % Ausnutzung steigen die Stromkosten auf ca. 4 bis 6 Pf.

Die Ausgaben für den Strom bis zum Konsumenten sind wegen weiterer Kosten für Bau und Unterhaltung der Leitungsanlage, für Stromzähler und ev. Akkumulatoren noch ganz wesentlich größer als 4 bis 6 Pf. bei einer 300 KW-Anlage.

Winter jedoch und wenn sonst die Wasserkräfte nicht ausreichen, treten die Reserve-Dampfmaschinenanlagen in Funktion und dann laufen im Werk Schwabing die Maschinen
mit einer Belastung, die ganz dem Heizbedürfnis der Anstalt
angepaßt ist, so daß jeweils der ganze Abdampf der elektrischen Maschinen ausgenutzt werden kann. In diesem Falle
betragen dann die reinen Kohlenkosten pro KW/Std. nur etwas
mehr wie ½ Pf.

Ingenieur M o r g e n s t e r n , Stuttgart:

Ein praktisches Beispiel gibt in dieser Hinsicht die Stuttgarter Badegesellschaft. Sie erzeugt Elektrizität und gibt
diese dem städtischen Elektrizitätswerk ab und benutzt sozu-
sagen nur die Abwärme für den Betrieb der Badeanstalten.
Die Zahlen sind mir nicht gegenwärtig. Sie gibt, wenn ich nicht
irre, 500 KW/Std. a 5 Pf. an die Stadt ab.[1])

Stadtbauinspektor B e c k h a u s , Frankfurt a. M.:

Meine Herren! Wenn man die oft außerordentlich interessanten und schon seit Jahren in unseren technischen Zeit-
schriften behandelten Erörterungen über die modernen Heizungskraftwerke hört und liest, so muß man sich wundern,
daß ihre Einführung nicht in schnellerem Tempo erfolgt, wie
das bisher tatsächlich der Fall ist.

Diese große Vorsicht, mit der man an derartige Fragen
herantritt, hat aber ihre guten Gründe!

Ich habe wiederholt Gelegenheit gehabt, Projekte für derartige Heizungskraftwerke großen und auch geringeren Um-
fangs durchzurechnen. Es ist stets für die Beurteilung derartiger
Anlagen hinsichtlich ihrer Zweckmäßigkeit und Wirtschaftlichkeit von ganz außerordentlicher, ich möchte sagen von grund-
sätzlicher Bedeutung die Frage: hat die Heizungskraftzentrale
nur den Stromverbrauch des zu beheizenden Gebäudekomplexes, also etwa einer Krankenanstalt oder eines Komplexes

---

[1]) Nach näherer Erkundigung bei der Stuttgarter Badegesellschaft betrug die Stromabgabe im Jahre 1912 1 432 000 KW/Std.
à 6,6 Pf., kann aber jährlich auf 2 Millionen KW/Std. gebracht
werden.

von Wohnhäusern oder öffentlichen Gebäuden zu decken, oder
kann sie unabhängig von dem Wärmebedarf des zu beheizenden Gebäudekomplexes dauernd ihre Maschinen gleichmäßig
belasten und die ohne Rücksicht auf den Bedarf an Abwärme
produzierte Leistung an anderweitige Stromverbraucher, etwa
an das Netz eines großen Elektrizitätswerkes abgeben?

Im ersteren Falle ergeben sich meist außerordentlich ungünstige Verhältnisse für das Heizungskraftwerk. Zunächst
steht die aus der Stromerzeugung für eine in erster Linie Wohn-
zwecken dienende Gruppe von Gebäuden sich ergebende Menge
an Abwärme meist in keinem Verhältnis zu der für die Zwecke
der Heizung und Warmwasserbereitung tatsächlich erforderlichen Wärmemenge. Es kommt hinzu die außerordentlich
ungünstige Belastung derartiger hauptsächlich der Lichterzeu-
gung dienender Zentralen, die eine selbst an Wintertagen nur
wenige Stunden täglich andauernde hohe sog. Spitzenbelastung
zu decken haben. Es ergeben sich daraus hohe Anlagekosten
für die Maschinenanlage bzw. hohe aus der Verzinsung und
Amortisation herrührende feststehende Betriebskosten für die
Krafterzeugung.

Ich hatte Gelegenheit festzustellen, daß sich eine Kranken-
anstalt von 200 Betten, die allerdings infolge geringer Gelände-
kosten weitläufig projektiert war, die Stromerzeugungskosten
bei Ausführung eines Heizungskraftwerkes auf etwa 30 Pf.
für die KW/Std. gestellt haben würden.

In einem weiteren Falle, es handelte sich um eine technische Mittelschule, für die unter allen Umständen zu Lehr-
zwecken eine besondere elektrische Zentrale für Licht- und Krafterzeugung errichtet werden mußte, ergaben sich die Stromkosten trotz Verwendung der Abwärme zu Heizzwecken durch
eine Pumpenheizung zu etwa 43 Pf. für die KW/Std.

Wesentlich anders liegen die Verhältnisse naturgemäß,
wenn eine derartige Heizungskraftzentrale ohne Rücksicht
auf den Abwärmebedarf für Heizzwecke und ohne Rücksicht
auf die Betriebsverhältnisse einer für die Deckung der Spitzen-
leistungen in Betracht kommenden weiteren Kraftzentrale
dauernd oder doch fast dauernd womöglich mit der normalen
Leistung belastet werden kann.

In einem solchen Falle, wie er etwa in dem vorher erwähnten Schwimmbad zu Stuttgart vorliegt, und wie er ähnlich bei dem von Herrn Bauamtmann Hauser erwähnten neuen Krankenhause in München liegt, ergeben sich naturgemäß infolge des abnorm günstigen Belastungsfaktors der Kraftzentrale außerordentlich niedrige Stromerzeugungskosten. Ich hatte Gelegenheit festzustellen, daß für ein derartiges Heizungskraftwerk großen Stils für eine maximale stündliche Leistung von 16 400 000 WE für Heizzwecke die Kosten für die KW/Std. bei einer jährlichen Produktion von 11 300 000 KW/Std. etwa 1,5 Pf. betragen würden.

Meine Herren! Aus diesen der Praxis entnommenen rechnerischen Feststellungen leite ich das Ergebnis ab, daß es im allgemeinen, abgesehen natürlich von besonderen Verhältnissen, wie sie sich oft in industriellen, insbesondere in den fast dauernd gleichzeitig große Heizdampf- und Energiemengen benötigenden chemischen Großbetrieben vorfinden, unbedingt erforderlich ist, nicht das Heizungskraftwerk als Appendix an den zu beheizenden Gebäudekomplex zu errichten, sondern umgekehrt den zu heizenden Gebäudekomplex an ein für anderweitige Zwecke erforderliches Kraftwerk anzugliedern.

Darin, meine Herren, liegt aber gerade die große Schwierigkeit dieser Frage, die insbesondere für große Gemeinwesen von so außerordentlich wirtschaftlicher Bedeutung ist.

Elektrizitätswerke legt man heutzutage, wo hohe Spannungen die Möglichkeit bieten, große Entfernungen ohne Beeinträchtigung der Wirtschaftlichkeit zu überwinden, an die Peripherien der Großstädte, an die Häfen und in die Industriebezirke, in denen meist die Bedingungen für eine Ausnutzung der Abwärmen zu Heizzwecken, wenigstens zurzeit noch, die denkbar ungünstigsten sind.

Nur in seltenen Fällen werden sich so günstige Verhältnisse finden wie in Dresden, wo eine große Kraftzentrale inmitten eines Komplexes von hervorragenden öffentlichen und privaten, eine zentrale Heizung erheischenden Gebäuden liegt, und wie in München, wo die örtlichen Verhältnisse die Errichtung einer für die Zwecke der Kraftversorgung des betreffenden

Stadtteils erforderlichen Kraftzentrale in unmittelbarer Nähe des neuen Krankenhauses gestatteten.

Es sei übrigens erwähnt, daß selbst in Dresden trotz dieser günstigen Verhältnisse den Abnehmern der Abwärme für Heizzwecke aus ihrer günstigen Lage zum Heizungskraftwerk kein besonderer Vorteil erwächst; denn der von dem Herrn Vortragenden, soweit ich mich erinnere mit 56 Pf. angegebene Preis, den die angeschlossenen Wärmeabnehmer für den Kubikmeter beheizten Raumes zu bezahlen haben, ist derartig bemessen, daß dafür bei einem Kokspreise (Gaskoks) von etwa 25 bis 30 M. für 1000 kg frei Keller auch die Heizungskosten bei Einzelheizung einschließlich Bedienung bequem gedeckt werden können.

Meine Herren! Wenn somit die Einführung der Heizungskraftwerke bisher nur langsame Fortschritte gemacht hat, so liegt dies m. E. nicht an dem ungenügenden Verständnis des Heizungsingenieurs für derartig technisch-wirtschaftliche Fragen, auch nicht an dem Widerstreben und dem Bureaukratismus der beteiligten behördlichen Instanzen, sondern lediglich an den ungünstigen Verhältnissen, die eine wirtschaftliche Ausnutzung der Abfallprodukte oft nicht gestatten und die uns oft zwingen, so lange uns die Technik hier keine weiteren Mittel und Wege eröffnet, beträchtliche wirtschaftliche Werte ungenutzt zu vergeuden.

Vorsitzender Ingenieur Ernst S c h i e l e , Hamburg:

Es ist kein Redner mehr auf der Rednerliste vermerkt, ich darf die Diskussion schließen und erteile dem Herrn Referenten das Schlußwort.

Oberingenieur S c h u l z e , Dresden:

Ich habe nur einige Worte zu sagen. Was die Herren eben ausgeführt haben, hatte auch ich bemerkt. Ich habe die beiden Fälle erörtert und die Wege gezeigt, welche man in beiden Fällen gehen muß, um wirtschaftlich arbeiten zu können. Es ist demnach weder die Heizung als Anhängsel einer Dampfmaschine noch umgekehrt die Dampfmaschine als Anhängsel einer Heizung zu betrachten, beide sind als gleichberechtigte Teile eines wirtschaftlichen Ganzen zu behandeln. Ich danke

für die Aufmerksamkeit, mit der Sie meinen Ausführungen
gefolgt sind.

Vorsitzender Ingenieur Ernst S c h i e l e , Hamburg:

Ich darf Herrn Schulze wiederholt danken und nach
Erledigung des Programms unserer heutigen Tagung den Vorsitz wieder in die bewährten Hände unseres verehrten Ehrenvorsitzenden zur Beschließung der Tagung zurückgeben.

Ehrenvorsitzender, Geheimer Regierungsrat, Professor
Dr.-Ing. R i e t s c h e l , Charlottenburg:

Meine Herren, die Zwecke und Ziele eines Kongresses
gipfeln in der Förderung des Faches und in der Förderung der
Freundschaft und Kollegialität. Wenn ich mich zunächst der
Förderung des Faches zuwende und den Verlauf unseres Kongresses betrachte, so glaube ich sagen zu dürfen, wir können in
jeder Beziehung zufrieden sein. Wir haben eine Reihe von Vorträgen gehört, die zum Teil von hohem Interesse waren und
wichtige Fragen unseres Gebietes behandelten. Der Vortrag:
»Verwendung des Ozons bei der Lüftung« hat die bisher noch
viel umstrittene Frage zur Klärung geführt. Theorie und Praxis
waren erfreulicherweise bei den Herren Referenten — Prof.
Dr. Czaplewski und Ingenieur von Kupffer — in völliger
Übereinstimmung. Wir haben überzeugend gehört, daß das
Ozon in zahlreichen Fällen mit bestem Erfolg bei Lüftungsanlagen Verwendung gefunden hat und finden kann und daß
es in der Verdünnung, in der es in Anwendung zu bringen ist,
als ein der Gesundheit nachteiliger Körper nicht angesehen
werden kann.

Wir werden in der Folge dem Ozon unsere volle Aufmerksamkeit zu schenken und es in manchen Fällen in Verbindung
mit einer zweckmäßigen Lüftungsanlage in Anwendung zu
bringen haben.

Die gestrige Besichtigung des Schlachthofes hat uns zum
Teil ausgezeichnete Erfolge der Ozonisierung gezeigt. Wenn in
der Darmschleimerei der Erfolg der Ozonisierung ein mangelhafter war, so glaube ich zur Richtigstellung der Verhältnisse
konstatieren zu sollen, daß hierfür meines Erachtens in der
Hauptsache die nicht sachgemäße Lüftungsanlage schuldig
zu machen ist.

Heute haben wir einen auf mehrjährige Versuche gegründeten, sehr klaren und instruktiven Vortrag über »Die Widerstände in Warmwasserheizungen« von meinem Amtsnachfolger Herrn Professor Dr. Brabbée gehört. Ich glaube sagen zu können, daß Redner die Versuche, die er angestellt hat, und die ich noch Gelegenheit hatte, anzuregen, ehe ich Abschied von der Technischen Hochschule nahm, in großzügiger Weise durchgeführt hat. Die Versuche und deren Ergebnisse sind nicht nur für unsere Anlagen sondern ganz allgemein für die Wissenschaft und Praxis von großem Wert, da sie eine schon lange sehr fühlbare Lücke in einwandfreier Weise beseitigt haben.

Der Vortrag des Herrn Oberingenieurs Schulze über »Verbindung von Kraft- und Heizbetrieben« hat uns neue und interessante Anregungen gegeben auf Grund praktischer Erfahrungen und theoretischer Erwägungen. Ich möchte nur Herrn Oberingenieur Schulze bitten, daß er seinen Vortrag, den er der Kürze der Zeit halber uns nicht vollständig geben konnte, ungekürzt veröffentlicht, damit die im Vortrag niedergelegten reichen Erfahrungen in vollem Maße unserem Fache zugute kommen.

Meinem Vortrag »Kritische Betrachtungen über den Stand der Heizungs- und Lüftungstechnik« habe ich nichts hinzuzufügen als den innigen Wunsch, daß er unserem Fach zu Nutz und Frommen dienen möge.

Was nun die Förderung der Freundschaft und Kollegialität durch den diesjährigen Kongreß betrifft, so glaube ich sagen zu dürfen, daß in dieser Beziehung die in Vereinigung mit unseren Damen glanzvoll verlaufenen und uns in so liebenswürdiger und gastlicher Weise dargebotenen Festlichkeiten diesen Zweck in reichem Maße erfüllt haben. Meine Herren! Vor 15 bis 20 Jahren war es anders. Wir Kollegen kannten uns kaum persönlich, die Herren der Industrie kannten sich nur aus der Konkurrenz. Das ist jetzt anders. Die Kongresse haben zu gegenseitiger persönlicher Wertschätzung und zu Freundschaften geführt und der diesjährige Kongreß war angetan, die Freundschaften zu festigen, neue zu schließen, der Konkurrenz die richtigen Bahnen zu weisen. Meine Herren: Halten Sie die Kollegialität immer hoch!

Kollegiales Zusammenarbeiten, vornehme Konkurrenz, diese nur sind die Förderer unseres Faches. (Lang anhaltender Beifall.)

Meine Herren! Ehe wir auseinander gehen, lassen Sie mich noch den Gefühlen des Dankes Ausdruck geben, der uns erfüllt, des Dankes für die wundervollen Tage, die wir hier in Cöln durchlebt haben. Ich spreche aus Ihrer aller Herzen, wenn ich der städtischen Verwaltung von Cöln innigen Dank sage für die überaus gastliche und liebenswürdige Aufnahme (Lebhaftes Bravo!). In erster Linie richte ich den Dank an das hochverehrte Oberhaupt der Stadt, Herrn Oberbürgermeister Wallraf. An dem Begrüßungsabend haben wir seinen von Wärme und Anerkennung getragenen Worten mit inniger Freude gelauscht. Dank aber auch der Königlichen Regierung. Der Herr Regierungspräsident Dr. Steinmeister hat uns in freundlichster und entgegenkommendster Weise begrüßt und ist noch am Begrüßungsabend trotz seiner bedeutenden Inanspruchnahme zu uns geeilt, um seinem Interesse Ausdruck zu geben, und er hat mir noch später persönlich versichert, wie große Freude es ihm bereitet habe, die Kongreßteilnehmer begrüßen zu können.

Meine Herren! Eine schwere Arbeit hat der Ortsausschuß gehabt. Er hat mit einer unvergleichlichen Hingabe die Lasten und Mühen auf sich genommen, ohne die unser Kongreß nicht in so glänzender Weise hätte durchgeführt werden können. Zunächst darf ich Herrn Beigeordneten Rehorst für seine große Mühewaltung danken, dann aber drängt es mich, Herrn Stadtbauinspektor Meyer und dem Schatzmeister Herrn Richard — den beiden Säulen des Kongresses — tiefgefühlten Dank auszusprechen. (Lebhaftes Bravo.)

Aber auch des geschäftsführenden Ausschusses muß ich dankend gedenken für seine vorbereitende erfolgreiche Tätigkeit für unseren Kongreß. Und wenn man an den geschäftsführenden Ausschuß denkt, denkt man selbstverständlich in erster Linie an den Vorsitzenden, an unseren verehrten Herrn Geheimrat Dr. Hartmann. Wir haben gestern schon ihm unseren Dank ausgesprochen und ich weiß, daß dieser Dank aus unser aller Herzen gekommen ist. (Bravo!)

Nun zum Schluß danke ich auch Ihnen, daß Sie so zahlreich den Kongreß besucht haben, namentlich den Herren
Kollegen aus dem Auslande, die eine so rege Anteilnahme gezeigt haben. Damit wäre unsere Tagung erschöpft und ich
schließe mit den Worten: »Auf frohes Wiedersehen in zwei
Jahren, hoffentlich in voller und bester Gesundheit!« (Langanhaltender Beifall.)

Am Nachmittag vereinigten sich die Kongreßteilnehmer
zu einem Ausflug nach Königswinter und zum Drachenfels.
Fast 700 Herren und Damen beteiligten sich an der Fahrt,
die auf dem großen festlich geschmückten Dampfer der Cöln-
Düsseldorfer Rheindampfschiffahrts-Gesellschaft, »Kronprin-
zessin Cäcilie« unternommen wurde. Dem Drachenfels wurde
ein Besuch mit der Zahnradbahn abgestattet und unter Musik-
klängen der Rückmarsch zum Dampfer angetreten, auf dem
sich wie bei der Herfahrt ein fröhliches Treiben entwickelte.
Musikvorträge, Gesang und Tanz belebten die Heimfahrt zu
der alten Stadt Cöln, die dem Kongreß eine so gastliche Stätte
geboten hatte. Mit einem Abschiedstrunk im Stapelhaus
schloß die letzte Vereinigung des IX. Kongresses.

Ausflug nach Holland.

Im Anschluß an den Kongreß fand vom 29. Juni bis 1. Juli
ein Ausflug nach Holland unter Leitung von Mitgliedern der
Nederlandschen Vereeniging voor Centrale Ver-
warmings-Industrie statt.

Der holländische Verband hatte eine Kommission gebildet,
die unter Leitung des Herrn Fabrikbesitzers Braat (von der
Firma F. W. Braat in Delft) in unübertrefflich freundlicher
und fürsorgender Weise die Teilnehmer des Ausflugs führte, und
die ihnen die Tage in Holland zu überaus angenehmen und genußreichen machte. Die Mitglieder der Vereeniging hatten dabei
beträchtliche Geldmittel zur Verfügung gestellt, um die Gäste
gastfreundlich aufzunehmen. Zu der Kommission gehörten
außer den schon genannten Herren F. W. Braat dessen Sohn,
Herr Dipl.-Ing. G. J. Braat, ferner die Herren J. Wolter und
Dros (Firma Wolter & Dros, Amersfoort), J. Beukers (Firma

Wed. Hunck & Zn., Amsterdam), Dipl.-Ing. Huygen jr. (Firma Huygen & Wessel, Rotterdam), Hofmann (Firma Nanning & Hofmann, Rotterdam) und Stockvis (Firma W. J. Stockvis, Arnheim).

Über 250 Herren und Damen fuhren am Sonntag, den 29. Juni mit einem Sonderzug von Cöln nach Amsterdam. Schon an der Grenze wurden die Reisenden von holländischen Damen mit Blumen begrüßt. In Amsterdam wurde Aufenthalt genommen, die herrliche Stadt mit ihren alten Gebäuden und Kanälen besichtigt, ganz besonders auch das Reichsmuseum mit seinen bedeutenden Kunstschätzen besucht und am Abend in der Schiffahrtsausstellung »Entos« ein Festmahl eingenommen. Bei diesem begrüßte Herr Geveke, Vorsitzender der Niederländischen Vereiniging die Gäste mit herzlichen, von echter Kollegialität zeugenden Worten. Herr Senatspräsident Dr.-Ing. K. Hartmann sprach den aufrichtigen Dank der Gäste aus.

Am Montag, den 30. Juni fand vormittags eine Dampfschiffahrt nach der Insel Marken statt zum Besuche der alten Fischerhäuser, deren Bewohner noch die alte Tracht beibehalten haben. Nachmittags wurde mit Sonderzug nach dem Haag gefahren, woselbst wieder ein Festmahl die Ausflugteilnehmer mit ihren holländischen Gastgebern und den Damen vereinigte. Dienstag, den 1. Juli fuhr die große Reisegesellschaft mit Sonderzug nach Rotterdam. Eine Wagenfahrt ließ die wichtigsten und interessantesten Teile der Stadt kennen lernen und eine von der Stadt angebotene Dampferfahrt zeigte die weitausgedehnten, stark belebten Hafenanlagen.

Nach der Rückfahrt fand das Schlußmahl im Kurhaus Scheweningen statt. In begeisterten Reden wurde den holländischen Kollegen und ihren Damen der herzlichste Dank für die vortreffliche Führung und reiche Gastlichkeit ausgesprochen und dann galt es Abschied zu nehmen von den schönen lehr- und genußreichen Tagen des Kongresses, aber mit dem Wunsche: Auf Wiedersehen nach zwei Jahren!

Der geschäftsführende Ausschuß der Kongresse für Heizung und Lüftung

Geschäftsstelle: Berlin-Grunewald, Herbertstr. 10.

Verzeichnis der Teilnehmer.

Name	Stand	Wohnort
Aachener Fabrik für Zentralheizungsanlagen Theod. Mahr Söhne		Aachen
Adams, C. W.	Direktor d. National Radiator Company Limited	London W., Oxford Street 439 und 441
Adams, Pet.	Heizungs-Fabrikant	Ahrweiler
Addicks	Ingenieur, Vertreter d Fa. G. Meidinger & Co	Basel
Ahlström, R.	Oberingenieur bei der Maschinenbau-A.-G. Balcke	Bochum i. W.
Albermann	Beigeordneter	Cöln
Albert, Gustav	Ingenieur i. Fa. F. W. Albert	Witten (Ruhr)
Alt, L.	Generaldirektor d. Fa. Zentralheizungswerke, A.-G.	Hannov.-Hainholz
Andereya, Gustav	Fabrikdirektor d. Vereinigt. Flanschen-Fabriken und Stanzwerke, A.-G.	Hattingen (Ruhr)
Arnold, Otto	Ingenieur, Vorstand d. Fa. Rud. Otto Meyer	Kiel. Gasstr. 2
Arnoldt	Diplom-Ingenieur, Stadtbau-Ingenieur beim Magistrat Dortmund	Dortmund, Schwanenwall 38
Astaix, Paul	Ing.-Directeur d. Fa. Henry Hamelle	Paris, 94 Boulevard Richard Lenoir
Balfanz, Fr.	Landesbauinspektor d. Provinz Brandenburg	Brandenburg a. H., St. Annastraße 27
Bartscherer, Arnold	Prokurist d. Fa. Richard & Schreyer m. b. H.	Cöln, Filzengraben 8
Bauch, E.	Geschäftsführer d. Intern. App.-Bauanstalt, G. m. b. H.	Hamburg 24, Eckhofstr.41/45
Bauer, Ernst	k. u. k. Hauptmann d. Ingenieuroffizierkorps i. k. u. k. Kriegsministerium (Techn. Mil. Com.)	Wien VI, Getreidemarkt 9
Baumann, Karl	Rentner und Stadtverordnet.	Erfurt, Wilhelmstr. 28
Baumeister, F. X.	Kaufmann, Teilhaber d. Fa. Richard & Schreyer m. b. H.	Cöln, Lindenstr. 15
Becker, E.	Ingenieur d. Fa. R. Fueß	Berlin-Steglitz, Düntherstr. 8
Beckhaus, M.	Stadtbauinspektor b. städt. Hochbauamt	Frankfurt a.M., Morgensternstraße 33
Beeg, Richard	Ingenieur, Inh. d. Fa. H. Herm. Beeg	Dresden A.

Name	Stand	Wohnort
Beraneck, Hermann	Ingenieur, Stadtbaurat, Delegierter d. österreich. Ingenieur- u. Architektenvereins	Wien XVIII, Köhlergasse 22
Berlit, B.	Reg.-Baumeister a. D., Stadtbauinspektor b. Magistrat Wiesbaden	Wiesbaden
Berndt, Ed.	Heizungs-Ingenieur b. Magistrat der Stadt Altona	Altona
Bernhardt, R.	Fabrikant i. Fa. C. H. Bernhardt	Dresden-N.
Beumer jr., B. J.	Direktor d. Buderusschen Handelsvereinigung	Haag (Holland), Hofwyckstraße 36
Biegeleisen, B.	Dr.-Ing. Privat-Doz. a. d. techn. Hochschule	Lemberg (Österreich), Dwernickiegr. Str. 12
Bielenberg, Karl	Prokurist	Hagen i. Westf., Buscheystraße 25
Bierotte, Max	Vertreter d. Verlagsbuchhandlung R. Oldenbourg	Berlin W. 10, Dörnbergstr. 1
Bierwes, H.	Direktor d. Mannesmannröhrenwerke	Düsseldorf, Pempelpforterstraße 29
Bing, Karl	Geheimer Baurat, Postbaurat	Cöln, Kaiser-Wilhelmring 24
Birlo, H. Dr.	Prokurist d. Fa. Joh. Haag, A.-G.	Augsburg
Birlo, J.	Generaldirektor d. Fa. Johannes Haag, A.-G.	Augsburg, Joh. Haagstr. 16
Bjerregaard, J. K.	städt. Ingenieur	Frederiksberg b. Kopenhagen
Blaesen, H.	Architekt und Bauingenieur	Cöln-Deutz
Blasberg, Friedr. Wilh.	Ingenieur i. Fa. Blasberg & Mayers	Barmen-Rittershausen
Bloch, Paul	Architekt und Bauingenieur i. Fa. Paul Bloch	Cöln, Niederichstr. 20
Blum, Wilh.	städt. Heizungs-Ingenieur	Düsseldorf, Jordanstr. 31 II
v. Boehmer, Hugo Erich	Geheimer Reg.-Rat, Mitglied des Kaiserl. Patentamtes	Berlin-Lichterfelde, Hans-Sachsstr. 3
Boniver, Ferd.	Fabrikant	Mettmann
Boos, Friedr.	Ingenieur u. Fabrikbesitzer, i. Fa. Friedrich Boos	Cöln-Bickendorf, Helmholtzstraße 88
Borg, Emil	Vertreter d. Bergisch. Stahl-Industrie, G. m. b. H.	Remscheid
Bösch, Heinr.	Ingenieur d. Ottensener Eisenwerke, A.-G.	Altona-Ottensen
Böttcher	städt. Ingenieur b. Magistrat Schöneberg	Berlin-Steglitz, Körnerstr. 49
Bourscheid, Franz	Kaufmann	Cöln, Alte Wallgasse 26
Braat, F. W.	Fabrikbesitzer i. Fa. F. W. Braat	Delft, Hoockade 16
Braat jr., G. J.	Ingenieur i. Fa. F. W. Braat	Delft, Hoockade 16

Name	Stand	Wohnort
Brabbée, Dr.	Professor an der Techn. Hochschule zu Berlin	Charlottenburg, Weimarerstraße 50
Brandt, Karl	Ingenieur b. Phönix, A.-G. für Bergbau u. Hüttenbetrieb, Abt. Düsseldorf Röhren- u. Eisenwalzwerke	Düsseldorf, Kölnerstr. 127
Breitinger, R.	Ingenieur und Fabrikant, Vorsitzender des Vereins schweiz. Zentralheizungs-Industrieller	Zürich, Dreikönigstr. 18
Brockmann, Bernard	Ingenieur	Charlottenburg, Windscheidstraße 18
Bründl, Johann	Fabrikant, Vizepräsident des Vereins für Heizung und Lüftung sowie sanitäre Einrichtungen	Budapest VII, Ovodagasse 34
Brune	Marinebaurat für Hafenbau b. d. Kaiserl. Werft	Wilhelmshaven, Kaiserstraße 97a
Brune	Dipl.-Ingenieur b. Stadtrat Plauen i. V.	Plauen, Humboldtstr. 10
Brünn, Gustav	städt. Ingenieur b. Magistrat München	München, Hedwigstr. 15 p.
Brunner, Franz	Ingenieur i. Fa. Fuchs & Priester, G. m. b. H.	Mannheim
Bucerius, Walter	Maschineningenieur i. Großh. Landesgewerbeamt	Karlsruhe i. B., Bunsenstr. 15
Buddéus, Franz	Oberingenieur d. Fa. Rud. Otto Meyer	Hamburg 23, Pappelallee 23/25
Budil, Alfred	Oberingenieur	Brackwede i. W.
Burkhardt, Karl	Kaufmann i. Fa. H. Rosenthal	Berlin SW. 47, Großbeerenstraße 71
van Burkom, F. J.	Direktor d. Nederl. Maatschappij voor Centrale Verwarming en Ventilatie	Amsterdam
Busch, Julius	Ingenieur	Hagen i. Westf., Lessingstr. 6
Busch, H. E.	i. Fa. Karl Busch & Co.	Hamburg, Dammtorhaus
Chowanecz, Hans	Ingenieur, Bevollmächtigter d. Fa. Bechem & Post, G. m. b. H.	Karlsruhe i. B.
Chowanecz, Peter	Heizungsingenieur	Stuttgart
Claren, Rud.	Kgl. Baurat b. d. Kgl. Regierung Dortmund	Dortmund, Wallrabestr. 3
Classen, Andr.	Heizungstechniker i. Fa. Peter Adams	Ahrweiler
Clauß, Gustav	Ingenieur i. Fa. Sachsse & Co.	Halle a. d. S.

Name	Stand	Wohnort
Clorius, Odin	Direktor i. Fa. A.-G. Gebr. Clorius	Kopenhagen
Cordes, Heinr.	Vorstandsmitglied d. Buderusschen Handelsgesellschaft	Cöln, Gereonstr. 18/32
v. Cornides, Wilh.	Verlagsbuchhändler i. Fa. R. Oldenbourg	München, Glückstr. 8 b
Cramer, W.	Ingenieur u. Fabrikbesitzer, i. Fa. Bechem & Post, G. m. b. H.	Hagen i. W., Elberfelderstr.
Creutz	Direktor	Cöln, Göbenstr. 3
Crone, Alfred	städt. Heizungsingenieur b. d. Stadtverwaltung	Essen-Ruhr, Werderstr. 1 II
Crusius, L.	Oberingenieur b. Eisenwerk Kaiserslautern	Kaiserslautern
Czaplewski, Dr. med., Eugen	Professor, Direktor des Bakteriologischen Laboratoriums der Stadt Cöln	Cöln, Zülpicherstr. 47
Dahlgren, Wilh.	Ingenieur	Strömsborg-Stockholm (Schweden)
Dallach, Willi	städt. Heizingenieur b. Magistrat Magdeburg	Magdeburg, Leipzigerstr. 66
Danstrup, J. P.	Dipl.-Ingenieur b. Ramsings Kontor	Kopenhagen
Deeg, Moritz	Dipl.-Ingen., Fabrikbesitzer, i. Fa. Fischer & Stiehl	Essen-Ruhr, Alfredstr. 175
Denecke, Otto	Professor a. d. techn. Hochschule Braunschweig	Braunschweig, Bertramstraße 39 II
Deubert, Philipp	Vertreter d. Masch.- u. Armaturfabrik vorm. Klein, Schanzlin & Becker, Frankenthal	Cöln
Deussen, J. W.	Kaufmann i. Fa. O. A. Engels	Cöln, Sternengasse
Deutsche Teerproduktenvereinigung, G. m. b. H.		Essen (Ruhr)
Deutsch, Siegfried	Oberingenieur d. Prager Maschinenbau-A.-G.	Smichov b. Prag
Dietz, Dr. Ludwig	städt. Ingenieur, Vorstand d. Heizungsabteilung d. städt. Bauamts	Nürnberg, Uhlandstr. 5
Dillnberger, Adalbert	Ob.-Ing. d. k. ung. Tabakregie	Budapest II, Iskola-u. 13
Dingeldein, Ludwig	i. Fa. Faust, Dingeldein & Co.	Cöln, Aachenerstr. 82
Dinsing, Ernst	Fabrikbesitzer	Viersen, Königsallee 8
Dörffust, Bruno	Ingenieur	Fürstenwalde (Spree)
Dreusch	Stadtbaumeister b. Magistrat Kiel	Kiel, Holtenauerstr. 103

Name	Stand	Wohnort
Drzewiecki, Peter	Ingenieur i. Fa. Drzewiecki & Jezioraski	Warschau, Jerusalemerstr. 85
Dummel, Ferdinand	Ingenieur, Chef d. Fa. J. Gabler	Budapest VI, Aradi-u. 63
Dürrschmied, J.	Dr.-Ingenieur b. Landesausschuß Böhmen	Prag, Bubenec Slovanská 347
Eichenberg, Ernst	Dipl.-Ingenieur b. d. staatlichen Fachschule, Installations- u. Betriebstechnik	Cöln, Titusstr. 10 II
Einwaechter, Hugo	Ingenieur, Vorstand d. Fa. Rud. Otto Meyer	Frankfurt a. M.
Elbs, J.	Dipl.-Ingenieur d. Fa. Gebr. Reinartz	Troisdorf
Emhardt, Karl	Ingenieur i. Fa. Emhardt & Auer, Heizungsfabrik	München, Haydnstr. 1
Engel, Georg	Oberingenieur d. Fa. Rietschel & Henneberg, G. m. b. H.	Berlin SW. 61, Baerwaldstraße 2 II
Engelen, F. J.	Ingenieur i. Fa. F. J. Engelen & Schultes	Cöln, Werderstr. 20
Engelking, W.	Stadtrat b. städt. Gas- und Wasserwerk	Weimar
Engelmann, P.	Regierungs- und Baurat b. der Bauabteilung des Polizeipräsidiums Berlin	Berlin-Steglitz, Belfortstr. 40
Engels, O. A.	Kaufmann	Cöln, Sternengasse
Erlwein, Dr. Gg.	Oberingenieur b. Siemens & Halske, A.-G.	Berlin, Fasanenstr. 70 I
Ernst, Richard	Ingenieur	Cöln-Lindenthal, Geibelstr. 33
Eymess, A.	Ingenieur und Vertreter d. Fa. Gebr. Körting, A.-G., Filiale Düsseldorf	Düsseldorf, Gerresheimerstr. 63
Faust, Anton	Ingenieur i. Fa. Faust, Dingeldein & Co.	Cöln, Aachenerstr. 82
Faust, Max	Kgl. Baurat	Siegburg
Figge, Ewald	Stadtbaurat i. städt. Hochbauamt	Hagen i. W., Körnerstraße 20 II
Finke, H. O.	Feuerungstechniker u. Ofenbaumeister	Gröba (Elbe)
Fischer	Ingenieur b. Bürgerhospital	Straßburg i. E.
Fleischer, Otto	Oberingenieur d. Halleschen Röhrenwerke A.-G.	Halle a. S.
Foerster, W.	Ingenieur u. Kgl. Betriebsleiter d. Heil- u. Pflegeanstalt	Eglfing b. München

Name	Stand	Wohnort
Fort, Oscar	Fabrik. i. Fa.Oscar Fort & Co.	Budapest IX, Angyal-u. 33
Fraenckel, Dr. F.	Fabrikbesitzer, Teilhaber d. Fa. Alfred Fröhlich & Co.	Cöln, Kleingedankstr. 18
Freudiger, Gustav	Ingenieur i. Fa. Freudiger & Co.	Wil (St. Gallen)
Friedrichs, Otto	Ingenieur, Inhaber d. Fa. Gebr. Mickeleit	Cöln-Zollstock
Frieser, Hermann	k. k. Oberkommissär, Delegierter d. k. k. Patentamts Wien	Wien VII, Siebensterngasse 14
Fritz, Paul W.	Fabrikant i. Fa. Gebr. Fritz, G. m. b. H.	Schmiedefeld, Krs. Schleusingen
Fröhlich, Alfred	Zivilingenieur, Teilhaber d. Fa. Alfred Fröhlich & Co.	Cöln, Rolandstr. 72
Funke	Dipl.-Ing., Fabrikbesitzer i. Zenithwerke, G. m. b. H.	Dresden-A., Walderseeplatz 1
Garas, Paul	Dipl.-Ing. i. Fa. Eisler & Vèrtes	Budapest VI, Szio-utca 43
Gauwerky, H.	Dipl.-Ing., städt. Heizungsingenieur d. Magistrats Bielefeld	Bielefeld, Bielsteinstr. 16a I
Geiger, Philipp	Oberingenieur d. Maschinenfabrik Augsburg-Nürnberg A.-G.	Nürnberg-Ost, Kleiststr. 10
Gensel, Walter	Stadtrat, Dezernent für die städt. Heizungen d. Magistrats Erfurt	Erfurt, Cyriakstr. 15
Genz, Gustav	Ingenieur, Mitinhaber d. Fa. Wilhelm Brückner & Co.	Wien III, Baumgasse 5
Goeke, Friedrich	Direktor d. Metallwerke Neheim, A.-G.	Neheim
Goertz, Otto	Oberingenieur d. Fa. David Grove	Berlin NW. 21, Stromstr. 67
de Grahl, Gustav	Dipl.-Ing.	Zehlendorf-West bei Berlin, Hermannstr. 23
Gregork, M.	Kaufmann i. Fa. W. Zimmerstädt	Elberfeld, Markgrafenstr. 9
Greiner, L.	Oberingenieur i. Zentralheizungsfabrik Bern, A.-G.	Ostermundigen b. Bern
Griebel, J.	Ingenieur, Vorstand d. Fa. Rudolf Otto Meyer	Posen, Hedwigstr. 17
Grimm, H.	Geh. Oberbaurat, Vertreter d. Kgl. Sächs. Kriegsministeriums	Dresden-N. 8, Angelikastr.11
Groß, Adolf	Ingenieur, Inhaber d. Fa. Groß & Sohn	Nürnberg, Martin-Richterstraße 40

Name	Stand	Wohnort
Grunow, Walter	Ratsingenieur b. Magistrat Breslau	Breslau, R. J. Ring 6
Gutknecht, Heinrich	Ingenieur i. Fa. Stehle & Gutknecht	Basel (Schweiz)
Gyomlay, Bela	Ingenieur, Vertreter der Strebelwerke für Ungarn	Budapest, Hungaria-Ringstraße 233
Gyßling	Reg.- und Baurat	Schleswig
Hable, Hans	Ingenieur u. Fabrikant	Wien, Phorusgasse 14
Haferkorn, Arthur	Oberingenieur d. Fa. Gebr. Körting, A.-G.	Düsseldorf, Lindenstr. 245
Hagemann	Regierungs- u. Geh. Baurat b. d. Kgl. Regierung	Düsseldorf
Hagen, M.	Dipl.-Ing., Maschineningen. d. Stadt Bonn	Bonn, Humboldtstr. 11
Hake, Otto	Ingenieur, Freie Vereinigung Berliner Heizungsingen.	Berlin-Schlachtensee, Eitel-Fritzstr. 27
Hänel, Otto	Oberingenieur d. Fa. Richard Doerfel	Leipzig, Emilienstr. 23
Hansen, Ernst W.	Ingenieur	Braunschweig, Wilhelmstraße 22
Harder, Hermann	Geh. Regierungsrat, Stadtrat i. Magistrat Schöneberg	Berlin W. 30, Habsburgerstraße 6
Hartmann, Konr., Dr.-Ing.	Senatspräsident im Reichsversicherungsamt zu Berlin. Geh. Regierungsrat u. Professor	Berlin-Grunewald, Herbertstraße 10
Hascha, A.	städt. Ingenieur i. Hochbauamt f. Heizanlagen	Berlin-Karlshorst, Junker-Jörgstr. 4
Hauser, Karl	städt. Bauamtmann i. Stadtbauamt München	Solln b. München, Erikastr.
Hauser, Otto	Ingenieur d. Fa. Hartmann u. Braun, A.-G.	Frankfurt a. M., Königstraße 97
Hebenstreit, Carl	Fabrikant, Teilhaber d. Fa. Buschbeck & Hebenstreit, Armaturenfabrik	Dresden-Bischofswerda
Hebenstreit, Rudolf	Fabrikant, Teilhaber d. Fa. Buschbeck & Hebenstreit, Armaturenfabrik	Dresden
Heinrici, Joh.	Ingenieur d. Fa. E. Angrick	Frankfurt a. M., Schweizerstraße 44
Heinrich, Wilhelm	Prokurist d. Fa. Gebr. Mickeleit	Cöln-Zollstock, Vorgebirgstraße 115
Heintz, Karl F. W.	Ing.-Technolog u. Dozent, Vertreter des Polytechn. Instituts zu Riga	Riga (Rußland)

Name	Stand	Wohnort
Helffenstein, Ulrich	Vorstand d. Abt. Radiatoren-gießerei d. Gelsenkirchener Bergwerks-A.-G.	Gelsenkirchen, Hohenzol-lernstraße 106
Hellenbach, G.	Oberingenieur d. Fa. Bechem & Post, G. m. b. H.	Münster i. W.
Hemmerlin, C.	Ingenieur i. Fa. C. Hemmer-lin & Co.	Mülhausen i. E., Graben-straße 64
Hendus, Georg	Ingenieur, Vorstand d. Fa. Rud. Otto Meyer	Straßburg i. E., Möller-straße 14
Herbst, August	Städt. Heizungsinspektor	Cöln-Lindenthal, Hiller-straße 28
Herrfahrt, Paul	Stadtbauinspektor i. Rat zu Dresden	Dresden, Hänel Claußstr. 46.
Herrfahrt, Richard	Ingenieur u. Prokurist d. Fa. Richard Schubert	Chemnitz, Reichenhainer-straße 32
Hertzner, C.	Städt. Heizungs- u. Masch.-Ingenieur	Gelsenkirchen, Florastr. 32
Hesse, Georg	Oberingenieur d. Maschinen-fabrik Eßlingen	Eßlingen
Hetzel, Otto	Dipl.-Ing., Teilhaber d. Fa. Franz Halbig, G. m. b. H.	Düsseldorf, Helmholtz-str. 281l
Heusch, Fritz	Kgl. Baurat, Vorstand des Hochbauamts	Fulda, Schloß
Hilgenberg, Wilh.	Oberingenieur d. Fa. Gebr. Demmer, A.-G.	Eisenach
Hoefer, Ernst	Regierungs- und Baurat	Cöln, Stammheimerweg 51
Hoever Wilh.	Dipl.-Ing. i. Fa. Gebr. Rei-nartz	Bonn
Hof, August	Prokurist d. Kontinental-Apparate-Baugesellschaft Diel & Co., Cöln	Cöln, Pfälzerstr. 4
Hofmeister, E.	Regierungsbaumeister u. Be-triebsdirektor, Vertreter d. Kgl. Sächs. Kriegsminist.	Dresden-A., Ludwig-Richter-straße 1 B
Hohenschwert, Hugo	Ingenieur d. Zentralheizungs-werke, A.-G.	Cöln, Antwerpenerstr. 11
Hohoff, G.	Direktor d. Nationalen Ra-diator-Gesellschaft m. b. H.	Berlin W., Mauerstr. 91
Holländer, A.	Ingenieur d. Fa. L. Leeser	Cöln-Lindenthal, Wittgen-steinstr. 29
Holzapfel, Otto	Kaufmann i. Fa. Richard & Schreyer m. b. H.	Cöln a. Rh., Filzengraben 8.
Horst, Jos.	Ingenieur b. d. Bonner Zen-tralheizungsf. Gerh. Horst	Bonn, Bachstr. 6
Hottenstein, Ludwig	Ingenieur d. Fa. Gebr. Sulzer	Winterthur, Brühlberg
Hottinger	Ingenieur d. Fa. Gebr. Sulzer	Winterthur, Schweiz.

Name	Stand	Wohnort
Huber, Jakob	Teilhaber d. Fa. Huber & Feer	Basel
Hübener, A.	Fabrik f. Zentralheizungen	Kiel, Karlstr. 8
Hund, Franz	Geschäftsführer d. Fa. Grünzweig & Hartmann, G. m. b. H.	Düsseldorf, Hansahaus
Hutschenreuter, E.	Ingenieur	Berlin SW. 61, Waterlooufer 8
Huygen, C. A.	Dipl.-Ing., Inhaber d. Fa. Huygen & Wessel	Rotterdam, van Oldenbarnevelt Straat 116
Huygen, L. B.	Dipl.-Ing., Inhaber d. Fa. Huygen & Wessel	Rotterdam, van Oldenbarnevelt Straat 116
von Ihering	Kais. Geh. Regierungsrat	Gießen, Gutenbergstr. 14
Imhof, Alfred	Ingenieur	Bad Nauheim
Infeld, Max	Ingenieur der Metallwerke Neheim, A.-G.	Cöln, Heinzbergerstr. 9
Jacobi, Rudolph	Fabrikant	Nymegen (Holland)
Jäger	Beigeordneter u. Großh. Baurat	Darmstadt, Gervinusstraße 461/2
Jansing, Wilhelm	Geschäftsführer d. Heizungswerke „Radiator"	Bonn, Florentiusgr. 4
Janus, Alfred	k. k. Marineoberingen., Delegierter d. k. k. Kriegsministeriums, Marinesektion	Wien, Marxergasse 2
Jarre, Josef	Kaufmann	Ahrweiler
Jerusalem, Wilhelm	Ingenieur i. Fa. Heizungswerk „Radiator"	Bonn, Florentiusgr. 4
Illum, R.	Ingenieur b. d. dänischen Staatsbahnen	Kopenhagen
Johnson, Paul	Dipl.-Ing. i. Fa. Schaeffer & Oehlmann, G. m. b. H.	Berlin N.4, Chausseestr.46/48
Junkes, Carl	Ingenieur d. Fa. Eisenwerk Kaiserslautern, Zweigniederlassung Cöln	Cöln, Wormserplatz 23
Kamp, Peter	Ingenieur b. städt. Maschin.-Bauamt	Cöln
de Kanter	Stadtingenieur	Rotterdam
Karsten, A. C.	Ingenieur b. d. Kommune	Kopenhagen
Katz, Philipp	Fabrikant	Cöln-Ehrenfeld, Fröbelstr. 13
Kerschbaum, Emil	städt. Bauinspektor	Stuttgart, Stafflenbergstr. 14
Keysselitz, Alex.	Regierungsbaumeister, Vorsteher d. Kgl. Hochbauamtes	Cöln, Roonstr. 56
Kiefer, Franz	Dipl.-Ing., Teilhaber d. Fa. Joseph Junk, Berlin SW.	Berlin-Friedenau, Sieglindestraße 3

Name	Stand	Wohnort
Kister, Dr.	Professor, stellvertr. Direktor d. Hygienischen Instituts	Hamburg 36
Kjettinge, O. V.	städt. Heizungs- u. Masch.-Ingenieur	Kopenhagen F., Maglekildewy 4
Klaus, K.	Heizungsingenieur b. d. Stadtverwaltung	Mülheim-Ruhr, Kasernenstraße 5
Kleefisch	Baurat i. Hochbauamt der Stadt Cöln	Cöln, Bismarckstr. 31
Klewitz, Bernhard	Stadtbauinspektor	Cöln, Lütticherstr. 63
Klingelhöffer, R.	Geh. Oberbaurat i. Minist. d. Finanzen, Abt. für Bauwesen	Darmstadt, Herdweg 72
Knauth, W.	Ingenieur d. Fa. Friedr. Wilh. Raven	Dortmund, Osterwall 50 I
Knoblauch, Dr. Oskar	o. Professor a. d. Techn. Hochschule	München, Herzog Heinrichstraße 4 I
Knoke, Richard	Dipl.-Ing., Stadtrat	Dresden, Lindenaustr. 4
Knuth, Carl jr.	Dipl.-Ing.	Budapest VII. Garay-u. 10
Köbke, E.	Ingenieur b. Braunkohlen-Brikettverkaufsverein, G. m. b. H.	Cöln, Hohenzollernring 6
Koch, Heinrich	Abteilungsvorsteher b. d. Stadt Düsseldorf	Düsseldorf, Magistrat
Koch, Otto	Oberingenieur b. d. F. Joh. Haag, A.-G.	Karlsruhe, Jübschstr. 44
Koffler, Karl Dr.	Sekretär d. Bundes ungar. Fabrikindustrieller	Budapest V. Zrinyi-u. 1
Kogel, Ludwig	Ingenieur i. Fa. Ludwig Kogel & Cie.	Cöln, Christophstr. 32
Koehler, Adolf	Chefprokurist d. Buderusschen Eisenwerke	Wetzlar
Köhler, M.	Fabrikdirektor d. Ver. Flanschenfabriken und Stanzwerke, A.-G.	Regis, Bez. Leipzig
Köhne, H.	Direktor d. Fa. Zentralheizungswerke, A.-G.	Hannover-Hainholz
Kolacek, Adolf	k. k. Oberingenieur i. Handelsministerium	Wien, Postgasse 8
Kölbel	Ingenieur d. Fa. Thiergärtner Voltz & Wittmer, G. m. b. H.	Cöln, Christophstr. 13
Kolvenbach, Heinrich	Dipl.-Ing., Teilhaber d. Fa. Franz Halbig, G. m. b. H.	Düsseldorf, Talstr. 106
Kölz, Georg	Oberingenieur u. Prokurist, Vorstand d. Heizungsabt. d. Gebr. Körting, A.-G., Körtingsdorf	Linden bei Hannover, Kirchstraße 10

Name	Stand	Wohnort
Koopmann, J. F. H.	Werktuigkundig Ingenieur, Privatdozent a. d. Techn. Hochschule, Delft (Holl.)	Delft (Holland)
Kopp, Heinrich	Ingenieur	Frankenthal, Rheinpfalz, Mahlastr. 5
Köpp, Jakob	Ingenieur	St. Gallen (Schweiz)
Köppel, Karl	Kgl. Bauamtsassessor beim Landbauamt Speyer	Speyer, Zeppelinstr. 14a
Kori, Heinrich	Ingenieur u. Fabrikbesitzer	Berlin W. 57, Dennewitzstraße 35
Korsten, F. T. H.	Inhaber d. Fa. J. G. Korsten	Amsterdam, Koningsplein 5
Krapp, Friedrich	Direktor d. Fa. Gebr. Poensgen, A.-G.	Düsseldorf, Gartenstr. 13
Kraus, E. A.	Ingenieur u. Fabrikbesitzer i. Fa. E. A. Kraus	Cöln, Eupenerstr. 60
Krautwig, Dr. med.	Prof., Beigeordneter	Cöln, Spichernstr. 6
Krebs, Dr. Otto	Direktor, I. Vorsitzender d. Verbandes der Lieferanten von Zentralheizungsbestandteilen	Mannheim, Hansastr. 2
Krell sen., Otto	Direktor a. D.	Nürnberg, Vestnertorgraben 31
Kretschmer, Max	Ingenieur d. Fa. Rud. Otto Meyer, Hamburg	Hamburg, Sievekingsallee 19
Kretzschmar, Dr.	Bürgermeister der Stadt Dresden	Dresden, Ringstr. 19
Kreuter, Franz	Architekt u. Stadtbaurat	Würzburg, Annastr. 24
Krischer, Fritz	Oberingenieur d. Fa. Gebr. Poensgen, A.-G.	Düsseldorf, Kaiserstr. 29a
Krohne, L.	b. d. Fa. Samson Apparatebau-G. m. b. H.	Düsseldorf, Bilker Alle 213/15
Kruse, Friedrich	Direktor d. Kohlensyndikats	Essen-Ruhr
Kuck	Marineoberbaurat, Schiffsbaubetriebsdirektor, Vertreter d. kaiserl. Werft	Kiel-Gaarden
v. Kupffer, Ludwig Ad.	Ingenieur	Berlin SW. 47, Yorkstr. 4
Kurz, Josef	Ingenieur u. Fabrikbesitzer i. Fa. Kurz, Rietschel & Henneberg	Wien V, Spengergasse 40
Kuthan, Joseph	Ingenieur b. Jan Stetka	Prag-Weinberge, Slovenska 19
Kuthe, Karl	Ingenieur d. Fa. Rud. Otto Meyer, Berlin	Berlin-Lichterfelde, Sternstr. 3
Kyll	Stadtverordneter	Cöln (Rathaus)
Lagerlöw	Ingenieur, Vorstand der Heizungsabteilung d. Fa. A. Bol. Ahlsell & Ahrens	Stockholm

Name	Stand	Wohnort
Lamarche, Julius	Kaufmann b. „Phönix", A.-G. für Bergbau und Hütt.-betieb, Abt. Düsseldorfer Röhren- u. Eisenwalzwerke	Düsseldorf-Oberbilk, Cölner-straße 172
Land, Theodor	Zentralheizungsbedarfsartik.	Dresden A. 7, Hettnerstr. 6
Lastin, Johannes	Direktor d. Fa. Johannes Haag, A.-G.	Berlin SW., Möckernstr. 102
Laué, W.	Beigeordneter d. Stadt Cöln	Cöln, Herwarthstr. 31
Laurer, Victor	Ingenieur im Wiener Stadtbauamt, Delegierter d. Gemeinde Wien u. d. Österreichischen Ing.- u. Architekten-Vereins	Wien 8, Lenaugasse 3
Lázár, Lajos	Ingenieur d. Fa. Pogány Nándor	Budapest VII, Thököly-u. 61
Léclair, Hans	Heizungs-Ingenieur bei der Krupp v. Bohlen u. Halbachschen Bauverwaltung, Hügel a. d. Ruhr	Essen-Rellinghausen, Frankenstraße 299
Leek	Stadtbaumeister b. Magistrat Halle	Halle a. S., Wilhelmstr. 49
Lehmann	städt. Ingenieur	Cöln, Stadthaus
Leidheuser, Ernst	Ingenieur d. Fa. Louis Opländer	Dortmund, Hohestr. 190
Leoni, Max	Fabrikbesitzer i. Fa. Walz & Windscheid	Düsseldorf
Leuschner, Max	Ingenieur d. Fa. Friedr. Krupp	Essen-Ruhr, Dagobertstr. 6
Liepolt, Anton	n. ö. Landesbaurat, Vertreter d. Landesausschusses Niederösterreich	Wien
Lindemann, W. Dr.-Ing.	Kreisbauinspektor d. Herzogl. Baudirektion	Braunschweig, Roonstr. 20 I
Lippert, Hans	Architekt (Kgl. Regierungs-Bauassessor) K. R.-B.	München, Max-Weberpl. 4 IV
Lohr	Baurat b. Kgl. Hochbauamt Kiel I	Kiel, Fleckenstr. 20
Lüdy, Christian	Kaufmann i. Fa. Lüdy & Schreiber, Röhren-Großhandlung	Berlin NO. 55, Greifswalderstraße 208
Luft-Sandow, Erich	Ingenieur b. d. Ges. f. selbsttätige Temperaturregelung m. b. H., Berlin	Berlin-Schöneberg, Königsweg 12
Lürken, M.	Ingenieur d. Fa. Junkers & Co.	Aachen, Blücherplatz 34

Name	Stand	Wohnort
Mahillon, Franzois	Ingenieur i. Fa. Mahillon & Ritschel	Brüssel, 3 Place de Louvain
Marggraff, Eugen	Polizei-Baurat	Cöln, Kunibertskloster
Markgraf, Dr.-Ing.	Heizungsingenieur b. Rheinisch-Westfälischen Kohlensyndikat	Essen-Ruhr
Marienthal, Richard	Ingenieur d. Fa. Károly Knuth	Budapest VII, Garay-ut. 10
Martin	Direktor d. Fa. H. Schaffstaedt, G. m. b. H.	Gießen
Marx, Alex. Dr.	Zivilingenieur, Privatdozent, Freie Vereinigung Berliner Heizungsingenieure	Berlin-Wilmersdorf, Gieselerstraße 26
Marx, August	Bauamtsassessor des Kgl. Landbauamts Augsburg	Augsburg 169 I
März, Jos.	Ingenieur d. Fa. Emhardt & Auer	Mannheim, M 1 10
Massot, Hermann	Ingenieur d. Fa. Gebr. Sulzer	Cöln, Gereonshaus
Meck, Bernhard	Konsul i. Fa. Ernst Meck	Nürnberg
Meißner, Alfred	Ingenieur d. Fa. H. Klemme, Berlin-Friedenau	Berlin-Steglitz, Külzerstraße 3 I
Mensing, Karl	Dipl.-Ing.	Hagen i. W., Hallestr. 13a
Meter, Eduard	k. k. Professor, Vertr. der techn. Hochschule	Wien VIII, Piaristengasse 15
Mewes, C. F.	Oberingenieur des Rhein. Schwemmstein-Syndikats	Neuwied
Meyer, C. L.	Kgl. Baurat	Soest
Meyer, G. H.	Magistrats-Baurat der Stadt-Verwaltung Charlottenburg	Charlottenburg-Westend, Lindenallee 31
Meyer, Heinr.	Stadtbauinspektor, Vorsteher des städt. Maschinenbauamtes	Cöln, Mainzerstr. 25
Meyers, Lambert	Ingenieur i. Fa. Blasberg & Meyers	Barmen-Rittershausen
Meysenburg, Fritz	Fabrikbesitzer	Kettwig v. d. Brücke
„Michael“, Apparate- u. Armaturenbauanstalt, G. m. b. H.		Cöln-Ehrenfeld, Geisselstraße 103
Middelmann jr., Fritz	Ingenieur, Inh. d. Fa. Middelmann & Sohn	Barmen, Schützenstr. 55
Middendorf, C.	Direktor d. Ottensener Eisenwerk-A.-G.	Altona-Ottensen

Name	Stand	Wohnort
Mikes, Karl	Ingenieur b. Mähr. Landes-ausschuß	Brünn (Mähren)
Mikes, Jos.	Ingenieur, k. k. Bauadjunkt	Brünn (Mähren)
Mildner, Rich.	Ingenieur und Fabrikant, i. Fa. Arendt, Mildner & Evers	Hannover, Hirtenweg 22
Milischowski, Leopold	Ingenieur	Wien III, Baumgasse 52
Morgenstern, Carl	Ingenieur	Stuttgart, Böblingerstr. 63
Moritz, Karl	Regierungsbaumeister	Cöln, Parkstr. 25
Mornhinweg, Carl	Oberingenieur	Braunschweig, Husaren-straße 48 II
Müller, August	Ingenieur und Gesellschafter d. Fa. Wilhelm Brückner & Co., G. m. b. H.	Graz, Elisabethinergasse 21
Müller, C.	Regierungsbaumeister	Recklinghausen, kl. Geld-straße 4
Müller, C.	Baumeister, Architekten-Verein Berlin	Berlin-Wilmersdorf, Aschaffenburgerstr. 2
Musmacher, Joseph	Ingenieur	Cöln, Gereonstr. 14
Naue, Albert	Ingenieur b. M. Heller & Co.	Erfurt
Nebe, Fr.	Ingenieur u. Fabrikdirektor, d. Fa. Balcke, Tellering & Co., A.-G.	Benrath
Nell, P. J. G.	i. Fa. Nell & Stutterheim, Techn. Bureau	's Gravenhage, Noordeinde 101
Nemec, V.	Oberingenieur, Leiter der Heizungsabteilung d. Venti-latorenfabrik Janka & Co.	Radotin b. Prag
Niederrheinisches Eisen-werk, G. m. b. H.		Dülken
Niemitz, Hermann	Ingenieur und Fabrikant i. Fa. C. Feuring, Fabrik von Zentralheizungs- und Lüf-tungsanlagen	Hamburg, Stiftstr. 66/68
Niepmann, W.	Ingenieur	Düsseldorf, Kurfürstenstr. 52
Nillus, Albert	Ingenieur-Conseil	Paris, 67 Avenue Henri Mar-tin
Nitsch, Leonard	Ingenieur und Zentral-heizungsfabrikant	Krakau (Galizien), Andreas Potockistr. 18
Nolte, Georg	Ingenieur, Inhaber d. Fa. C. Nolte, Dampfkessel-fabrik	Hannover, Stader Chaussee 42
Noeppel, A.	Kaufmann i. Fa. C. Hemmer-lin & Co.	Mülhausen i. E., Graben-straße 64

Name	Stand	Wohnort
Nösselt, Carl	Ingenieur d.Fa. Jaeger, Rothe & Nachtigall, G. m. b. H.	Leipzig-Eutritzsch
Novotny, Leopold	k. k. Baurat im Ministerium für öffentl. Arbeiten	Wien IV/1, Alleegasse 35
van Oeffel, P. J. F.	Ingenieur i. Fa. Heringa & Wuthrich	Haarlem (Holland)
Oehler, Wilh.	Oberingenieur d. A.-G. f. Ozonverwertung	Stuttgart
Oellerich, W.	Oberingenieur d. Braunkohlenbrikett-Verkaufsvereins, G. m. b. H.	Cöln-Braunsfeld, Raschdorfstraße 4
Opländer, Louis	Ingenieur und Fabrikant	Dortmund, Hohestr. 190
Opstelten, H. W.	Heizungs-Ingenieur b. d. Fa. W. Slotboom & Zoon.	's Gravenhage (Holland)
Ordemann, Ferdinand	Direktor i. Fa. Gebr. Körting, A.-G., Filiale Düsseldorf	Düsseldorf, Achenbachstraße 28
Oslender, August	Landesoberingenieur und beauftragter Vertreter der Rheinischen Provinzialverwaltung zu Düsseldorf	Düsseldorf, Landeshaus
Otto, A.	Ingenieur	Kopenhagen
Owen, W. H.	Prokurist d. Nationalen Radiator-Gesellschaft m. b. H.	Berlin, Alexandrinenstr. 35
Pakusa, Hugo	Ingenieur	Cöln-Sülz, Speestr. 7
Pakusa, Paul	Ingenieur	Hannover-Linden, Wittekindstraße 4a
Papendieck	Magistratsbaurat	Königsberg i. Pr., Königin-Allee 20
Pegels	Kgl. Regierungsbaumeister	Düren
Pelz, Ferdinand	Abteilungsleiter d. Fa. R. Heynen & Co.	Düsseldorf, Steinstr. 32
Perthel, Robert	Architekt und Bauunternehmer, Stadtverordneter	Cöln, Hansaring 57
Peters, Karl	Kaufmann	Cöln, Breitestr. 123/133
Peters, Paul	Stadtbaurat b. Magistrat Erfurt	Erfurt, Cyriakstr. 13
Pfahl, Peter	Geschäftsführer d. Rapid-Kessel-G. m. b. H.	Wien I, Riemergasse 10
Pfleiderer, E.	Dr.-Ingenieur	Fürth, Siegmund-Nathanstraße 10
Pfützner, H.	Geh. Hofrat und Professor a. d. Technischen Hochschule	Karlsruhe, Hübschstr. 17

Name	Stand	Wohnort
Polster, Max	Oberingenieur d. Fa. Gebr. Sulzer	Mannheim, Werderstr. 23
Poensgen, Reinhard	Generaldirektor i. Fa. Gebr. Poensgen, A.-G.	Düsseldorf, Goethestr. 21
Posselius, Gustav	Fabrikant i. Fa. Gebr. Posselius, Fabrik für Zentralheizungen	Mühlhausen i. Thür.
Praetorius, W.	Direktor d. Fa. Fritz Kaeferle	Hannover
Preuß, Kuno	Heizungsingenieur i. städt. Maschinenamt	Königsberg i. Pr., Luisenallee 78 II
Priban, Cyril	i. Fa. Prager Installationswerke	Prag II, Graben 12
Priske, Paul	Ingenieur, Vorstand d. Fa. Rud. Otto Meyer	Bremen, Hohenzollernstr. 7
Purschian, Ernst	Ingenieur, Inhaber d. Fa. Emil Kelling	Berlin W. 9, Königin-Augustastr. 7
Rainer, Ferdinand	Zentraldirektor d. Zentralheizungswerke, A.-G.	Wien VIII, Josefstädterstraße 57
Rapmund, Gustav	Ingenieur d. Fa. Göhmann & Einhorn	Dresden N., Antonstr. 29
Reck, A. B.	Ing.-Hauptmann, Direktor	Kopenhagen-Hellerup
Recknagel, Hermann	Dipl.-Ingenieur d. Freien Vereinigung Berliner Heizungs-Ingenieure	Berlin W. 30, Stübbenstr. 1
Rehorst	Beigeordneter d. Stadt Cöln, Landesbaurat a. D.	Cöln, Volksgartenstr. 16
Reinartz, J. J.	Fabrikant, Teilhaber d. Fa. Gebr. Reinartz	Troisdorf
Reitz	Marine-Oberbaurat i. Reichs-Marineamt Berlin	Berlin, W. 9, Leipzigerplatz 17
Reutti, Carl	Ingenieur und Direktor d. Verbandes deutscher Centralheizungs-Industrieller	Berlin-Schöneberg, Eisenacherstraße 70
Rheinische Schweißwerke Sieglar, G. m. b. H.		Sieglar b. Cöln
Richard, Philipp	Kaufmann, Teilhaber d. Fa. Richard & Schreyer m. b. H.,	Cöln-Marienburg, Leyboldstraße 85
Rietschel, Dr.-Ing.	Geh. Regierungsrat u. Professor	Charlottenburg, Giesebrechtstraße 15
Ritschel, Oscar	Ingenieur i. Fa. Mahillon & Ritschel	Brüssel, 3 Place de Louvain

Name	Stand	Wohnort
Rittershaus & Blecher	Maschinenfabrik u. Eisengießerei „Auerhütte"	Unter-Barmen
Romberg	Geh. Regierungsrat, Direktor	Cöln, Ubierring 48a
Roscher, A.	Fabrikbesitzer i. Fa. G. A. Fischer	Görlitz
Rose, Karl	Direktor d. Ges. f. selbsttätige Temperaturregelung m. b. H.	Berlin-Friedenau, Friedrich-Wilhelmplatz 5
Rosenberg, Alb. jr.	Betriebsinspektor d. verein. Stadttheater	Cöln-Lindenthal, Landgrafenstraße 39 I
Rosenstiel, Georg	Handelsrichter, i. Fa. Krüger & Staerk, G. m. b. H.	Berlin NO., Palisadenstr. 18
Rosenstrauch, S.	Dipl.-Ingenieur, Teilhaber d. Fa. J. Meisels, G. m. b. H.	Krakau (Österreich), Karmelickag. 6
Rösicke, Hugo	Ingenieur und Fabrikbesitzer	Nürnberg, Fürtherstr. 8
Roß, Theodor	Architekt B. D. A. u. Stadtverordneter d. Stadt Cöln	Cöln, Gladbacherstr. 4
Roßberg, Bernh.	Ingenieur d. Fa. Emil Kelling	Leipzig, Arndtstr. 37
Rothenberg, Paul	Direktor, Teilhaber d. Fa. H. Recknagel, G. m. b. H.	München, Theatinerstr. 8
Rudel, Hch.	Ingenieur i. Fa. Duisburg-Wanheimer Metall- und Hammerwerke	Duisburg, Pulverweg 26
Ruef, J.	Direktor, Delegierter d. Verwaltungsrates d. Zentralheizungsfab. Bern, A.-G.	Ostermundigen b. Bern
Ruh, J.	städt. Ingenieur	Crefeld, Westwall 189
Rühl, Heinr.	Ingenieur u. Fabrikbesitzer i. Fa. H. Rühl & Sohn	Frankfurt a. M., Hermannstraße 11
Russell, H.	Oberingenieur d. Fa. Rietschel & Henneberg, G. m. b. H.	Wiesbaden, Herrngartenstraße 5
de Ruyter, H. J.	Direktor, i. Fa. Th. van Heemstede-Obelt's sanitair technisch Bureau	Amsterdam, de Ruyterkade 104
Rydh, C. L.	Ingenieur d. Värmlednings Aktie Bolaget Calor	Stockholm, Arbetaregatan 32
Rydh, G. A.	Ingenieur d. Värmlednings Aktie Bolaget Calor	Stockholm, Arbetaregatan 32
Sagebiel, Heinrich	Ingenieur, Lehrer a. d. Kgl. vereinigt. Maschinenbauschule	Cöln, Zugweg 10
Sakuta, M.	Dipl.-Ingenieur, Lüftung und Heizungsanlagen	St. Petersburg, Snamenskaja 47 (Rußland)

Name	Stand	Wohnort
Sander, Ferd.	Ingenieur, Vertreter d. Rh.-Westf. Wasserwerksgesellschaft m. b. H.	Mülheim-Ruhr-Styrum, Hauskampstr. 17
Sandvoß, H.	Samson-Apparatebau-G. m. b. H.	Düsseldorf, Bilker Allee 213/15
Sauerbrey, Wilhelm	Fabrikbesitzer i. Fa. Metallwerk „Perna"	Berlin, Schlesischestr. 29/31
Saupe, Max	Oberingenieur d. Fa. W. Zimmerstädt	Elberfeld, Kurfürstenstr. 28
v. Schaky auf Schönfeld, Freiherr	Ministerialrat im Kgl. Bayer. Ministerium des Innern	München, Steinsdorfstr. 12
Schaefer, Carl	Kaufmann, Teilhaber d. Fa. Schütt & Schaefer	Cöln, Blumenthalstr. 27
Schäfer, Pet.	Ingenieur b. Eisenwerk Kaiserslautern	Kaiserslautern, Parkstr.
Scharschmidt, Otto	Städt. Ingenieur	Freiburg i. Br., Kirchstr.
Schaub, Albert	Fabrikant i. Fa. Eberh. Stahlschmidt	Kreuztal, Kreis Siegen
Scheuplein, Alfred	Ingenieur, Inhaber d. Fa. Jos. Ostler, Maschinenfab.	Würzburg, Wallgasse 6
Schiel, Hans	Honorardozent	Brünn, Ratwitgasse 2
Schiel jr., Hans	cand. ing.	Brünn, Ratwitgasse 2
Schiele, Ernst	Ingenieur und Fabrikbesitzer i. Fa. Rud. Otto Meyer, Vorsitzender d. Verbandes Deutscher Centralheizungs-Industrieller, Mitglied des Reichs-Gesundheitsrats	Hamburg 23, Hagenau 73
Schilling, H.	Städt. Heizungsingenieur b. d. Stadtverwaltung Barmen	Barmen, städt. Hochbauamt
Schilling, Otto	Fabrikbesitzer i. Fa. Schilling & Co.	Dresden N. 6, Großenhainerstraße 11
Schirmer	Marineoberbaurat b. d. Kaiserl. Werft Wilhelmshaven	Wilhelmshaven, Roonstr. 92
Schlepitzki, Aloys	Ingenieur i. Fa. A. Schlepitzki & Co.	Breslau, Neue Taschenstraße 19
Schlesinger, Berthold	Bureauchef b. d. Fa. Albert Hahn, Röhrenwalzwerk	Wien I, Singerstr. 27
Schmitz, Heinrich	Vorstandsmitglied d. Buderusschen Handelsgesellschaft	Cöln-Braunsfeld, Maarweg
Schneider, Carl	Ingenieur	Essen (Ruhr), Rüttenscheiderstraße 107
Schneider, A.	Fabrikant	Duisburg, Manteuffelstr. 6
Schneider, Heinrich	Stadtbaumeister	Kassel, Germaniastr. 22 I

Name	Stand	Wohnort
Schön, Viktor	Oberingenieur, Delegierter d. Kgl. Haupt- u. Residenzstadt Budapest	Budapest
Schreyer, Clemens	Kaufmann, Teilhaber d. Fa. Richard & Schreyer m. b. H., Cöln	Cöln, Wörthstr. 17
Schröder, Aug.	Heizungsfabrikant	Neuwied
Schröder, Wilh.	Direktor d. Braunkohlen-Brikettverkaufsvereins	Cöln, Unter Sachsenhausen 5/7
Schrögler, Eduard	Ingenieur i. Fa. Schrögler & Peters	Hamburg, Henriettenstr. 57
Schubbert, Paul	Ingenieur	Frankfurt a. M., Textorstraße 108
Schubert, Otto, Dr. med.	Geheimer Medizinalrat, Kgl. Kreisarzt	Cöln, Salierring 60
Schultes, P.	Ingenieur i. Fa. D. J. Engelen & Schultes	Cöln
Schultze, Wilh.	Direktor d. Fa. Schaeffer & Walcker, A.-G.	Berlin SW., Lindenstr. 18
Schultze, Paul	Fabrikant	Charlottenburg, Friedrich-Carlplatz 3
Schulz, Friedr.	Dipl.-Ingenieur u. Fabrikbesitzer, Inh. d. Fa. Waldemar Pruß	Hannover, Strangriede 54
Schulze, A.	Oberingenieur d. Fa. Richard Doerfel	Dresden-A., Pirnaischestraße 56
Schumacher, H.	Direktor d. Fa. Rietschel & Henneberg, G. m. b. H.	Berlin, SW. 42, Brandenburgstraße 81
Schütt, Hans	Kaufmann, Teilhaber d. Fa. Schütt & Schaefer, Cöln	Cöln, Domstr. 45 I
Schwerd, Friedr.	Professor d. techn. Hochschule	Hannover, Podbielskistr. 14 I
Seegers, Friedr.	Oberingenieur und Prokurist d. Fa. Oskar Winter	Hannover, Hausmannstr. 14
Seidel, Alwin	Pronvinzialingenieur b. Provinzialverwaltung Schlessien	Breslau, Palmstr. 41
Seidig, Paul	Fabrikant	Potsdam, Alte Luisenstr. 4
Sell	Postbaurat, Vertr. d. Reichspostverwaltung	Düsseldorf, Leopoldstr. 41
Senff, Albert	Zivilingenieur i. Fa. Albert Senff, G. m. b. H.	Hannover, Erichstr. 12 A
Sibinga, E. Smit	Ingenieur i. Fa. Sibinga & Co.	Amsterdam N. Z., Voorburgwal 72
Sieber, Hermann	Ingenieur und Direktor b. Calor & Frigor Rudolf Linder	Basel, Amselstr.

Name	Stand	Wohnort
Siegel, Carl	Kaufmann i. Fa. Richard & Schreyer m. b. H.	Cöln, Domstr. 45a
Sievers, Heinrich	Zivilingenieur i. Fa. Georg Conradi & H. Sievers	Hamburg 30, Moltkestr. 1?
Simon, Ernst	Ingenieur und Fabrikbesitzer	Stettin, Krekowerstr. 24
Simon, Heinrich	Regierungsbaumeister i. Kgl. Landbauamt	Landshut, Neustadt 469 II
Simonet, J.	i. Fa. C. Hemmerlin & Co., Ozonapparatefabrik	Mülhausen i. E., Grabenstraße 64
Snyders jr., C. J.	Dipl.-Ingenieur d. städt. Gaswerke Haag (Holland)	Haag, Emmastr. 163
Sondén, Clas, Dr.-Ing.	Professor	Stockholm, Hötergat 14
Söding, Walther	Fabrikant i. Fa. Bechem & Post, G. m. b. H.	Hagen i. W.
Speckmann	Regierungsbaumeister a. D.	Cöln
Spitzfaden, Emil	Abt.-Vorsteher d. Fa. de Fries & Co., A.-G.	Düsseldorf
Stack, Edmund	Oberingenieur i. Stadtbauamt Hannover	Hannover, Militärstr. 9 II
Stanislaus, J.	Stadtbauinspektor b. Stadtverwaltung Aachen	Aachen, Schillerstr. 73
Steckl, Eduard	Ingenieur u. Eisenwerksdirektor d. Eisenwerke Blansko	Blansko (Mähren)
Stein, C.	Dipl.-Ingenieur i. Fa. Baubureau Zigel, Moskau	Moskau, Juschkow Pereulok, Haus Walerianow (Rußl.)
Steinecke, Theod.	Kaufmann i. Fa. Schütt & Schäfer	Cöln
Steinmann, Fritz	Ingenieur	Hagen i. Westf., Roonstr. 18
Stiehl	Geheimer Baurat, Landesbaurat	Cassel, Ständehaus
Stierand, Anton	Fabrikant	Budapest, Aradi- u. 66
Stock, W.	Dipl.-Ingenieur, Vorsteher d. Hochbau-Abt. III (Heizung und maschinelle Anlagen), Baudeputation d. Freien u. Hansastadt Lübeck	Lübeck
Stoecker, Ernst	Zivilingenieur u. gerichtlicher Sachverständiger	Cöln-Deutz, Düppelstr. 6
Stoltenhoff, C.	Ingenieur d. Fa. H. u. W. Hochkammer	Crefeld, St. Antonstr. 160
Strasburger, M.	Dipl.-Ingenieur	Warschau, Kopernikusstr. 26
Strauch, Georg	Ingenieur, Teilhaber d. Fa. Zentralheizungsbauanstalt, G. m. b. H.	Saarbrücken 1, Talstr. 46

Name	Stand	Wohnort
Streck, Ludwig	Ingenieur b. d. Deco, A.-G.	Zürich-Küsnacht 1052 (Schweiz)
Strobl, Ferdinand	k. k. Oberingenieur, delegiert v. d. niederösterr. Statthalterei	Wien XVIII 1, Edelhofgasse 7
Strüdel, Eugen	Ingenieur, Vorstand d. Fa. Recknagel, G. m. b. H., Filiale Straßburg	Straßburg, Els., Kronenburgerstr. 4
Strümpell, Werner	Kaufmann und Geschäftsführer i. Fa. Löwen & Strümpell m. b. H.	Elberfeld, Laurastr. 21
Strümpfler	Kgl. Baurat	Itzehoe
Suwald, Karl	Mährischer Landes-Oberingenieur i. Mähr. Landesbauamt	Brünn (Mähren), Elisabethstraße 1
Taipalé, A. K.	Inhaber d. Fa. für Heizung, Lüftung und allgemeine sanitäre Anlagen	St. Petersburg (Rußland), Orenburgerstr. 27
Teepe, J. H. B.	Ingenieur	Lodz, Piotrkowska 189
Tellering, Ernst	Fabrikant	Düsseldorf
Tellering, Walter M.	Direktor	Düsseldorf
Terwey, J.	Vertreter d. Fa. R. S. Stokvis jr. Ltd.	Rotterdam, Rodenryschelaan 68
Thilo, Max	Ingenieur i. Fa. G. Weber	Lausanne, Avenue de Morges 33
Thönnissen	Stadtverordneter	Cöln, Rathaus
Tiedge, Wilhelm	Oberingenieur d. Maschinenfabrik J. Stetka	Prag, Nekazanka 1
Tienstra, Joh.	Ingenieur d. Fa. J. G. Korsten	Amsterdam, Koningsplein 5
Tilly, Hans	Ingenieur d. brandenburg. Provinzialverbandes	Zehlendorf b. Berlin, Camphausenstraße 16
Titz, Alexander	k. u. k. Schiffsbauoberingen., Delegierter d. k. u. k. Kriegsmarine	Fiume, Danubiuswerft
Törs, Josef	Ingenieur u. Fabrikbesitzer d. Fa. Törs & Ormai	Budapest VII, Szilagyi-u. 3
Trache, Gustav	Vertreter d. Niederrhein. Eisenwerks Dülken u. d. Berg. Stahlindustrie, G. m. b. H., Remscheid	Dresden A. 19, Carlowitzstraße 34
Trier, Franz	Ingenieur	Wiesbaden, Dotzheimerstraße 63

Name	Stand	Wohnort
Trimborn, Max	Regierungs- und Baurat	Cöln, Maria Ablaßpl. 6
Trousselot, M.	Teilhaber d. Fa. Heringa & Wuthrich	Haarlem (Holland)
Tübben, Ad.	Oberingenieur d. Fa. Recknagel, G. m. b. H.	München, Brüsselerstr. 6 I
Uber	Geh. Oberbaurat, Vortragender Rat i. Ministerium d. öffentlichen Arbeiten, Berlin	Berlin-Grunewald, Kaspar Theyßstr. 32
Ugé, W.	Kommerzienrat, Direktor d. Eisenwerks Kaiserslautern	Kaiserslautern
Uhlir, V.	Chefingenieur d. ersten böhmisch-mährischen Maschinenfabrik	Prag VIII
Ungeheuer, W.	Chefingenieur	Freiburg i. B., Bleichstr. 2
Unger, F. G.	Beratender Ingenieur	s' Gravenhage, Holland
Vanoucek, Karl	Landesoberingenieur, Dozent i. Landesausschuß d. Königreichs Böhmen	Prag III, Melnicka 12/583
Verbeek, Hans	Stadtbauinspektor	Cöln-Marienburg, Mehlemerstraße 13
Vermetten, A.	Ingenieur, Mitinhaber d. Fa. J. L. Bacon	Elberfeld
Victor, F.	Oberingenieur d. Fa. Johannes Haag, A.-G., Zweigniederlassung, Cöln	Cöln-Ehrenfeld, Ottostr. 16
Victor, Wilhelm	Oberingenieur d. Niederlausitzer Brikett-Verkaufsges. m. b. H.	Berlin NW. 7, Reichstagufer 10
Virmond, B.	Kaufmann d. Société Commerciale „Buderus"	Brüssel, 10 Boulevard Baudouin
Vocke, Wilhelm	Ingenieur, Mitinhaber d. Fa. F. Hermann Beeg	Dresden-A., Falkenstr. 26
Voit, Carl	Kgl. Bauamtmann b. d. obersten Baubehörde	München, Königinstr. 73a III
Volckmar	Stadtbaurat i. städt. Maschinenamt	Mannheim D. 7. 13
Vowinckel, G. Friedr.	Kaufmann, Teilhaber d. Fa. G. Vowinckel	Cöln, Oberländerufer 152
Wahl	Stadtbaurat	Dresden, Stadthaus am See 2
Waldmann, Antal	Ingenieur	Budapest, Arena-ut 80
Wallraf, Max	Oberbürgermeister d. Stadt Cöln	Cöln, Rheinaustr. 3

Name	Stand	Wohnort
Walluf, Peter	Architekt	Frankfurt a. M., Friedberger Anlage 14
Wartensleben, L.	Ingenieur, Direktor d. Strebelwerke, G. m. b. H.	Mannheim
Wasum, Eugen		Bacharach a. Rhein
Weber, Gottlieb	Constructeur	Lausanne, 33 Avenue de Morges
Weigel, Edmund	Oberingenieur d. Fa. W. J. Stokvis	Arnhem (Holland)
Weinlich, K.	Dipl.-Ingenieur d. Fa. Teirich & Co.	Bukarest, Str. Cobalcesu 9
Wendt, Carl	Fabrikbesitzer	Frankfurt a. M., Hohenstaufenstraße 25
Wentzke, Georg	Fabrikant, Inhaber d. Fa. Kastl & Wentzke	Wien V, Kleine Neugasse 23
Weeren, C.	Zivilingenieur	Berlin-Tempelhof, Blumenstraße 22
Wiesermann, Fritz	Ingenieur u. Fabrikant	Hagen i. Westf., Buscheystraße 38
Wilinsky, A.	Dozent am Polytechnikum, Beratungs-Ingenieur des Heizungsfaches	Kiew (Rußland), Rejtarskaja 10
Willert, Max	Regierungsrat, Mitglied des Kaiserl. Patentamts	Berlin W. 30, Schwäbischestraße 23
Wilsch	Betriebsdirektor d. Stadtgemeinde Bromberg	Bromberg, Wilhelmstr. 38
Windeck	Direktor	Cöln
Winkelmann, G.	Direktor d. Deutschen Radiatoren-Verkaufsstelle, G. m. b. H.	Wetzlar
Winterhoff, Willy	Ingenieur d. Fa. Louis Opländer	Essen-Ruhr
Winzer, John	Kaufmann	Berlin-Wilmersdorf, Prinzregentenstraße 98
Wirsel, Dr.	Beigeordneter d. Stadt Cöln	Cöln, Rathaus
Wisliceny	Ingenieur d. Fa. Bechem & Post, Zweigniederlassung Cöln	Cöln, Gilbachstr. 32
Wittenburg, H. F.	Kaufmann, Prokurist der Fa. Rud. Otto Meyer	Hamburg 23, Pappelallee 23/25
Wittholt	Postbaurat i. Reichs-Postamt zu Berlin	Berlin-Schöneberg, Martin Lutherstr. 44
Wolter, H. J.	Ingenieur i. Fa. Wolter & Dros	Amersfoort (Niederl.)

Name	Stand	Wohnort
Wormit, A.	Regierungsbaumeister a. D., Magistratsbaurat i. städt. Maschinenamt Königsberg i. Pr.	Königsberg i. Pr., Luisen-Allee 7 II
Worp	Dipl.-Ingenieur b. d. Fa. Géveke & Co.	Düsseldorf
Wulfert	Heizungsingenieur i. Hochbauamt 2	Bremen, Wiesbadenerstr. 3 I
Zassenhaus, Carl	i. Fa. Faust, Dingeldein & Co.	Cöln
Zechel, Adolf	Maschineningenieur d. Amts f. d. städt. techn. Werke d. Stadt Leipzig	Leipzig, Ritterstr. 28 II
Zerres, Peter	Heizungsingenieur i. Fa. Wilh. Häring	Rheydt, Taubenstr. 6
Zeyen, Florentin	Oberingenieur d. Fa. Bechem & Post	Hagen i. Westf., Augustastraße 45
Zilka, Joseph	Ingenieur b. Prager Installationswerk	Prag II, Graben 12
Zimmermann, H.	Landesbaurat, Delegierter d. Westfäl. Provinzialverwaltung	Münster i. Westf., Boldweg 44
Zimmermann, Ernst	Dipl.-Ing. im Hochbauamt für Heizanlagen beim Magistrat zu Berlin	Berlin O. 27, Dirksenstr. 3
Zimmerstädt, W.	Ingenieur i. Fa. W. Zimmerstädt, Elberfeld	Bonn, Gronauweg 7
Zlatnik, Josef	Architekt u. Stadtbaurat, Vertreter d. Stadt Prag	Prag
Zörner, Richard	Bergrat u. Generaldirektor d. Maschinenbauanstalt Humboldt	Cöln-Kalk, Kalker Hauptstraße 158

Grundriß der Meßstr

Fig. 1. Untersuchung von Muffenrohren

Dr. techn. Karl Brabbée: Die Widerstände in
Warmwasserheizungen.

a Warmwasserbehälter
b Versuchsleitung
c Verbindungsleitung
d Regulierventil
e Wägegefäß
f, g Meßstellen
h, i Muffenverbindungen
k, l, m Entlüftungsleitungen
o, p Entlüftungshähne
q, r Manometerzuleitungen
s, t, d_1, d_2 Manometerentlüftungshähne
u, v Thermometer

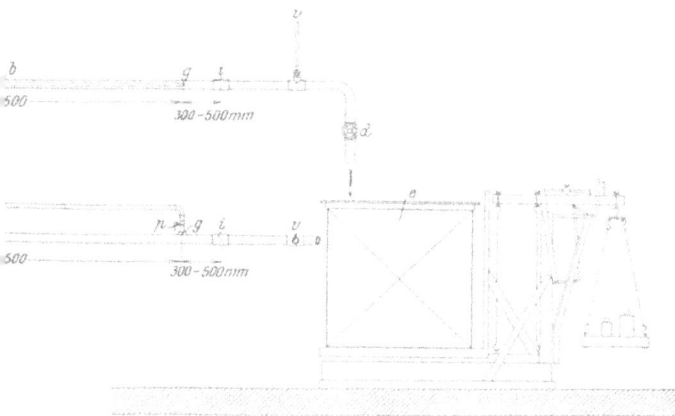

Dr. techn. Karl Brabbé: Die Wid

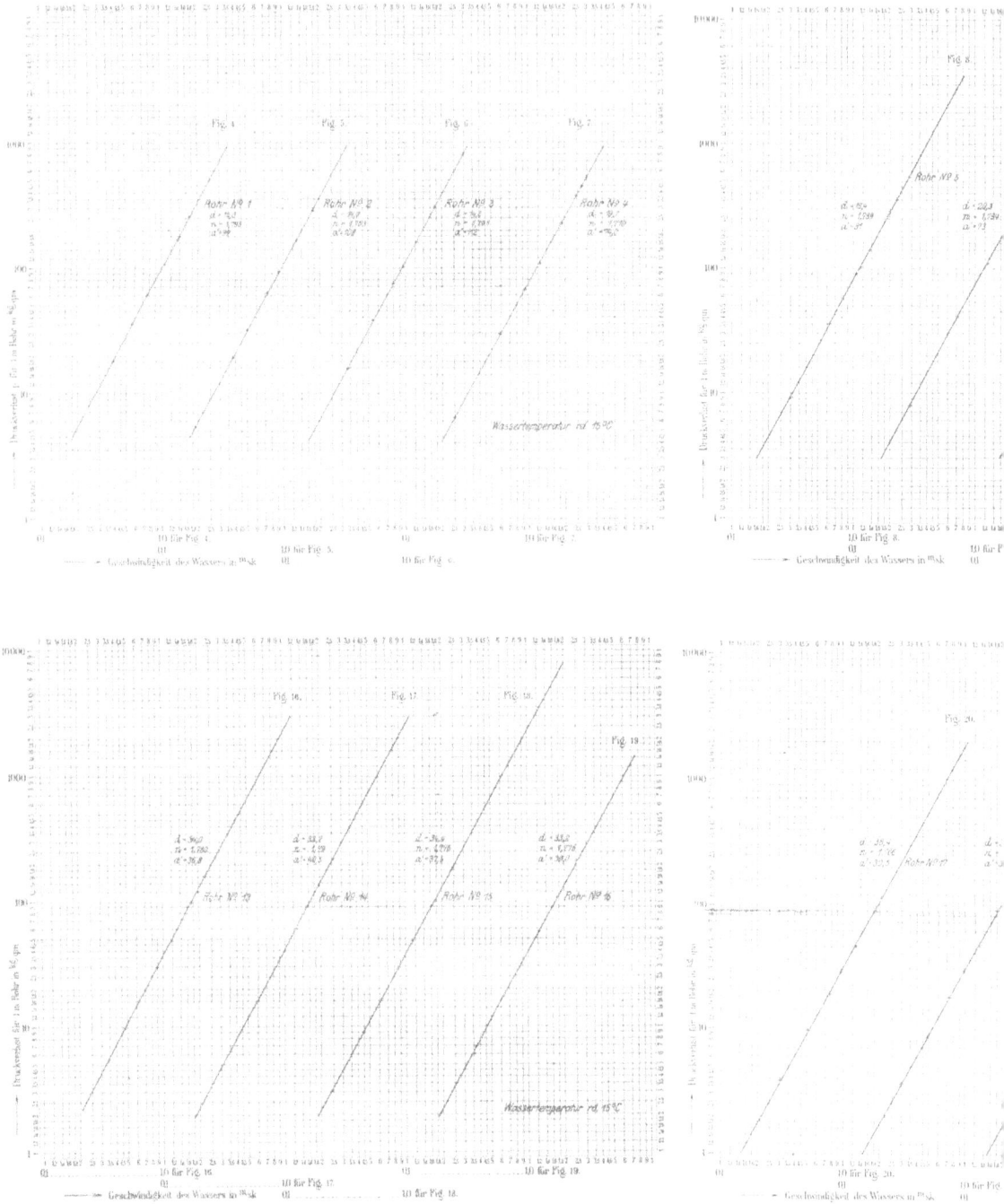

Fig. 4 bis 27. **Zusammenstellung der bei Muff**

...änder in Warmwasserheizungen.

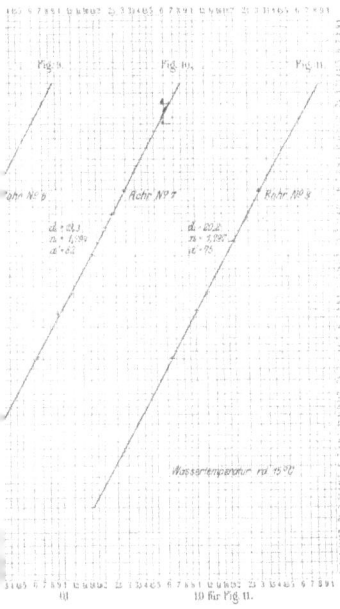

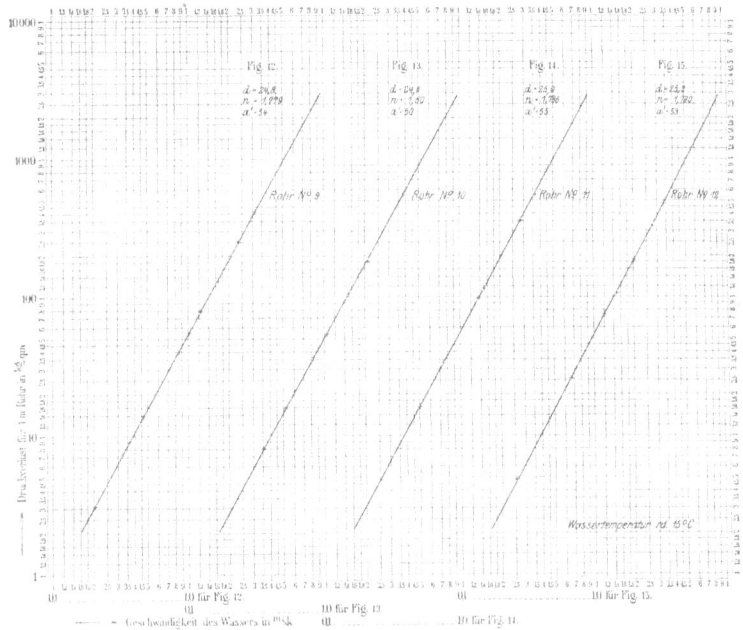

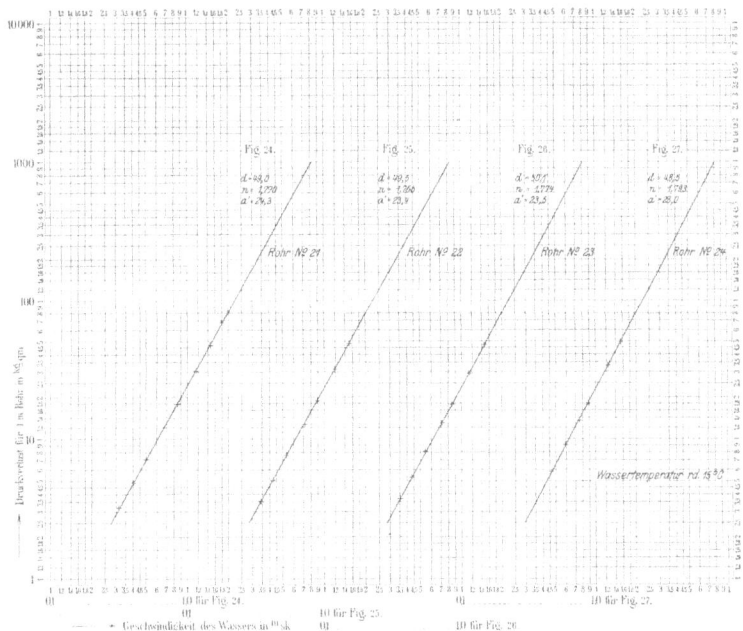

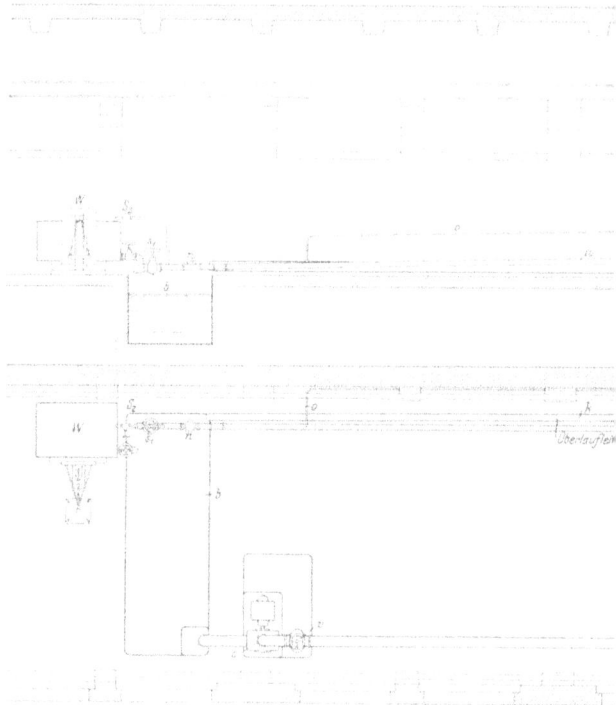

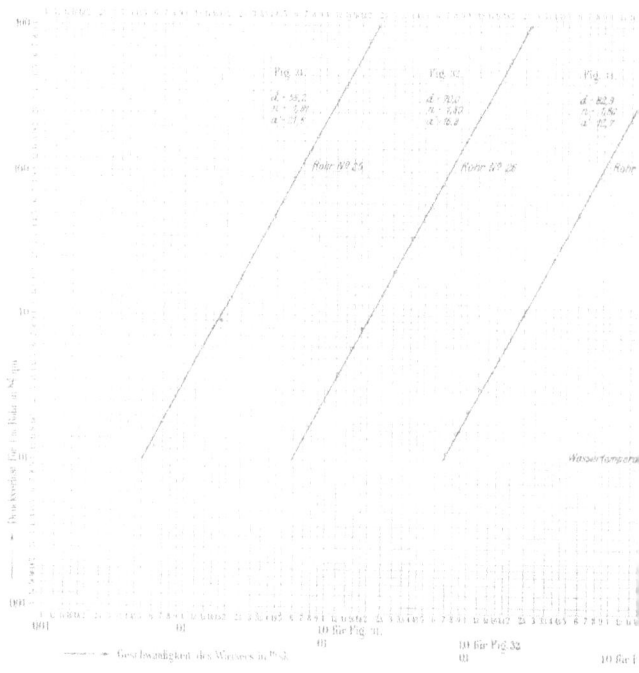

Fig. 31 bis 37. **Zusammenstellung der bei Siederohren mit kaltem ausgeführten Versuche.**

Dr. techn. Karl Brabbée: Die

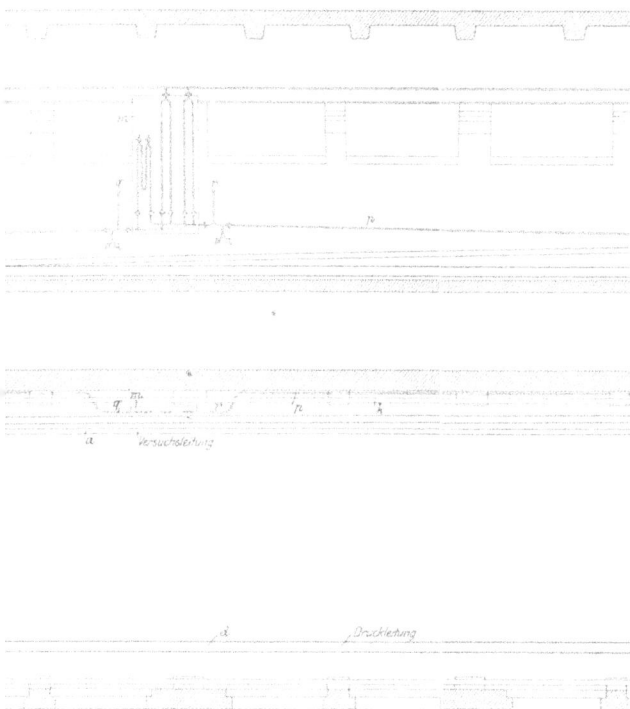

Fig. 29. Untersuchung von Siederohren.

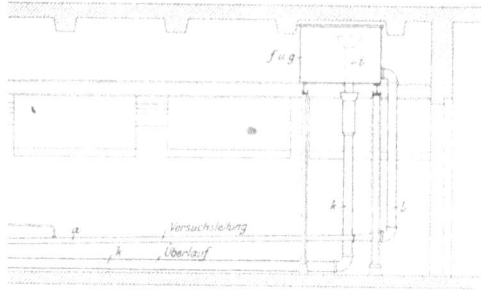

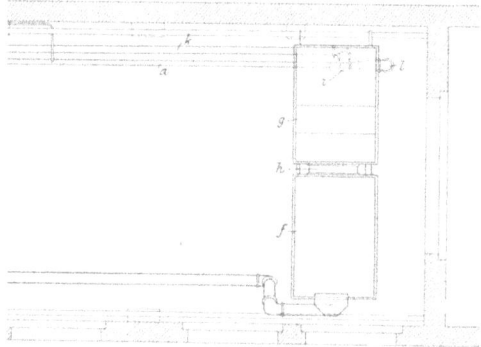

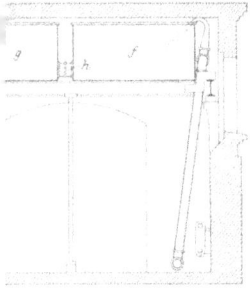

suchsleitung
ube
utrifugalpumpe
uckleitung
faße
rbindungsleitung
erlauf
erlaufleitung
lleitung
nometer
ssermesser
nometerverbindungsleitungen
tluftungen
gulierschieber
ge

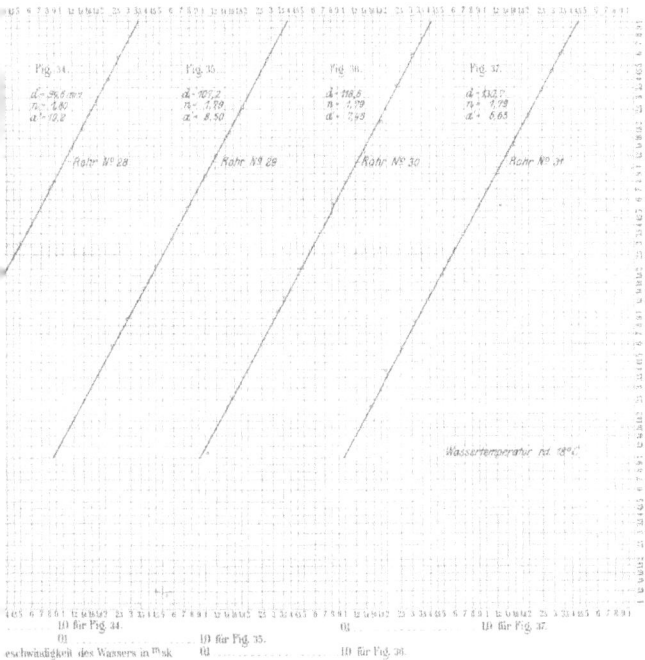

Fig. 34.
$d = 96.6$ mm
$n = 1.80$
$a^1 = 10.2$

Fig. 35.
$d = 105.2$
$n = 1.89$
$a = 8.50$

Fig. 36.
$d = 110.8$
$n = 1.79$
$a = 7.93$

Fig. 37.
$d = 102.7$
$n = 1.92$
$a = 8.65$

Rohr № 28
Rohr № 29
Rohr № 30
Rohr № 31

Wassertemperatur na 18°C.

ID für Fig. 34.
ID für Fig. 37.
01
ID für Fig. 35.
eschwindigkeit des Wassers in m/sk
01
ID für Fig. 36.

34 bis 37. **Zusammenstellung der bei Siederohren mit kaltem Wasser**

Dr. techn. Karl Brabbée: Die Wide

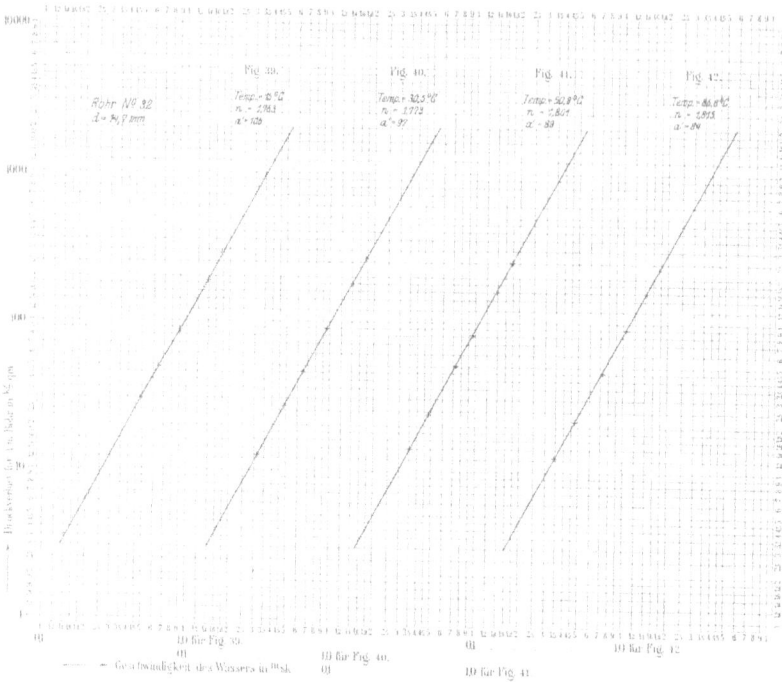

Fig. 3

Zusammenstellung de

warmem Wasser a

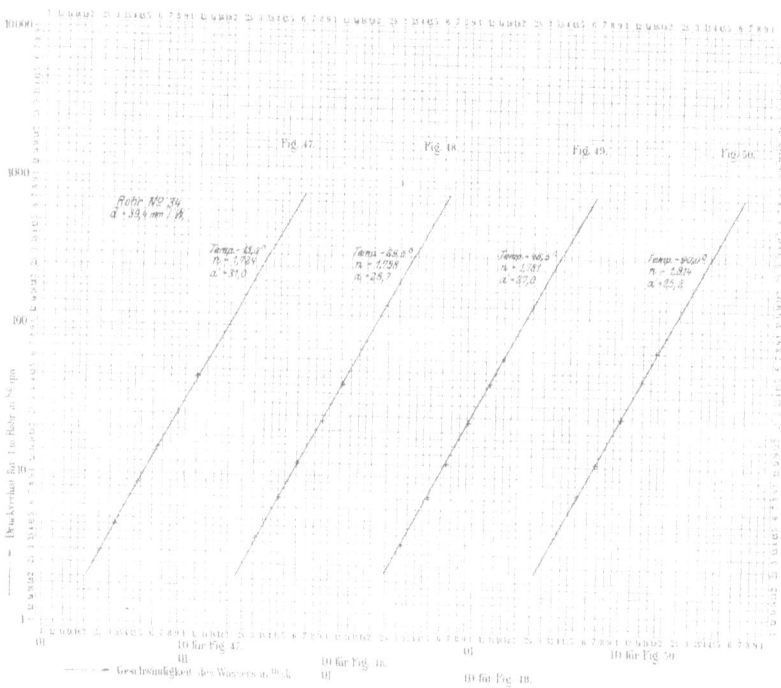

	I. V
v . . .	0,2150,4880,0
h beob. . .	6,68 29,5 48
h berechn. .	7,18 30,3 48
Abw. in % .	+ 7,5 + 2,7
	Mittl. Fel

	V. V
v	0,4690,6450,9
h beob. . .	15,7 27,5 53
h berechn. .	15,5527,42 51
Abw. in % .	1,3 0,2
	Mittl. Fehl

	IX.
v	0,327 0,4790,6
h beob. . .	4,54 8,72 14,
h berechn. .	4,52 8,72 14,
Abw. in % .	0,4 + 0 – 3
	Mittl. Fehl

inde in Warmwasserheizungen.

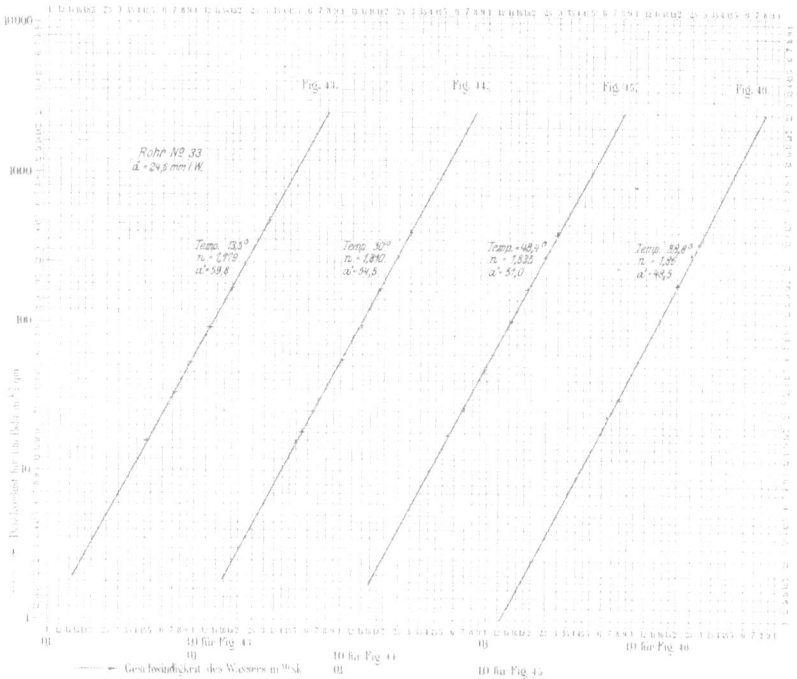

Zahlentafel 4.

1. Rohr Nr. 32   d = 14,7 mm

...ch t = 15,0 °C	II. Versuch t = 30,5 °C	III. Versuch t = 50,9 °C	IV. Versuch t = 86,8 °C
.02 1,387 1,75 1,303	0,313 0,485 0,652 0,958 1,423 1,76 — —	0,355 0,480 0,735 0,958 1,394 1,765 — —	0,344 0,476 0,724 1,053 1,416 1,735
.2 188 284 167	12,65 26,9 45,4 .89,6 180 267 — —	14,1 24,1 51,4 82,8 161 255 — —	12,5 22,1 46,5 91,2 160 232
.5 188 283 168,5	12,02 26,22 44,5 88,3 178,8 261 — —	13,75 23,7 51,1 82,5 162,4 248,5 — —	12,17 22,0 47,3 93,6 160,2 232
.5 0,1 0,5 0,9	5,0 2,5 2,2 -1,5 -0,7 -2,3 — —	2,2 1,4 0,5 0,4 0,8 -2,3 —	2,8 -0,5 -1,6 +2,6 +0,3 -0
. Vers. I = { 2,5 % / 0,3 % }	Mittl. Fehler d. Vers. II = { + 0 % / - 2,4 % }	Mittl. Fehler d. Vers. III = { 0,8 % / 1,4 % }	Mittl. Fehler d. Vers. IV = { +1,1 % / 1,7 % }

2. Rohr Nr. 33   d = 24,6 mm

...ch t = 13,5 °C	VI. Versuch t = 30,0 °C	VII. Versuch t = 48,4 °C	VIII. Versuch t = 88,8 °C
67 1,80 2,20 3,19 0,726	0,497 0,647 1,028 1,368 1,875 2,46 2,97 0,547	0,548 0,687 0,968 1,46 1,89 2,46 2,945	0,652 0,792 1,074 1,491 1,99 2,78
.3 170 245 481 33,0	15,3 24,9 55,4 94,3 168 272 397 18,3	17,3 25,9 48,0 103 166 272 387	23,2 30,9 55,0 105 179 331
.2 170,3 243,0 467 33,8	15,05 24,3 56,35 94,4 166,5 263 384,5 17,95	16,84 25,47 47,8 101,4 162,7 263,9 368	21,9 31,4 55,3 101,4 173,3 322
.2 0,5 0,8 -2,7 +2,5	1,6 2,3 1,6 +0,1 0,9 -3,3 -3,2 1,8	2,4 -1,7 -0,5 -1,7 2,0 3,0 -4,8	-5,0 -1,5 0,6 -3,8 -3,0 -2,7
. Vers. V = { 1,4 % / 1,0 % }	Mittl. Fehler d. Vers. VI = { 0,9 % / 2,2 % }	Mittl. Fehler d. Vers. VII = { 0 % / 2,3 % }	Mittl. Fehler d. Vers. VIII = { 1,1 % / 3,5 % }

3. Rohr Nr. 34   d = 39,4 mm

...ch t = 13,0 °C	X. Versuch t = 29,5 °C	XI. Versuch t = 48,5 °C	XII. Versuch t = 90,0 °C
.91 1,216 — —	0,312 0,449 0,608 0,901 1,237 1,552 —	0,319 0,483 0,642 0,919 1,28 1,566 —	0,378 0,519 0,679 1,01 1,37 1,735
.9 44,6 — —	3,73 7,01 12,0 23,1 40,7 63,5 —	3,43 7,28 12,4 23,4 42,6 62,7 —	4,33 7,64 12,5 25,4 45,3 71,5
.8 43,4 — —	3,72 7,04 12,0 24,0 41,8 62,4 —	3,49 7,29 12,08 22,9 41,26 59,06 —	4,41 7,82 12,7 25,98 44,9 68,8
.3 2,5 — —	0,1 0,5 +0 4,0 2,5 -1,7 —	1,6 0,2 -2,5 -2,1 -2,7 -6,0 —	2,5 -2,4 -1,6 2,2 -0,7 -3,7
. Vers. IX = { 0 % / 1,3 % }	Mittl. Fehler d. Vers. X = { 1,8 % / 0,6 % }	Mittl. Fehler d. Vers. XI = { 0,9 % / - 3,3 % }	Mittl. Fehler d. Vers. XII = { 2,2 % / 2,2 % }

Druck und Verlag von R. Oldenbourg in München und Berlin.

Dr. techn. Karl Brabbée: Die Widerstä

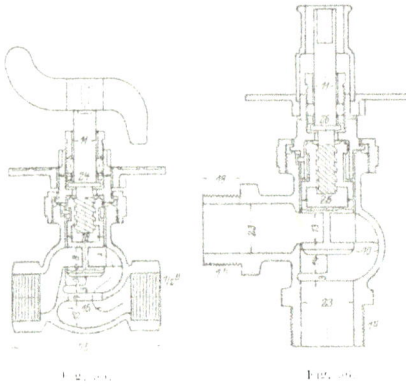

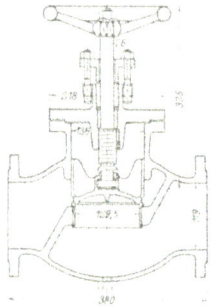

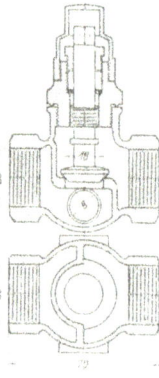

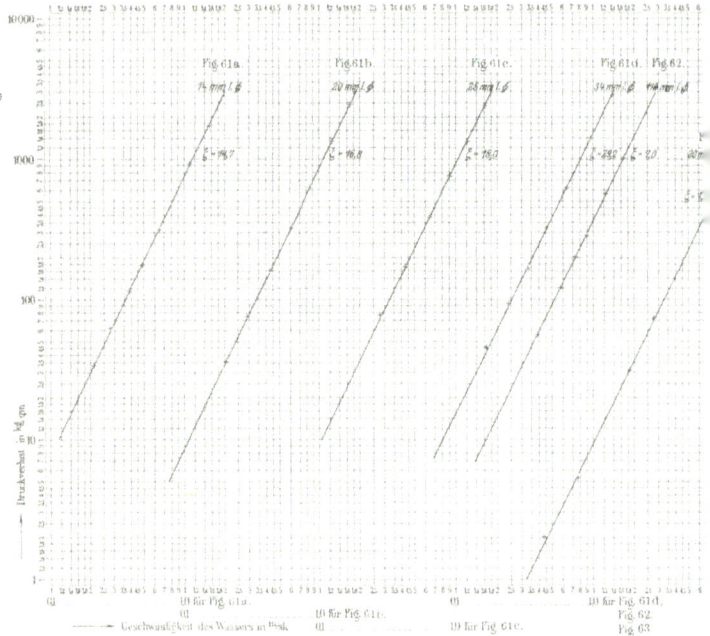

Fig. 61a bis 63. Versuche über den Widerstand von Durchgangsventilen.

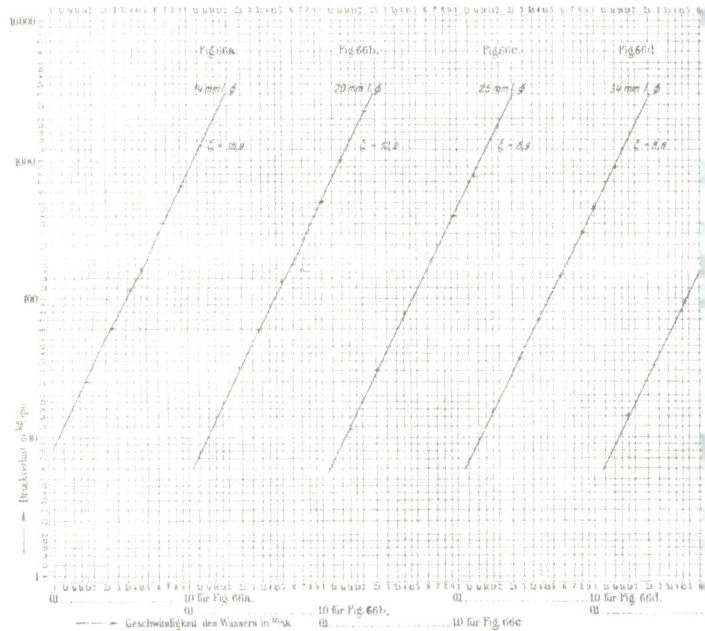

Fig. 66a bis 66f. Versuche über den Widerstand von ...

in Warmwasserheizungen.

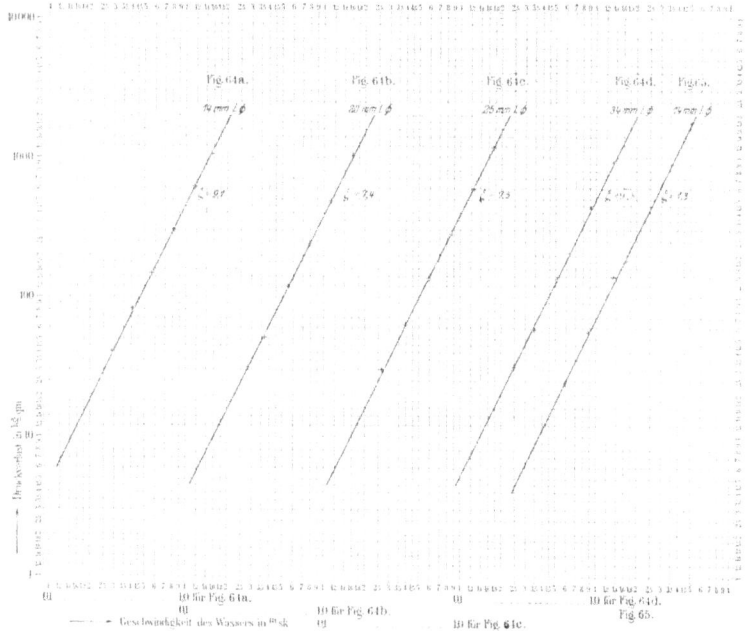

Fig. 64 a bis 65. Versuche über den Widerstand von Eckventilen.

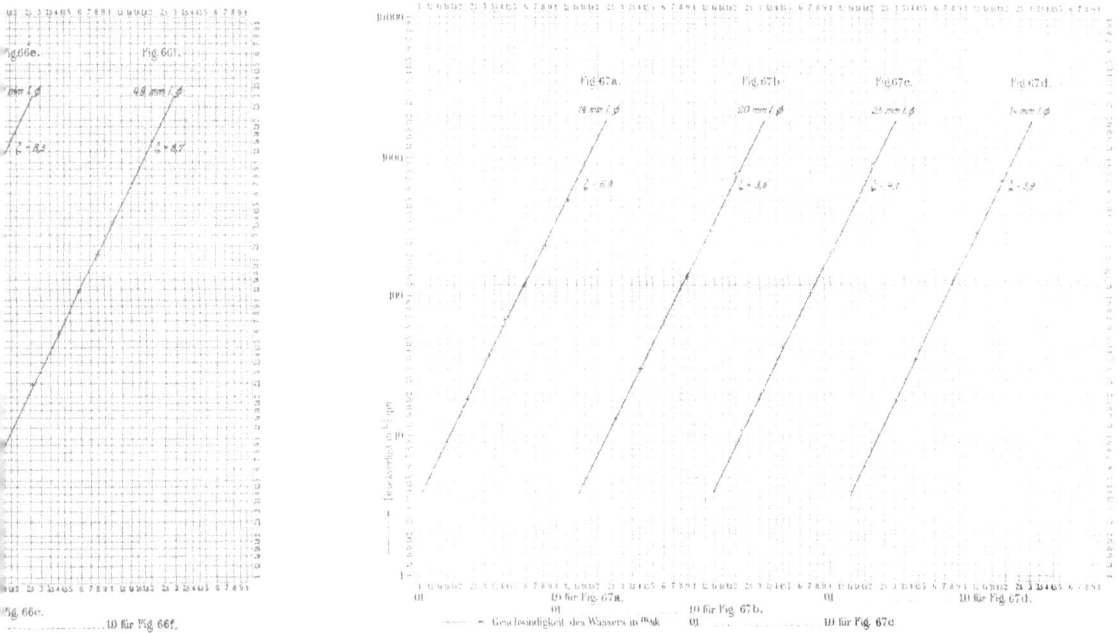

Dr. techn. Karl Brabbée: Die

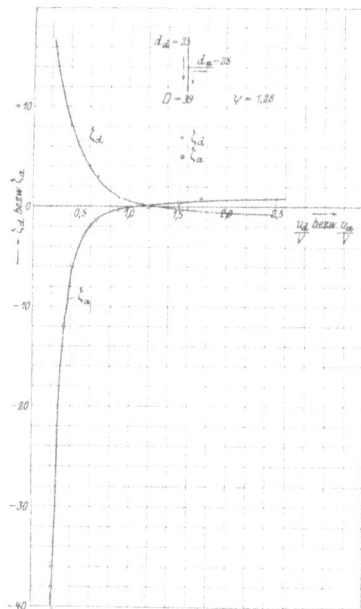

Fig. 79.

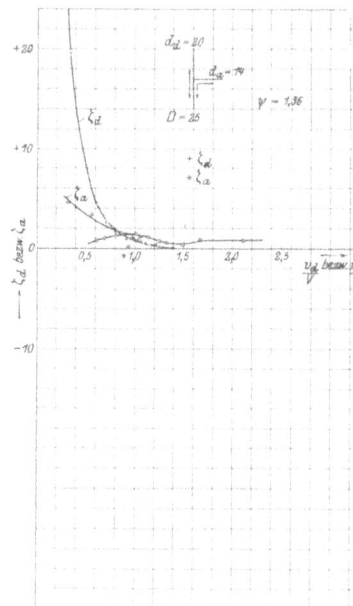

Fig. 80.

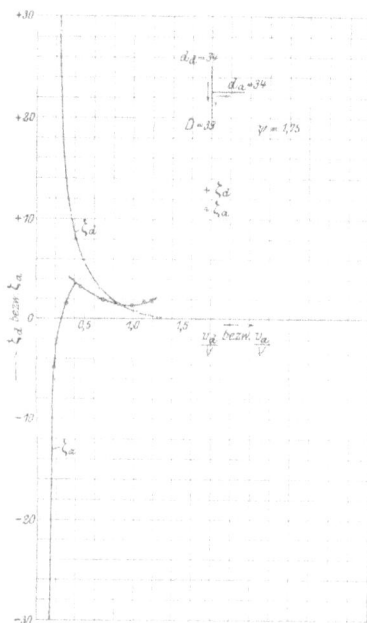

Fig. 83.

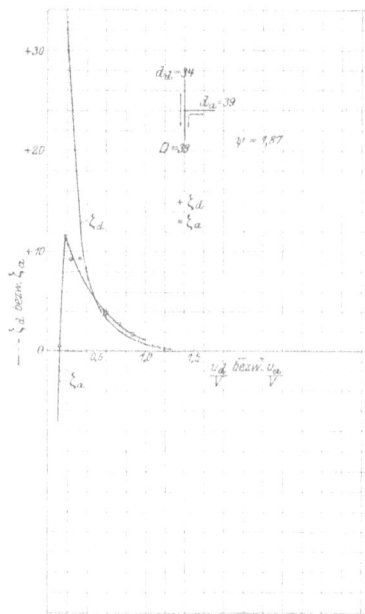

Fig. 84.

Fig. 79 bis 86. Untersuchung von Mu

lerstände Warmwasserheizungen.

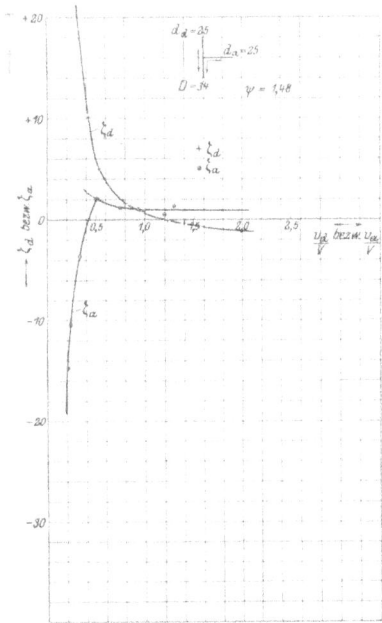

Fig. 81.

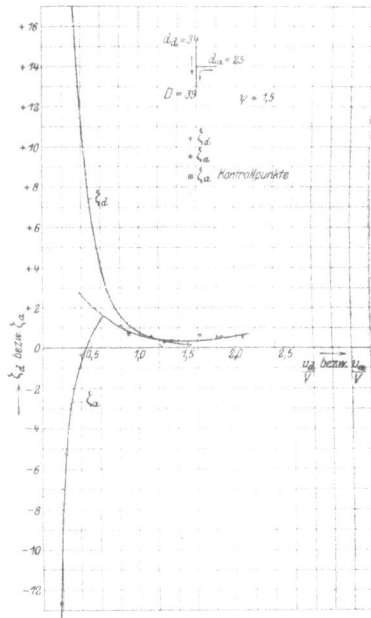

Fig. 82.

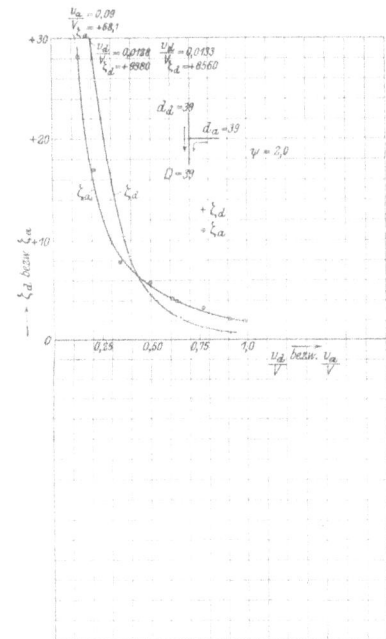

Fig. 85.

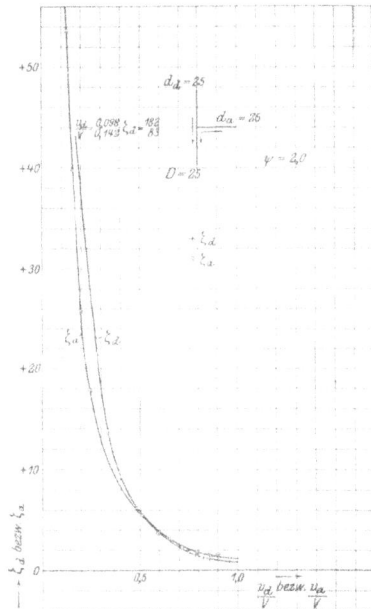

Fig. 86.

-Stücken: Zusammentreffen der Wasserströme.

Druck und Verlag von R. Oldenbourg in München und Berlin.

Dr. techn. Karl Brabbé: Die Wid

Muffen-**T**-Stücke   Zahler

Bezeichnung		l	m	n	o	p	q
Fig.		72	73	74	75	76	77
Versuchsreihe		95	96	97	98	99	100
diagram d_d, d_a, D		25 · 25 · 39	20 · 14 · 25	25 · 25 · 34	34 · 25 · 39	25 · 34 · 39	25 · 39 · 39
$\varphi = \dfrac{d_d \cdot d_a}{D}$		1,28	1,36	1,48	1,5	1,5	1,64
$\dfrac{v_d}{V}$ bzw. $\dfrac{v_a}{V}$						Werte der	
0,4	Durchg.	+ 8,3	+ 14,0	+ 12,0	+ 11,3	+ 8,0	+ 7,1
	Abzweig.	— 7,0	+ 4,1	+ 2,7	+ 2,6	+ 2,6	+ 4,0
0,5	Durchg.	+ 5,7	+ 8,2	+ 6,0	+ 6,7	+ 5,1	+ 4,4
	Abzweig.	— 3,6	+ 3,4	+ 2,1	+ 2,1	+ 2,2	+ 3,4
0,6	Durchg.	+ 3,8	+ 4,6	+ 3,7	+ 4,1	+ 3,6	+ 3,0
	Abzweig.	— 1,9	+ 2,7	+ 1,6	+ 1,7	+ 1,9	+ 2,8
0,7	Durchg.	+ 2,5	+ 2,8	+ 2,5	+ 2,5	+ 2,6	+ 2,0
	Abzweig.	— 1,0	+ 2,2	+ 1,4	+ 1,3	+ 1,7	+ 2,3
0,8	Durchg.	+ 1,6	+ 1,8	+ 1,7	+ 1,6	+ 1,7	+ 1,5
	Abzweig.	— 0,5	+ 1,8	+ 1,2	+ 1,1	+ 1,6	+ 1,9
0,9	Durchg.	+ 0,9	+ 1,2	+ 1,0	+ 1,1	+ 1,2	+ 1,1
	Abzweig.	— 0,2	+ 1,4	+ 1,1	+ 0,7	+ 1,5	+ 1,6
1,0	Durchg.	+ 0,6	+ 0,8	+ 0,6	+ 0,8	+ 0,7	+ 0,8
	Abzweig.	0,0	+ 1,4	+ 1,0	+ 0,6	+ 1,4	+ 1,5
1,2	Durchg.	+ 0,1	+ 0,3	0,0	+ 0,4	+ 0,2	+ 0,4
	Abzweig.	+ 0,2	+ 0,9	+ 1,0	+ 0,4	+ 1,2	
1,4	Durchg.	— 0,2	+ 0,1	— 0,4	+ 0,2	0,0	+ 0,1
	Abzweig.	+ 0,3	+ 0,5	+ 0,9	+ 0,3	—	—
1,6	Durchg.	— 0,4	—	— 0,7	—	— 0,1	0,0
	Abzweig.	+ 0,5	+ 0,6	+ 0,9	+ 0,3	—	—
1,8	Durchg.	— 0,5	—	— 1,0	—	— 0,1	0,0
	Abzweig.	+ 0,6	+ 0,8	+ 0,9	+ 0,4	—	—
2,0	Durchg.	— 0,6	—	—	—	— 0,2	0,0
	Abzweig.	+ 0,4	+ 0,8	—	+ 0,5	—	—
2,2	Durchg.	— 0,7	—	—	—	— 0,2	0,0
	Abzweig.	+ 0,8	+ 0,8	—	+ 0,7	—	—
2,4	Durchg.	— 0,8	—	—	—	— 0,2	0,0
	Abzweig.	+ 0,8	+ 0,8	—	—	—	—

stände in Warmwasserheizungen.

el 11.   Zusammenlauf der Wasserströme.

s	t	u	v	w	x	y	u'
79	80	81	82	83	84	85	86
102	103	104	105	106	107	108	109

Flußdiagramme:

```
34          39          25          49          49          39          25          25
 v           v           v           v           v           v           v           v
├── 39      ├── 39      ├── 25      ├── 14      ├── 25      ├── 25      ├── 14      └─► 25
 v           v           v           v           v           v           v           ^
39          39          25          49          49          39          25          25
```

| 1,87 | 2,0 | 2,0 | — | — | — | — | — |

erstandszahlen ζ_d bezw. ζ_a

s	t	u	v	w	x	y	u'
+8,0	+8,0	+9,2	—	+9,4	+9,2	+10,6	—
+6,6	+7,1	+8,3	+3,8	+4,5	+4,0	+3,8	+11,4
+4,9	+4,4	+5,7	+8,5	+5,3	+5,1	+5,6	—
+5,0	+5,4	+5,6	+3,1	+3,0	+2,8	+2,8	+6,8
+3,3	+2,8	+3,7	+4,7	+3,2	+3,0	+3,2	—
+3,9	+4,3	+3,8	+2,6	+2,1	+2,1	+2,1	+4,6
+2,3	+1,8	+2,4	+3,0	+2,0	+2,0	+1,7	—
+2,9	+3,4	+2,5	+2,2	+1,6	+1,6	+1,6	+3,4
+1,6	+1,2	+1,4	+1,6	+1,1	+1,3	+0,8	—
+2,2	+2,7	+1,7	+1,9	+1,2	+1,3	+1,3	+2,6
+1,1	+0,7	+1,0	+0,7	+0,6	+0,7	+0,3	—
+1,6	+2,2	+1,4	+1,7	+1,0	+1,0	+1,0	+2,1
+0,8	+0,6	+0,8	+0,2	+0,3	+0,4	+0,1	—
+1,2	+2,0	+1,2	+1,5	+0,8	+0,9	+0,9	+2,0
+0,4	—	—	—	—	—	—	—
—	—	—	+1,2	+0,7	+0,7	+0,8	—
—	—	—	—	—	—	—	—
—	—	—	+0,9	+0,6	+0,7	+0,7	—
—	—	—	—	—	—	—	—
—	—	—	+0,7	+0,6	+0,7	+0,8	—
—	—	—	—	—	—	—	—
—	—	—	+0,6	+0,6	+0,6	—	—
—	—	—	—	—	—	—	—
—	—	—	+0,4	+0,5	+0,6	—	—
—	—	—	—	—	—	—	—
—	—	—	+0,4	+0,5	+0,6	—	—
—	—	—	—	—	—	—	—
—	—	—	+0,3	+0,4	+0,6	—	—

Druck und Verlag von R. Oldenbourg in München und Berlin.

Dr. techn. Karl Brabbée: Die Wid

z

Geschwindigkeit des Wassers: 0,01 bis 0,3 m/sk.

Geschwindigkeit d. Wassers in m/sk	Einzelwiderstände Z in mm WS für $\Sigma\zeta =$									Reibungswiderstand R für 1 m Rohr in mmWS	
	1	2	3	4	5	6	7	8	9		
0,015	0,01	0,02	0,05	0,05	0,05	0,1	0,1	0,1	0,1	0,12	
0,02	0,02	0,05	0,05	0,1	0,1	0,1	0,1	0,2	0,2	0,13	
0,025	0,03	0,1	0,1	0,1	0,1	0,2	0,2	0,2	0,3	0,14	
0,03	0,05	0,1	0,1	0,2	0,2	0,3	0,3	0,4	0,4	0,15	
0,035	0,1	0,1	0,2	0,2	0,3	0,4	0,4	0,5	0,5	0,17	
0,04	0,1	0,2	0,2	0,3	0,4	0,5	0,5	0,6	0,7	0,19	
0,045	0,1	0,2	0,3	0,4	0,5	0,6	0,7	0,8	0,9	0,21	
0,05	0,1	0,3	0,4	0,5	0,6	0,8	0,9	1,0	1,1	0,23	
0,06	0,2	0,4	0,5	0,7	0,9	1,1	1,2	1,4	1,6	0,25	
0,07	0,2	0,5	0,7	1,0	1,2	1,5	1,7	2,0	2,4	0,28	
0,08	0,3	0,6	0,9	1,3	1,6	1,9	2,3	2,6	2,8	0,31	
0,09	0,4	0,8	1,2	1,6	2,0	2,4	2,8	3,2	3,6	0,34	
0,1	0,5	1,0	1,5	2,0	2,5	3,0	3,5	4,0	4,5	0,37	
0,11	0,6	1,2	1,8	2,4	3,0	3,6	4,2	4,8	5,4	0,41	
0,12	0,7	1,4	2,1	2,8	3,6	4,3	5,0	5,7	6,4	0,45	
0,13	0,8	1,7	2,5	3,4	4,2	5,0	5,9	6,7	7,6	0,50	
0,14	1,0	2,0	2,9	3,9	4,9	5,9	6,8	7,8	8,8	0,55	
0,15	1,1	2,2	3,4	4,5	5,6	6,8	7,9	9,0	10,5	0,61	
0,16	1,3	2,6	3,8	5,1	6,4	7,7	9,0	10,2	11,5	0,67	
0,17	1,4	2,9	4,3	5,8	7,2	8,6	10,1	11,5	12,9	0,74	
0,18	1,6	3,2	4,8	6,4	8,1	9,7	11,3	12,9	14,5	0,81	
0,19	1,8	3,6	5,4	7,2	9,0	10,8	12,6	14,4	16,2	0,90	
0,2	2,0	3,9	5,8	7,8	9,8	11,7	13,7	15,6	17,5	1,0	
0,22	2,4	4,8	7,2	9,6	12,1	14,5	16,9	19,3	21,8	1,1	
0,24	2,9	5,8	8,6	11,5	14,4	17,3	20,1	23,0	25,9	1,2	
0,26	3,4	6,8	10,1	13,5	16,9	20,3	23,6	27,0	30,4	1,3	

...tände in Warmwasserheizungen.

tafel 18.

Temperaturgefälle: 20° C.

stündlich zu fördernde Wärmemenge in WE									I
Geschwindigkeit des Wassers in m/sk									II
für eine Rohrweite (in mm) von:									
14	20	25	34	39	49	57	64		
185	700	1 360	3 150	4 500	8 400	11 500	15 600		I
0,02	0,035	0,04	0,05	0,06	0,07	0,07	0,07		II
200	750	1 440	3 300	4 700	8 800	12 100	16 400		I
0,02	0,04	0,045	0,05	0,06	0,07	0,07	0,08		II
215	800	1 520	3 450	4 900	9 200	12 700	17 200		I
0,02	0,04	0,045	0,06	0,06	0,07	0,07	0,08		II
235	850	1 600	3 600	5 200	9 600	13 000	18 000		I
0,025	0,04	0,045	0,06	0,06	0,08	0,08	0,08		II
260	900	1 680	3 800	5 500	10 200	13 800	19 000		I
0,025	0,045	0,05	0,06	0,07	0,08	0,08	0,09		II
290	950	1 760	4 000	5 800	10 800	14 800	20 000		I
0,03	0,045	0,05	0,07	0,07	0,08	0,09	0,09		II
320	1 000	1 840	4 200	6 100	11 400	15 600	21 000		I
0,03	0,05	0,06	0,07	0,08	0,09	0,09	0,10		II
350	1 060	1 920	4 450	6 450	12 000	16 500	22 000		I
0,035	0,05	0,06	0,07	0,08	0,09	0,10	0,10		II
380	1 120	2 100	4 700	6 800	12 600	17 200	23 000		I
0,035	0,05	0,06	0,08	0,08	0,10	0,10	0,11		II
410	1 180	2 200	4 950	7 200	13 300	18 000	24 500		I
0,04	0,06	0,07	0,08	0,09	0,10	0,11	0,11		II
440	1 240	2 300	5 200	7 600	14 000	19 000	26 000		I
0,05	0,06	0,07	0,08	0,09	0,11	0,11	0,12		II
475	1 300	2 400	5 500	8 000	14 800	20 000	27 500		I
0,05	0,06	0,07	0,09	0,10	0,11	0,12	0,13		II
510	1 380	2 550	5 800	8 400	15 600	21 000	29 000		I
0,05	0,07	0,08	0,09	0,10	0,12	0,12	0,13		II
545	1 460	2 700	6 100	8 800	16 500	22 000	30 500		I
0,06	0,07	0,08	0,10	0,11	0,13	0,13	0,14		II
580	1 550	2 850	6 400	9 300	17 400	23 500	32 000		I
0,06	0,07	0,08	0,10	0,11	0,13	0,14	0,15		II
615	1 640	3 000	6 800	9 800	18 400	25 000	33 500		I
0,06	0,08	0,09	0,11	0,12	0,14	0,14	0,15		II
650	1 730	3 150	7 200	10 400	19 400	26 500	35 000		I
0,06	0,08	0,09	0,11	0,12	0,15	0,15	0,16		II
685	1 820	3 300	7 600	11 000	20 500	28 000	37 000		I
0,07	0,09	0,10	0,12	0,13	0,16	0,16	0,17		II
720	1 920	3 500	8 000	11 600	21 500	29 500	39 500		I
0,07	0,09	0,10	0,13	0,14	0,16	0,17	0,18		II
760	2 020	3 700	8 400	12 200	22 500	31 000	42 000		I
0,07	0,09	0,11	0,13	0,15	0,17	0,18	0,19		II
800	2 120	3 900	8 800	12 800	23 500	32 500	44 500		I
0,08	0,10	0,11	0,14	0,15	0,18	0,18	0,19		II
850	2 220	4 100	9 300	13 400	24 500	34 000	47 000		I
0,08	0,10	0,12	0,15	0,16	0,19	0,19	0,20		II
900	2 320	4 300	9 800	14 000	25 500	36 000	49 500		I
0,09	0,11	0,13	0,16	0,17	0,20	0,20	0,22		II
950	2 420	4 500	10 300	14 600	27 000	38 000	52 000		I
0,09	0,12	0,13	0,17	0,18	0,22	0,22	0,24		II
1000	2 520	4 750	10 800	15 400	28 500	40 000	54 500		I
0,10	0,12	0,14	0,17	0,19	0,22	0,24	0,24		II
1050	2 650	5 000	11 300	16 200	30 000	42 000	57 000		I
0,10	0,13	0,15	0,18	0,20	0,24	0,24	0,26		II

Druck und Verlag von R. Oldenbourg in München und Berlin.

A. Schulze, Verbindung

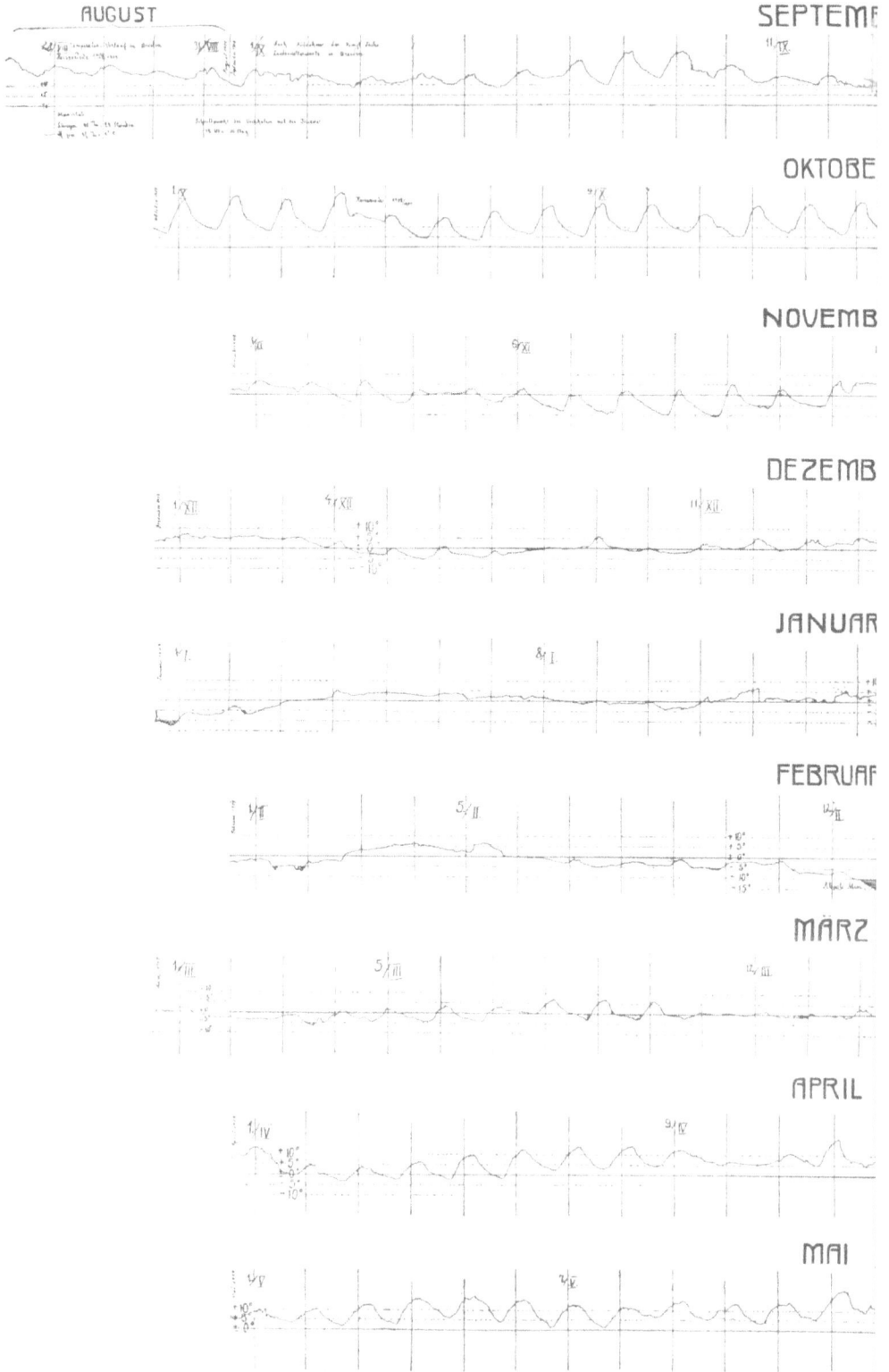

AUGUST

SEPTEMB

OKTOBE

NOVEMB

DEZEMB

JANUAR

FEBRUAR

MÄRZ

APRIL

MAI

Fig. 5. Temperaturverlauf in Dre

n Kraft- und Heizbetrieben.

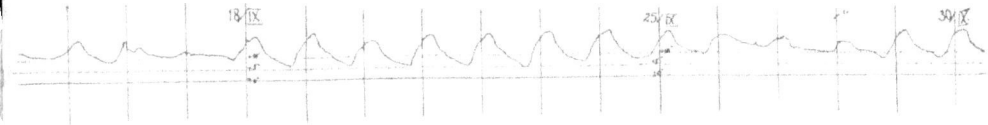

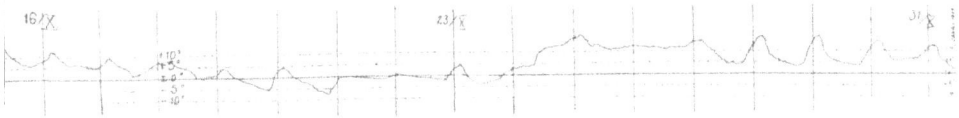

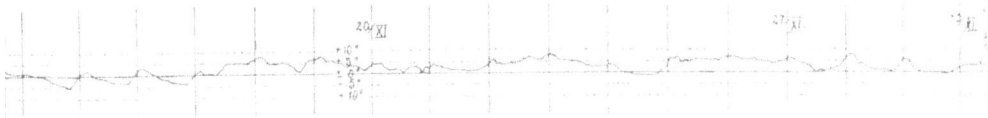

1908

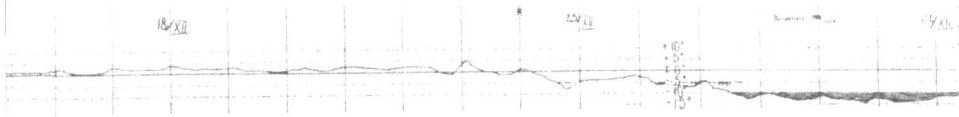

09

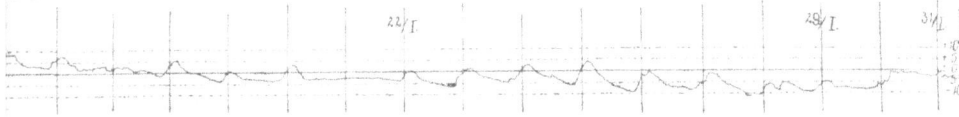

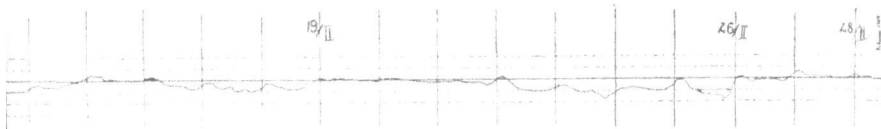

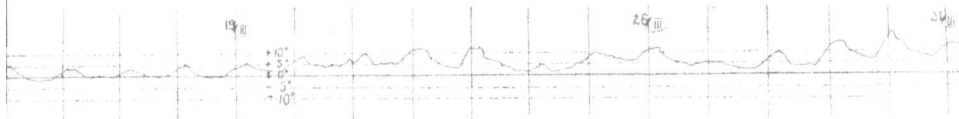

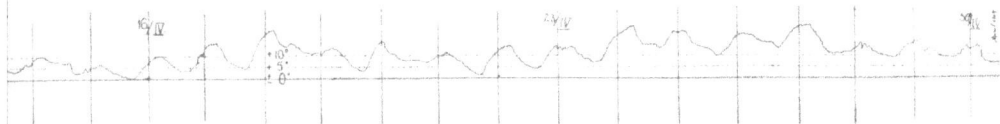

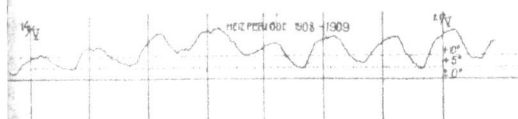

A. S c h u l z e, Verh[...]

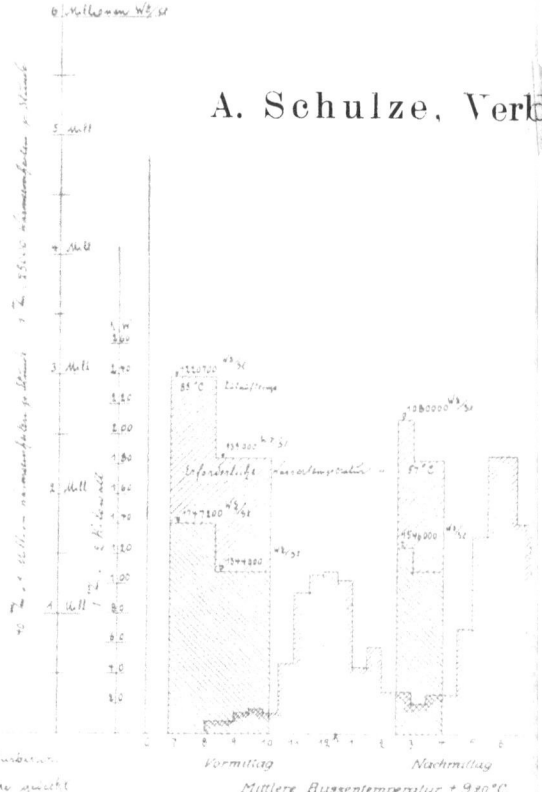

Früherer Zustand

Vormittag.   Nachmittag.

Mittlere Aussentemperatur + 9.20°C.

OKtober.

Späterer Zustand

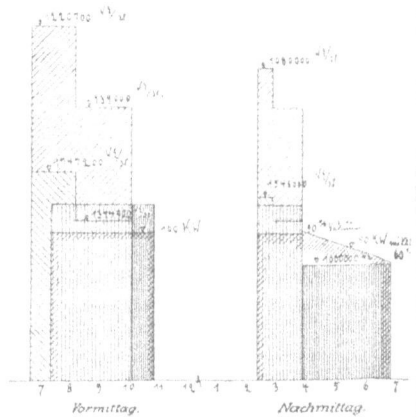

Vormittag.   Nachmittag.

OKtober.

ng von Kraft- und Heizbetrieben.

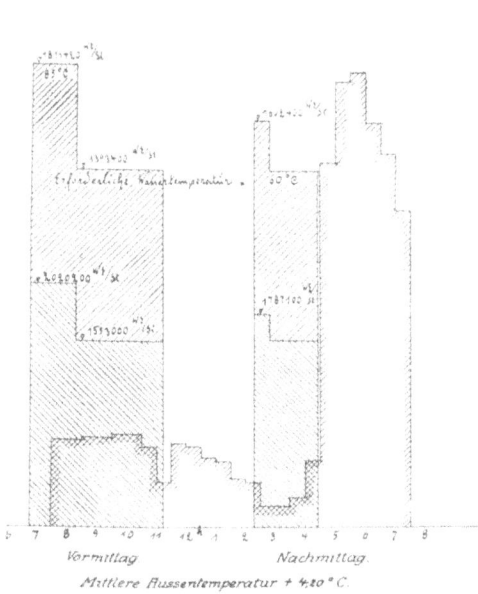

Vormittag.   Nachmittag.

Mittlere Aussentemperatur + 4,20 °C.

November.

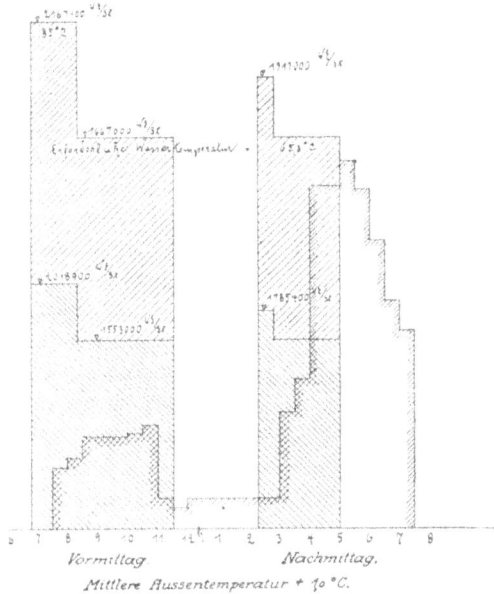

Vormittag.   Nachmittag.

Mittlere Aussentemperatur + 10 °C.

Dezember.

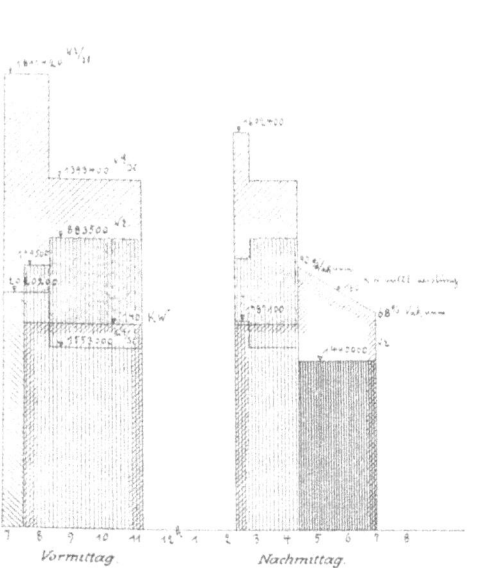

Vormittag.   Nachmittag.

November.

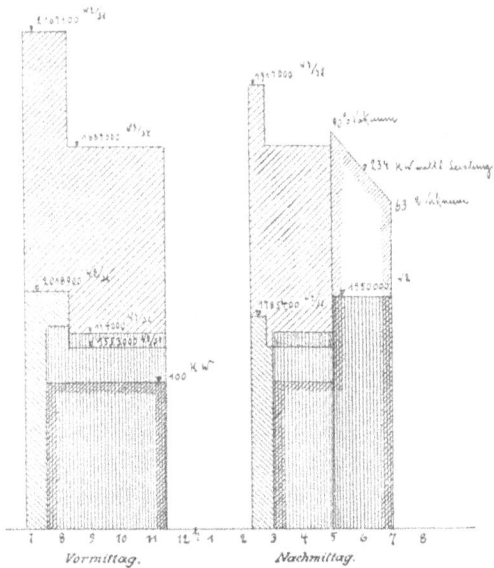

Vormittag.   Nachmittag.

Dezember.

A. Schulze, Verbindur

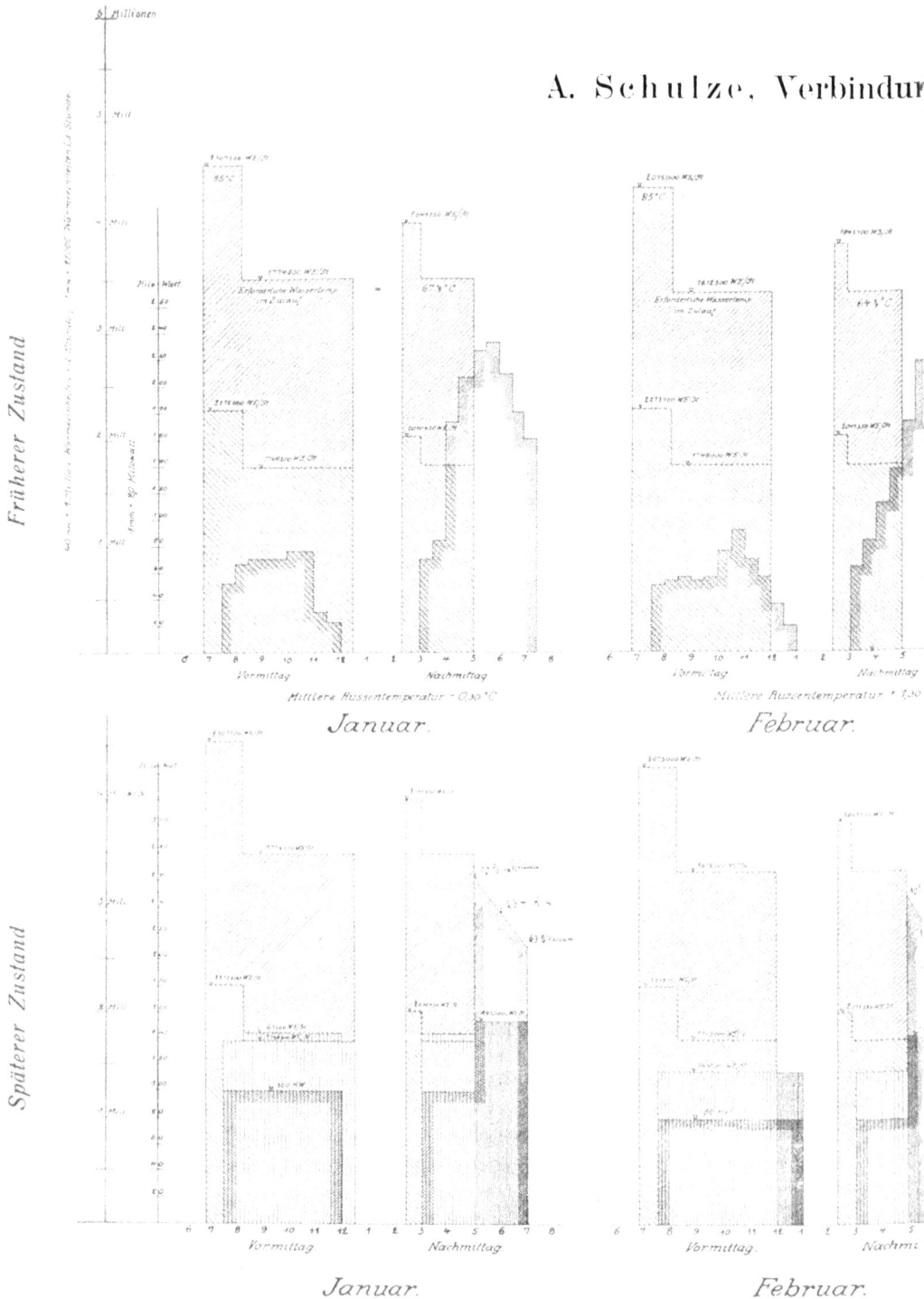

Fig. 8. Diagramme des Kraft- und Wärmebedarfs an mittlere

n Kraft- und Heizbetrieben.

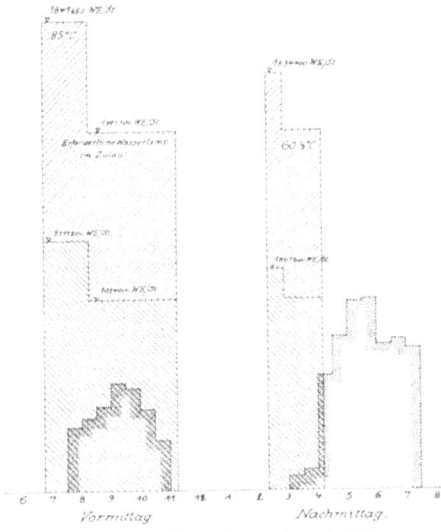

Vormittag.　*Nachmittag.*

Mittlere Aussentemperatur + 3,45 °C.

März.

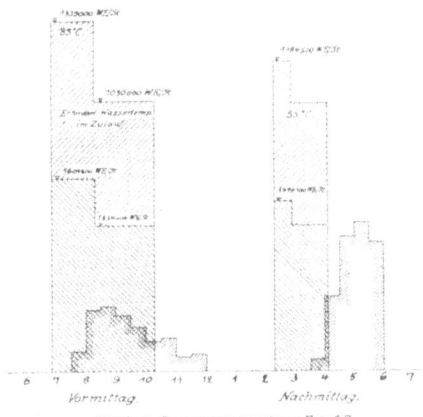

Vormittag.　*Nachmittag.*

Mittlere Aussentemperatur + 7,80 °C.

April.

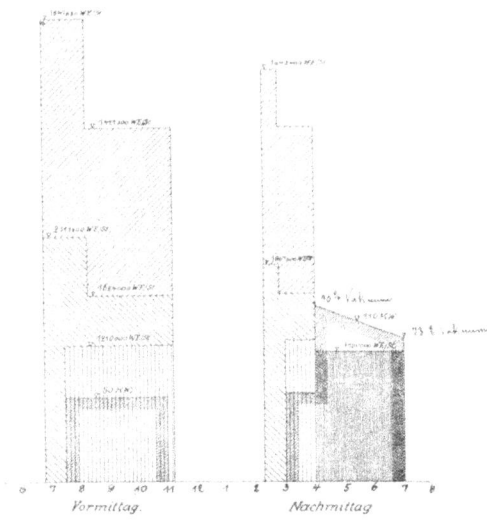

Vormittag.　*Nachmittag*

März.

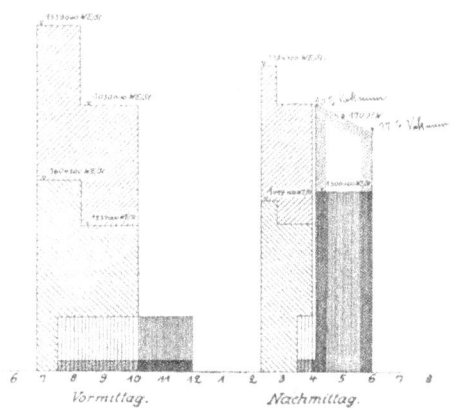

Vormittag.　*Nachmittag.*

April.

n zur Bestimmung der wirtschaftlich günstigsten Dampfturbine.

recht hohen Konzentrationen zu tun hatten, ohne daß sie irgendwelche Schädigung ihrer Gesundheit davongetragen haben.

Im übrigen ist, wie auch Herr Dr. E r l w e i n in seiner Veröffentlichung in der Zeitschrift für Sauerstoff- und Stickstoff-Industrie nachweist, der für alle die letzthin in Laboratorien angestellten Versuche zur Anwendung gebrachte Ozongehalt 200 bis 1000 fach höher als der für Lüftungszwecke übliche.

Aus den Darlegungen meines Herrn Vorredners geht mit scharfer Deutlichkeit hervor, daß man einen Unterschied zu machen hat zwischen hochkonzentrierter und schwach konzentrierter Ozonluft.[1]) Für Lüftungszwecke kommt allein die schwach konzentrierte Ozonluft in Frage. Die zulässige, von der Technik aus Erfahrungen heraus festgelegte Höchstgrenze liegt unter 0,5 mg. Zur Anwendung kommen jedoch auch in technischen Betrieben (Schlachthöfen usw.) selten Konzentrationen, die über 0,3 mg pro 1 cbm liegen.[2]) Für reine Lüftungsanlagen werden ebenfalls selten Konzentrationen angewandt, die über 0,09 mg liegen. Daß aber diese geringen, kaum noch mit dem Geruchsinn wahrzunehmenden Konzentrationen doch noch im Sinne einer Luftverbesserung wirksam sind, kann im Hinblick auf die rein praktischen Ergebnisse nicht mehr gut bezweifelt werden. Mag die einmalige Wirkung auch nicht sofort zu verspüren sein, tage- mitunter wochenlange allerschwächste Ozonisierung zeitigt dennoch den gewünschten Erfolg. Das scheint von allen Versuchsanstellern n i c h t genügend berücksichtigt worden zu sein.

Die häufig wiederkehrende Behauptung, die auch mein Herr Korreferent erwähnt, Ozon könne in so sehr geringen, nicht mehr meßbaren Mengen auf Luftverunreinigungen und Gerüche eine zerstörende Wirkung nicht mehr ausüben, scheint mir auch durch die verschiedentlich aufgeführten exakten

---

[1]) Prof. Dr. C z a p l e w s k i , Cöln, »Über die Verwendung des Ozons bei der Lüftung in hygienischer Beziehung«. Gesundh.-Ing. Nr. 31, Jahrg. 1913.

[2]) Dr. E r l w e i n , Zeitschrift für Sauerstoff- und Stickstoff-Industrie 1913, Heft 7 bis 8.